U0790605

全国水利行业“十三五”规划教材（职业技术教育）
（“互联网+”创新型教材）
中国水利教育协会策划组织

水工建筑物

主　编　吴伟民
副主编　陈　诚　杨　勇　冯　峰
　　　　刘咏梅　陈一华　田明武
　　　　邓　晓　张　宏
主　审　焦爱萍

黄河水利出版社
·郑州·

内 容 提 要

本书是全国水利行业"十三五"规划教材，是根据中国水利教育协会职业技术教育分会高等职业教育教学研究会组织制定的水工建筑物课程标准以及高等职业教育水利水电建筑工程专业国家教学资源库建设要求编写完成的。本书结合全国水利职业教育教学改革的需要及专业课程教学的特点，采用项目教学法进行编写。全书共分十个项目，主要内容包括绪论、岩基上的重力坝、拱坝、土石坝、水闸、河岸溢洪道、水工隧洞与坝下涵管、渠道与渠系建筑物、其他水工建筑物、水利枢纽布置等。

本书主要作为高等职业教育水利水电建筑工程、水利工程管理、农田水利、水利工程监理等专业的教学用书，也可作为水利职工岗位培训用书或供水利工程技术人员学习参考，还可作为中职水利类学校相关专业的参考用书。

图书在版编目(CIP)数据

水工建筑物/吴伟民主编. —郑州：黄河水利出版社，2018.12

全国水利行业"十三五"规划教材. 职业技术教育

ISBN 978-7-5509-2154-2

Ⅰ.①水… Ⅱ.①吴… Ⅲ.①水工建筑物-高等职业教育-教材 Ⅳ.①TV6

中国版本图书馆 CIP 数据核字(2018)第 223106 号

组稿编辑：王路平　电话：0371-66022212　E-mail：hhslwlp@163.com

田丽萍　66025553　912810592@qq.com

出 版 社：黄河水利出版社　网址：www.yrcp.com

地址：河南省郑州市顺河路黄委会综合楼 14 层　邮政编码：450003

发行单位：黄河水利出版社

发行部电话：0371-66026940、66020550、66028024、66022620(传真)

E-mail：hhslcbs@126.com

承印单位：河南承创印务有限公司

开本：787 mm×1 092 mm　1/16

印张：22.75

字数：530 千字　印数：1—4 100

版次：2018 年 12 月第 1 版　印次：2018 年 12 月第 1 次印刷

定价：60.00 元

前　言

本书是贯彻落实《国家中长期教育改革和发展规划纲要(2010～2020年)》、《国务院关于加快发展现代职业教育的决定》(国发〔2014〕19号)、《现代职业教育体系建设规划(2014～2020年)》、《水利部 教育部关于进一步推进水利职业教育改革发展的意见》(水人事〔2013〕121号)等文件精神,依据《关于公布全国水利行业"十三五"规划教材名单的通知》(水教协〔2016〕16号),在中国水利教育协会精心组织和指导下,由中国水利教育协会职业技术教育分会组织编写的全国水利行业"十三五"规划教材。本套教材以学生能力培养为主线,反映当今水利行业发展和职业教育教学改革的成果,适当增加了二维码链接,具有鲜明的时代特点,体现了实用性、实践性、创新性的特色,是一套水利高职教育精品规划教材。

本书具有如下三个特色:

特色之一:为"水利水电建筑工程专业教学资源库"子项目——水工建筑物的配套教材。该课程教学资源丰富、质量高。教材编写时,尽可能地做到将教材内容与已有资源链接(二维码扫描),使资源库得到充分利用,同时便于教师"教"与学生"学"。

特色之二:根据专业课程的教学特点,以实际工程项目为导向,配备与教材内容,特别是知识点密切结合的应用案例,部分项目还实现了"一个案例贯穿一个教学项目,使各单元知识相互呼应,真正做到了"教、学、做一体"。

特色之三:以最新的规范和技术标准为蓝本,密切结合全国一、二级建造师及土木工程师(水工结构)执业资格考试用书,编写本教材的相关内容,使教材内容新颖、实用且符合行业发展的要求,做到"岗、课、证"相融通。

本书的编写大纲由中国水利教育协会组织的编委审定,实行主编负责制。

本书编写人员及编写分工如下:项目一、项目二由福建水利电力职业技术学院吴伟民编写,项目三由长江工程职业技术学院陈一华编写,项目四由黄河水利职业技术学院冯峰编写,项目五由黄河水利职业技术学院陈诚编写,项目六由山西水利职业技术学院杨勇编写,项目七由四川水利职业技术学院田明武编写,项目八由湖南水利职业技术学院刘咏梅编写,项目九由重庆水利职业技术学院邓晓编写,项目十由杨凌职业技术学院张宏编写。本书由吴伟民担任主编,并负责统稿;由陈诚、杨勇、冯峰、刘咏梅、陈一华、田明武、邓晓、张宏担任副主编;由黄河水利职业技术学院焦爱萍担任主审。

本书在编写中引用了大量的规范、教材、专业文献和资料,恕未在书中一一注明,在此,对有关作者表示诚挚的谢意！对书中存在的疏漏之处,恳请广大读者批评指正。

编　者

2018年5月

水利水电建筑工程专业教学资源库
注册/登陆操作流程

欢迎广大师生、行业企业员工、社会学习者积极注册使用!

★1. 进入智慧职教主页

http://www.icve.com.cn.

★2. 点击"注册"按钮进入注册页面

★3. 填写个人信息

注册信息:职业身份—所属学校—城市—真实姓名—性别—用户名—密码—确认密码—生日—手机(建议学生用学号注册,教师用工号注册)。

★4. 进入自己电子邮箱进行激活

★5. 登陆进入"水利水电建筑工程专业教学资源库"

登陆信息:用户名—密码—随机验证码。

★6. 用途

教师上课的帮手! 学生学习的助手!

教师备课、上课、学习、交流!

学生课程学习、复习、自测,参加技能鉴定、技能大赛、职业资格考试辅导!

本书互联网全部资源二维码

目 录

项目一 绪 论

【学习目标】

学习单元	能力目标	知识点
单元一	掌握中国水资源的基本情况（总量、人均、水能资源）及特点，了解中国水利工程建设情况	水资源的概念； 水利工程的概念及分类
单元二	掌握水利水电工程的分等和水工建筑物的分级方法，掌握永久性水工建筑物洪水标准的确定方法	水利枢纽的概念； 水工建筑物的概念、分类、特点； 永久性水工建筑物的洪水标准

单元一 中国的水资源与水利工程

【单元导航】

问题 1：中国水资源的基本情况如何？有什么特点？

问题 2：水利工程的概念及分类？其建设发展情况如何？

微课 1-1 我国水资源状况

【单元解析】

一、中国的水资源

水是自然界一切生命赖以生存不可替代的物质，地球上的总储水量约为 13.86 亿 km^3，其中海洋水为 13.38 亿 km^3，约占全球总水量的 96.5%。在余下的水量中，能够被人类利用的淡水量（地表水和浅层地下水）仅为 0.047 亿 km^3，约占全球总水量的 0.34%。其余的则以冰川、永久积雪和多年冻土的形式储存。

根据 2009 年公布的数据，中国多年平均水资源总量为 28 124.4 亿 m^3，其中河川多年平均年径流量为 27 115.3 亿 m^3，次于巴西、俄罗斯、加拿大、美国、印度尼西亚，居世界第 6 位。但人均水资源量约为 2 000 m^3（根据 2015 年人口统计数据计算），约为世界人均水资源量的 1/4，列世界第 121 位，属于缺水国家。同时，由于中国幅员辽阔、自然地理条件相差悬殊，使水资源在时空分布上很不均匀。就空间分布来说，长江流域及其以南地区，水资源约占全国的 80%，但耕地只为全国的 36% 左右；黄河、淮河、海河流域，水资源只有全国的 8%，而耕地则占全国的 40%，使得原本缺水的情况在这些区域显得更加突出。从时间分配来看，中国大部分地区冬、春少雨，夏、秋雨量充沛，降水量大都集中在 5 ~ 9 月，占全年降水量的 70% 以上，且多为暴雨，致使洪涝和干旱等自然灾害频发。

天然水体中蕴藏有能量，采取工程措施可以将水能转换为电能为人类服务。根据世界能源会议的资料，全世界水力资源理论蕴藏量为 50.5 亿 kW，可开发利用的达 22.61 亿 kW。中国水力资源很丰富，根据 2005 年全国水力资源复查成果：理论蕴藏量为 6.94 亿

kW，技术可开发装机容量 5.42 亿 kW，经济可开发装机容量 4.02 亿 kW，居世界首位。

水既是重要资源又是环境要素，良好的水环境是维持生态平衡的基础条件。近几十年来，随着人类各种活动的增加，水环境退化或恶化的现象较为严重。因此，人类在对自然进行开发利用的同时，必须重视水环境保护；否则，将为此付出惨痛代价。

二、水利工程

微课 1-2 水利工程及水利枢纽

对自然界的地表水和地下水进行控制与调配，以达到兴利除害目的而修建的工程，称为水利工程。水利工程按其承担的任务可分为防洪工程、农田水利工程、水力发电工程、给水排水工程、航道及港口工程、环境水利工程等。

（一）防洪工程

防洪措施是防止或减轻洪水灾害损失的各种手段和对策，现代防洪措施包括工程防洪措施和非工程防洪措施。

工程防洪措施主要通过“上拦下排、两岸分滞”的方式来达到防洪减灾的目的。“上拦”是防洪的根本措施，它包括在流域范围内采取水土保持措施，有效减少地面径流；兴建水库拦蓄洪水，减少下泄流量。“下排”是指采取疏浚河道、修筑堤防等河道整治措施，提高河道泄洪能力。“两岸分滞”是指在河道两岸适当位置修建分洪闸、引洪道、滞洪区等，将超过河道安全泄量的洪峰流量通过泄洪建筑物分流到该河道下游或其他水系，或者蓄于滞洪区，以保证保护区的安全。图 1-1 为荆江分洪工程示意图。

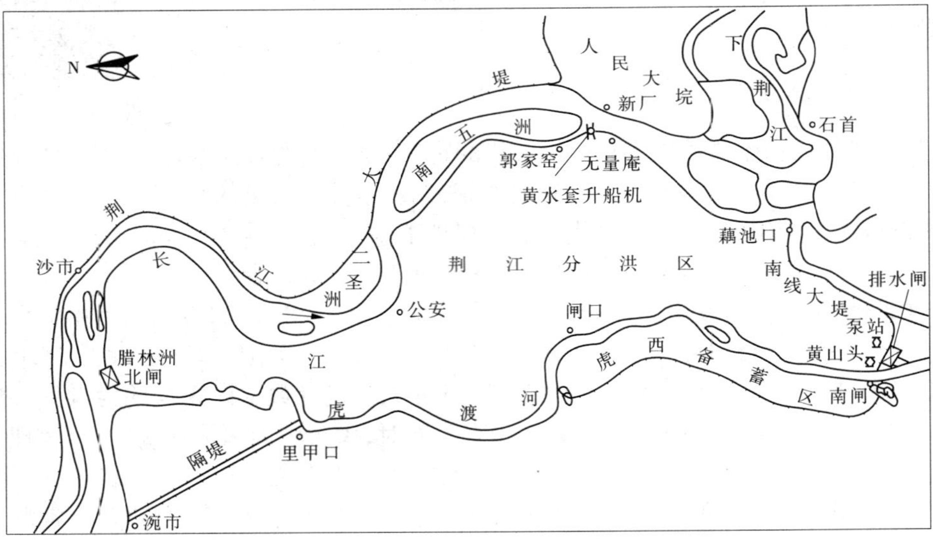

图 1-1 荆江分洪工程示意图

非工程防洪措施是通过行政、法律、经济和洪水监测预报等手段，调整洪水威胁地区的开发利用方式，加强防洪管理，以减轻洪灾损失，节省防洪投资和工程维护管理费用。

（二）农田水利工程

农田水利工程就是通过工程措施调节和改变地区水利条件和农田水分状况，使之符合发展农业生产的需要。一般包括取水工程、输配水工程和排水工程。

（三）水力发电工程

水力发电工程通常是通过筑坝或修引水道，集中流量和河段落差，并引导水流通过电站厂房中安装的水轮发电机组，将水能转换为机械能和电能，然后通过输变电线路，把电能输入到电网或用户。

（四）给水排水工程

给水工程是将水从天然水源中取出，经过净化、加压，再用管网输送到城市和工矿企业等用水部门的工程；排水工程是指排除工矿企业及城市中的废水、污水和地面雨水的工程。给水必须满足国家用水水质、水量、水压要求，排水必须符合国家规定的污水排放标准。

（五）航道及港口工程

航道及港口工程是为发展水上运输而兴建的各种工程设施。航道分为天然航道和人工运河两大类。港口按所处地理位置可分为内河港、河口港和海岸港。

（六）环境水利工程

环境水利工程是为保护和改善水环境而修建的工程设施。主要包括过鱼建筑物、人工孵育场和人工产卵场、为改善水生物环境的蓄水工程或排水工程、改善鱼类洄游和河口环境的排沙防淤工程、污水深水排放工程、景观工程等。

三、水利工程建设的成就

微课 1-3 我国水利工程建设情况

几千年来，我国劳动人民在与洪水做斗争和开发利用水资源方面，取得了许多成就。例如，从春秋时期开始，在黄河下游沿岸修建的堤防，后经历代整修加固，至今已形成近 1 600 km 的黄河大堤，为江河治理、堤坝建设与养护提供了丰富的经验；从公元前 486 年开始兴建到 1293 年全线通航的京杭大运河，全长约 1 794 km，纵贯我国南北，是世界上最长的运河；公元前 256 年，在四川省灌县建成的都江堰水利枢纽工程（见图 1-2），灌溉面积达1 000万亩（1 亩 = 1/15 hm^2），至今仍发挥着巨大的效益。

中华人民共和国成立以来，我国水利工程建设得到飞速发展，先后建成当今世界上装机容量最大的长江三峡水电站、黄河小浪底水利枢纽工程，南水北调中线工程也已建成供水。根据 2013 年第一次全国水利普查资料，全国整修、新建各类江河堤防、海塘总长度为 41.4 万 km（约为需修建堤防长度的 1/3），其中 5 级及以上堤防长度为 27.5 万 km；水库 9.8 万座（10 万 m^3 以上），总库容 9 323 亿 m^3；灌溉面积 10.02 亿亩，其中耕地灌溉面积 9.22 亿亩，园林草地等非耕地灌溉面积 0.80 亿亩，30 万亩以上灌区达 456 处；水电站 4.68万座，装机容量 3.33 亿 kW（为世界第一位），分别占水能理论蕴藏量、技术可开发装机容量的 48.0% 和 61.4%；水闸 26.8 万座（过闸流量 1 m^3/s 以上），其中过闸流量 5 m^3/s以上的水闸 9.7 万座；泵站 42.4 万座，其中装机流量 1 m^3/s 及以上的泵站 8.9 万座；建成农村供水工程 5 887.46 万处，总受益人口达 8.12 亿人；水土保持措施面积为 99.16 万 km^2，约为土壤侵蚀总面积的 1/3。

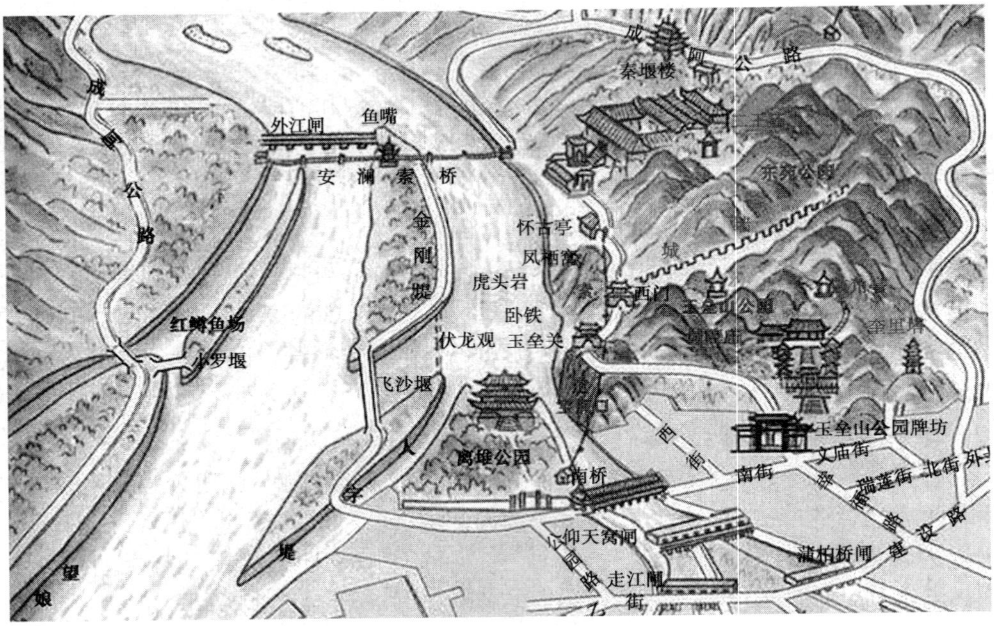

图 1-2　都江堰水利枢纽工程

【单元探索】

了解水资源可持续利用的理念及方法，了解水利工程建设新技术、新材料、新工艺应用情况。

【单元练习】

一、判断题

1. 根据 2005 年水利普查复查数据，我国水能理论蕴藏量达 6.94 亿 kW，为世界第一位。(　　)

2. 根据 2013 年第一次全国水利普查资料，全国水电站 4.68 万座，装机容量 3.33 亿 kW，为世界第一位。(　　)

二、单项选择题

1. 我国防洪工程体系建设的原则是(　　)。

A. 上拦下排　　B. 两岸分滞

C. 加强防洪执法力度　　D. 加强洪水预报工程建设

2. 农田水利工程一般不包括(　　)。

A. 土地平整　　B. 取水工程

C. 输水配水工程　　D. 农田排水工程

三、填空题

1. 我国多年平均水资源总量为____亿 m^3，居世界第____位，但人均占有水资源量不足世界的____。

2. 水利工程按其承担的任务可分为防洪工程、农田水利工程、__________、__________、__________、__________。

单元二　水利枢纽与水工建筑物

【单元导航】

问题1:何谓水利枢纽?何谓水工建筑物?有哪些特点?如何分类?

问题2:如何对水利水电工程进行分等?如何对水工建筑物进行分级?

问题3:永久性水工建筑物洪水标准确定方法如何?

【单元解析】

一、水利枢纽

为了控制和支配水流,达到防洪、灌溉、发电、供水等兴利除害目的,修建的各种不同类型的建筑物称为水工建筑物。而由不同用途的水工建筑物组成的、协同运行的工程综合群体称为水利枢纽。

水利枢纽按其作用主要可分为蓄水枢纽、发电枢纽、引水枢纽等。

蓄水枢纽是在河道来水年际、年内变化较大,不能满足下游防洪、灌溉、引水等用水要求时,通过修建大坝调蓄天然来水,用于汛期防洪、枯水期灌溉、城镇引水等,如湖北的丹江口水库枢纽。

发电枢纽是以发电为主要任务,利用河道中丰富的水量和水库形成的落差,安装水力发电机组,将水能转变为电能,如福建的水口水电站枢纽。

引水枢纽是在河道上修建拦河闸(坝)等水工建筑物,调节水位和流量,以保证引水的质量和数量,如四川的都江堰引水灌溉枢纽。

一个水利枢纽的功能可以是单一的,也可以是多用途的,兼有几种功能的水利枢纽称为综合利用的水利枢纽,图1-3为三峡水利枢纽布置图。

图1-3　三峡水利枢纽布置图

二、水工建筑物

(一)水工建筑物的分类

水工建筑物按其在枢纽中所起的作用可分为以下几种:

(1)挡水建筑物。用以拦截江河水流,抬高上游水位以形成水库,如各种坝、闸、堤等。

(2)泄水建筑物。用以在洪水期河道入库洪量超过水库调蓄能力时,宣泄多余的洪水,以保证大坝及有关建筑物的安全,如溢洪道、泄洪洞、泄水孔等。

微课1-4 水工建筑物的定义与分类

(3)输水建筑物。用以满足发电、供水和灌溉的需求,从上游向下游输送水量,如输水渠道、引水管道、水工隧洞、渡槽、倒虹吸管等。

(4)取水建筑物。一般布置在输水系统的首部,用以控制水位、引入的水量或人为提高水头,如进水闸、扬水泵站等。

(5)河道整治建筑物。用以改善河道的水流条件,防止河道冲刷变形及险工的整治,如顺坝、导流堤、丁坝、护岸等。

(6)专门建筑物。为水力发电、过坝、量水而专门修建的建筑物,如调压室、电站厂房、船闸、升船机、筏道、鱼道、各种量水堰等。

需要指出的是,有些建筑物的作用并非单一,在不同的状况下,有不同的功能。如水闸,既可挡水又可泄水,同时还可作为灌溉渠首或供水工程的取水建筑物;泄洪洞,既可泄洪又可引水。

(二)水工建筑物的特点

水工建筑物和一般工业与民用建筑物相比,除工程量大、投资多、工期长外,还具有以下特点。

1. 工作条件复杂

水工建筑物在水中工作,由于受水的作用,其工作条件较复杂。主要表现为:水工建筑物将受到静水压力、风浪压力、冰压力等推力作用,会对建筑物的稳定性产生不利影响;在水位差作用下,水将通过建筑物及地基向下游渗透,产生渗透压力和浮托力,可能产生渗透破坏而导致工程失事。另外,对泄水建筑物,下泄水流集中且流速高,将对建筑物和下游河床产生冲刷,高速水流还容易使建筑物产生振动和空蚀破坏。

2. 施工条件艰巨

水工建筑物的施工比其他土木工程困难和复杂得多。主要表现为:①水工建筑物多在河流中建设,必须进行施工导流;②水利工程规模较大,施工技术复杂,工期比较长,且场地狭窄,又受截流、度汛的影响,工程进度紧迫,施工强度高、速度快;③施工受气候、水文地质、工程地质等方面的影响较大,如冬雨期施工、地下水排除以及重大的复杂地质情况等。

3. 建筑物独特

水工建筑物的形式、构造及尺寸与地形、地质、水文、建筑功能等因素密切相关。特别是,地质条件的差异对建筑物的影响更大,这就形成了各式各样的水工建筑物。除一些小型渠系建筑物外,一般都应根据其特性,进行单独设计。

4. 与周围环境相关

水利工程可防止洪水灾害，并能发电、灌溉、供水；但同时它对周围自然环境和社会环境也会产生一定影响。工程的建设和运用将改变河道的水文和小区域气候，对河中水生生物和两岸植物的繁殖和生长产生一定影响，即对沿河的生态环境产生影响。另外，由于占用土地、开山破土、库区淹没等而必须迁移村镇及人口，会对人群健康、文物古迹、矿藏造成影响。

5. 对国民经济影响巨大

水利工程建设项目规模大、综合性强、组成建筑物多、投资巨大。尤其是大型水利工程，大坝高、库容大，担负着重要的防洪、发电、供水等任务，一旦出现堤坝决溃等险情，将对下游工农业生产造成极大损失，甚至对下游人民群众的生命财产带来灭顶之灾。所以，必须高度重视主要水工建筑物的安全性。

三、水利水电工程等别和水工建筑物级别

为了使水利工程建设达到既安全又经济的目的，遵循水利工程建设的基本规律，应对水利枢纽和枢纽中的水工建筑物进行分等、分级。

微课 1-5　分等、分级与洪水标准

（一）水利水电工程等别

根据《水利水电工程等级划分及洪水标准》（SL 252—2017）的规定，水利水电工程等别，应根据其工程规模、效益和在国民经济中的重要性划分为Ⅰ～Ⅴ等，具体划分指标见表 1-1。

表 1-1　水利水电工程分等指标

工程等别	工程规模	水库总库容（10^8 m^3）	防洪			治涝	灌溉	供水		发电
			保护人口（10^4 人）	保护农田面积（10^4 亩）	保护区当量经济规模（10^4 人）	治涝面积（10^4 亩）	灌溉面积（10^4 亩）	供水对象重要性	年引水量（10^8 m^3）	发电装机容量（MW）
Ⅰ	大(1)型	≥10	≥150	≥500	≥300	≥200	≥150	特别重要	≥10	≥1 200
Ⅱ	大(2)型	<10，≥1.0	<150，≥50	<500，≥100	<300，≥100	<200，≥60	<150，≥50	重要	<10，≥3	<1 200，≥300
Ⅲ	中型	<1.0，≥0.10	<50，≥20	<100，≥30	<100，≥40	<60，≥15	<50，≥5	比较重要	<3，≥1	<300，≥50
Ⅳ	小(1)型	<0.1，≥0.01	<20，≥5	<30，≥5	<40，≥10	<15，≥3	<5，≥0.5	一般	<1，≥0.3	<50，≥10
Ⅴ	小(2)型	<0.01，≥0.001	<5	<5	<10	<3	<0.5		<0.3	<10

注：1. 水库总库容指水库最高水位以下的静库容；治涝面积指设计治涝面积；灌溉面积指设计灌溉面积；年引水量指供水工程渠首设计年均引（取）水量。

2. 保护区当量经济规模指标仅限于城市保护区；防洪、供水中的多项指标满足 1 项即可。

3. 按供水对象的重要性确定工程等别时，该工程应为供水对象的主要水源。

对综合利用的水利水电工程，当按各综合利用项目的分等指标确定的等别不同时，其工程等别应按其中的最高等别确定。

（二）水工建筑物级别

对不同级别的水工建筑物，其不同要求主要体现在以下方面：

（1）抗御洪水能力，如洪水标准，坝顶安全超高等。

（2）强度和稳定性，如建筑物的强度和抗滑稳定安全度，防止裂缝发生或限制裂缝开展的要求及限制变形要求等。

（3）建筑材料，如选用材料的品种、质量、强度等级及耐久性等。

（4）运行可靠性，如建筑物各部分尺寸裕度和是否设置专门设备等。

水工建筑物按其使用期限可分为永久性水工建筑物和临时性水工建筑物，前者是指在工程运行期间长期使用的水工建筑物，后者是指仅在工程施工及维修期间使用的水工建筑物。在永久性水工建筑物中，起主要作用、失事后造成严重灾害或严重影响工程效益的水工建筑物称为主要建筑物；在工程中作用相对较小、失事后影响不大的水工建筑物称为次要建筑物。

1. 水库及水电站工程永久性水工建筑物级别

水库及水电站工程的永久性水工建筑物级别，应根据其所在工程的等别和永久性水工建筑物的重要性，按表1-2确定。

表1-2　永久性水工建筑物级别

工程等别	主要建筑物	次要建筑物
Ⅰ	1	3
Ⅱ	2	3
Ⅲ	3	4
Ⅳ	4	5
Ⅴ	5	5

水库大坝按表1-2规定为2级、3级的，如坝高超过表1-3规定的指标，其级别可提高一级，但洪水标准可不提高。

表1-3　水库大坝提级指标

级别	坝型	坝高（m）
2	土石坝	90
	混凝土坝、浆砌石坝	130
3	土石坝	70
	混凝土坝、浆砌石坝	100

水库工程中最大高度超过200 m的大坝建筑物，其级别应为1级，其设计标准应专门研究论证，并报上级主管部门审查批准。

当水电站厂房永久性水工建筑物与水库工程挡水建筑物共同挡水时,其建筑物级别应与挡水建筑物的级别一致,按表 1-2 确定。当水电站厂房永久性水工建筑物不承担挡水任务、失事后不影响挡水建筑物安全时,其建筑物级别应根据水电站装机容量按表 1-4 确定。

表 1-4　水电站厂房永久性水工建筑物级别

发电装机容量(MW)	主要建筑物	次要建筑物
≥1 200	1	3
<1 200,≥300	2	3
<300,≥50	3	4
<50,≥10	4	5
<10	5	5

2. 拦河闸永久性水工建筑物级别

拦河闸永久性水工建筑物的级别,应根据其所属工程的等别按表 1-2 确定。

拦河闸永久性水工建筑物按表 1-2 规定为 2 级、3 级,其校核洪水过闸流量分别大于 5 000 m^3/s、1 000 m^3/s 时,其建筑物级别可提高一级,但洪水标准可不提高。

3. 防洪工程永久性水工建筑物级别

防洪工程中堤防永久性水工建筑物的级别,应根据其保护对象的防洪标准按表 1-5 确定。当经批准的流域、区域防洪规划另有规定时,应按其规定执行。

表 1-5　堤防永久性水工建筑物

防洪标准[重现期(年)]	≥100	<100,≥50	<50,≥30	<30,≥20	<20,≥10
堤防级别	1	2	3	4	5

涉及保护堤防的河道整治工程永久性水工建筑物级别,应根据堤防级别并考虑损毁后的影响程度综合确定,但不宜高于其所影响的堤防级别。

蓄滞洪区围堤永久性水工建筑物的级别,应根据蓄滞洪区类别、堤防在防洪体系中的地位和堤段的具体情况,按批准的流域防洪规划、区域防洪规划的要求确定。

蓄滞洪区安全区的堤防永久性水工建筑物级别宜为 2 级。对于安置人口大于 10 万人的安全区,经论证后堤防永久性水工建筑物级别可提高为 1 级。

分洪道(渠)、分洪与退洪控制永久性水工建筑物级别,应不低于所在堤防永久性水工建筑物级别。

4. 治涝、排水工程永久性水工建筑物级别

治涝、排水工程中的排水渠(沟)永久性水工建筑物级别,应根据设计流量按表 1-6 确定。

表 1-6　排水渠(沟)永久性水工建筑物级别

设计流量(m^3/s)	主要建筑物	次要建筑物
≥500	1	3
<500,≥200	2	3
<200,≥50	3	4
<50,≥10	4	5
<10	5	5

治涝、排水工程中的水闸、渡槽、倒虹吸、管道、涵洞、隧洞、跌水与陡坡等永久性水工建筑物级别,应根据设计流量,按表 1-7 确定。

表 1-7　排水渠系永久性水工建筑物级别

设计流量(m^3/s)	主要建筑物	次要建筑物
≥300	1	3
<300,≥100	2	3
<100,≥20	3	4
<20,≥5	4	5
<5	5	5

注:设计流量指建筑物所在断面的设计流量。

治涝、排水工程中的泵站永久性水工建筑物级别,应根据设计流量及装机功率按表 1-8确定。

表 1-8　泵站永久性水工建筑物级别

设计流量(m^3/s)	装机功率(MW)	主要建筑物	次要建筑物
≥200	≥30	1	3
<200,≥50	<30,≥10	2	3
<50,≥10	<10,≥1	3	4
<10,≥2	<1,≥0.1	4	5
<2	<0.1	5	5

注:1. 设计流量指建筑物所在断面的设计流量。
2. 装机功率指泵站包括备用机组在内的单站装机功率。
3. 当泵站按分级指标分属两个不同级别时,按其中高者确定。
4. 由连续多级泵站串联组成的泵站系统,其级别可按系统总装机功率确定。

5. 灌溉工程永久性水工建筑物级别

灌溉工程中的渠道及渠系永久性水工建筑物级别,应根据设计灌溉流量按表 1-9 确定。

表 1-9 灌溉工程永久性水工建筑物级别

设计灌溉流量(m^3/s)	主要建筑物	次要建筑物
≥300	1	3
<300,≥100	2	3
<100,≥20	3	4
<20,≥5	4	5
<5	5	5

灌溉工程中的泵站永久性水工建筑物级别,应根据设计流量及装机功率按表 1-8 确定。

6. 供水工程永久性水工建筑物级别

供水工程永久性水工建筑物级别,应根据设计流量按表 1-10 确定。供水工程中的泵站永久性水工建筑物级别,应根据设计流量及装机功率按表 1-10 确定。

表 1-10 供水工程永久性水工建筑物级别

设计流量(m^3/s)	装机功率(MW)	主要建筑物	次要建筑物
≥50	≥30	1	3
<50,≥10	<30,≥10	2	3
<10,≥3	<10,≥1	3	4
<3,≥1	<1,≥0.1	4	5
<1	<0.1	5	5

注:1. 设计流量指建筑物所在断面的设计流量。

2. 装机功率指泵站包括备用机组在内的单站装机功率。

3. 泵站建筑物按分级指标分属两个不同级别时,按其中高者确定。

4. 由连续多级泵站串联组成的泵站系统,其级别可按系统总装机功率确定。

承担县级市及以上城市主要供水任务的供水工程永久性水工建筑物级别不宜低于 3 级;承担建制镇主要供水任务的供水工程永久性水工建筑物级别不宜低于 4 级。

7. 临时性水工建筑物级别

水利水电工程施工期使用的临时性挡水、泄水等水工建筑物的级别,应根据保护对象、失事后果、使用年限和临时性挡水建筑物的规模,按表 1-11 确定。

当临时性水工建筑物根据表 1-11 中指标分属于不同级别时，应取其中最高级别。但列为 3 级临时性水工建筑物时，符合该级别规定的指标不得少于两项。

利用临时性水工建筑物挡水发电、通航时，经技术经济论证，临时性水工建筑物级别可提高一级。

表 1-11　临时性水工建筑物级别

级别	保护对象	失事后果	使用年限（年）	临时性挡水建筑物规模	
				围堰高度（m）	库容（$10^8 m^3$）
3	有特殊要求的 1 级永久性水工建筑物	淹没重要城镇、工矿企业、交通干线或推迟工程总工期及第一台（批）机组发电，推迟工程发挥效益，造成重大灾害和损失	>3	>50	>1.0
4	1 级、2 级永久性水工建筑物	淹没一般城镇、工矿企业或影响工程总工期和第一台（批）机组发电，推迟工程发挥效益，造成较大经济损失	≤3，≥1.5	≤50，≥15	≤1.0，≥0.1
5	3 级、4 级永久性水工建筑物	淹没基坑，但对总工期及第一台（批）机组发电影响不大，对工程发挥效益影响不大，经济损失较小	<1.5	<15	<0.1

失事后造成损失不大的 3 级、4 级临时性水工建筑物，其级别经论证后可适当降低。

微课 1-6　永久性水工建筑物洪水标准

四、永久性水工建筑物洪水标准

为维护水工建筑物自身安全所需防御的洪水大小，一般以某一频率或重现期洪水表示洪水标准。洪水标准分为设计洪水标准（正常运用）、校核洪水标准（非常运用）两种。水利水电工程永久性水工建筑物的洪水标准，应按山区、丘陵区和平原、滨海区分别确定，其中水库工程的永久性水工建筑物的洪水标准见表 1-12、表 1-13。

表 1-12　山区、丘陵区水库工程永久性水工建筑物洪水标准

项目		永久性水工建筑物级别				
		1	2	3	4	5
设计洪水标准[重现期（年）]		1 000 ~ 500	500 ~ 100	100 ~ 50	50 ~ 30	30 ~ 20
校核洪水标准[重现期（年）]	土石坝	可能最大洪水（PME）或 10 000 ~ 5 000	5 000 ~ 2 000	2 000 ~ 1 000	1 000 ~ 300	300 ~ 200
	混凝土坝、浆砌石坝	5 000 ~ 2 000	2 000 ~ 1 000	1 000 ~ 500	500 ~ 200	200 ~ 100

表 1-13 平原、滨海区水库工程永久性水工建筑物洪水标准

项目	永久性水工建筑物级别				
	1	2	3	4	5
设计洪水标准［重现期(年)］	300 ~ 100	100 ~ 50	50 ~ 20	20 ~ 10	10
校核洪水标准［重现期(年)］	2 000 ~ 1 000	1 000 ~ 300	300 ~ 100	100 ~ 50	50 ~ 20

【例 1-1】 芹山水电站位于福建省宁德市周宁县境内，为堆石面板坝，工程以发电为主，兼顾防洪。坝高 120.00 m，总库容 2.65 亿 m^3，装机容量 70 MW，防洪城镇为周宁县城。试确定该水利水电工程的等别，主要、次要、临时性建筑物的级别，永久性水工建筑物的洪水标准。

解：(1) 分等：根据《水利水电工程等级划分及洪水标准》(SL 252—2017)，查分等指标表，按总库容为Ⅱ等，按装机容量为Ⅲ等，按防洪为Ⅳ等，故取最高等别Ⅱ等。

(2) 级别：主要建筑物(拦河坝)按表 1-2 查为 2 级，但坝高超过 90 m，且坝型较新，故按 SL 252—2017 规定可提高一级，为 1 级，洪水标准不变。次要建筑物为 3 级，临时性建筑物为 4 级。

微课 1-7 工程案例

(3) 洪水标准：该工程位于山区，主要建筑物(拦河坝)为堆石面板坝、1 级建筑物，故其设计洪水标准为 500 ~ 1 000 年一遇，校核洪水标准为 5 000 ~ 10 000 年一遇；次要建筑物为 3 级，设计洪水标准为 50 ~ 100 年一遇，校核洪水标准视结构形式确定。

【单元探索】

通过本单元学习，试确定你所熟悉的一座水利枢纽工程的等别，枢纽中主要建筑物、次要建筑物、临时性建筑物的级别，永久性水工建筑物的洪水标准。

【单元练习】

一、判断题

1. 水利水电工程分等分级的目的是将工程安全和工程造价合理统一起来。(　　)

2. 某土石坝为 2 级建筑物，当坝高超过 80 m 时，其级别可提高一级，但洪水标准不予提高。(　　)

3. 某混凝土坝为 3 级建筑物，当坝高超过 90 m 时，其级别可提高一级，但洪水标准不予提高。(　　)

二、单项选择题

1. 某水利工程为综合利用工程，水库总库量为 3 500 万 m^3，灌溉面积为 2.5 万亩，电站装机容量为 5 MW，试确定该工程等别为(　　)。

A. Ⅱ等　　B. Ⅲ等　　C. Ⅳ等　　D. Ⅴ等

2. Ⅱ等水利枢纽工程的永久性水工建筑物中次要建筑物的级别是(　　)。

A. 2 级　　B. 3 级　　C. 4 级　　D. 5 级

3. Ⅲ等水利枢纽工程的永久性水工建筑物中主要建筑物的级别是(　　)。

A. 2 级　　B. 3 级　　C. 4 级　　D. 5 级

三、多项选择题

1. 下列哪些指标是确定水利枢纽等别的?(　　　　)

A. 防洪对象　　B. 治涝面积　　C. 建筑物类型

D. 灌溉面积　　E. 发电装机容量

2. 水利水电枢纽工程按其(　　　　)分为五等。

A. 规模　　B. 作用　　C. 效益

D. 在国民经济中的重要性　　E. 投资

3. 永久性水工建筑物的洪水标准应依据(　　　　)来选定。

A. 在国民经济中的重要性　　B. 地(形)区属性　　C. 建筑物类型

D. 建筑物级别　　E. 工程等别

四、填空题

1. 水工建筑物按功能可以分为挡水建筑物、泄水建筑物、__________、____________、____________、____________等几类建筑物。

2. 永久性水工建筑物洪水标准可分为________、________两种洪水标准。

项目二　岩基上的重力坝

【学习目标】

学习单元	能力目标	知识点
单元一	了解重力坝的特征、结构组成,掌握重力坝的工作原理、特点,掌握重力坝的分类方法	重力坝的概念; 重力坝的特点; 重力坝的类型
单元二	了解非溢流重力坝基本剖面的主要参数、确定原则和方法,掌握波浪要素计算,掌握实用剖面确定的内容(坝顶宽度、坝顶高程、坝基高程确定,坝高计算,上下游边坡拟定,折坡点位置确定)和方法,了解非溢流重力坝剖面的优化方法,掌握剖面图的绘制步骤和方法	波浪要素; 非溢流重力坝的剖面参数; 非溢流重力坝剖面优化
单元三	理解作用在重力坝上荷载的类型和计算内容,掌握自重的计算,掌握静水压力、动水压力分布图的绘制及计算,掌握减少扬压力的措施、扬压力分布图的绘制及计算,掌握不同波浪形态浪压力的分布图及计算,掌握基本荷载和特殊荷载的组合方法及计算	重力坝的荷载(静水压力、动水压力、扬压力、泥沙压力、浪压力、地震荷载、冰压力); 荷载组合(基本荷载和特殊荷载,基本组合和特殊组合)
单元四	掌握重力坝抗滑稳定分析的目的和类型,掌握重力坝抗滑稳定安全系数计算公式、公式含义及适用情况	重力坝抗滑稳定计算截面的选取; 提高坝体抗滑稳定的工程措施
单元五	理解重力坝应力分析的目的与计算内容,掌握重力坝应力分析的“材料力学法”,掌握重力坝应力控制标准	坝体正应力、剪应力和主应力; 荷载及应力正负的规定
单元六	掌握溢流重力坝的工作特点和设计要求,掌握泄流方式选择和孔口设计方法,掌握溢流面曲线选择和剖面设计方法,掌握各种形式消能工的水力计算和构造设计方法	溢流坝的孔口形式; 横缝的布置; 消能工的形式及选择、消能设计原则和标准
单元七	了解泄水孔的布置原理,掌握泄水孔(有压、无压)的体形设计方法,掌握泄水孔的构造要点	坝身泄水孔的作用; 坝身泄水孔的组成和形式

续表

学习单元	能力目标	知识点
单元八	理解重力坝的材料特性(强度、耐久性),掌握大坝混凝土材料分区方法,掌握混凝土重力坝的主要构造内容和构造方法	重力坝混凝土强度和耐久性要求; 设置坝体排水、廊道,进行坝体分缝、止水的目的
单元九	掌握坝基开挖清理的主要技术要求(开挖深度、轮廓形状、平整度等),掌握固结灌浆布置与设计内容,掌握防渗帷幕布置与设计内容,理解坝基排水布置与设计的作用与方法,理解特殊软弱带的处理原则和方法	重力坝对地基的要求; 固结灌浆的概念和作用; 帷幕灌浆的概念和作用
单元十	掌握碾压混凝土重力坝、浆砌石重力坝、支墩坝的特点和构造要求	碾压混凝土重力坝; 浆砌石重力坝; 支墩坝

单元一　重力坝认知

【单元导航】

问题 1:何谓重力坝? 其特征、结构组成和工作原理如何?

问题 2:重力坝有哪些特点? 重力坝如何分类?

【单元解析】

一、概述

微课 2-1　重力坝的工作原理及特点

(一)重力坝的特征

重力坝是一种古老而又应用广泛的坝型,它因主要依靠坝体自重产生的抗滑力维持稳定而得名。通常修建在岩基上,用混凝土或浆砌石筑成。坝轴线一般为直线,垂直坝轴线方向设有永久性横缝,将坝体分为若干个独立坝段,以适应温度变化和地基不均匀沉陷,坝的横剖面基本上是上游近于铅直的三角形,如图 2-1 所示。

(二)重力坝的结构组成

重力坝一般由溢流坝、非溢流坝、防浪墙、闸门(工作、检修)、闸墩、启闭机、工作桥、交通桥、横缝(宽缝)、廊道(横向、纵向)、排水孔、排水管、防渗帷幕等部分组成。

(三)重力坝的工作原理

重力坝的工作原理是在水压力及其他荷载的作用下,主要依靠坝体自身重量在滑动面上产生的抗滑力来满足稳定要求;同时也依靠坝体自重在水平截面上产生的压应力来抵消由于水压力所引起的拉应力,以满足强度要求。

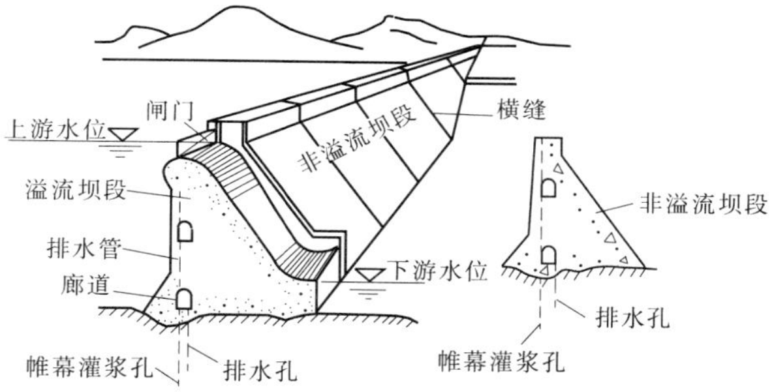

图 2-1 混凝土重力坝示意

二、重力坝的特点

(1)结构作用明确,设计方法简便。

(2)泄洪和施工导流比较容易解决。重力坝的断面大,筑坝材料抗冲刷能力强,适用于在坝顶溢流和坝身设置泄水孔。枢纽布置方便紧凑,这是重力坝最大的优点。

(3)结构简单,施工方便,安全可靠。

(4)对地形、地质条件适应性强。

(5)受扬压力影响较大。扬压力的作用方向与坝体自重的方向相反,会抵消部分坝体的有效重量,对坝体的稳定和应力不利。

(6)材料强度不能充分发挥。由于重力坝的断面是根据抗滑稳定和无拉应力条件确定的,坝体内的压应力通常不大,因此材料强度得不到充分发挥。这是重力坝的主要缺点。

(7)坝体体积大,水泥用量多,一般均需采取温控散热措施。

三、重力坝的类型

(1)按坝高分:坝高小于 30 m 的为低坝,坝高 30 ~ 70 m 的为中坝,坝高大于 70 m 的为高坝。坝高指坝基最低点(但不包括局部深槽、井、洞)至坝顶路面的高度。

(2)按筑坝材料分:混凝土重力坝及浆砌石重力坝。

(3)按泄水条件分:溢流重力坝(或称溢流坝,坝体内设有泄水孔的坝段和溢流坝段统称为泄水坝段)、非溢流重力坝(或称挡水坝、非溢流坝)。

(4)按结构形式分:实体重力坝、空腹重力坝、宽缝重力坝 、宽缝填渣重力坝。

(5)按施工方式分:常规(态)混凝土浇筑式重力坝 、碾压混凝土重力坝。

【例 2-1】 新安江水电站(见图 2-2)是中国第一座自行设计、自制设备、自建的大型水力发电站,被人们誉为“长江三峡的试验田”。水电站建成投产于 1960 年,至 2017 年已安全运行了 57 年。新安江水电站控制流域面积 10 480 km^2,占新安江流域面积的 89.4%,因建水电站而形成的人工湖(新安江水库)——千岛湖成为著名的旅游胜地。

水库校核洪水位 114 m,正常蓄水位 108 m,防洪限制水位 106.5 m,死水位 86 m;水库总库容 220 亿 m^3,调节库容 102.7 亿 m^3,死库容 75.7 亿 m^3,防洪库容 47.3 亿 m^3。为多年调节水库,装机容量 855 MW(9 台)。工程以发电为主,兼有防洪、灌溉作用。

图 2-2 新安江重力坝

该水电站主要建筑物有:拦河坝(为混凝土宽缝重力坝,坝顶高程 115 m,最大坝高 105 m,坝顶长 465.4 m,最大底宽 93.664 m,挡水段坝顶宽 8.5 m,溢流段顶宽 38.7 m);溢流坝(位于拦河坝河床部分,坝后厂房的顶部,坝后厂顶溢流式,设 9 个表孔,堰顶高程 99 m,孔口宽 13 m,高 10.5 m,最大泄流量 13 200 m^3/s,闸门为平面定轮闸门,厂房顶末端设有差动式挑流鼻坎);发电厂房(在溢流坝段内安装有直径 5.2 m 压力钢管 9 条,有钢管的坝段用斜缝浇筑);升压变电站等。

【单元探索】

查找资料,加深对重力坝的特征、坝体结构组成、类型等知识的理解。

【单元练习】

一、判断题

1. 目前,世界上最高的重力坝是中国的三峡混凝土重力坝。(　　)

2. 重力坝在垂直坝轴线方向设置横缝的目的是避免因坝基不均匀沉陷或温度变化引起坝体开裂。(　　)

3. 重力坝的坝轴线一般为折线。(　　)

4. 因为重力坝的断面是根据抗滑稳定和无拉应力条件确定的,所以坝体内的压应力通常不大。(　　)

5. 扬压力的作用方向与坝体自重的方向相反,会抵消部分坝体的有效重量,对坝体的稳定和应力不利。(　　)

6. 因为重力坝坝体作用于地基面上的压应力不高,所以对地质条件的要求也较低,一般多建造在土质地基上。(　　)

7. 因为重力坝可以利用坝体或底孔进行泄洪和导流,所以其枢纽布置方便、紧凑。(　　)

8. 坝高指的是坝体最低面(包括局部深槽或井、洞)至坝顶路面的高度。(　　)

二、单项选择题

1. 一般情况下，较高的坝和重要的工程通常采用(　　)重力坝。

A. 沥青混凝土　　B. 水泥砂浆砌石

C. 细骨料混凝土砌石　　D. 混凝土

2. 坝体内设有泄水孔的坝段和溢流坝段统称为(　　)。

A. 溢洪道　　B. 溢流坝段　　C. 泄水坝段　　D. 非挡水坝段

三、多项选择题

1. 重力坝具有以下哪些优点？(　　)

A. 结构作用明确，设计方法简便

B. 泄洪和施工导流比较容易解决

C. 整体性好，抗震性能优

D. 经济适用，安全可靠

E. 结构简单，施工方便

2. 重力坝具有以下哪些缺点？(　　)

A. 坝体尺寸大，材料强度不能充分发挥

B. 对地形、地质条件适应性较差

C. 受扬压力影响较大

D. 水泥用量多，温控措施要求较高

E. 施工和运行维护较复杂

3. 重力坝按结构形式分类，可分为(　　)。

A. 周界缝重力坝　　B. 实体重力坝　　C. 宽缝重力坝

D. 空腹重力坝　　E. 支墩坝

四、填空题

1. 重力坝主要依靠________产生的________来满足稳定要求。

2. 重力坝按施工方式分类，可分为____________、____________。

3. 坝高大于________m 的为高坝；坝高________m 的为中坝；坝高小于________m 的为低坝。

4. 重力坝的突出问题是________和________不能充分利用。

单元二　非溢流重力坝的剖面设计

【单元导航】

问题 1：非溢流重力坝剖面设计的任务是什么？

问题 2：如何确定非溢流重力坝剖面？

【单元解析】

微课 2-2　非溢流坝剖面绘制

一、剖面设计的任务和步骤

非溢流重力坝剖面设计的任务是在满足稳定和强度要求的条件

下，求得一个施工简单、运用方便、体积最小的剖面。影响剖面设计的因素很多，主要有作用荷载、地形地质条件、运用要求、筑坝材料、施工条件等。

设计步骤一般是：首先简化荷载条件并结合工程经验，拟定出基本剖面；再根据运用和安全要求，将基本剖面修改为实用剖面，并进行稳定计算和应力分析；然后优化剖面设计，得出满足设计要求的经济剖面；最后进行构造设计和地基处理。

二、基本剖面

重力坝承受的主要荷载是静水压力、扬压力和自重，控制剖面尺寸的主要指标是稳定和强度要求。因为作用于上游面的水压力呈三角形分布，所以重力坝的基本剖面是三角形，如图 2-3 所示。

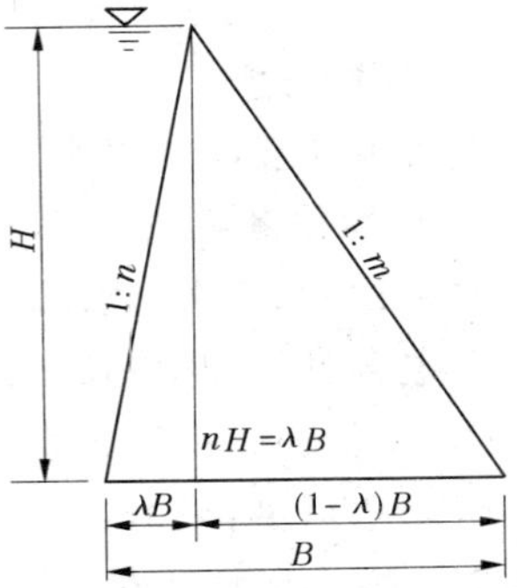

图 2-3　重力坝的基本剖面

图 2-3 中坝高 H 是已知的，关键是要确定最小坝底宽 B 以及上下游边坡系数 n、m。经分析计算可知，坝体断面尺寸与坝基的好坏有着密切关系，当坝体与坝基的摩擦系数较大时，坝体断面由应力条件控制；当坝体与坝基的摩擦系数较小时，坝体断面由稳定条件控制。根据工程经验，重力坝基本剖面的上游边坡系数常采用 0 ~ 0.2，下游边坡系数常采用 0.6 ~ 0.8，坝底宽为坝高的 0.7 ~ 0.9 倍。

三、实用剖面

微课 2-3　坝顶高程及坝高确定

（一）坝顶宽度

由于运用和交通的需要，坝顶应有足够的宽度。坝顶宽度应根据设备布置、运行、检修、施工和交通等需要确定，并满足抗震、特大洪水时抢护等要求。当无特殊要求时，常态混凝土重力坝坝顶最小宽度为 3 m，碾压混凝土重力坝坝顶最小宽度为 5 m，一般取坝高的 8% ~ 10%。当有交通要求或有移动式启闭机设施时，应根据实际需要确定。

（二）坝顶超高

实用剖面必须加安全高度，坝顶应高于校核洪水位，坝顶上游防浪墙顶的高程应高于波浪顶高程。坝顶高于水库静水位的高度，按下式计算：

$$\Delta h = h_{1\%} + h_z + h_c \tag{2-1}$$

微课 2-4　波浪要素及计算

式中　Δh——坝顶高于水库静水位的高度，m；

$h_{1\%}$——累计频率为 1% 时的波浪高度，m；

h_z——波浪中心线至静水位的高度，如图 2-4 所示，m；

h_c——安全超高，m，按表 2-1 选用。

（1）波浪高度按下列情况计算：

①对于内陆峡谷水库，推荐采用官厅水库公式计算（适用于吹程 $D < 20$ km，风速 $v < 20$ m/s）。

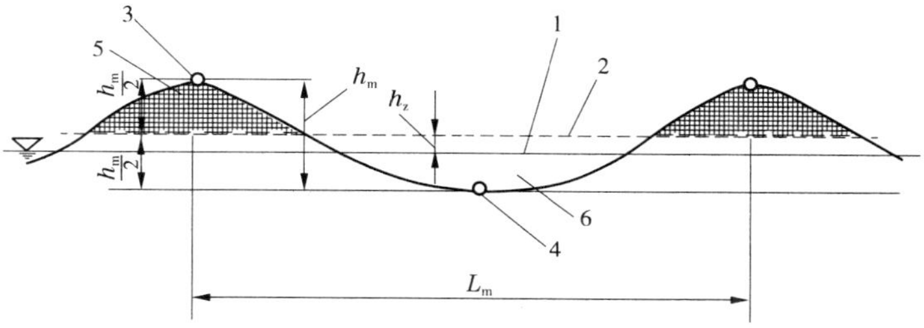

1—计算水位(静水位);2—波浪中心线;3—波顶;4—波底;5—波峰;6—波谷

图 2-4　波浪要素示意

表 2-1　安全超高 h_c　(单位:m)

运用情况	坝的安全级别		
	1	2	3
设计情况	0.7	0.5	0.4
校核情况	0.5	0.4	0.3

$$\frac{gh}{v_0^2} = 0.007\,6 v_0^{-1/12} \left(\frac{gD}{v_0^2}\right)^{1/3} \quad (2\text{-}2)$$

$$\frac{gL_m}{v_0^2} = 0.331 v_0^{-1/2.15} \left(\frac{gD}{v_0^2}\right)^{1/3.75} \quad (2\text{-}3)$$

式中　h——波浪高度,m,当 $gD/v_0^2=20\sim250$ 时为累计频率 5% 的波高,当 $gD/v_0^2=250\sim1\,000$ 时为累计频率 10% 的波高,SL 319—2005 规定,应采用累计频率为 1% 的波高,对应于 5% 的波高应乘以 1.24,对应于 10% 的波高应乘以 1.41;

v_0——计算风速,m/s,设计情况取 50 年一遇风速,校核情况取多年平均最大风速;

L_m——波浪长度,m;

D——风区长度,m,可取坝前沿水面到水库对岸水面的最大直线距离[见图 2-5(a)],当水库水面特别狭长时,以 5 倍平均水面宽计算[见图 2-5(b)]。

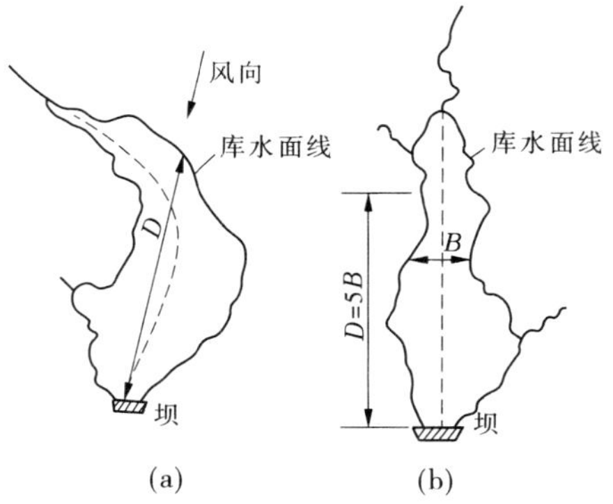

图 2-5　风区长度计算图

②对于丘陵、平原地区水库,当库水较深,吹程 $D<7.5$ km,风速 $v<26.5$ m/s 时,宜

采用鹤地水库公式进行计算。

$$\frac{gh_{2\%}}{v_0^2} = 0.006\,25 v_0^{1/6}\left(\frac{gD}{v_0^2}\right)^{1/3} \tag{2-4}$$

$$\frac{gL_m}{v_0^2} = 0.038\,6\left(\frac{gD}{v_0^2}\right)^{1/2} \tag{2-5}$$

（2）波浪中心线高出静水位的高度 h_z 按下式计算：

$$h_z = \frac{\pi h_{1\%}^2}{L_m}\coth\frac{2\pi H_1}{L_m} \tag{2-6}$$

当 $H_1 \geqslant 0.5L_m$（深水波）时　　$h_z \approx \frac{\pi h_{1\%}^2}{L_m}$　　(2-7)

式中　H_1——坝前水库水深，m；

coth——双曲余切函数。

坝顶高程或坝顶上游防浪墙顶高程应按下列两式计算，并取大值：

$$Z_{坝顶}（坝顶高程）= Z_{正}（正常蓄水位）+ \Delta h_{正} \tag{2-8}$$

$$Z_{坝顶}（坝顶高程）= Z_{校}（校核洪水位）+ \Delta h_{校} \tag{2-9}$$

式中　$\Delta h_{正}$——计算的坝顶（或防浪墙顶）距正常蓄水位的高度，m；

$\Delta h_{校}$——计算的坝顶（或防浪墙顶）距校核洪水位的高度，m。

有时为了同时满足稳定和强度的要求，重力坝的上游面布置成倾斜面或折面（见图2-6），这样可利用部分水重，以满足坝体抗滑稳定要求，同时也避免施工期下游面产生拉应力。折坡点高度应结合引水管、泄水孔的进口布置等因素确定，一般为坝前最大水头的1/2～1/3。

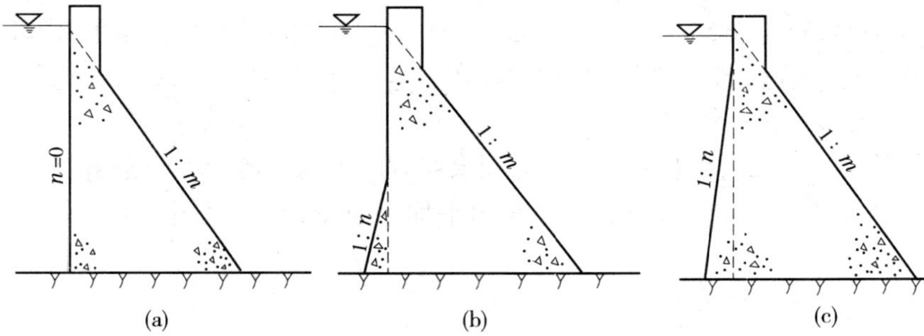

图2-6　重力坝常用剖面形式

四、优化设计

前面介绍的由三角形基本剖面经反复验算修改成为实用剖面的方法，是工程设计中常用的坝体经济剖面选择方法，但此方法试算工作繁重，故较难真正求得最优剖面。近些年来，大中型工程设计一般都要进行优化设计。重力坝优化设计要点如下。

（一）设计变量

一个结构的设计方案是由若干个变量来描述的，首先规定描述坝体体形的设计参数，对于实体重力坝，一般是上下游坝面的坡率、坝体高度、坝顶宽度、坝顶距上下游起坡点的高度等。这些参数中的一部分是按照某些具体要求事先给定的,它们在优化设计过程中始终保持不变,称为预定参数,如坝体高度、坝顶宽度等;另一部分在优化过程中是可以变化的,称为设计变量,如上下游坝面的坡率、起坡点等。

(二)建立目标函数

一般取结构重量或造价作为目标函数。由于重力坝的造价主要取决于坝体混凝土的工程量,所以常取坝体体积作为目标函数,记为 $V(x)$。

(三)确定约束条件

根据《混凝土重力坝设计规范》(SL 319—2005)的规定,对坝段的稳定和应力施加限制,同时考虑布置和施工要求,规定设计参数的上、下限,如上游坡度不为倒坡,也不易太缓等。在给定预定参数的情况下,求一组设计变量 $\{x\}=[A]^{\mathrm{T}}$,使目标函数 $V(x)$ 趋于最小。

(四)选择求解方法

目标函数和约束条件都是设计参数的非线性函数,因此重力坝的优化设计是一个非线性规划问题,具体计算方法可参考有关书籍。

【例 2-2】 某山区水库枢纽是以灌溉为主兼顾发电和供水的综合利用工程,该工程等别为Ⅱ等,拦河大坝为 2 级建筑物。本流域属亚热带季风区,多年平均最大风力 7 级,风速 14 m/s,50 年一遇最大风速 20 m/s,风向多北风,吹程 3 km。水库特性见表 2-2。请设计此非溢流重力坝的剖面。

表 2-2 水库特性

分类	指标名称	上游水位(m)	下游水位(m)	相应下泄流量(m^3/s)
水位	校核洪水位(0.1%)	184.73	153.10	3 224
	设计洪水位(1%)	183.00	151.30	2 290
	消能防冲设计洪水位(2%)	182.55	150.90	2 060
	正常高水位	182.00	144.80	0(关闭闸门时)
	死水位	172.50		
库容	总库容(亿 m^3)	5.2		
	兴利库容(亿 m^3)	3.5		
	调洪库容(亿 m^3)	0.8		
	死库容(亿 m^3)	0.9	为多年调节水库	

解:波浪高度采用官厅水库公式计算:

$$\frac{gh}{v_0^2}=0.007\,6v_0^{-1/12}\left(\frac{gD}{v_0^2}\right)^{1/3},\quad \frac{gL_m}{v_0^2}=0.331v_0^{-1/2.15}\left(\frac{gD}{v_0^2}\right)^{1/3.75}$$

由于,在设计情况下,$\frac{gD}{v_0^2}=\frac{9.81\times3\,000}{20^2}=73.575$;在校核情况下,$\frac{gD}{v_0^2}=\frac{9.81\times3\,000}{14^2}=150.153$。

所以，$\frac{gD}{v_0^2}=20\sim250$，为累计频率5%的波高，即 $h_{1\%}=1.24h$。

h_z 采用式(2-7)计算，坝顶高程计算成果见表2-3。

表 2-3　坝顶高程计算成果　　(单位：m)

计算情况	波高 $h_{1\%}$	波长 L_m	h_z	安全超高 h_c	Δh	坝顶高程
正常蓄水位	1.25	10.54	0.47	0.50	2.22	184.22
校核洪水位	0.80	7.37	0.27	0.40	1.47	186.20

坝顶高程：取上述两种情况坝顶高程中的大值即186.20 m，并取防浪墙高度1.2 m，则工程实际中坝顶高程一般按："186.20 − 1.2 = 185.00(m) > 184.73 m，高于校核洪水位"确定(SL 319—2005规定：设置防浪墙后的坝顶高程不低于水库静水位)。

坝基高程：河床高程145.00 m，有1～2 m覆盖层，清除2 m覆盖层，坝基高程为143.00 m。

最大坝高：185.00 − 143.00 = 42.00(m)。

坝顶宽度：因该水利枢纽位于山区峡谷，无交通要求，按构造要求取坝顶宽度5 m，同时满足维修时的单车道要求。

坝坡的确定：根据工程经验，考虑利用部分水重增加坝体稳定，上游坝面采用折坡。

上游坡度起坡点位置：该工程拟折坡点高程为167.00 m，$n=0.15$；下游坡度起坡点位置：折坡点高程为178.06 m(三角形顶点位于坝顶)，$m=0.72$。

拟定的非溢流坝剖面见图2-7。

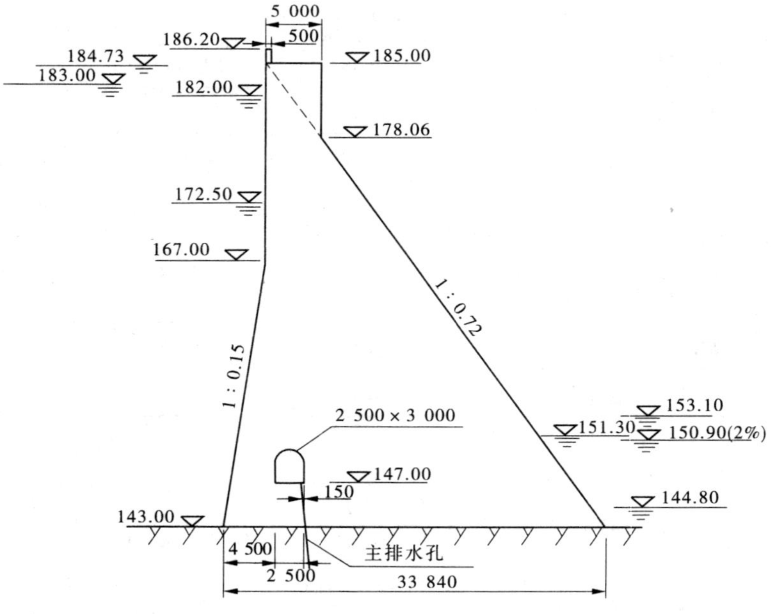

图 2-7　非溢流坝剖面　(尺寸单位：mm；高程单位：m)

【单元探索】

比较不同类型非溢流重力坝剖面尺寸确定的异同点。

【单元练习】

一、判断题

1. 重力坝的基本剖面呈三角形是考虑施工方便。(　　)

2. 重力坝坝体基本剖面的拟定常采用工程类比法。(　　)

3. 当无特殊要求时,常态混凝土浇筑式重力坝坝顶最小宽度为 5 m。(　　)

4. 在校核洪水位情况下,重力坝波浪要素计算时,计算风速采用重现期为 50 年的最大风速。(　　)

5. 当水库水面特别狭长时,吹程以 5 倍平均水面宽计算。(　　)

6. 重力坝坝体断面尺寸与坝基的好坏有着密切关系,当坝体与坝基的摩擦系数较大时,坝体断面由应力条件控制。(　　)

二、单项选择题

1. 重力坝基本剖面的上游边坡系数常采用(　　)。

A. 0 ~ 0.2　　B. 0 ~ 0.3　　C. 0.6 ~ 0.8　　D. 0.5 ~ 1.0

2. 重力坝基本剖面的下游边坡系数常采用(　　)。

A. 0 ~ 0.2　　B. 0 ~ 0.3　　C. 0.6 ~ 0.8　　D. 0.5 ~ 1.0

3. 重力坝基本剖面的坝底宽为坝高的(　　)倍。

A. 1.0 ~ 1.2　　B. 0.7 ~ 0.9　　C. 0.6 ~ 0.8　　D. 0.5 ~ 1.0

4. 当无特殊要求时,碾压混凝土重力坝坝顶最小宽度一般取坝高的(　　) m。

A. 2% ~ 3%　　B. 4% ~ 5%　　C. 8% ~ 10%　　D. 10% ~ 20%

5. 当混凝土重力坝的安全级别为 2 级时,正常蓄水位情况下安全超高 h_c 为(　　) m。

A. 0.7　　B. 0.5　　C. 0.4　　D. 0.3

三、多项选择题

1. 非溢流重力坝剖面设计的基本原则是(　　　　)。

A. 结构作用明确,设计简便

B. 满足稳定和强度要求

C. 结构合理,运用方便

D. 利于施工,方便维修

E. 工程量小,造价低

2. 非溢流重力坝坝顶高于水库静水位的高度 Δh 是指(　　　　)。

A. 坝顶(或防浪墙顶)距正常蓄水位的高度

B. 坝顶(或防浪墙顶)距汛限水位的高度

C. 坝顶(或防浪墙顶)距防洪高水位的高度

D. 坝顶(或防浪墙顶)距设计洪水位的高度

E. 坝顶(或防浪墙顶)距校核洪水位的高度

四、填空题

1. 作用在重力坝上的主要荷载有__________、__________、__________。

2. 控制非溢流坝剖面尺寸的主要指标是__________、__________。

3. 重力坝坝体断面设计时，上游边坡系数常取为____________，下游边坡系数常取为__________，坝底宽度为坝高的__________倍。

单元三　重力坝的荷载及组合

【单元导航】

问题1：作用在重力坝上的荷载有哪些？如何计算？

问题2：为什么要对作用在重力坝上的荷载进行组合？怎么组合？

【单元解析】

作用在重力坝上的荷载主要有自重、上下游坝面上的水压力、扬压力、泥沙压力、浪压力、地震荷载及冰压力等。

一、荷载计算

荷载计算包括确定荷载的大小、方向、作用点。一般按单位坝长进行分析，对溢流坝段通常取一个坝段进行计算。

（一）自重（包括永久设备重）

坝体自重是维持大坝稳定的主要荷载，其大小可根据坝的体积和筑坝材料的容重计算确定，计算公式为

$$G = \gamma_c V \tag{2-10}$$

式中　G——坝体自重，kN；

V——坝的体积，m^3；

γ_c——筑坝材料的容重，kN/m^3。

筑坝材料容重选用的是否合适，直接影响坝的安全和经济，对此必须慎重。在初步设计阶段可根据材料种类按表2-4选取，施工图设计阶段应通过现场试验确定。

表2-4　筑坝材料的容重

筑坝材料	混凝土	浆砌石	浆砌条石	细骨料混凝土砌石
容重（kN/m^3）	23.5 ~ 24	21 ~ 23	23 ~ 25	23 ~ 24

（二）水压力

1. 挡水坝的静水压力

静水压力可按水力学的原理计算。坝面上任意一点的静水压强 $p = \gamma_0 y$，其中 γ_0 为水的容重，y 为该点距水面的深度。当坝面倾斜（或折面）时，为了计算方便，常将作用在坝面上的水压力分为水平水压力和垂直水压力，见图2-8。

2. 溢流坝的水压力

溢流坝坝顶闸门关闭挡水时，静水压力计算与挡水坝段完全相同。在泄水时，作用在

上游坝面的水压力可按式(2-11)近似计算,如图 2-9 所示。

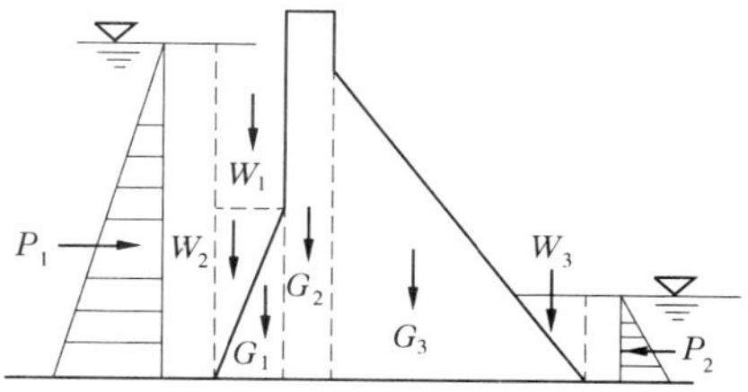

图 2-8 挡水坝的静水压力

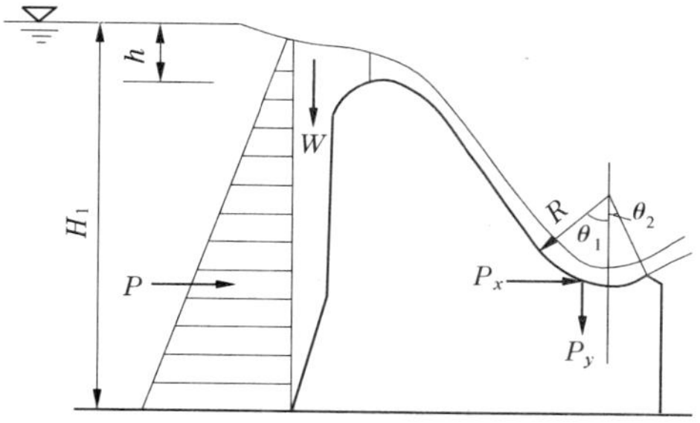

图 2-9 溢流坝的水压力

$$P = \frac{1}{2}\gamma_0(H_1^2 - h^2) \tag{2-11}$$

式中 P——单位坝长的上游水平压力,kN/m,作用在压力图形的形心;

H_1——上游水深,m;

h——坝顶溢流水深,m;

γ_0——水的容重,一般采用 9.81 kN/m³。

3. 溢流坝下游反弧段的动水压力

溢流坝下游反弧段的动水压力可根据流体动量方程求得。若假设反弧段始、末两断面的流速相等,则单位坝长在该反弧段上的动水压力的总水平分力 P_x 与总垂直分力 P_y 的计算公式如下:

$$P_x = \frac{\gamma_0 qv}{g}(\cos\theta_2 - \cos\theta_1) \quad (\text{kN}) \tag{2-12}$$

$$P_y = \frac{\gamma_0 qv}{g}(\sin\theta_2 + \sin\theta_1) \quad (\text{kN}) \tag{2-13}$$

式中 q——鼻坎处单宽流量,m³/(s·m);

v——反弧段上的平均流速,m/s;

θ_1、θ_2——反弧段圆心竖线左、右的中心角,(°)。

P_x、P_y 的作用点,可近似地认为作用在反弧段中央,其方向以图 2-9 所示为正。溢流面上的脉动水压力和负压对坝体稳定和坝内应力影响很小,可以忽略不计。

(三)扬压力

1. 坝基面上的扬压力

扬压力由上下游水位差产生的渗透水压力和下游水深产生的浮托力两部分组成,其大小可按扬压力分布图形进行计算。影响扬压力分布及数值的因素很多,设计时根据坝基地质条件、防渗及排水措施、坝体的结构形式等综合考虑选用扬压力计算图形。

微课 2-5 扬压力及计算

1) 坝基设有防渗帷幕和排水幕的实体重力坝

防渗帷幕和排水幕是重力坝减小渗透压力的常用措施。防渗帷幕是通过在岩基中钻孔灌浆而成的,其渗透系数远小于周围岩石的渗透系数,渗透水流绕过或渗过帷幕时要消耗很大的能量,从而使帷幕后的渗透压力大为降低。排水幕由钻机钻成的一排排水孔组成,能使部分渗透水流自由排出,使渗透压力进一步降低。设有防渗帷幕和排水幕的实体重力坝坝基面扬压力分布图形如图 2-10 所示。图 2-10 中矩形部分是由下游水深 H_2 产生的浮托力,在水平坝基上任一点的压强为 $\gamma_0 H_2$;折线部分是由上下游水位差 H 产生的渗透压力,上游压强为 $\gamma_0 H$,下游为零,排水幕处为 $\alpha\gamma_0 H$。α 为剩余水头系数,河床坝段采用 $\alpha = 0.25$,岸坡坝段采用 $\alpha = 0.35$,对于水文和工程地质条件较复杂的地基,应进行研究论证,以确定合适的数值。

在特殊情况下,也可只设灌浆帷幕或排水幕,相应的扬压力图形与图 2-10 类似,其剩余水头系数 α 可以结合专门论证确定。

2)采取抽排降压措施的实体重力坝

防渗帷幕和排水幕不能降低浮托力,当下游水深较大时,浮托力对扬压力的影响显著。为了更有效地降低扬压力,可以采取抽排降压措施,即在坝体廊道内设置抽水设备及排水系统,定时抽排,使扬压力进一步降低。采取抽排降压措施的实体重力坝坝基面扬压力分布图形如图 2-11 所示。图 2-11 中 α_1 为主排水幕处扬压力剩余系数,一般取 $\alpha_1 = 0.2$;α_2 为坝基面上残余扬压力系数,可采用 0.5。当有专门论证时,系数 α_1、α_2 可采用论证后的值。

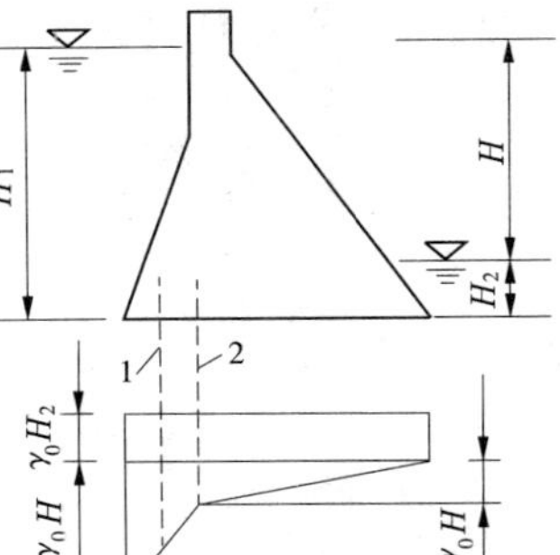

1—防渗帷幕;2—主排水幕

图 2-10 设有防渗帷幕和排水幕的实体重力坝坝基面扬压力分布图形

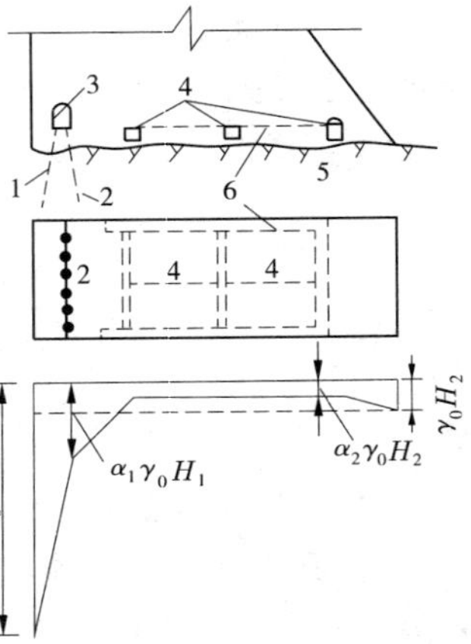

1—防渗帷幕;2—主排水幕;3—灌浆廊道;
4—纵向排水廊道;5—基岩面;6—横向排水

图 2-11 采取抽排降压措施的实体重力坝坝基面扬压力分布图形

2. 坝体内部的扬压力

渗透水流除在坝基面产生渗透压力外,渗入坝体内部的水流也会产生渗透压力。为减小坝体内的渗透压力,常在坝体上游面附近的 3 ~5 m 范围内,提高混凝土的防渗性能,形成防渗层,并在防渗层后设坝身排水管。坝体内部的扬压力按图 2-12 所示的分布图形进行计算,图中 α_3 常取 0.2。当坝内无排水管时,则取渗透压力为三角形分布。

(四)泥沙压力

水库建成蓄水后,入库水流挟带的泥沙将逐年淤积在坝前,对坝体产生泥沙压力。取淤积计算年限为 50 ~100 年,参照经验数据,按主动土压力公式计算泥沙压力:

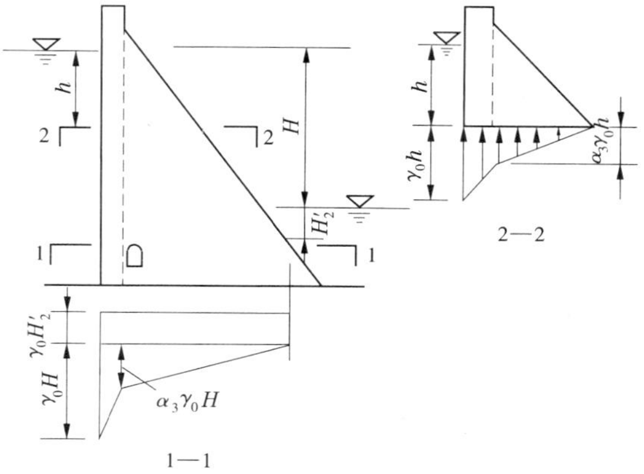

图 2-12 坝体内部的扬压力分布图形

$$P_{\mathrm{n}}=\frac{1}{2}\gamma_{\mathrm{n}}h_{\mathrm{n}}^{2}\tan^{2}\left(45°-\frac{\varphi_{\mathrm{n}}}{2}\right) \tag{2-14}$$

式中 P_{n}——泥沙压力,kN/m;

γ_{n}——泥沙的浮容重,一般为 6.5 ~9.0 kN/m^3;

h_{n}——泥沙的淤积厚度,m;

φ_{n}——泥沙的内摩擦角,(°),对于淤积时间较长的粗颗粒泥沙 $\varphi_{\mathrm{n}}=18°\sim20°$,对于黏土质泥沙 $\varphi_{\mathrm{n}}=12°\sim14°$,对于淤泥、黏土和胶质颗粒 $\varphi_{\mathrm{n}}=0°$。

当上游坝面倾斜时,除计算水平向泥沙压力 P_{n} 外,还应计算铅直向泥沙压力。铅直向泥沙压力可按作用在坝面上的土重计算。

(五)浪压力

水库水面在风的作用下产生波浪,波浪对坝面的冲击力称为浪压力。计算浪压力时,首先要计算波浪高度 h、波浪长度 L_{m} 和波浪中心线超出静水位的高度 h_z 等波浪要素(见图 2-4)及临界水深 H_{cr}。由于影响波浪的因素很多,因此目前仍用已建水库长期观测资料所建立的经验公式进行计算,具体计算可参阅本项目单元二相关内容。

微课 2-6 浪压力及计算

临界水深 H_{cr} 采用下式计算:

$$H_{\mathrm{cr}}=\frac{L_{\mathrm{m}}}{4\pi}\ln\frac{L_{\mathrm{m}}+2\pi h_{1\%}}{L_{\mathrm{m}}-2\pi h_{1\%}} \tag{2-15}$$

当重力坝的迎水面为铅直或接近铅直时,波浪推进到坝前,受到坝的阻挡,而使波浪壅高形成驻波。计算浪压力和坝顶超高时,坝前波浪在静水位以上的高度为 $h_{1\%}+h_z$。此外,随着建筑物迎水面前水深的不同,可能产生三种波态,即深水波、浅水波和破碎波(见图 2-13),浪压力计算时需根据不同波态选择相应的计算公式。

(1)当 $H_1\geqslant H_{\mathrm{cr}}$ 和 $H_1\geqslant L_{\mathrm{m}}/2$ 时[见图 2-13(a)],单位长度上的浪压力计算公式为

$$P_{\mathrm{wk}}=\frac{1}{4}\gamma_0 L_{\mathrm{m}}(h_{1\%}+h_z) \tag{2-16}$$

(2)当 $H_{\mathrm{cr}}\leqslant H_1<L_{\mathrm{m}}/2$ 时[见图 2-13(b)],单位长度上的浪压力计算公式为

$$P_{\mathrm{wk}}=\frac{1}{2}[(h_{1\%}+h_z)(\gamma_0 H_1+p_{\mathrm{lf}})+H_1 p_{\mathrm{lf}}] \tag{2-17}$$

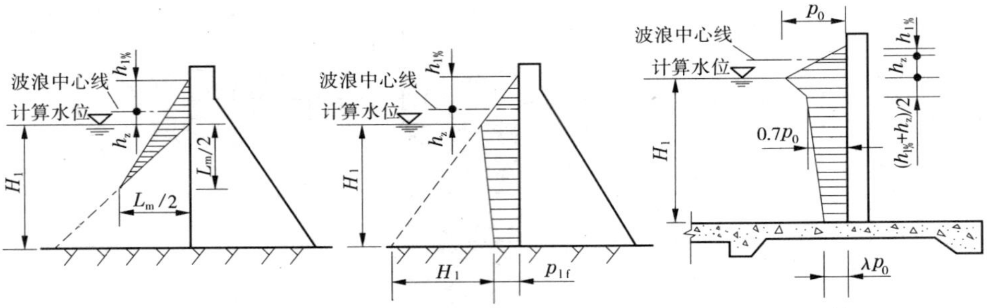

(a) (b) (c)

图 2-13 直墙式挡水面浪压力分布图形

$$p_{1f} = \gamma_0 h_{1\%} \operatorname{sech} \frac{2\pi H_1}{L_m} \tag{2-18}$$

式中 p_{1f}——坝基底面处剩余浪压力强度，kPa。

(3)当 $H_1 < H_{cr}$ 时[见图 2-13(c)]，单位长度上的浪压力计算公式为

$$P_{wk} = \frac{1}{2}p_0[(1.5 - 0.5\lambda)h_{1\%} + (0.7 + \lambda)H_1] \tag{2-19}$$

$$p_0 = K_i\gamma_0 h_{1\%} \tag{2-20}$$

式中 λ——浪压力强度折减系数，$H_1 \leqslant 1.7h_{1\%}$ 时 λ 为 0.6，$H_1 > 1.7h_{1\%}$ 时 λ 为 0.5；

p_0——计算水位处的浪压力强度，kPa；

K_i——底坡影响系数，可根据表 2-5(i 为坝前一定距离库底纵坡平均值)选取。

表 2-5 底坡影响系数 K_i 取值

底坡 i	1/10	1/20	1/30	1/40	1/50	1/60	1/80	1/100
K_i	1.89	1.61	1.48	1.41	1.36	1.33	1.29	1.25

(六)地震荷载

在地震区筑坝，必须考虑地震的影响。地震对建筑物的影响程度常用地震烈度表示。地震烈度划分为 12 度，烈度越大，对建筑物的影响越大。在抗震设计中常用到基本烈度和设计烈度两个概念。基本烈度是指该地区今后 50 年期限内，可能遭遇超越概率 p_{50} 为0.10的地震烈度。设计烈度是指设计时采用的地震烈度。一般情况下，采用基本烈度作为设计烈度；但对 1 级建筑物，可根据工程重要性和遭受震害的危险性，在基本烈度的基础上提高 1 度作为设计烈度。设计烈度为 7 度及以上的地震区应考虑地震力；设计烈度超过 9 度时，应进行专门研究；设计烈度为 6 度及以下时，一般不考虑地震力。

微课 2-7 地震荷载计算

地震荷载包括由建筑物重量引起的地震惯性力、地震动水压力和动土压力。地震对扬压力、坝前泥沙压力和浪压力的影响可不考虑。

《水工建筑物抗震设计规范》(SL 203—97)规定：对于工程抗震设防类别为甲级(基本烈度≥6 度的 1 级坝)时，其地震作用效应计算应采用动力分析方法；对于设防类别为乙、丙级，设计烈度低于 8 度，且坝高小于或等于 70 m 的重力坝可采用拟静力法计算；对于丁级(基本烈度≥7 度的 4、5 级坝)建筑物，可以用拟静力法计算或着重采取措施而不

用计算。具体计算方法可参阅《水工建筑物抗震设计规范》(SL 203—97)。

（七）冰压力

1. 静冰压力

库水结冰后，当气温升高时，冰层膨胀对坝面产生的压力称作静冰压力。静冰压力的大小取决于冰的最低温度、温度回升率、冰层厚度、热膨胀系数、冰的抗压强度和岸边对冰层的约束情况等。一般在确定开始升温时的气温及气温上升率后，可由表2-6查得单位面积上的静冰压力，乘以冰厚即为作用在单位坝长上的静冰压力。

表2-6　静冰压力标准值

冰层厚度(m)	0.4	0.6	0.8	1.0	1.2
静冰压力标准值(kN/m)	85	180	215	245	280

注：1. 冰层厚度取多年平均年最大值。

2. 对于小型水库，应将表中静冰压力标准值乘以0.87后采用；对于库面开阔的大型平原水库，应将表中静冰压力标准值乘以1.25后采用。

3. 表中静冰压力标准值适用于结冰期内水库水位基本不变的情况，结冰期内水库水位变动情况下的静冰压力应做专门研究。

4. 静冰压力数值可按表列冰层厚度内插。

当水库在冬季采取破冰、融冰措施以清除冰压力对建筑物的影响时，可不考虑坝体上的冰压力。

2. 动冰压力

当冰盖破碎后发生冰块流动，流冰撞击坝面而产生的冲击力称为动冰压力。动冰压力的大小与冰的运动速度、冰块尺寸、建筑物表面积的大小和形状、风向和风速、流冰的抗碎强度等因素有关。

(1)冰块撞击在铅直坝面时的动冰压力可按下式计算：

$$P_{bd} = 0.07 v_b d_b \sqrt{A_b f_{ic}} \tag{2-21}$$

式中　P_{bd}——冰块撞击在铅直坝面时的动冰压力，kN；

f_{ic}——冰的抗压强度，对于水库可取0.3 MPa，对于河流，流冰初期取0.45 MPa，后期可取0.3 MPa；

v_b——冰块流速，对于大型水库应通过研究确定，一般不大于0.6 m/s；

A_b——冰块的面积，m^2；

d_b——冰块的厚度，m。

(2)冰块撞击在铅直闸墩时的动冰压力按下式计算：

$$P'_{bd} = m R_b B d_b \tag{2-22}$$

式中　P'_{bd}——冰块撞击在铅直闸墩时的动冰压力，kN；

R_b——冰的抗压强度，kPa，当无资料时，在结冰初期取750 kPa，末期可取450 kPa；

B——闸墩在冰层处的前沿宽度，m；

m——闸墩的平面形状系数，按表2-7采用；

其他符号意义同前。

表 2-7　闸墩的平面形状系数

闸墩的平面形状	半圆形或多边形	矩形	三角形(顶端角度 α)					
			45°	60°	75°	90°	120°	150°
形状系数 m	0.9	1.0	0.54	0.59	0.64	0.69	0.77	1.00

二、荷载组合

微课 2-8　重力坝荷载组合

作用在重力坝上的各种荷载,除坝体自重外,都有一定的变化范围。例如,在正常运行、放空水库、设计洪水或校核洪水等情况下,其上下游水位各不相同。当水位发生变化时,相应的水压力、扬压力亦随之变化。又如,在短期宣泄最大洪水时,就不一定会同时发生强烈地震。再如,当水库水面封冻,坝面受静冰压力作用时,波浪压力就不存在。因此,在进行坝的设计时,应该根据“可能性和最不利”的原则,把各种荷载合理地组合成不同的设计情况,然后进行安全核算,以妥善解决安全和经济的矛盾。

作用于重力坝上的荷载,按其出现的概率和性质,可分为基本荷载和特殊荷载。

(一)基本荷载

基本荷载包括:①坝体及其上永久设备自重;②正常蓄水位或设计洪水位时大坝上下游面的静水压力(选取一种控制情况);③相应于正常蓄水位或设计洪水位时的扬压力;④大坝上游淤沙压力;⑤相应于正常蓄水位或设计洪水位时的浪压力;⑥冰压力;⑦土压力;⑧设计洪水位时的动水压力;⑨其他出现机会较多的作用。

(二)特殊荷载

特殊荷载包括:①校核洪水位时的大坝上下游面的静水压力;②相应于校核洪水位时的扬压力;③相应于校核洪水位时的浪压力;④相应于校核洪水位时的动水压力;⑤地震荷载;⑥其他出现机会很少的荷载。

重力坝抗滑稳定及坝体应力计算的荷载组合分为基本组合和特殊组合两种情况。荷载组合按表 2-8 的规定进行(表中数字即荷载的序号),必要时还可考虑其他的不利组合。

表 2-8　荷载组合

作用组合	主要考虑情况	作用类别										说明
		自重	静水压力	扬压力	淤沙压力	浪压力	冰压力	动水压力	土压力	地震荷载	其他荷载	
基本组合	1. 正常蓄水位情况	(一)①	(一)②	(一)③	(一)④	(一)⑤	—	—	(一)⑦	—	(一)⑨	土压力根据坝体外是否有填土而定(下同)
	2. 设计洪水位情况	(一)①	(一)②	(一)③	(一)④	(一)⑤	—	(一)⑧	(一)⑦	—	(一)⑨	
	3. 冰冻情况	(一)①	(一)②	(一)③	(一)④	—	(一)⑥	—	(一)⑦	—	(一)⑨	静水压力及扬压力按相应冬季库水位计算

续表 2-8

作用组合	主要考虑情况	作用类别										说明
		自重	静水压力	扬压力	淤沙压力	浪压力	冰压力	动水压力	土压力	地震荷载	其他荷载	
特殊组合	1. 校核洪水位情况	(一)①	(二)①	(二)②	(一)④	(二)③	—	(二)④	(一)⑦	—	(二)⑥	
	2. 地震情况	(一)①	(一)②	(一)③	(一)④	(一)⑤	—	—	(一)⑦	(二)⑤	(二)⑥	静水压力、扬压力和浪压力按正常蓄水位计算,有论证时可另行规定

注:1. 应根据各种荷载同时作用的实际可能性,选择计算其中最不利的组合。

2. 分期施工的坝应按相应的荷载组合分期进行计算。

3. 施工期的情况应进行必要的核算,作为特殊组合。

4. 根据地质和其他条件,如考虑运用时排水设备易于堵塞,需经常维修,应考虑排水失效的情况,作为特殊组合。

5. 地震情况,如按冬季计及冰压力,则不计浪压力。

6. 对于以防洪为主的水库,正常蓄水位较低时,采用设计洪水位情况进行组合。

【例 2-3】 根据例 2-2 所给的已知条件和拟定的非溢流坝基本剖面,计算正常蓄水位情况下作用在重力坝上的荷载。(已知:水的容重为 10 kN/m^3,混凝土的容重为 24 kN/m^3,泥沙浮容重为 9.5 kN/m^3,泥沙内摩擦角为 18°,剩余水头系数 α 取 0.25。)

解:正常蓄水位情况下非溢流坝的荷载计算简图如图 2-14 所示,计算见表 2-9。

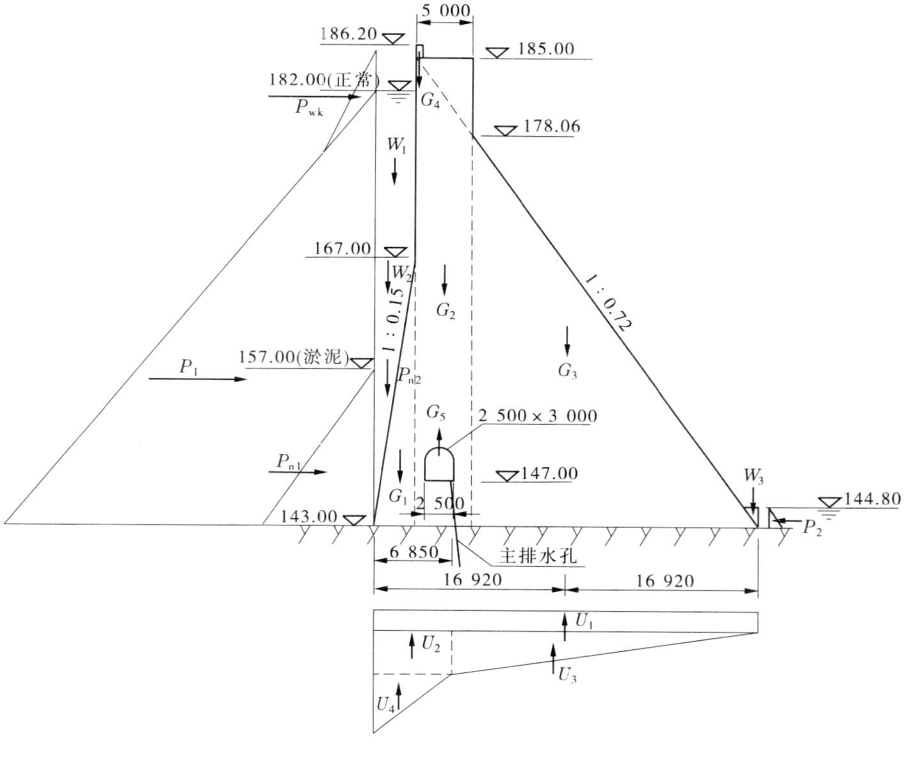

图 2-14 正常蓄水位情况下非溢流坝的荷载计算简图 (尺寸单位:mm;高程单位:m)

表 2-9　正常蓄水位情况下非溢流坝的荷载计算表（取单位坝长计算）

荷载	符号	计算式	铅直力（kN）		水平力（kN）		对坝底面中点的偏心距（m）	力矩（kN·m）	
			↓	↑	→	←		↙ +	− ↘
自重	G_1	$24^2\times0.15\times24/2$	1 036.8				16.92 − 3.6 × 2/3 = 14.52	15 054	
	G_2	42 × 5 × 24	5 040				16.92 − 3.6 − 5/2 = 10.82	54 533	
	G_3	$35.06^2\times0.72\times24/2$	10 620.3				16.92 − 35.06 × 0.72 × 2/3 = 0.09		956
	G_4	0.5 × 1.2 × 24	14.4				16.92 − 3.6 − 0.5/2 = 13.07	188	
	G_5	$(3.14\times1.25^2/2+2.5\times1.75)\times24$		163.9			16.92 − (7 − 2.5/2) = 11.17		1 831
上游水平水压力	P_1	$10\times39^2/2$			7 605		39/3 = 13		98 865
下游水平水压力	P_2	$10\times1.8^2/2$				16.2	1.8/3 = 0.6	10	
上游水重	W_1	10 × 15 × 3.6	540				16.92 − 3.6/2 = 15.12	8 165	
	W_2	10 × 24 × 3.6/2	432				16.92 − 3.6/3 = 15.72	6 791	
下游水重	W_3	$10\times1.8^2\times0.72/2$	11.7				16.92 − 1.8 × 0.72/3 = 16.49		193
浮托力	U_1	10 × 33.84 × 1.8		609.1			0	0	
渗透压力	U_2	10 × 37.2 × 6.85 × 0.25		637.1			16.92 − 6.85/2 = 13.50		8 601
	U_3	10 × 37.2 × 0.25 × 26.99/2		1 255.0			16.92 − 26.99 × 2/3 = −1.07		1 343
	U_4	10 × (37.2 − 37.2 × 0.25) × 6.85/2		955.6			16.92 − 6.85/3 = 14.64		13 990
浪压力	P_{wk1}	(10.54/2 + 1.25 + 0.47) × 5.27 × 10/2			184.2		39 + (10.54/2 + 1.25 + 0.47)/3 − 5.27 = 36.06		6 642
	P_{wk2}	$5.27^2\times10/2$				138.9	39 − 5.27 × 2/3 = 35.49	4 930	
水平泥沙压力	P_{n1}	$14^2\times\tan^2(45°-18°/2)\times9.5/2$			491.4		14/3 = 4.67		2 295
垂直泥沙压力	P_{n2}	$14^2\times0.15\times9.5/2$	139.7				14 − 3.6/3 = 12.8	1 788	
合计			17 834.9	3 620.7	8 280.6	155.1		91 459	134 716
总计			14 214.2（↓）		8 125.5（→）			−43 257	

【单元探索】

了解采用《混凝土重力坝设计规范》(SL 319—2005)时，重力坝的荷载及荷载组合计算方法。

【单元练习】

一、判断题

1. 荷载计算包括确定荷载的大小、方向、作用点。(　　)

2. 溢流坝段一般按单位坝长进行荷载分析，非溢流坝段通常取一个坝段进行计算。(　　)

3. 当坝面倾斜或为折面时，为了计算方便，常将作用在坝面上的水压力分为水平水压力和垂直水压力分别计算。(　　)

4. 溢流坝反弧段的动水压力可近似地认为作用在反弧段中央。(　　)

5. 泥沙压力参照经验数据，按被动土压力公式计算。(　　)

6. 波浪要素要按山区峡谷和平原、滨海地区分别采用不同的公式进行计算。(　　)

7. 浪压力计算时需根据不同波态选择相应的计算公式。(　　)

8. 由于波浪在空气和水两种介质中行进所受的阻力不同，波浪推进到坝前时会形成驻波。(　　)

9. 地震对建筑物的影响程度常用地震震级表示。(　　)

10. 坝基面扬压力的方向始终是竖直向上的。(　　)

11. 宽缝重力坝和空腹重力坝可以有效地降低扬压力。(　　)

二、单项选择题

1. 采用混凝土作为重力坝的筑坝材料时，在初步设计阶段其容重可选用(　　)kN/m^3。

A. 23 ~ 25　　B. 23.5 ~ 24　　C. 23 ~ 24　　D. 21 ~ 23

2. 当下游水深较大时，浮托力对扬压力的影响显著，为了更有效地降低扬压力，可以采用(　　)。

A. 抽排降压措施　　B. 在坝基上设置防渗帷幕

C. 在坝基上设置排水孔幕　　D. 在坝体防渗层后设坝身排水管

3. 对于平原、滨海地区水库，宜采用(　　)公式计算波浪要素。

A. 官厅　　B. 鹤地　　C. 中国水科院　　D. 莆田试验站

4. 地震烈度划分为(　　)度，烈度越大，对建筑物的影响越大。

A. 9　　B. 10　　C. 12　　D. 16

5. 设计烈度为(　　)度及以上的地震区应考虑地震力，设计烈度超过(　　)度时，应进行专门研究。

A. 5、8　　B. 6、9　　C. 7、9　　D. 9、12

6. 对于工程抗震设防类别为甲级(基本烈度≥6 度的 1 级坝)，其地震作用效应计算应采用(　　)。

A. 动力分析方法　　B. 静力法

C. 拟静力法　　　　　　　　D. 拟静力法或着重采取构造措施

7. 采取以下哪种措施可降低重力坝坝基的扬压力(　　)。

A. 开挖与清理　　B. 固结灌浆　　C. 帷幕灌浆　　D. 混凝土齿墙

8. 计算重力坝的浪压力时，SL 319—2005 规定应采用累计频率为(　　)的波高。

A. 20%　　B. 10%　　C. 5%　　D. 1%

三、多项选择题

1. (　　　)对坝体稳定和坝内应力影响很小，可以忽略不计。

A. 溢流坝上游面的水压力

B. 溢流面反弧段上的动水压力

C. 溢流面上的脉动水压力

D. 溢流面上的负压

E. 溢流坝下游面的水压力

2. 影响扬压力数值的因素主要有(　　　)。

A. 坝址地形条件

B. 坝基地质条件

C. 防渗及排水措施

D. 坝体的结构形式

E. 构造措施

3. 根据减小扬压力措施的不同，扬压力计算图形可以是(　　　)。

A. 梯形　　B. 三角形　　C. 矩形

D. 多边形　　E. 圆形

4. 以下哪些属于作用于重力坝上的特殊荷载？(　　　)

A. 坝体及其上永久设备自重

B. 相应于校核洪水位时的静水压力、扬压力、浪压力、动水压力

C. 地震荷载

D. 其他出现机会较多的荷载

E. 其他出现机会很少的荷载

四、填空题

1. 扬压力由上下游水位差产生的________和下游水深产生的________两部分组成。

2. 地震荷载包括由建筑物重量引起的____________、____________、____________。

3. 波浪要素是指________、________、________。

4. 冰压力计算包括________、________两个部分。

5. 重力坝抗滑稳定及坝体应力计算的荷载组合分为________、________两种情况。

6. 荷载组合基本组合情况有________、________、________。

7. 荷载组合特殊组合情况有________、________。

单元四　重力坝的抗滑稳定分析

【单元导航】

问题1:为什么要进行重力坝的抗滑稳定分析?稳定分析情况、方法有哪些?各种稳定分析方法的适用情况如何?

问题2:如何提高重力坝的抗滑稳定性?

【单元解析】

抗滑稳定分析是重力坝设计中的一项重要内容,其目的是核算坝体沿坝基面或沿地基深层软弱结构面抗滑稳定的安全性能。因为重力坝沿坝轴线方向用横缝分隔成若干个独立的坝段,假设横缝不传力,所以稳定分析可以按平面问题进行,取一个坝段或单位宽度作为计算单元。

微课2-9　抗滑稳定计算表达式解读

岩基上的重力坝常见的失稳形式有两种:一种是沿坝体抗剪能力不足的薄弱面滑动,这种薄弱面包括坝体与坝基的接触面和坝基岩体内有连续的断层破碎带;另一种是在各种荷载作用下,上游坝踵出现拉应力导致裂缝,或下游坝趾压应力过大,超过坝基岩体或坝体混凝土的允许强度而被压碎,从而产生倾覆破坏。当重力坝满足抗滑稳定和应力要求时,通常不必校核抗倾覆的安全性。

核算坝体沿坝基面的抗滑稳定性时,应按抗剪强度公式或抗剪断强度公式进行计算。

一、抗剪强度公式(摩擦公式)

抗剪强度公式把坝体与基岩间看成是一个接触面,而不是胶结面,其抗滑稳定安全系数K_s为

$$K_s = \frac{f\sum W}{\sum P} \tag{2-23}$$

式中　K_s——按抗剪强度公式计算的抗滑稳定安全系数;

$\sum W$——作用在坝体上全部荷载(包括扬压力,余同)对滑动平面法向分力的代数和,kN;

$\sum P$——作用在坝体上全部荷载对滑动平面切向分力的代数和,kN;

f——坝体混凝土与坝基的接触面间的抗剪摩擦系数,缺乏试验资料时,可按表2-10、表2-11选用。

由于抗剪强度公式未考虑坝体混凝土与基岩间的胶结作用,因此该公式不能完全反映坝的实际工作状态,只是一个抗滑稳定的安全指标。《混凝土重力坝设计规范》(SL 319—2005)给出的控制值,具体见表2-12。

表 2-10　坝基岩体力学参数

岩体分类	混凝土与坝基接触面			岩体		变形模量
	f'	c'(MPa)	f	f'	c'(MPa)	E_0(GPa)
Ⅰ	1.50～1.30	1.50～1.30	0.85～0.75	1.60～1.40	2.50～2.00	40.0～20.0
Ⅱ	1.30～1.10	1.30～1.10	0.75～0.65	1.40～1.20	2.00～1.50	20.0～10.0
Ⅲ	1.10～0.90	1.10～0.70	0.65～0.55	1.20～0.80	1.50～0.70	10.0～5.0
Ⅳ	0.90～0.70	0.70～0.30	0.55～0.40	0.80～0.55	0.70～0.30	5.0～2.0
Ⅴ	0.70～0.40	0.30～0.05	—	0.55～0.40	0.30～0.05	2.0～0.2

注：1. f'、c'为抗剪断参数，f为抗剪参数。

2. 表中参数限于硬质岩，软质岩应根据软化系数进行折减。

表 2-11　结构面、软弱层和断层力学参数

类型	f'	c'(MPa)	f
胶结的结构面	0.80～0.60	0.250～0.100	0.70～0.55
无充填的结构面	0.70～0.45	0.150～0.050	0.65～0.40
岩块岩屑型岩	0.55～0.45	0.250～0.100	0.50～0.40
岩屑夹泥型	0.45～0.35	0.100～0.050	0.40～0.30
泥夹岩屑型	0.35～0.25	0.050～0.020	0.30～0.23
泥	0.25～0.18	0.005～0.002	0.23～0.18

注：1. f'、c'为抗剪断参数，f为抗剪参数。

2. 表中参数限于硬质岩中的结构面。

3. 软质岩中的结构面应进行折减。

4. 胶结或无充填的结构面抗剪断强度，应根据结构面的粗糙程度选取大值或小值。

表 2-12　抗滑稳定安全系数 K_s、K_s'

安全系数	荷载组合	坝的级别		
		1	2	3
K_s	基本组合	1.10	1.05	1.05
	特殊组合 1	1.05	1.00	1.00
	特殊组合 2	1.00	1.00	1.00
K_s'	基本组合	3.0		
	特殊组合 1	2.5		
	特殊组合 2	2.3		

二、抗剪断强度公式

抗剪断强度公式计算坝基面的抗滑稳定安全系数，认为坝体与基岩胶结良好，滑动面

上的阻滑力包括抗剪断摩擦力和抗剪断凝聚力，其抗滑稳定安全系数由下式计算：

$$K_s' = \frac{f'\sum W + c'A}{\sum P} \tag{2-24}$$

式中　K_s'——按抗剪断强度公式计算的抗滑稳定安全系数；

f'——坝体混凝土与坝基接触面间的抗剪断摩擦系数；

c'——坝体混凝土与坝基接触面间的抗剪断凝聚力；

A——坝体与坝基接触面的面积；

其他符号意义同前。

该公式考虑了坝体的胶结作用，计入了摩擦力和凝聚力，是比较符合坝的实际工作状态的，物理概念也比较明确。当无试验资料时，f'、c'值可参考表 2-10、表 2-11 选用。按抗剪断强度公式计算的坝基面抗滑稳定安全系统 K'值不应不于表 2-12 中的规定。

三、提高坝体抗滑稳定性的措施

微课 2-10　提高坝体抗滑稳定性的措施

当坝体的抗滑稳定安全系数不能满足要求时，除改变坝体的剖面尺寸外，还可以采取以下的工程措施提高坝体的稳定性：

（1）利用水重。将坝体的上游面做成倾向上游的斜面或折坡面，利用坝面上的水重增加坝的抗滑力，以达到提高坝体稳定的目的。

（2）减小扬压力。通过结构措施或工程措施加强防渗排水，以达到减小扬压力的目的。

（3）提高坝基面的抗剪断参数 f'、c'值。措施包括将坝基开挖成"大平小不平"等形式，对整体性较差的地基进行固结灌浆，设置齿墙或抗剪键槽等。

（4）预应力锚固措施。一般是在靠近坝体上游面采用深孔锚固预应力钢索，既增加了坝体稳定性，又可消除坝踵处的拉应力。

（5）增大筑坝材料容重（在坝体混凝土中埋置容重大的块石），或将坝基面开挖成倾向上游的斜面，借以增加抗滑力，提高稳定性。

【例 2-4】　根据例 2-2、例 2-3 所拟定的非溢流坝基本剖面和荷载计算成果，当 $f' = 0.8$，$c' = 500$ kPa 时，分析正常蓄水位情况下重力坝的抗滑稳定性。

解：$K_s' = \dfrac{f'\sum W + c'A}{\sum P} = \dfrac{0.8 \times 14\,214.2 + 500 \times 33.84}{8\,125.5} = 3.48 > [K_s'] = 3$

所以，在正常蓄水位情况下，坝基面的抗滑稳定性满足要求。

【单元探索】

采用《混凝土重力坝设计规范》（SL 319—2005）时，重力坝的抗滑稳定分析方法。

【单元练习】

一、判断题

1. 核算坝体沿坝基面的抗滑稳定性时，应按抗剪强度公式进行计算。（　　）

2. 当重力坝满足抗滑稳定和应力要求时，通常不必校核抗倾覆的安全性。（　　）

3.《混凝土重力坝设计规范》（SL 319—2005）中的抗滑稳定公式只适用于 1、2、3 级

重力坝,不适用于4、5级重力坝设计。(　　)

4.在重力坝抗滑稳定分析中,当抗剪强度指标取值偏大时,坝体在实际运行中更安全。(　　)

二、多项选择题

1.岩基上的重力坝常见的失稳形式有(　　　　)。

A.沿坝体内的薄弱层滑动

B.沿坝基岩体内连续的断层破碎带滑动

C.沿坝体与坝基的接触面滑动

D.下游坝趾压应力过大,从而产生倾覆破坏

E.上游坝踵压应力过大,从而产生倾覆破坏

2.提高坝基面的抗剪断参数f'、c'值的措施有(　　　　)。

A.将坝基开挖成"大平小不平"等形式

B.对整体性较差的地基进行固结灌浆

C.设置齿墙

D.预应力锚固措施

E.设置抗剪键槽

三、填空题

1.提高重力坝坝体抗滑稳定性的措施有____________、____________、_________、提高坝基面的抗剪断参数f'、c'值和预应力锚固等。

2.抗剪强度公式把坝体与基岩间看成是一个________,而不是________。

单元五　重力坝的应力分析

【单元导航】

问题1:为什么要进行重力坝应力分析?如何进行分析?

问题2:重力坝的强度控制标准如何?

【单元解析】

一、重力坝应力分析的目的与方法

(一)应力分析的目的

(1)验算拟定的坝体断面是否经济合理。

(2)根据应力分布情况进行坝体混凝土强度等级分区。

(3)为研究坝体某些部位的应力集中和配筋等提供依据。

(二)应力分析的过程

首先进行荷载计算和荷载组合,然后选择适宜的方法进行应力计算,最后检验坝体各部位的应力是否满足强度要求。

(三)应力分析方法

应力分析方法可归结为理论计算和模型试验两大类。对于中、小型工程,一般可只进

行理论计算。理论计算法又包括材料力学法和弹性理论的解析法、有限元法，其中材料力学法应用最广、最简便，也是重力坝设计中采用的计算方法之一。

二、材料力学法

（一）材料力学法的基本假定

（1）坝体混凝土为均质、连续、各向同性的弹性材料。

（2）视坝段为固接于地基上的悬臂梁，不考虑地基变形对坝体应力的影响，并认为各坝段独立工作，横缝不传力。

（3）假定坝体水平截面上的垂直正应力按直线分布，其数值可按偏心受压公式计算，其他应力分量可根据静力平衡条件确定，并且不考虑廊道等对坝体应力的影响。

（二）边缘应力计算

材料力学法通常沿坝轴线取单位长度（1 m）的坝体作为计算对象。坝体的最大应力和最小应力一般发生在上、下游坝面，且计算坝体内部应力也需要以边缘应力作为边界条件，同时对于较低重力坝的强度，只需用边缘应力控制即可，所以应首先计算坝体边缘应力。计算简图及荷载、应力的正方向，如图 2-15 所示。

微课 2-11　坝体边缘应力计算

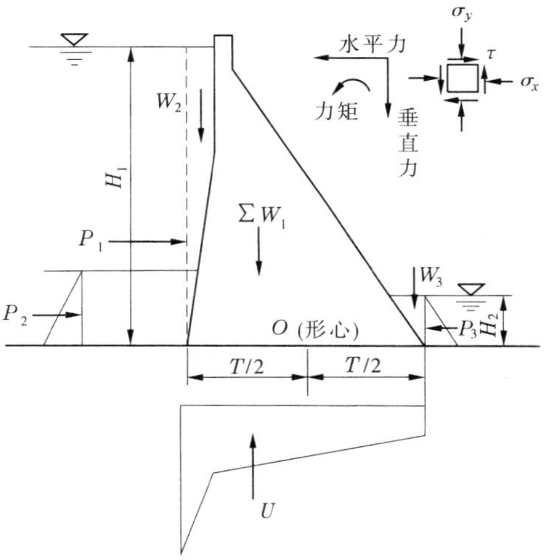

图 2-15　坝体应力计算简图

（1）上、下游坝面垂直正应力：

$$\begin{matrix}\sigma_y^{u}\\ \sigma_y^{d}\end{matrix} = \frac{\sum W}{T} \pm \frac{6\sum M}{T^2} \tag{2-25}$$

式中　σ_y^{u}——上游坝面垂直正应力，kPa；

σ_y^{d}——下游坝面垂直正应力，kPa；

T——坝体计算截面沿上下游方向的水平宽度，m；

$\sum W$——计算截面以上所有垂直分力的代数和，以向下为正，kN；

$\sum M$——计算截面以上所有作用力对计算截面形心的力矩代数和，以逆时针方向为正，kN · m。

(2)上、下游坝面剪应力：

$$\tau^{u} = (p - p_{u}^{u} - \sigma_{y}^{u}) m_1 \tag{2-26}$$

$$\tau^{d} = (\sigma_{y}^{d} - p' + p_{u}^{d}) m_2 \tag{2-27}$$

式中 τ^{u}——上游坝面剪应力，kPa；

τ^{d}——下游坝面剪应力，kPa；

p——计算截面在上游坝面所承受的水压力强度(如有泥沙压力和地震动水压力，应计入在内)，kPa；

p'——计算截面在下游坝面所承受的水压力强度(如有泥沙压力和地震动水压力，应计入在内)，kPa；

p_{u}^{u}——计算截面在上游坝面处的扬压力强度，kPa；

p_{u}^{d}——计算截面在下游坝面处的扬压力强度，kPa；

m_1——上游坝坡坡率；

m_2——下游坝坡坡率；

其他符号意义同前。

(3)上、下游坝面水平正应力：

$$\sigma_{x}^{u} = (p - p_{u}^{u}) - (p - p_{u}^{u} - \sigma_{y}^{u}) m_1^2 \tag{2-28}$$

$$\sigma_{x}^{d} = (p' - p_{u}^{d}) + (\sigma_{y}^{d} - p' + p_{u}^{d}) m_2^2 \tag{2-29}$$

式中 σ_{x}^{u}——上游坝面水平正应力，kPa；

σ_{x}^{d}——下游坝面水平正应力，kPa；

其他符号意义同前。

(4)上、下游坝面主应力：

$$\sigma_{1}^{u} = (1 + m_1^2)\sigma_{y}^{u} - m_1^2(p - p_{u}^{u}) \tag{2-30}$$

$$\sigma_{2}^{u} = p - p_{u}^{u} \tag{2-31}$$

$$\sigma_{1}^{d} = (1 + m_2^2)\sigma_{y}^{d} - m_2^2(p' - p_{u}^{d}) \tag{2-32}$$

$$\sigma_{2}^{d} = p' - p_{u}^{d} \tag{2-33}$$

式中 σ_{1}^{u}、σ_{2}^{u}——上游坝面主应力，kPa；

σ_{1}^{d}、σ_{2}^{d}——下游坝面主应力，kPa；

其他符号意义同前。

以上各式适用于计入扬压力的情况。如果不计截面上扬压力的作用，则上游坝面和下游坝面的各种应力计算公式中将 p_{u}^{u} 和 p_{u}^{d} 取值为零。

三、强度校核

重力坝坝基面坝踵、坝趾的垂直应力应符合下列要求：

(1)运用期。在各种荷载组合下(地震荷载除外)，坝踵垂直正应力不应出现拉应力，坝趾垂直正应力应小于坝基容许压应力；在地震荷载作用下，坝踵、坝趾的垂直应力应符合《水工建筑物抗震设计规

微课 2-12 坝体和坝基的应力控制

范》(SL 203—97)的要求。

(2)施工期。坝趾垂直正应力允许有小于0.1 MPa的拉应力。

重力坝坝体应力应符合下列要求:

(1)运用期。①坝体上游面的垂直正应力不出现拉应力(计扬压力)。②坝体最大主压应力,不应大于混凝土的允许压应力值。③在地震荷载作用下,坝体上游面的应力控制标准应符合《水工建筑物抗震设计规范》(SL 203—97)的要求。

(2)施工期。①坝体任何截面上的主压应力不应大于混凝土的允许压应力。②在坝体的下游面,允许有不大于0.2 MPa的主拉应力。

混凝土的允许应力按混凝土的极限强度除以相应的安全系数确定。坝体混凝土抗压安全系数,基本组合不应小于4.0;特殊组合(不含地震情况)不应小于3.5。当局部混凝土有抗拉要求时,抗拉安全系数不应小于4.0。混凝土极限抗压强度是指90 d龄期的15 cm立方体强度,强度保证率应达80%以上。

地震荷载是一种机遇较少的荷载,在动荷载的作用下混凝土材料的允许应力可适当提高,并允许产生一定的瞬时拉应力。

【例2-5】 根据例2-2、例2-3所拟定的非溢流坝基本剖面和荷载计算成果,当混凝土强度等级为C10,混凝土的允许压应力为1.5 MPa;坝基为较完整的微风化花岗片麻岩,允许压应力为10 MPa,时,分析正常蓄水位情况下重力坝的承载能力是否满足要求?

解:已知计入扬压力时坝基面上的$\sum W = 14\ 214.2$ kN,$\sum M = -43\ 257$ kN·m;不计扬压力时坝基面上的$\sum W = 17\ 671$ kN,$\sum M = -19\ 323$ kN·m。

(1)坝踵垂直正应力(计扬压力):

$$\sigma_y^{u} = \frac{\sum W}{T} + \frac{6\sum M}{T^2} = \frac{14\ 214.2}{33.84} + \frac{6\times(-43\ 257)}{33.84^2} = 193.4(\text{kPa}) > 0$$

(2)坝趾垂直正应力(计或不计扬压力):

不计扬压力　$$\sigma_y^{d} = \frac{\sum W}{T} - \frac{6\sum M}{T^2} = \frac{17\ 671}{33.84} - \frac{6\times(-19\ 323)}{33.84^2} = 623.4(\text{kPa})$$

计入扬压力　$$\sigma_y^{d} = \frac{\sum W}{T} - \frac{6\sum M}{T^2} = \frac{14\ 214.2}{33.84} - \frac{6\times(-43\ 257)}{33.84^2} = 646.7(\text{kPa})$$

所以,坝踵、坝趾处的应力远小于坝基和坝体允许压应力。因此,在正常蓄水位情况下,坝踵和坝趾处的应力满足要求。

【单元探索】

采用《混凝土重力坝设计规范》(SL 319—2005)时,重力坝的应力分析方法。

【单元练习】

一、判断题

1. 材料力学法通常沿坝轴线取单位长度(1 m)的坝体作为计算对象。(　　)

2. 对于较低重力坝的强度,只需用边缘应力控制即可。(　　)

3. 一般假定计算截面以上作用力对计算截面形心的力矩以顺时针方向为正。(　　)

4. 一般假定计算截面上的正应力 σ_x、σ_y 呈抛物线分布。(　　)

5. 考虑与不考虑扬压力时,τ、σ_x、σ_1 和 σ_2 的计算公式是相同的。(　　)

二、单项选择题

1. (　　)应用最广、最简便,也是《混凝土重力坝设计规范》(SL 319—2005)中规定采用的计算方法之一。

A. 材料力学法　　B. 弹性力学法　　C. 有限元法　　D. 模型试验

2. 坝体的最大应力和最小应力一般发生在(　　)。

A. 坝体顶部　　B. 上、下游坝面　　C. 坝体中间　　D. 不一定

3. 基本组合时,混凝土的允许应力按混凝土的极限强度除以相应的安全系数确定,其坝体混凝土抗压安全系数不应小于(　　)。

A. 5.0　　B. 4.5　　C. 4.0　　D. 3.5

4. 用材料力学法分析重力坝应力时,坝体水平截面上的剪应力呈(　　)分布。

A. 线性　　B. 二次抛物线　　C. 三次抛物线　　D. 双曲线

三、多项选择题

1. 重力坝应力分析的目的是(　　　　)。

A. 为在坝体中开设空洞提供依据

B. 验算拟定的坝体断面是否经济合理

C. 根据应力分布情况进行坝体混凝土强度等级分区

D. 为研究坝体某些部位的应力集中和配筋等提供依据

E. 为施工方案确定提供依据

2. 运用期重力坝坝基面坝踵、坝趾的垂直应力应符合下列要求(　　　　)。

A. 在各种荷载组合下(地震荷载除外),坝踵垂直正应力不应出现拉应力

B. 在各种荷载组合下(地震荷载除外),坝趾垂直正应力应小于坝基容许压应力

C. 在地震荷载作用下,坝踵、坝趾的垂直应力应符合《水工建筑物抗震设计规范》(SL 203—97)的要求

D. 坝趾垂直正应力允许有小于 0.1 MPa 的拉应力

E. 坝踵允许有不大于 0.2 MPa 的主拉应力

四、填空题

1. 在重力坝应力分析时,任意一个点需计算________、________、________、第一主应力和第二主应力五个应力值。

2. 重力坝的强度校核内容有________、________、________。

3. 重力坝的强度校核分为________、________两种情况。

单元六　溢流重力坝

【单元导航】

问题 1:溢流重力坝的工作特点和设计要求是什么?

问题 2:如何确定溢流坝的孔口尺寸?如何进行溢流坝坝顶的结构布置?如何进行

溢流面曲线选择和剖面设计？如何进行溢流坝消能工的设计？

【单元解析】

一、工作特点和设计要求

溢流坝既是挡水建筑物又是泄水建筑物，除应满足稳定和强度要求外，还需要满足泄流能力和下游消能防冲的要求。溢流坝在枢纽中的作用是将规划确定的库内所不能容纳的洪水由坝顶泄向下游，以确保大坝的安全。溢流坝满足泄水要求包括以下几个方面内容：

（1）有足够的孔口尺寸和较大的流量系数，以满足泄洪能力要求。

（2）体形和流态良好，使水流平顺地流过坝体，控制不利的负压和振动，避免产生空蚀现象。

（3）满足消能防冲要求，保证下游河床不产生危及坝体安全的局部冲刷。

（4）溢流坝段在枢纽中的布置，应使下游流态平顺，不产生折冲水流，不影响枢纽中其他建筑物的正常运行。

（5）有灵活控制水流下泄的机械设备，如闸门、启闭机等。

二、泄流方式和孔口设计

溢流坝常用的泄流方式有坝顶溢流式和大孔口溢流式。

溢流坝孔口尺寸的拟定包括孔口形式、溢流前缘总长度、堰顶高程、每孔尺寸和孔数。设计时一般先选定泄水方式，再根据泄流量和允许单宽流量，以及闸门形式和运用要求等因素，通过水库的调洪计算、水力计算，求出各泄水布置方案的防洪库容、设计洪水位和校核洪水位及相应的下泄流量等，进行技术经济比较，选出最优方案。

微课 2-13　溢流坝孔口尺寸的确定

（一）孔口形式的选择

1. 坝顶溢流式

坝顶溢流式（如图 2-16 所示）也称开敞式，这种形式的溢流孔除宣泄洪水外，还能用于排除冰凌和其他漂浮物。通常在大中型工程溢流坝的堰顶装有闸门，对于洪水流量较小、淹没损失不大的小型工程堰顶可不设闸门。

坝顶溢流式闸门承受的水头较小，所以孔口尺寸可以较大。当闸门全开时，下泄流量与堰上水头的 3/2 次方成正比。随着库水位的升高，下泄流量可以迅速增大，当遭遇意外洪水时可有较大的超泄能力。闸门在顶部，操作方便，易于检修，工作安全可靠，因此坝顶溢流式得到广泛采用。

2. 大孔口溢流式

大孔口溢流式如图 2-17 所示。泄水孔的上部设置胸墙，堰顶高程较低。这种形式的溢流孔可根据洪水预报提前放水，以便腾出较多库容储蓄洪水，从而提高调洪能力。当库水位低于胸墙时，泄流和坝顶溢流式相同；当库水位高出孔口一定高度时为大孔口泄流，下泄流量与作用水头的 1/2 次方成正比，超泄能力不如坝顶溢流式。胸墙为钢筋混凝土结构，一般与闸墩固接，也有做成活动的，遇特大洪水时可将胸墙吊起以提高泄水能力。

(二)溢流坝孔口尺寸的确定

溢流坝的孔口设计涉及很多因素,如洪水设计标准,下游防洪要求,库水位壅高有无限制,是否利用洪水预报,泄水方式,枢纽布置,坝址的地形、地质条件等。若已知溢流坝的下泄流量 Q,可通过下列步骤求得孔口尺寸。

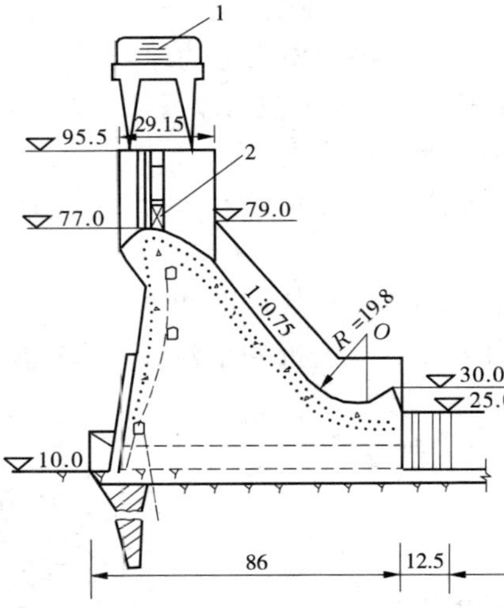

1—门机;2—工作闸门

图 2-16　坝顶溢流式　(单位:m)

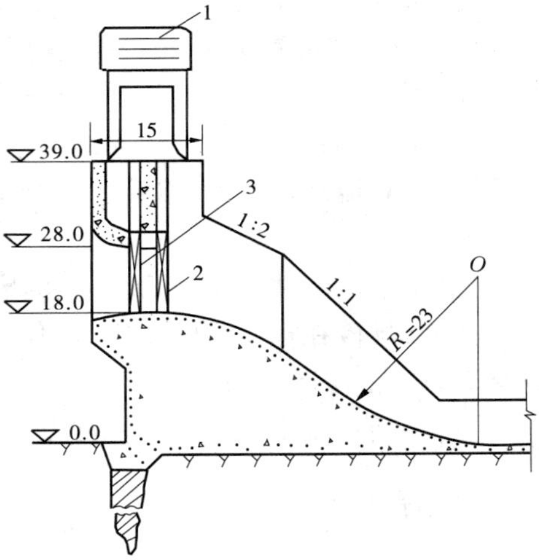

1—门机;2—工作闸门;3—检修闸门

图 2-17　大孔口溢流式　(单位:m)

1. 单宽流量的确定

设 B 为溢流段净宽(不包括闸墩的厚度),则通过溢流孔口的单宽流量 q 为

$$q = \frac{Q}{B} \tag{2-34}$$

单宽流量是决定孔口尺寸的重要指标。单宽流量愈大,孔口净宽愈小,从而减少溢流坝长度和交通桥、工作桥等造价。但是,单宽流量愈大,单位宽度下泄水流所含的能量也愈大,消能愈困难,下游局部冲刷可能愈严重。若选择过小的单宽流量 q,则会增加溢流坝的造价和枢纽布置上的困难。因此,单宽流量的选定,一般首先考虑下游河床的地质条件,在冲坑不危及坝体安全的前提下选择合理的单宽流量。根据国内外工程实践得知:软弱的基岩常取 $q = 20 \sim 50\ m^3/(s \cdot m)$,较好的基岩取 $q = 50 \sim 100\ m^3/(s \cdot m)$,特别坚硬完整的基岩取 $q = 100 \sim 150\ m^3/(s \cdot m)$。随着消能工的研究和科技水平的提高,单宽流量取值有不断增大的趋势。我国乌江渡拱形重力坝,设计单宽流量为 165 $m^3/(s \cdot m)$,校核情况为 201 $m^3/(s \cdot m)$。国外有些工程的单宽流量高达 300 $m^3/(s \cdot m)$以上。

2. 孔口尺寸的确定

1)溢流前缘总宽 B_0

对于堰顶设闸门的溢流坝,用闸墩将溢流段分隔为若干个等宽的溢流孔口。设孔口数为 n,则孔口净宽 $b = B/n$。令闸墩厚度为 d,则溢流前缘总宽 B_0 为

$$B_0 = nb + (n + 1)d \tag{2-35}$$

根据《水利水电工程钢闸门设计规范》(SL 74—2013),并综合考虑闸门的形式和制造能力、闸门跨度与高度的合理比例,以及运用要求和坝段分缝等因素选择 n、b。目前,

我国大、中型混凝土坝的孔口宽度一般取用 8 ~ 16 m，有排泄漂浮物要求时，可以加大到 18 ~ 20 m。闸门的宽高比，一般采用 $b/H=1.5\sim2.0$。

2）溢流坝的堰顶高程

由调洪演算得出设计洪水位和相应的下泄流量 Q。当采用开敞式溢流时，可利用式(2-36)计算出堰顶作用水头 H_w。

$$Q = Cm\varepsilon\sigma_s B\sqrt{2g}H_w^{3/2} \tag{2-36}$$

式中 Q——下泄流量，m^3/s；

B——溢流段净宽，取 $B=nb$，m；

H_w——堰顶作用水头，m；

g——重力加速度，9.81 m/s^2；

m——流量系数，与堰型有关，其值可查表 2-13；

ε——侧收缩系数，根据闸墩厚度和墩头形状确定，取 $\varepsilon=0.90\sim0.95$；

C——上游面坝坡影响修正系数，当上游坝面铅直时，C 值取 1.0；

σ_s——淹没系数，视淹没程度而定，不淹没时 $\sigma_s=1.0$。

表 2-13 流量系数 m 值

H_w/H_d	P_1/H_d				
	0.2	0.4	0.6	1.0	≥1.33
0.4	0.425	0.430	0.431	0.433	0.436
0.5	0.438	0.442	0.445	0.448	0.451
0.6	0.450	0.455	0.458	0.460	0.464
0.7	0.458	0.463	0.468	0.472	0.476
0.8	0.467	0.474	0.477	0.482	0.486
0.9	0.473	0.480	0.485	0.491	0.494
1.0	0.479	0.486	0.491	0.496	0.501
1.1	0.482	0.491	0.496	0.502	0.507
1.2	0.485	0.495	0.499	0.506	0.510
1.3	0.496	0.498	0.500	0.508	0.513

注：P_1 为上游堰高，m；H_d 为定型设计水头，m，按堰顶最大作用水头 H_{max} 的 75% ~95% 计算。

设计洪水位减去堰顶作用水头 H_w 即为堰顶高程。

当采用大孔口泄洪时，可利用式(2-37)计算出堰顶作用水头 H_w。

$$Q = \mu A_k\sqrt{2gH_w} \tag{2-37}$$

式中 A_k——出口处孔口面积，m^2；

H_w——自由出流时为孔口中心处的作用水头，淹没泄流时为上下游水位差，m；

μ——孔口或管道的流量系数，对设有胸墙的堰顶高孔，当 $H_w/D=2.0\sim2.4$（D 为孔口高度)时,取μ=0.83~0.93,μ的具体取值应通过计算沿程水头损失及局部水头损失后确定,具体公式详见水力学。

【例2-6】 工程的基本资料同例2-2,试确定溢流坝孔口尺寸。

解:(1)单宽流量及溢流段净宽的拟定。

本工程坝基为花岗岩,属较好地基,单宽流量适用于$q=50\sim100\ m^3/(s\cdot m)$的情况,实际计算时,为安全起见取$q=55\ m^3/(s\cdot m)$。由于水库上游25 km处有某县属重点保护对象,限制了洪水期的回水淹没(校核洪水位为184.73 m、设计洪水位183.00 m),则

$$B_{设计}=\frac{Q_{设计}}{q}=\frac{2\ 290}{55}=41.6(m)$$

$$B_{校核}=\frac{Q_{校核}}{q}=\frac{3\ 224}{55}=58.6(m)$$

所以,溢流段净宽B取60 m。

(2)孔口尺寸的确定。

我国目前大、中型混凝土坝的孔口宽度一般取用8~16 m,根据《水利水电工程钢闸门设计规范》(SL 74—2013),并考虑泄洪时闸门对称开启,本工程设5孔闸门,每孔宽度取12 m;参照已建类似工程,取闸墩厚度$d=2$ m(弧形闸门),则溢流前缘总宽B_0为

$$B_0=nb+(n+1)d=5\times12+(5+1)\times2=72(m)$$

(3)溢流坝的堰顶高程计算。

本工程采用开敞式溢流,可利用下式计算出堰顶作用水头H_w:

$$Q=Cm\varepsilon\sigma_s B\sqrt{2g}H_w^{3/2}$$

①按校核洪水(0.1%)情况拟定堰顶高程$Z_{堰顶}$。

第一次H_w:初拟计算参数$C=1.0$、$m=0.501$、$\varepsilon=0.925$、$\sigma_s=1.0$。

$$H_w=\left(\frac{Q}{Cm\varepsilon\sigma_s B\sqrt{2g}}\right)^{2/3}=\left(\frac{3\ 224}{1.0\times0.501\times0.925\times1.0\times60\times\sqrt{2\times9.81}}\right)^{2/3}$$
$$=8.82(m)$$

已知校核洪水位为184.73 m(淹没限制),则堰顶高程$Z_{堰顶}=184.73-8.82=175.91$(m)。

第二次H_w:由于$H_{max}=H_w=8.82$ m,选取$H_d=95\%$,则$H_{max}=95\%\times8.82=8.38$(m)。

因$H_w/H_d=8.82/8.38=1.05$,$P_1=175.91-143.00=32.91$(m),$P_1/H_d=32.91/8.38=3.93>1.33$,故$m=0.504$。

又查《水力计算手册》,本工程闸墩墩头为半圆形,$\zeta_k=0.7$,$\zeta_0=0.398$,则

$$\varepsilon=1-\frac{0.2[\zeta_k+(n-1)\zeta_0]H_w}{nb}=1-\frac{0.2\times[0.7+(5-1)\times0.398]\times8.82}{5\times12}=0.933$$

$C=1.0$,$\sigma_s=1.0$,则

$$H_w=\left(\frac{Q}{Cm\varepsilon\sigma_s B\sqrt{2g}}\right)^{2/3}=\left(\frac{3\ 224}{1.0\times0.504\times0.933\times1.0\times60\times\sqrt{2\times9.81}}\right)^{2/3}$$
$$=8.73(m)$$

所以，堰顶高程 $Z_{堰顶}=184.73-8.73=176.00$(m)。

一般只需要进行一次替换计算，结果就十分接近最终值。

②验算设计洪水(1%)情况溢流坝的过流能力(淹没限制水位183.00 m)。

$H_w=183.00-176.00=7.00$(m)。

$H_{max}=184.73-176.00=8.73$(m)，选取 $H_d=95\%$，则 $H_{max}=95\%\times8.73=8.29$(m)。

因 $H_w/H_d=7.00/8.29=0.84$，$P_1=176.00-143.00=33.00$(m)，$P_1/H_d=33.00/8.29=3.98>1.33$，故 $m=0.489$。

又查《水力计算手册》，本工程闸墩墩头为半圆形，$\zeta_k=0.7$，$\zeta_0=0.398$，则

$$\varepsilon=1-\frac{0.2[\zeta_k+(n-1)\zeta_0]H_w}{nb}=1-\frac{0.2\times[0.7+(5-1)\times0.398]\times7.00}{5\times12}=0.947$$

$C=1.0$，$\sigma_s=1.0$，则

$$Q=Cm\varepsilon\sigma_sB\sqrt{2g}H_w^{3/2}=1.0\times0.489\times0.947\times1.0\times60\times\sqrt{2\times9.81}\times7.00^{3/2}$$
$$=2\ 279.3(m^3/s)<2\ 290\ m^3/s$$

误差为 $\frac{2\ 290-2\ 279.3}{2\ 290}\times100\%=0.5\%<5\%$，满足泄洪能力要求。

③验算消能防冲设计洪水(2%)情况溢流坝的过流能力(淹没限制水位182.55 m)。

$H_w=182.55-176.00=6.55$(m)

因 $H_w/H_d=6.55/8.29=0.79$，$P_1=176.00-143.00=33.00$(m)，$P_1/H_d=33.00/8.29=3.98>1.33$，故 $m=0.485$。

$$\varepsilon=1-\frac{0.2[\zeta_k+(n-1)\zeta_0]H_w}{nb}=1-\frac{0.2\times[0.7+(5-1)\times0.398]\times6.55}{5\times12}=0.950$$

又 $C=1.0$，$\sigma_s=1.0$，则

$$Q=Cm\varepsilon\sigma_sB\sqrt{2g}H_w^{3/2}=1.0\times0.485\times0.950\times1.0\times60\times\sqrt{2\times9.81}\times6.55^{3/2}$$
$$=2\ 053.0(m^3/s)<2\ 060\ m^3/s$$

误差也小于5%，故也满足泄洪能力要求。

通过校核洪水时的负压值校核

$$H_d/H_{max}=8.29/8.73=0.95$$

堰面出现的最大负压值查表2-14为 $0.1H_d=0.83$ m，远小于6 mH_2O(mH_2O 为米水柱，1 $mH_2O=9.81$ kPa)，符合要求。

最终，溢流坝采用5孔闸门，每孔尺寸为12 m×6.5 m(宽×高)——闸门标准尺寸，堰顶高程为176.00 m，闸墩厚度为2 m。

(三)溢流坝坝顶的结构布置

1. 闸门和启闭机

水工闸门按其功用可分为工作闸门、检修闸门和事故闸门。工作闸门用来控制下泄流量，需要在动水中启闭，要求有较大的启门力；检修闸门用于短期挡水，一般在静水中启闭，启门力较小；事故闸门是在建筑物或设备出现事故时紧急应用，要求能在动水中快速关闭。溢流坝一般只

微课2-14 溢流坝的上部结构

设置工作闸门和检修闸门。工作闸门常设在溢流堰的顶部，有时为了使溢流面水流平顺，可将闸门设在堰顶稍下游一些。检修闸门和工作闸门之间应留有 1 ~ 3 m 的净距，以便进行检修。全部溢流孔通常备有 1 ~ 2 个检修闸门，交替使用。

常用的工作闸门有平面闸门和弧形闸门。平面闸门的优点是结构简单，闸墩受力条件较好，各孔口可共用一个活动式启闭机；缺点是启门力较大，闸墩较厚。弧形闸门的优点是启门力小，闸墩较薄，无门槽，闸门开启时水流条件较好；缺点是闸墩较长，且受力条件差。

检修闸门通常采用平面闸门，小型工程也可采用比较简单的叠梁门。

启闭机有活动式和固定式两种。活动式启闭机多用于平面闸门，可以兼用启吊工作闸门和检修闸门。固定式启闭机有螺杆式、卷扬式和液压式三种。

2. 闸墩和工作桥

闸墩的作用是将溢流坝分隔为若干个孔口，支承闸门，也是坝顶桥梁和启闭设备的支承结构。闸墩的断面形状一般多为半圆形和流线形，以减小孔口水流的侧收缩。平面闸门的闸墩厚度一般为 2.0 ~ 4.0 m（工作闸门门槽深一般不小于 0.3 m，宽 0.5 ~ 1.0 m，最优宽深比宜取 1.6 ~ 1.8；检修闸门门槽深一般为 0.15 ~ 0.25 m，宽 0.15 ~ 0.3 m），弧形闸门闸墩的厚度为 1.5 ~ 3.0 m，如果是缝墩，墩厚要增加 0.5 ~ 1.0 m；闸墩的长度和高度，应满足布置闸门、工作桥、交通桥和启闭机械的要求。

溢流坝两侧设边墩（如图 2-18 所示），边墩起闸墩和分隔溢流段与非溢流段的作用，边墩从坝上游面延伸到坝趾（或消力池末端），边墙高度由溢流水面线加 1 ~ 1.5 m 的安全超高。

工作桥应满足启闭机械的安装和运行的要求，多采用钢筋混凝土结构，其布置内容包括确定工作桥高度和桥面宽度（与闸门和启闭设备的形式、闸门高度有关）。

3. 横缝的布置

溢流坝段的横缝有两种布置方式：①缝设在闸墩中间，如图 2-19（a）所示，各坝段产生不均匀沉陷时不影响闸门启闭，工作可靠，缺点是闸墩厚度增大。②缝设在溢流孔跨中，如图 2-19（b）所示，闸墩可以较薄，但易受地基不均匀沉陷的影响，且水流在横缝上流过，易造成局部水流不顺，适用于基岩较坚硬完整的情况。

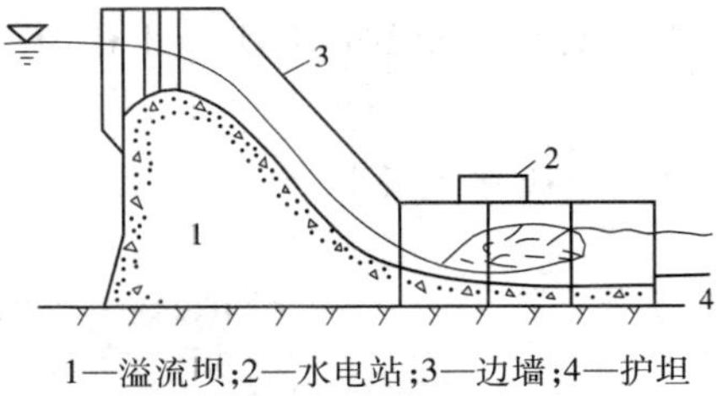

1—溢流坝；2—水电站；3—边墙；4—护坦

图 2-18　边墙和导水墙

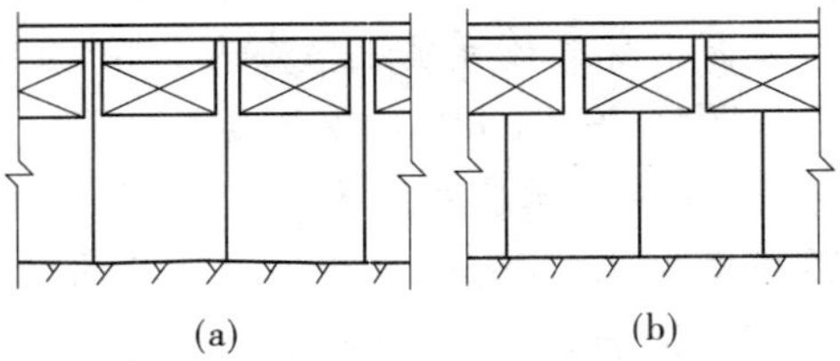

图 2-19　溢流坝段横缝布置

三、溢流面曲线和剖面设计

（一）溢流面曲线

溢流面曲线由顶部曲线段、中间直线段和下部反弧段三部分组成，如图 2-20 所示。

设计要求是：①有较高的流量系数；②水流平顺，不产生空蚀。

（1）开敞式溢流孔的溢流面曲线，可采用 WES 幂曲线。堰面曲线方程如下：

$$x^n = KH_d^{n-1}y \tag{2-38}$$

式中　H_d——定型设计水头，取堰顶最大作用水头 H_{max} 的 75% ~95%；

K,n——与上游面倾斜坡度有关的参数，当上游面垂直时 $K=2.0, n=1.85$；

x,y——以溢流坝顶点为坐标原点的坐标，x 以指向下游为正，y 以向下为正。

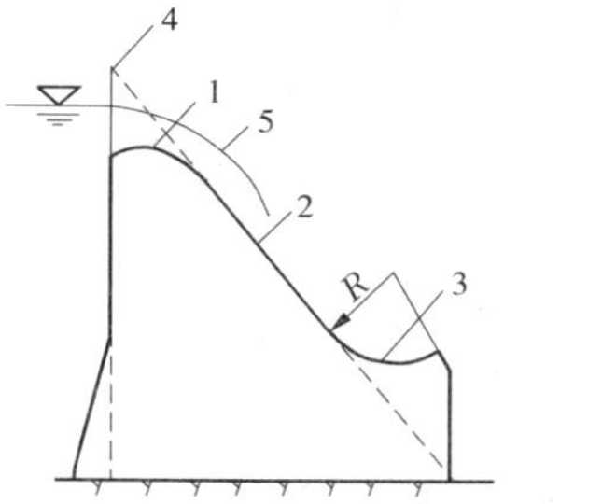

1—顶部曲线段；2—中间直线段；3—下部反弧段；4—基本剖面；5—溢流水舌

图 2-20　溢流面曲线组成

坐标原点的上游段采用复合圆弧或椭圆曲线与上游坝面连接，其曲线方程及相关参数见图 2-21 及式（2-39）。

$$\frac{x^2}{(aH_d)^2} + \frac{(bH_d - y)^2}{(bH_d)^2} = 1 \tag{2-39}$$

微课 2-15　溢流坝剖面绘制

式中　aH_d、bH_d——椭圆曲线长半轴和短半轴，当 $P_1/H_d \geq 2$ 时 $a = 0.28 \sim 0.30$、$a/b = 0.87 + 3a$，当 $P_1/H_d < 2$ 时 $a = 0.215 \sim 0.28$、$b = 0.127 \sim 0.163$。

（2）设有胸墙的溢流面曲线如图 2-22 所示，当校核洪水情况下最大作用水头与孔口高度比值 $H_{max}/D > 1.5$ 或闸门全开仍属孔口出流时，可按孔口射流曲线设计，其方程式为

$$y = \frac{x^2}{4\varphi^2 H_d} \tag{2-40}$$

式中　H_d——定型设计水头，取孔口中心至校核洪水位的 75% ~95%；

φ——孔口收缩断面上的流速系数，一般取 $\varphi = 0.96$，若有检修门槽 $\varphi = 0.95$。

若 $1.2 < H_{max}/D \leq 1.5$，则堰面曲线应通过试验确定。

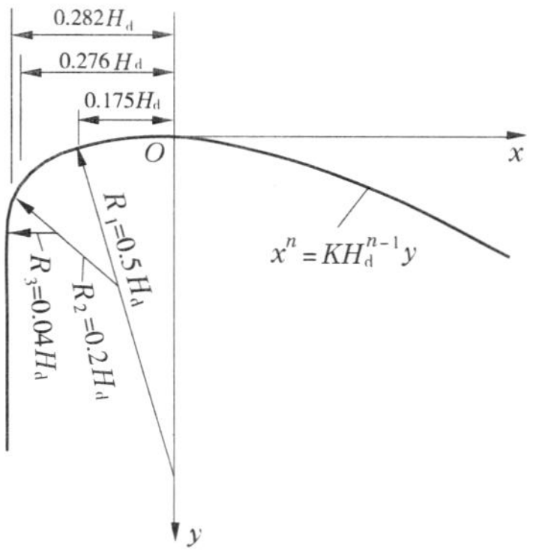

图 2-21　堰顶上游三圆心曲线

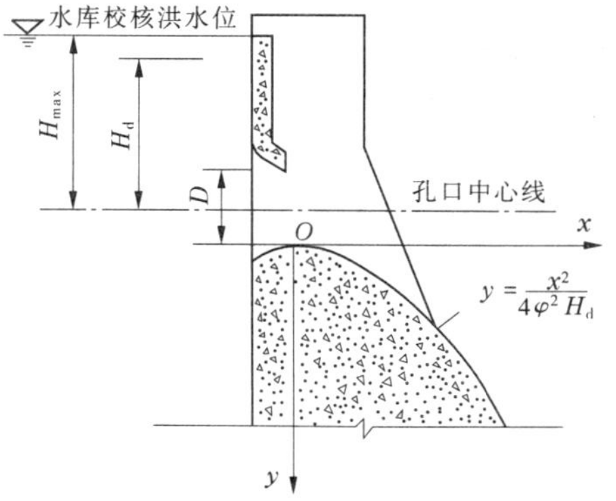

图 2-22　设有胸墙的溢流面曲线

按定型设计水头确定的溢流面曲线，当通过校核洪水闸门全部打开时，堰面将出现负

压,其最大负压值不得超过 6 ×9.81 kPa。定型设计水头 H_d的取值不同,堰面出现的最大负压值也不同,具体可参考表 2-14 估算。

表 2-14　堰面最大负压值参考取值

H_d/H_{max}	0.75	0.775	0.80	0.825	0.85	0.875	0.90	0.95	1.0
最大负压值（×9.81 kPa）	$0.5H_d$	$0.45H_d$	$0.4H_d$	$0.35H_d$	$0.3H_d$	$0.25H_d$	$0.2H_d$	$0.1H_d$	$0.0H_d$

(二)反弧段

溢流坝下游反弧段的作用是使溢流坝面下泄的水流平顺地与下游消能设施相衔接。对不同的消能设施可采用不同的公式:

(1)挑流消能。反弧半径 $R=(4\sim10)h$。其中,h 为校核洪水位闸门全开时反弧段最低点处的水深。当反弧段流速 $v<16$ m/s 时,可取下限;当流速越大时,反弧半径也宜选用较大值。

(2)底流消能。反弧半径可近似按下式求得:

$$R = \frac{10x}{3.28} \tag{2-41}$$

其中

$$x = \frac{3.28v + 21H + 16}{11.8H + 64}$$

式中　H——不计行近流速的堰上水头,m;

　　v——坝址处流速,m/s。

(三)直线段

中间的直线段与坝顶曲线和下部反弧段相切,坡度一般与非溢流坝段的下游坡相同,具体应由稳定和强度分析及剖面设计确定。

(四)溢流重力坝剖面设计

溢流坝的实用剖面,既要满足稳定和强度要求,也要符合水流条件的要求,还要与非溢流重力坝的剖面相适应,上游坝面尽量与非溢流坝相一致。设计时先按稳定和强度要求及水流条件定出基本剖面和溢流面曲线,然后使基本剖面的下游边与溢流面曲线相切。

当溢流坝剖面超出基本剖面时,为节约工程量并满足泄流条件,可以将堰顶做成悬臂式的,如图 2-23(a)所示(悬臂高度 h_1应大于 $H/2$,H 为堰顶最大水头);也可以使非溢流坝向上游平移(即将 $A'B'C'$平移至 ABC),让其上游面与溢流坝上游面重合。若溢流坝剖面小于基本剖面,则将上游坝面做成折线形,使坝底宽等于基本剖面的底宽,如图 2-23 (b)所示。有挑流鼻坎的溢流坝,当鼻坎超出基本三角形以外时[见图 2-23(b)],若$l/h>0.5$,应核算 $B—B'$截面的应力,如果拉应力较大,可设缝将鼻坎与坝体分开。

【例 2-7】 工程的基本资料同例 2-2,试进行溢流坝剖面设计。

解:(1)堰顶上游侧采用椭圆曲线,其方程为

$$\frac{x^2}{(aH_d)^2} + \frac{(bH_d - y)^2}{(bH_d)^2} = 1$$

根据闸门布置的要求,取用 $a=0.30$,即

$$a/b = 0.87 + 3a = 0.87 + 3 \times 0.30 = 1.77$$

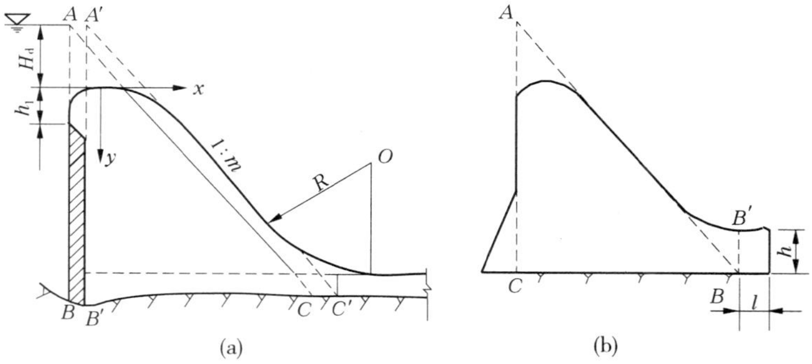

图 2-23 溢流坝剖面设计

所以，$b=0.17$。

$$(aH_d)^2=(0.30\times8.29)^2=2.49^2=6.20$$

$$(bH_d)^2=(0.17\times8.29)^2=1.41^2=1.99$$

所以，得方程为

$$\frac{x^2}{6.20}+\frac{(1.41-y)^2}{1.99}=1$$

上游坝面高程 174.59 ~ 167.00 m 垂直，167.00 ~ 143.00 m 高程坡度为 1∶0.15。

(2)溢流剖面堰形采用幂曲线，其方程为

$$x^{1.85}=2.0H_d^{0.85}y=2.0\times8.29^{0.85}y$$

所以，可得幂曲线方程为 $x^{1.85}=12.073y$ 或 $y=0.082\,8x^{1.85}$。

(3)直线段和曲线段切点 x_C、y_C 的确定。

从微分概念入手，由 $y'=0.082\,8\times1.85x^{0.85}=1/0.72$ 可得 $x_C=13.38$(m)。

将 x_C 代入方程 $y=0.082\,8x^{1.85}$，求得 $y_C=10.05$(m)。

(4)直线段和反弧段切点 D 和反弧圆心坐标的确定。

根据鼻坎高于下游水位 1 ~ 2 m 的要求，确定鼻坎高程为 $Z_{坎}=154.00$ m，挑角由工程类比经验和试验成果确定 $\theta_2=26°$，下游河床高程 144.00 m，以消能防冲设计洪水(2%)为控制情况，上游水位为 182.55 m，下游水位为 150.90 m。

闸墩厚 $d=2$ m，$n=5$，$b=12$ m，$Q=2\,060$ m³/s 则

$$q_{坎}=\frac{Q}{nb+(n-1)d}=\frac{2\,060}{68}=30.29(\text{m}^3/\text{s})$$

$$s=上游水位-反弧最低点高程=182.55-153.14=29.41(\text{m})$$

$$v=1.1\varphi\sqrt{2gs}=1.1\times0.919\times\sqrt{2\times9.81\times29.41}=24.28(\text{m/s})$$

$$h=q_{坝}/v=30.29/24.28=1.25(\text{m})$$

反弧半径 $R=(4\sim10)h$，取 $R=8.5$ m(为 $6.8h$)。

圆心高程 $Z_{圆心}=Z_{坎}+R\cos\theta_2=154.00+8.5\cos26°=161.64(\text{m})$

$$y_O=176.00-161.64=14.36(\text{m})$$

直线段和反弧段切点 D 的坐标为

$$\theta_1=\arctan(1/0.72)=54.25°$$

$$y_D = R\cos\theta_1 + y_O = 8.5\cos 54.25° + 14.36 = 19.33(\mathrm{m})$$

$$x_D = x_C + \frac{y_D - y_C}{\tan\theta_1} = 13.39 + (19.33 - 10.04) \div \left(\frac{1}{0.72}\right) = 20.08(\mathrm{m})$$

$$x_O = R\sin\theta_1 + x_D = 8.5\sin 54.25° + 20.08 = 26.98(\mathrm{m})$$（圆心到堰顶水平距离）

(5)溢流坝坝基宽度。

鼻坎到堰顶的水平距离为

$$x_{顶} - x_{坎} = R\sin\theta_2 + x_0 = 8.5\sin 26° + 26.98 = 30.71(\mathrm{m})$$

附加上鼻坎处削角厚度0.4 m,堰顶上游侧椭圆段水平距离2.49 m,上游坡度水平投影距离3.6 m,则整个坝基宽为

$$B = 3.6 + 2.49 + 30.71 + 0.4 = 37.20(\mathrm{m})$$

溢流坝切点、圆心坐标及剖面图见图2-24。

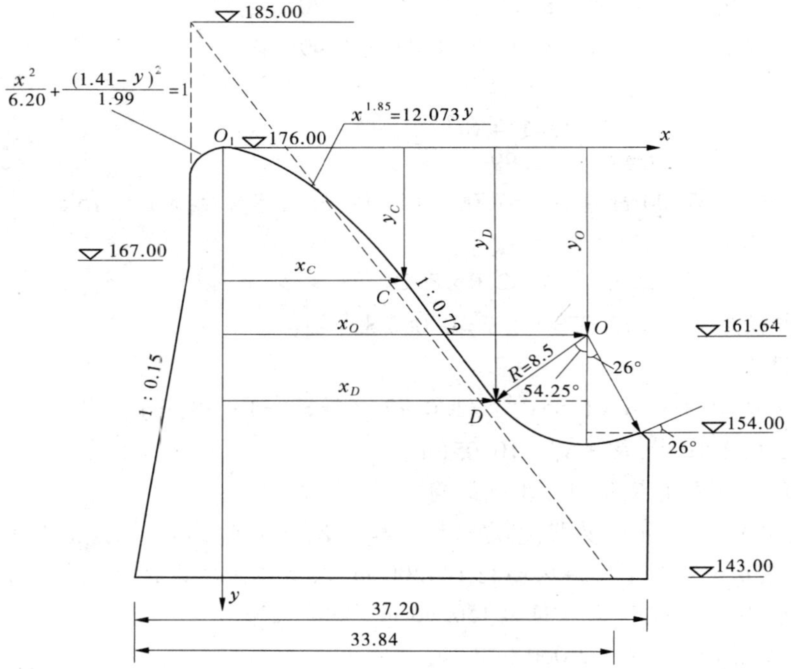

坐标表

	x	y
椭圆段	−1	0.12
	−1.5	0.28
	−2	0.57
	−2.3	0.87
	−2.49	1.41
幂曲线	1	0.08
	2	0.30
	4	1.08
	8	3.88
	12	8.21
	13.38	10.05
上切点	13.38	10.05
下切点	20.08	19.33
圆心	26.98	14.36

图2-24　溢流坝切点、圆心坐标及剖面图　(单位:m)

四、消能工的形式与设计

微课2-16
消能工设计

(一)概述

1.消能工的设计原则

(1)尽量使下泄水流的大部分动能消耗于水流内部紊动及水流与空气的摩擦中。

(2)不产生危及坝体安全的河床冲刷或岸坡局部冲刷。

(3)下泄水流平稳,不影响枢纽中其他建筑物的正常运行。

(4)结构简单,工作可靠。

(5)工程量小,经济。

2. 消能工形式

常用的消能工形式有挑流消能、底流消能、面流消能、消力戽消能及联合消能(宽尾墩—挑流、宽尾墩—消力戽、宽尾墩—消力池等)。设计时应根据地形、地质、枢纽布置、水头、泄量、运行条件、消能防冲要求、下游水深及其变幅等条件进行技术经济比较,选择消能工的形式。

3. 设计洪水标准

消能防冲建筑物设计的洪水标准,可低于大坝的泄洪标准。Ⅰ等工程消能防冲建筑物宜按100年一遇洪水设计。Ⅱ等工程消能防冲建筑物宜按50年一遇洪水设计。Ⅲ等工程消能防冲建筑物宜按30年一遇洪水设计,并需考虑在小于设计洪水时可能出现的不利情况,保证安全运行。

(二)挑流消能

挑流消能是通过挑流鼻坎将高速水流自由抛射远离坝体,并利用水舌在空中扩散、掺气以及水舌跌入下游水垫内的紊动扩散消耗能量,如图2-25所示。这种消能方式具有结构简单、工程造价省、施工检修方便等优点;但下泄水流会形成雾化,尾水波动较大,且下游冲刷较严重,冲刷坑后形成堆丘等。挑流消能适用于水头较高,下游有一定水垫深度、基岩条件良好的高、中坝,低坝经过严格论证也可采用这种消能方式。

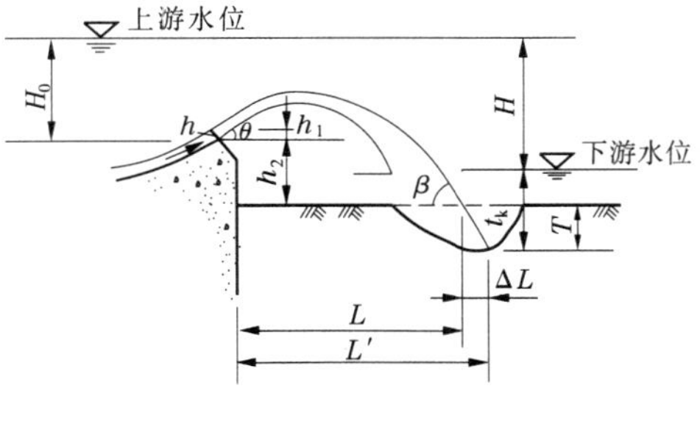

图2-25　挑射距离和冲坑深计算图

挑流消能设计的任务是:选择鼻坎形式、反弧半径、鼻坎高程和挑射角,计算水舌挑射距离和冲刷坑深度等。

挑流鼻坎的常用形式有连续式和差动式两种。连续式鼻坎在工程中应用较为广泛。其优点是构造简单,水流平顺,防空蚀效果较好,但扩散掺气作用较差。连续式鼻坎的挑角可采用15°~35°,反弧半径应为(4~10)h。鼻坎高程一般应高出下游最高水位1~2 m,以利于挑流水舌下缘掺气。水舌挑射距离可用下式估算:

$$L' = L + \Delta L \tag{2-42}$$

$$L = \frac{1}{g}\left[v_1^2\sin\theta\cos\theta + v_1\cos\theta\sqrt{v_1^2\sin^2\theta + 2g(h_1 + h_2)}\right] \tag{2-43}$$

$$\Delta L = T\cot\beta \tag{2-44}$$

式中　L'——冲坑最深点到坝下游垂直面的水平距离,m;

L—— 坝下游垂直面到挑流水舌外缘与原河床面交点的水平距离，m；

ΔL——水舌外缘与原河床面交点到冲坑最深点的水平距离，m；

v_1——坎顶水面流速，按鼻坎处平均流速 v 的 1.1 倍计，即 $v_1 = 1.1v = 1.1\varphi\sqrt{2gH_0}$（$H_0$为水库水位至坎顶的落差，m，$\varphi$ 为堰面流速系数，可取 0.9～1.0），m/s；

θ——鼻坎的挑角；

h_1——坎顶垂直方向水深，m，$h_1 = h/\cos\theta$（h 为坎顶平均水深）；

h_2——坎顶至河床面高差，m，如冲坑已经形成，作为计算冲坑进一步发展，可算至坑底；

T——最大冲坑深度（由河床面至坑底），m；

β——水舌外缘与下游水面的交角。

最大冲坑深度可按式(2-45)估算：

$$T = t_k - t \tag{2-45}$$

其中

$$t_k = kq^{0.5}H^{0.25}$$

式中 t_k——最大冲坑水垫层厚度（自下游水位算至坑底），m；

q——单宽流量，$m^3/(s \cdot m)$；

H——上下游水位差，m；

t——下游水深，m；

k——冲刷系数，坚硬完整的基岩取 0.6～0.9，坚硬但完整性较差的基岩取 0.9～1.2，较坚硬但呈块状、碎石状的基岩取 1.2～1.6，软弱、完全碎石状的基岩取 1.6～2.0。

为确保冲坑不致危及大坝和其他建筑物的安全，根据经验，安全挑距一般大于最大可能冲坑深度的 2.5～5.0 倍，具体取值需根据河床基岩节理裂隙的产状发育情况确定。

【例 2-8】 工程的基本资料同例 2-2，试进行消能工设计。

解：本工程大坝作用水头较高（中坝）、下游有一定水垫深度、基岩条件良好的高，适合采用挑流消能。

依据《混凝土重力坝设计规范》（SL 319—2005）规定，Ⅱ等工程消能防冲按 50 年一遇洪水设计。

已知条件：挑角根据我国已建工程的经验为 20°～35°，参照试验结果挑角选用 26°，反弧半径为 8.5 m。通过消能防冲设计洪水（2%）时的下泄流量为 2 060 m^3/s，上游水位 182.55 m，下游水位150.90 m，上下游水位差 $H = 182.55 - 150.90 = 31.65$(m)；鼻坎高程 154.00 m，上游水位和鼻坎高差 $H_0 = 182.55 - 154.00 = 28.55$(m)；下游河床高程 144.00 m，鼻坎和下游河床高差（如冲坑已形成，可算至坑底，假定冲坑为 10.00 m）$h_2 = (154.00 + 10.00) - 144.00 = 20.00$(m)；下游水位和下游河床高差 $t = 150.90 - 144.00 = 6.90$(m)；单宽流量$q = 2\,060/68 = 30.29$[$m^3/(s \cdot m)$]。

流能比

$$K_E = \frac{q}{\sqrt{g}H_0^{1.5}} = \frac{30.29}{\sqrt{9.81} \times 28.55^{1.5}} = 0.063\,4$$

流速系数　$\varphi = \sqrt[3]{1 - \frac{0.055}{K_E^{0.5}}} = \sqrt[3]{1 - \frac{0.055}{0.063\ 4^{0.5}}} = 0.921$

水舌外缘与下游水面的交角 β 的余弦

$$\cos\beta = \sqrt{\frac{\varphi^2 H_0}{\varphi^2 H_0 + H - H_0}} \times \cos\theta = \sqrt{\frac{0.921^2 \times 28.55}{0.921^2 \times 28.55 + 31.65 - 28.55}} \times \cos 26° = 0.846$$

所以　$\beta = 32.19°$

坎顶水面流速　$v_1 = 1.1v = 1.1\varphi\sqrt{2gH} = 1.1 \times 0.921 \times \sqrt{2 \times 9.81 \times 31.65} = 25.25(\text{m/s})$

坎顶平均水深　$h = Q/(Bv) = 2\ 060/(68 \times 22.95) = 1.32(\text{m})$

坎顶垂直方向水深 $h_1 = h/\cos\theta = 1.32/\cos 26° = 1.47(\text{m})$，则

$$L = \frac{1}{g}\left[v_1^2 \sin\theta\cos\theta + v_1\cos\theta\sqrt{v_1^2 \sin^2\theta + 2g(h_1 + h_2)}\right]$$

$$= \frac{1}{9.81} \times \left[25.25^2 \sin 26° \cos 26° + 25.25\cos 26° \times \sqrt{25.25^2 \sin^2 26° + 2 \times 9.81 \times (1.47 + 20.00)}\right]$$

$$= 79.55(\text{m})$$

最大冲坑水垫层厚度（取冲刷系数 $k = 1.4$），则

$$t_k = kq^{0.5}H^{0.25} = 1.4 \times 30.29^{0.5} \times 31.65^{0.25} = 18.28(\text{m})$$

最大冲坑深度　$T = t_k - t = 18.28 - 6.90 = 11.38(\text{m})$

水舌外缘与原河床面交点到冲坑最深点的水平距离

$$\Delta L = T\cot\beta = 11.38\cot 32.19° = 18.08(\text{m})$$

水舌挑射距离　$L' = L + \Delta L = 79.55 + 18.08 = 97.63(\text{m})$

安全挑距与最大冲坑深度的比值 $L'/T = 8.56 > 2.5 \sim 5.0$，故冲刷坑不会危及坝身的安全。

大坝通过设计洪水流量及校核洪水流量时，相关挑流计算可参照上述方法进行。

（三）底流消能

底流消能是在溢流坝坝趾下游设置一定长度的护坦，使过坝水流在护坦上发生水跃，通过水流的漩滚、摩擦、撞击和掺气等作用消耗能量，以减轻对下游河床和岸坡的冲刷。底流消能原则上适用于各种高度的坝以及各种河床地质情况，尤其适用于地质条件差，河床抗冲能力低的情况。底流消能运行可靠，下游流态比较平稳，对通航和发电尾水影响较小；但工程量较大，且不利于排冰和过漂浮物。

设计底流消能时，首先要进行水力计算以判断水流衔接状态。若为远驱水跃，则应采取工程措施，如设置消力池、消力坎或综合消力池等，促使水流在池内发生水跃以消能。为提高消能效果，还可以布置一些辅助消能工，如趾坎、消力墩、尾槛等，以强化消能，减小消力池的深度和长度。底流消能的水力计算（消力池的深度和长度、导水墙高度）具体见项目五的相关内容。图 2-26 为湖北陆水水电站溢流坝的消能布置。

底流消能的护坦通常用钢筋混凝土修筑，其配筋一般按构造要求配置。护坦厚度可

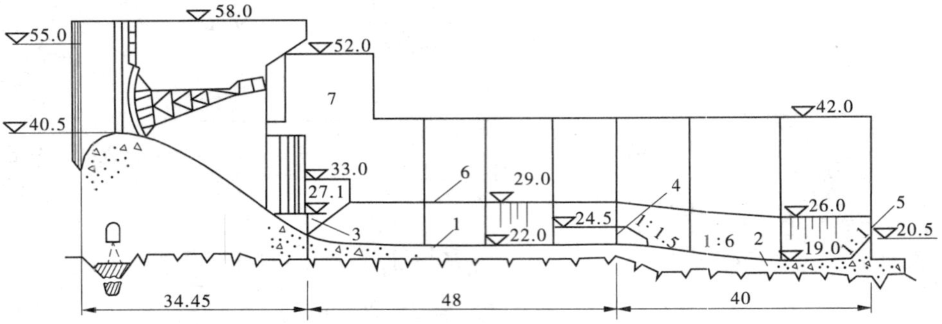

1——一级消力池;2—二级消力池;3—趾墩;4—消力墩;5—尾墩;6—导水墙;7—电站厂房

图 2-26　湖北陆水水电站溢流坝的消能布置　(单位:m)

由抗浮稳定和强度条件确定,一般为 1 ~3 m。岩基上的护坦可用锚筋和基岩锚固,锚筋直径 25 ~36 mm,间距 1.5 ~2.0 m,按梅花形布置;当基岩软弱或构造发育时,也可在护坦底部设置排水系统以降低扬压力;护坦一般还应设置伸缩缝,以适应温度变形;护坦表层常采用高强度混凝土浇筑,以提高抗冲和抗磨能力。

(四)面流消能

面流消能是在溢流坝下游面设置低于下游水位、挑角不大(挑角小于 10° ~15°)的鼻坎,使下泄的高速水流既不挑离水面也不潜入底层,而是沿下游水流的上层流动。水舌下有一水滚,主流在下游一定范围内逐渐扩散,使水流流速分布逐渐接近正常水流情况,故此称为面流消能(见图 2-27)。这种消能形式适用于水头较小的中、低坝,且下游水深较大,水位变幅小,河床和两岸有较高的抗冲能力,或有排冰和过木要求的情况;虽然水舌下的水滚是流向坝趾的,但流速较低,河床一般不需加固。由于表面高速水流会产生很大的波动,有的绵延数千米还难以平稳,所以对水电站运行和下游航运不利,且易冲刷两岸。

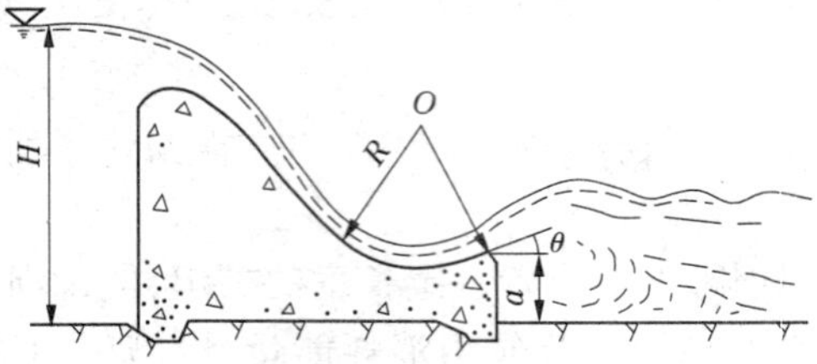

图 2-27　面流消能

(五)消力戽消能

消力戽消能是在坝后设一大挑角(约 45°)的低鼻坎(即戽唇,其高度 a 一般约为下游水深的 1/6),其水流形态的特征表现为三滚一浪(见图 2-28)。戽内产生逆时针方向(当水流方向向右时)的表面漩滚,戽外产生顺时针方向的底部漩滚和逆时针方向的表面漩滚,下泄水流穿过漩滚产生涌浪,并不断掺气进行消能。

消力戽消能的优点是:工程量比底流消能的小,冲刷坑比挑流消能的浅,不存在雾化问题。其主要缺点与面流消能相似,并且底部漩滚可能将砂石带入戽内造成磨损。如将戽唇做成差动式可以避免上述缺点,但其结构复杂,齿坎易空蚀,采用时应慎重研究。消

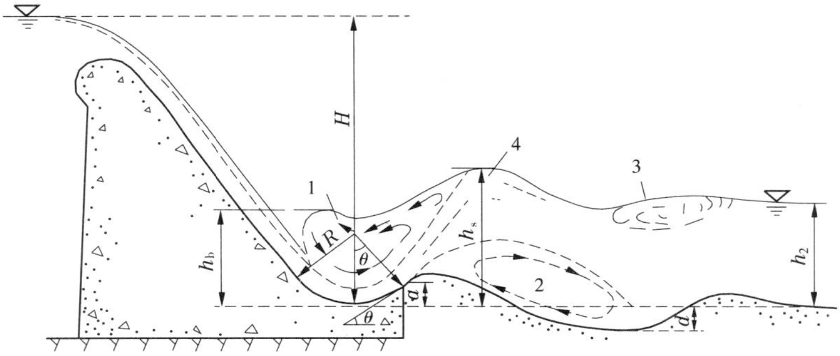

1—戽内漩滚；2—戽外底部漩滚；3—下游表面漩滚；4—戽后涌浪

图 2-28　消力戽消能布置

力戽消能的适用情况与面流消能基本相同，但不能过木排冰，且对尾水是有要求的，即尾水须大于跃后水深。

【单元探索】

了解大孔口出流情况时，孔口尺寸及消能防冲的计算方法。

【单元练习】

一、判断题

1. 溢流坝在枢纽中的作用是将规划确定的库内所不能容纳的洪水由坝顶泄向下游，以确保大坝的安全。(　　)

2. 通常对于洪水流量较小、淹没损失不大的小型工程溢流堰的堰顶可不设闸门。(　　)

3. 单宽流量愈大，孔口净长愈小，从而减少溢流坝段的造价。因此，设计时单宽流量选用的愈大愈好。(　　)

4. 工作闸门用来控制下泄流量，需要在动水中开启、静水中关闭。(　　)

5. 检修闸门和工作闸门之间至少应留有 3 m 的净距，以便进行检修。(　　)

6. 平面闸门的主要优点是启门力小，闸墩较薄，水流平顺，闸门开启时水流条件较好。(　　)

7. 将缝设在闸墩中间的溢流坝段横缝布置方式具有工作可靠，但闸墩厚度增大的特点。(　　)

8. 反弧半径通常取 $R=(4\sim10)h$，流速越大，反弧半径也宜选用较大值。(　　)

9. 中间的直线段与坝顶曲线和下部反弧段相切，坡度一般与非溢流坝段的下游坡相同。(　　)

10. 消能防冲建筑物设计的洪水标准，可低于大坝的泄洪标准。(　　)

二、单项选择题

1. 单宽流量的选定，一般首先考虑下游河床的地质条件，对于软弱基岩常取(　　)。

A. $q=20\sim50\ m^3/(s\cdot m)$　　B. $q=50\sim70\ m^3/(s\cdot m)$

C. $q=70\sim100\ m^3/(s\cdot m)$　　D. $q=100\sim150\ m^3/(s\cdot m)$

2. 目前，大、中型混凝土重力坝的孔口宽度一般取(无排泄漂浮物要求时)(　　)。

A. 5 ~ 10 m　　B. 8 ~ 16 m　　C. 18 ~ 20 m　　D. 20 ~ 25 m

3. Ⅰ等工程消能防冲建筑物设计的洪水标准宜按(　　)。

A. 1 000 年一遇洪水设计　　B. 100 年一遇洪水设计

C. 50 年一遇洪水设计　　D. 30 年一遇洪水设计

4. (　　)消能运行可靠,下游流态比较平稳,对通航和发电尾水影响较小;但工程量较大,且不利于排冰和过漂浮物。

A. 底流　　B. 挑流　　C. 面流　　D. 消力戽

5. 为确保冲坑不致危及大坝和其他建筑物的安全,根据经验,安全挑距一般大于最大可能冲坑深度的(　　)倍。

A. 2.5　　B. 5.0　　C. 1.0　　D. 2.5 ~ 5.0

三、多项选择题

1. 溢流坝满足泄水要求包括以下几个方面内容(　　)。

A. 有足够的孔口尺寸和较小的流量系数,以满足泄洪能力要求

B. 体形和流态良好,使水流平顺地流过坝体,控制不利的负压和振动,避免产生空蚀现象

C. 满足消能防冲要求,保证下游河床不产生危及坝体安全的局部冲刷

D. 下游流态平顺,不产生折冲水流,不影响枢纽中其他建筑物的正常运行

E. 有灵活控制水流下泄的机械设备

2. 坝顶溢流式具有下列哪些优点?(　　)

A. 便于排除冰凌和其他漂浮物

B. 有较大的超泄能力

C. 闸门操作方便,易于检修,工作安全可靠

D. 超泄能力较差

E. 可根据洪水预报提前放水,以便腾出较多库容储蓄洪水,从而提高调洪能力

3. 闸墩上下游端的形状常采用(　　),以使水流平顺扩散。

A. 矩形　　B. 三角形　　C. 半圆形　　D. 折线形　　E. 流线形

4. 消能工的设计原则是(　　)。

A. 尽量使下泄水流的大部分动能消耗于消能设施中

B. 结构简单,工作可靠

C. 下泄水流平稳,不影响枢纽中其他建筑物的正常运行

D. 工程量小,经济

E. 不产生危及坝体安全的河床冲刷或岸坡局部冲刷

四、填空题

1. 溢流坝孔口尺寸的拟定包括________、________、________、每孔尺寸和孔数。

2. 水工闸门按其功用可分为________、________、________。

3. 溢流坝常用的孔口形式有________、________两种。

4. 溢流面曲线由________、________、________三部分组成。

5. 常用的消能工形式有底流消能、挑流消能、________、________、________。

6. 挑流鼻坎的常用形式有________、________两种。

单元七　重力坝的深式泄水孔

【单元导航】

问题1:坝身泄水孔的作用有哪些？由哪些部分组成？形式有哪些？如何进行泄水孔的布置？

问题2:如何进行泄水孔(有压、无压)的体形设计？主要构造要点有哪些？

【单元解析】

一、坝身泄水孔的作用

坝身泄水孔的进口全部淹没在设计水位以下,随时可以放水,故又称深式泄水孔。其作用有:①预泄洪水,增大水库的调蓄能力;②放空水库以便检修;③排放泥沙,减少水库淤积,延长水库使用寿命;④向下游供水,满足航运和灌溉要求;⑤施工导流。

微课2-17　深式泄水孔的类型及布置

二、坝身泄水孔的组成及形式

(一)坝身泄水孔的组成

泄水孔一般由进口段、闸门控制段、孔身段和出口消能段组成。

(二)坝身泄水孔的形式

按孔身水流条件,坝身泄水孔可分为无压和有压两种类型。前者指泄水时除进口附近一段为有压外,其余部分均处于明流无压状态,见图2-29。后者是指闸门全开时,整个管道都处于满流承压状态,见图2-30。无压泄水孔的有压段又包括进口段、门槽段和压坡段三个部分,压坡段末端设工作闸门;有压泄水孔的进口段之后为事故检修门槽段,其后

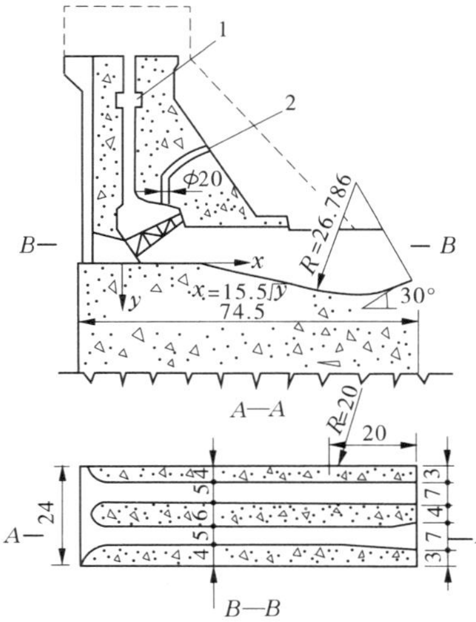

1—启闭机廊道;2—通气孔

图2-29　无压泄水孔　(单位:m)

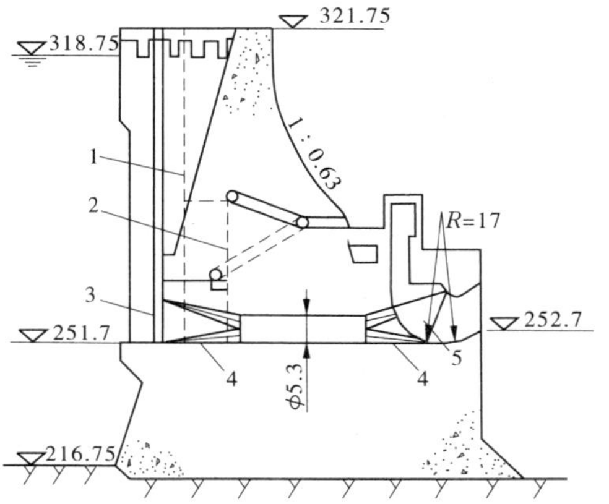

1—通气孔;2—平压管;3—检修门槽;4—渐变段;5—工作闸门

图2-30　有压泄水孔　(单位:m)

接平坡段或小于 1∶10 的缓坡段，工作闸门设在出口端，其前为压坡段。

发电引水孔应为有压泄水孔，其他用途的泄水孔，可以是有压的也可以是无压的。有压泄水孔的工作闸门一般都设在出口，孔内始终保持满水有压状态。无压泄水孔的工作闸门和检修闸门都设在进口，工作闸门后的孔口断面扩大抬高，以保证门后为无压明流。

三、坝身泄水孔的布置

坝身泄水孔应根据其用途、枢纽布置要求、地形地质条件和施工条件等因素进行布置。泄水孔宜布置在河槽部位，以便下泄水流与下游河道衔接。当河谷狭窄时，宜设在溢流坝段；当河谷较宽时，则可考虑布置于非溢流坝段。其进口高程在满足泄洪任务的前提下，应尽量高些，以减小进口闸门上的水压力。灌溉孔应布置在灌区一岸的坝段上，以便与灌溉渠道连接，其进口高程则应根据坝后渠首高程来确定，必要时，也可根据泥沙和水温情况分层设置进水口。排沙底孔应尽量靠近电站、灌溉孔的进水口及船闸闸首等需要排沙的部位。发电进水口的高程，应根据水力动能设计要求和泥沙条件确定，一般设于水库最低工作水位以下一倍孔口高度处，并应高出淤沙高程 1 m 以上。为放空水库而设置的放水孔、施工导流孔，一般均布置得较低。

四、坝身泄水孔的体形与构造

微课 2-18　有压泄水孔的体形设计与构造

（一）有压泄水孔

1. 进水口的体形

为使水流平顺、减少水头损失、避免孔壁空蚀，进口形状应尽可能符合流线变化规律，工程中宜采用四侧或顶、侧面椭圆曲线进水口。有压泄水孔典型布置如图 2-31 所示。

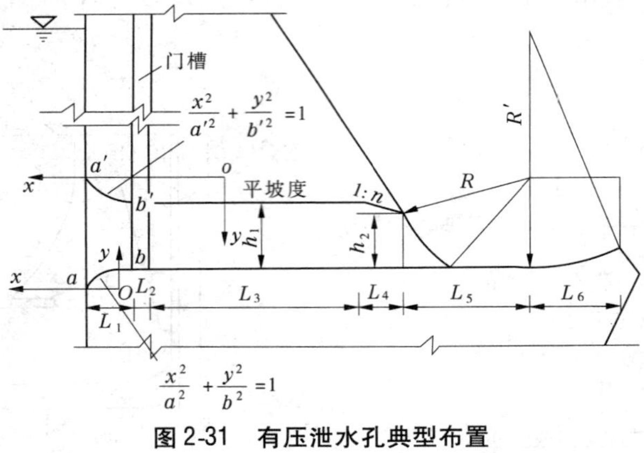

图 2-31　有压泄水孔典型布置

2. 出水口

有压泄水孔的出口控制着整个泄水孔内的内水压力状况。为消除负压，避免出现空蚀破坏，宜将出口断面缩小，收缩量大致为孔身面积的 10% ~15%，并将孔顶降低，孔顶坡比可取 1∶10 ~1∶5。

3. 孔身断面及渐变段

有压泄水孔的断面一般为圆形，但进出口部分为适应闸门要求应为矩形断面，故圆形、矩形断面间应设渐变段过渡连接。

4. 闸门槽

有压泄水孔出口的工作闸门，一般采用不设门槽的弧形闸门，而进口检修闸门常采用平面闸门。若闸门槽体形设计不当，很容易产生空蚀。对高水头的情况，闸门槽应用图 2-32所示的形状。

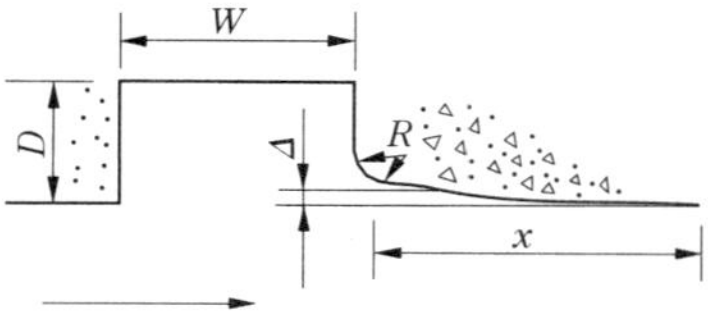

$W/D=1.6\sim1.8$；$\Delta/D=0.05\sim0.08$；

$R/D=0.1$；$x/\Delta=10\sim12$

图 2-32　闸门槽形状

5. 通气孔

通气孔的作用是关闭检修闸门后，开工作闸门放水，向孔内充气；检修完毕后，关闭工作闸门，向闸门之间充水时排气。通气孔的断面面积由计算确定，但宜大于充水管或排水管的过水断面面积。为防止发生事故，通气孔的进口必须与闸门启闭室分开，以免影响工作人员的安全。

（二）无压泄水孔

无压泄水孔在平面上宜做直线布置，其过水断面多为矩形。

微课 2-19　无压泄水孔的体形设计与构造

1. 进水口体形

无压泄水孔的有压段与有压泄水孔的相应段体形、构造基本相同，如图 2-33 所示。压坡段的坡度一般为 1∶4～1∶6，压坡段的长度一般为 3～6 m。

2. 明流段

为使水流平顺无负压，明流段的竖曲线通常设计为抛物线。明流段的孔顶在水面以上应有足够的余幅，当孔身为矩形时，顶部高出水面的高度取最大流量时不掺气水深的30%～50%；当孔顶为圆拱形时，拱脚距水面的高度可取不掺气水深的 20%～30%。明流段的反弧段，一般采用圆弧式，末端鼻坎高程应高于该处下游水位以保证发生自由挑流。

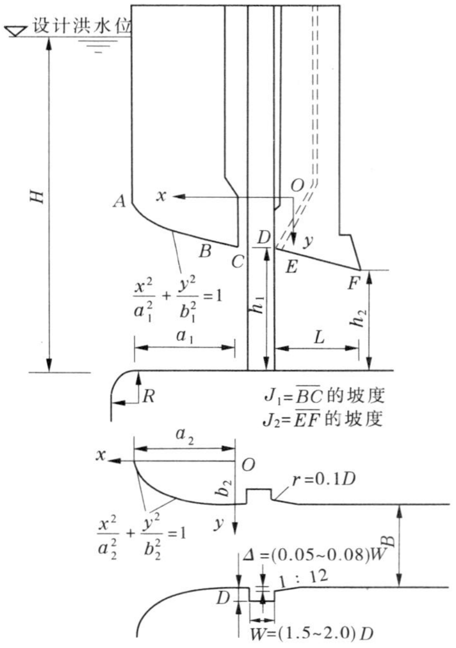

图 2-33　无压泄水孔有压段布置

3. 通气孔与平压管

检修闸门后的通气孔布置要求与有压泄水孔完全相同。除此之外，为使明流段流态稳定，还应在工作闸门后设通气孔（见图 2-29），向明流段不断补气。通气孔的断面面积由计算确定，一般取泄水孔断面面积的 0.5%～1.0%，且宜大于充水管或排水管的过水断面面积。平压管是埋在坝体内部，平衡检修闸门两侧水压以减少启门力的输水管道。平压管的直径按最长充水时间不超过

8 h 确定。

【例 2-9】 根据前面各单元所给的条件和已完成的设计成果,并给出以下已知条件:大坝集中水头落差为 38.5 m,设计水头 32.2 m,属中等水头,装机容量为 4 × 0.32 = 1.28 (万 kW)。由于采取河床式厂房设计和施工,其难度都比较大,且河谷已布置有非溢流坝,由地形图可知左岸坝后有设置厂房的位置,选择坝后式引水管路也短,所以采用坝后式厂房是适宜的。

电站引水采用坝式进水口,压力管埋在坝内,单元供水,结构简单,运行可靠,水管检修或发生事故只影响一台机组工作,其余机组可照常运行。

试对重力坝泄水孔进行设计。

解:(1)泄水孔尺寸确定。

根据电站设计流量 $Q_{max} = 11.5\ m^3/s$(每根),通过水力计算(参考《水利水电工程进水口设计规范》(SL 285—2003)及其他有关设计文献,本处略),确定引水压力管为内径 2 m、厚度 0.6 m 的钢筋混凝土管,共 4 根,为单元供水方式。

(2)水力计算。

①引水道水头损失的计算。每根管设计流量 $Q_{max} = 11.5\ m^3/s$,水头损失计算成果见表 2-15。

表 2-15　水头损失计算成果

部位	计算公式	计算结果(m)
拦污栅	$h = \beta(\frac{S}{b})^{4/3} \frac{v^2}{2g}$	0.003 99
进水口	$h = \xi v^2/(2g)$	0.068
闸门槽	$h = \xi v^2/(2g)$	0.102 4
渐变段	$h = \xi v^2/(2g)$	0.035 76
渐缩管	$h = \xi v^2/(2g)$	0.079 19
沿程损失	$h = v^2L/(C^2R)$	0.293
弯管损失 2 个	$h = \xi v^2/(2g)$	0.143 1
合计		0.725 44

注:公式及系数按《水利水电工程进水口设计规范》(SL 285—2003)及其他有关设计文献选用。

②水击计算。参考河利耶夫及克里夫琴柯的有关水击计算公式进行。

在上游为正常高水位、下游为正常尾水位时,水击升高值为 19.3%(丢弃全负荷时);计算负水击,上游为最低库水位、下游为正常尾水位时,负荷为 0 ~ 100%,计算结果最大下降为 42%。均能满足沿程各断面的压强大于 2 mH_2O 的要求。

③发电进水口位置。高程应根据水力动能设计要求和泥沙条件确定,一般设于水库最低工作水位以下一倍孔口高度处,并高出淤沙高程 1 m 以上;平面位置应布置在厂房同

一侧，并与水轮机组间距相吻合。

闸孔高度 d 为 2 m，闸孔断面平均流速 $V = Q/A = 11.5/(2\times2) = 2.88(\text{m/s})$，系数 C 取 0.55，有压式进水口最小淹没深度 S 为

$$S = CVd^{1/2} = 0.55\times2.88\times2^{1/2} = 2.24(\text{m})$$

或 $S = K(\sum h + V_5^2/2g) = 1.5\times[0.725\,44 + 3.66^2/(2\times9.81)] = 2.11(\text{m})$

其中，输水道平均流速 $V_5 = Q/A = 11.5/(3.14\times1^2) = 3.66(\text{m/s})$。

取进水口最小淹没深度 S 为 3.50 m（大于 2.24 m 和一倍孔口高度），则进水口底板高程 = 172.50 − 3.50 − 2.00 = 167.00(m)，高于淤沙高程(157.00 m)10.00 m，满足要求。

(3)泄水孔的体形与构造。

①进水口的体形。采用顶、侧面为椭圆曲线的进水口（底板不收缩），其布置如图 2-34所示，椭圆方程为

$$\frac{x^2}{2^2} + \frac{y^2}{0.67^2} = 1$$

②渐变段。有压泄水孔断面为直径 2 m 的圆形，有压式进水口闸门后渐变段长度为 4 m（后接水道直径的 1～2 倍）。

③通气孔。通气孔的断面面积取泄水孔断面面积的 1.0%，即 0.04 m^2。

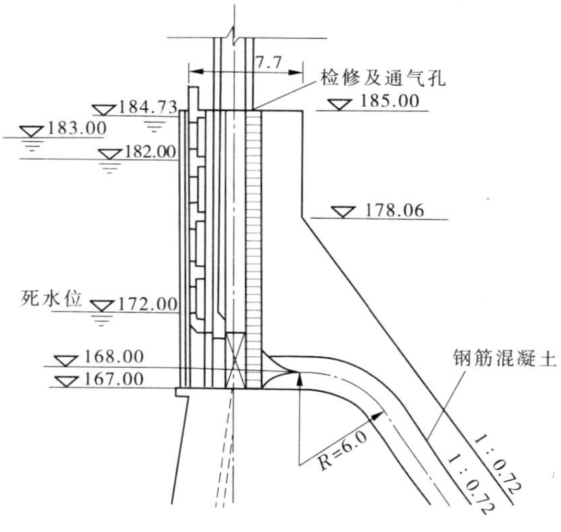

图 2-34 进水口布置 （单位：m）

【单元探索】

查阅资料，了解无压泄水孔的具体设计方法。

【单元练习】

一、判断题

1. 重力坝坝身泄水孔按所处位置的不同可分为表孔、中孔、深孔、底孔。（ ）

2. 无论是无压泄水孔还是有压泄水孔，工作闸门之前均要设置压坡段。（ ）

3. 发电引水孔应为有压泄水孔，其他用途的泄水孔，可以是有压的也可以是无压的。（ ）

4. 泄水孔宜布置在河床两岸部位，以便下泄水流与下游河道衔接。(   )
5. 当河谷狭窄时，泄水孔宜设在非溢流坝段。(   )
6. 发电进水口的高程，一般设于水库最低工作水位以上一倍孔口高度处。(   )
7. 有压泄水孔进水口的体形宜采用四侧或顶、侧面为椭圆曲线的进水口。(   )
8. 有压泄水孔的出口断面宜缩小，其收缩量大致为孔身面积的10% ~15%。(   )
9. 有压泄水孔出口的工作闸门一般采用门槽下游侧带圆弧角的平面闸门。(   )
10. 无压泄水孔在平面上宜作直线布置，其过水断面多为圆形。(   )

二、单项选择题

1. 有压泄水孔的工作闸门一般都设在(   )。

A. 中间　　B. 出口　　C. 进口　　D. 都可以

2. 无压泄水孔明流段的竖曲线通常设计为(   )。

A. 抛物线　　B. 斜直线　　C. 折线　　D. 圆弧线

3. 当无压泄水孔孔顶为圆拱形时，拱脚距水面的高度可取不掺气水深的(   )。

A. 10% ~20%　　B. 20% ~30%　　C. 30% ~40%　　D. 40% ~50%

三、多项选择题

1. 坝身泄水孔的作用有(   )。

A. 预泄洪水，增大水库的调蓄能力
B. 可增加坝体的抗滑稳定性
C. 排放泥沙，减少水库淤积，延长水库使用寿命
D. 向下游供水，满足发电、航运和灌溉等要求
E. 施工导流

2. 下列有关通气孔作用叙述正确的是(   )。

A. 在闸门启闭时向孔内充气
B. 在闸门启闭时向孔外排气
C. 通气孔的断面面积不宜大于充水管或排水管的过水断面面积
D. 为防止发生事故，通气孔的进口必须与闸门启闭室分开
E. 通气孔也常作为检修孔使用

四、填空题

1. 坝身泄水孔一般由______、______、______、______组成。
2. 重力坝坝身泄水孔按孔身水流条件可分为______、______两种类型。

单元八　重力坝的材料及构造

【单元导航】

问题1：重力坝的材料特性指标有哪些？如何对大坝混凝土材料进行分区？

问题2：重力坝的主要构造内容有哪些？如何进行构造设计？

【单元解析】

一、重力坝的材料

(一)水工混凝土的特性指标

建造重力坝的混凝土,除应有足够的强度承受荷载外,还要有一定的抗渗性、抗冻性、抗冲耐磨性、抗侵蚀性等。

1. 强度

混凝土按标准立方体试块抗压极限强度分为12个强度等级,用符号C表示。重力坝常用的有C7.5、C10、C15、C20、C25、C30六个级别。混凝土的强度随龄期而增加,坝体混凝土抗压强度一般采用90 d龄期强度,保证率为80%。抗拉强度采用28 d龄期强度,一般不采用后期强度。大坝混凝土强度标准值见表2-16。

表2-16　大坝混凝土强度标准值

强度种类	符号	混凝土强度等级					
		C7.5	C10	C15	C20	C25	C30
90 d龄期常态混凝土轴心抗压(MPa)	f_{ck}	7.6	9.8	14.3	18.5	22.4	26.2
180 d龄期碾压混凝土轴心抗压(MPa)	f_{ck}	10.4	13.5	19.6	25.4	31.0	
28 d龄期常态混凝土轴心抗拉(MPa)	f_{tk}			1.27	1.54	1.78	2.01

2. 混凝土的耐久性

混凝土的耐久性包括抗渗性、抗冻性、抗冲耐磨性、抗侵蚀性等,其耐久性一般采用28 d龄期的标准试件测定。

1)抗渗性

抗渗性是指混凝土抵抗水压力渗透作用的能力。抗渗性可用抗渗等级表示,重力坝所采用的抗渗等级应根据所在的部位及承受的渗透水力坡降等查表2-17选用。

表2-17　大坝混凝土抗渗等级的最小允许值

项次	部位	水力坡降	抗渗等级
1	坝体内部		W2
2	坝体其他部位水力坡降考虑时	$i<10$	W4
		$10\leqslant i<30$	W6
		$30\leqslant i<50$	W8
		$i\geqslant 50$	W10

注:1. i为水力坡降。

2. 承受腐蚀作用的建筑物,其抗渗等级应进行专门的试验研究,但不应低于W4。

3. 混凝土的抗渗等级应按《水工建筑物抗冰冻设计规范》(SL 211)规定的试验方法确定。根据坝体承受水压力作用的时间也可采用90 d龄期的试件测定抗渗等级。

2)抗冻性

抗冻性是表示混凝土在饱和状态下能经受多次冻融循环而不被破坏,同时也不严重降低强度的性能。抗冻性用抗冻等级表示。采用时,应根据建筑物所在地区的气候分区、年冻融循环次数、表面局部小气候条件、水分饱和程度、构件重要性和检修条件等查表 2-18 选用。

表 2-18　大坝混凝土抗冻等级

序号	气候分区	严寒		寒冷		温和
	年冻融循环次数(次)	≥100	<100	≥100	<100	—
1	结构重要、受冻严重且难以检修的部位:流速大于 25 m/s、过冰、多沙或多推移质过坝的溢流坝、深孔或其他输水部位的过水面及二期混凝土	F400	F300	F300	F200	F100
2	受冻严重但在检修条件部位:混凝土重力坝上游面冬季水位变化区;流速小于 25 m/s 的溢流坝、泄水孔的过水面	F300	F250	F200	F150	F50
3	受冻较重部位:混凝土坝外露阴面部位	F250	F200	F150	F150	F50
4	受冻较轻部位:混凝土坝外露阳面部位	F200	F150	F100	F100	F50
5	水下、土中、大体积内部混凝土	F50	F50	—	—	—

注:1. 年冻融循环次数分别按一年内气温从 3 ℃以上降至 -3 ℃以下,然后回升到 3 ℃以上的交替次数和一年中日平均气温低于 -3℃期间设计预定水位的涨落次数统计,并取其中的大值。

2. 冬季水位变化区指运行期内可能遇到的冬季最低水位以下 0.5~1.0 m,冬季最高水位以上 1.0 m(阳面)、2.0 m(阴面)、4.0 m(水电站尾水区)。

3. 阳面指冬季大多为晴天,平均每天有 4 h 以上阳光照射,不受山体或建筑物遮挡的表面,否则均按阴面考虑。

3)抗冲耐磨性

抗冲耐磨性是指混凝土抗高速水流或挟沙水流的冲刷、磨损的性能。目前,对于抗冲耐磨性尚未订出明确的技术标准。根据经验,使用高等级硅酸盐水泥或硅酸盐大坝水泥拌制成的高等级混凝土,其抗冲耐磨性较强,且要求骨料坚硬、振捣密实。

4)抗侵蚀性

抗侵蚀性是指混凝土抵抗环境侵蚀的性能。当环境水有侵蚀时,应选择抗侵蚀性能较好的水泥,水位变化区及水下混凝土的水灰比,可比表 2-19 的水灰比减少 0.05。

表 2-19　满足耐久性要求的混凝土最大水灰比

气候分区	大坝混凝土分区					
	Ⅰ	Ⅱ	Ⅲ	Ⅳ	Ⅴ	Ⅵ
严寒和寒冷地区	0.55	0.45	0.50	0.50	0.65	0.45
温和地区	0.60	0.50	0.55	0.55	0.65	0.45

(二)坝体混凝土分区

坝体各部位的工作条件及受力条件不同,对混凝土材料性能指标的要求也不同。为了满足坝体各部位的不同要求,节省水泥用量及工程费用,把安全与经济统一起来,通常将坝体混凝土按不同工作条件分为 6 个区,见图 2-35。

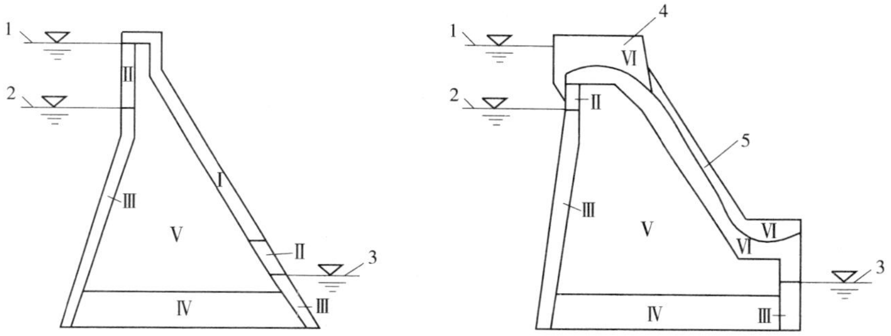

1—上游最高水位;2—上游最低水位;3—下游最低水位;4—闸墩;5—导墙

图 2-35　坝体混凝土分区示意

Ⅰ区——上、下游水位以上坝体表层混凝土,选择分区的主要因素是抗冻;

Ⅱ区——上、下游水位变化区坝体表层混凝土,选择分区的主要因素是抗冻、抗裂;

Ⅲ区——上、下游最低水位以下坝体表层混凝土,选择分区的主要因素是抗渗、抗裂;

Ⅳ区——坝体基础混凝土,选择分区的主要因素是抗裂;

Ⅴ区——坝体内部混凝土;

Ⅵ区——抗冲刷部位的混凝土(如溢流面、泄水孔、导墙和闸墩等),选择分区的主要因素是抗冲耐磨。

为了便于施工,选定各区混凝土强度等级时,强度等级的类别应尽量少,相邻区的强度等级相差应不超过两级,以免由于性能差别太大而引起应力集中或产生裂缝。分区的厚度一般不得小于 2 ~ 3 m,以便浇筑施工。

二、重力坝的构造

重力坝的构造设计包括坝顶、坝体分缝、止水、排水、廊道等内容。这些构造的合理选形和布置,可以保证重力坝工作性能,满足运用和施工上的要求。

(一)坝顶构造

非溢流坝的坝顶构造已在单元二中讲述,溢流坝的坝顶构造在单元六中做了讲述,故不再赘述。

（二）坝体分缝与止水

1. 分缝的目的

为了适应地基不均匀沉降和温度变化，以及施工期混凝土的浇筑能力和温度控制等要求，常需设置垂直于坝轴线的横缝、平行于坝轴线的纵缝以及水平施工缝。横缝一般是永久缝，纵缝和水平施工缝则属于临时缝。坝体分缝示意如图 2-36 所示。

微课 2-20　重力坝的分缝与止水

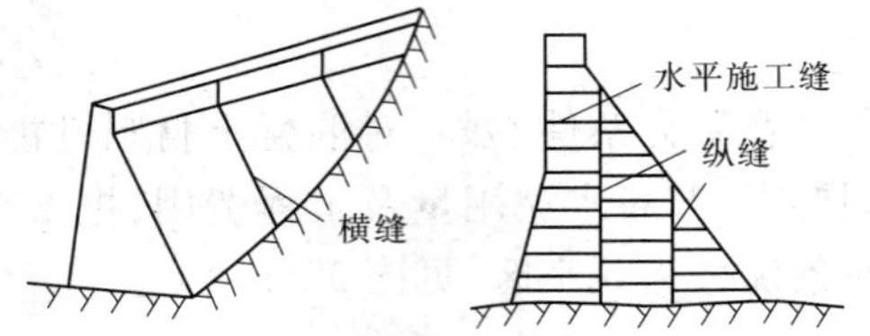

图 2-36　坝体分缝示意

2. 横缝及止水

永久性横缝将坝体沿坝轴线分成若干坝段，其缝面常为平面，各坝段独立工作。横缝可兼作伸缩缝和沉降缝，间距（坝段长度）一般为 12～20 m，当坝内设有泄水孔或电站引水管道时，还应考虑泄水孔和电站机组间距；对于溢流坝段还要结合溢流孔口尺寸进行布置。

横缝内需设止水设备，止水材料有金属片、橡胶、塑料及沥青等。高坝的横缝止水应采用两道金属止水铜片和一道防渗沥青井，如图 2-37 所示。对于中、低坝的止水可适当简化，中坝第二道止水片，可采用橡胶或塑料片等，低坝经论证也可仅设一道止水片。金属止水片的厚度一般为 1.0～1.6 mm，加工成"卜"形，以便更好地适应伸缩变形。第一道止水片距上游坝面为 0.5～2.0 m，以后各道止水设备之间的距离为 0.5～1.0 m；止水每侧埋入混凝土的长度为 20～25 cm。沥青井为方形或圆形，边长或内径为 15～25 cm，为便于施工，后浇坝段一侧可用预制混凝土块构成，井内灌注石油沥青和设置加热设备。

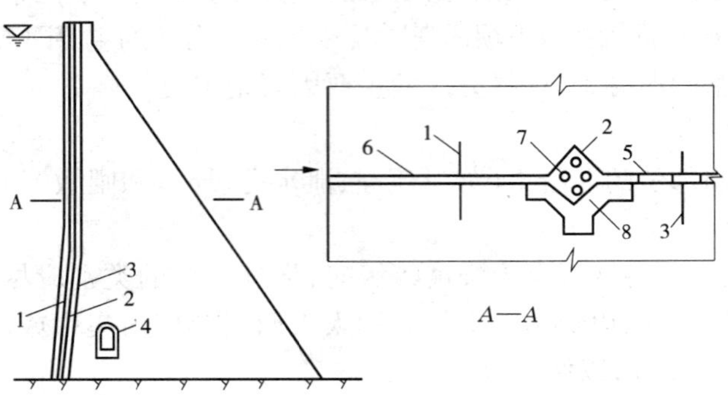

1—第一道止水铜片；2—沥青井；3—第二道止水片；
4—廊道止水；5—横缝；6—沥青油毡；7—加热电极；8—预制块

图 2-37　横缝止水构造

止水片及沥青井需伸入基岩 30～50 cm，止水片必须延伸到最高水位以上，沥青井需延伸到坝顶。溢流孔口段的横缝止水应沿溢流面至坝体下游尾水位以下设置，穿越横缝的廊道和孔洞周边均需设止水片。

当遇到下述情况时，可将横缝做成临时性横缝：①河谷狭窄时做成整体式重力坝，可适当发挥两岸的支撑作用，有利于坝体的强度和稳定；②岸坡较陡，将各坝段连成整体，以改善岸坡坝段的稳定性；③坐落在软弱破碎带上的各坝段，连成整体可增加坝体刚度；④在强地震区，各坝段连成整体可提高坝段的抗震性能。

3. 纵缝

为了适应混凝土的浇筑能力和减少施工期的温度应力，常在平行坝轴线方向设纵缝，将一个坝段分成几个坝块，待坝体降到稳定温度后再进行接缝灌浆。常用的纵缝形式有竖直纵缝、斜缝和错缝等，如图2-38所示。纵缝间距一般为15～30 m。为了在接缝之间传递剪力和压力，缝内还必须设置足够数量的三角形键槽（见图2-39）。斜缝适用于中、低坝，可不灌浆。错缝也不做灌浆处理，施工简便，可在低坝上使用。

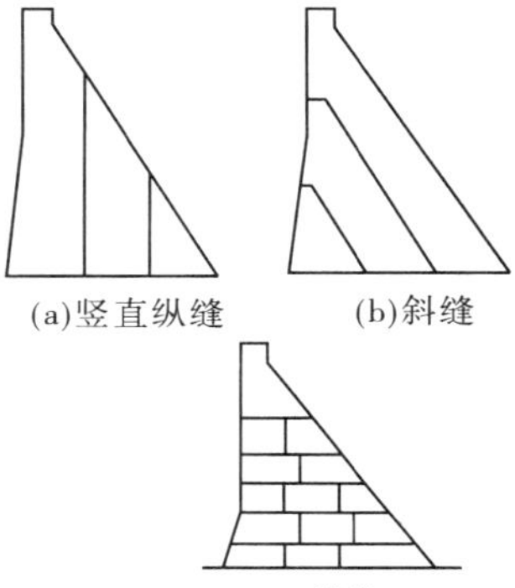

图2-38　重力坝纵缝布置

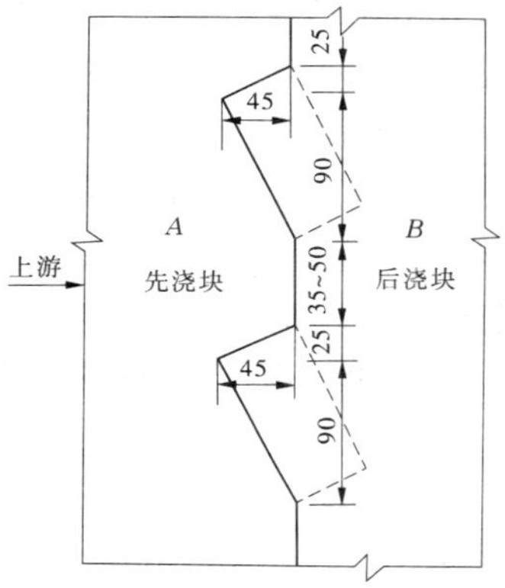

图2-39　纵缝三角形键槽　（单位：cm）

4. 水平工作缝

水平工作缝是分层施工的新老混凝土之间的接缝，是临时性的。为了使工作缝结合好，在新混凝土浇筑前，必须清除施工缝面的浮渣、灰尘和水泥乳膜，用风水枪或压力水冲洗，使表面成为干净的麻面，再均匀铺一层2～3 cm的水泥砂浆，然后浇筑。国内外普遍采用薄层浇筑，浇筑块厚1.5～3.0 m。在基岩表面须用0.75～1.0 m的薄层浇筑，以便通过表面散热，降低混凝土温升，防止开裂。

（三）坝体排水

为了减少坝体渗透压力，靠近上游坝面应设排水管幕，将渗入坝体的水由排水管排入廊道，再由廊道汇集于集水井，由抽水机排到下游。排水管距上游坝面的距离，一般要求不小于坝前水头的1/15～1/25，且不小于2 m，以使渗透坡降在允许范围以内。排水管的间距为2～3 m，上、下层廊道之间的排水管应布置成垂直的或接近于垂直方向，不宜有弯头，以便检修。

微课2-21　重力坝坝体防渗排水措施

排水管可采用预制无砂混凝土管、多孔混凝土管，内径为15～25 cm，见图2-40。排水管施工时用水泥浆砌筑，随着坝体混凝土的浇筑而加高。在浇筑坝体混凝土时，须保护好排水管，以防止水泥浆漏入而造成堵塞。

（四）廊道

为了满足施工运用要求，如灌浆、排水、观测、检查和交通的需要，须在坝体内设置各种廊道。这些廊道互相连通，构成廊道系统，如图 2-41所示。

1. 基础灌浆廊道

帷幕灌浆须在坝体浇筑到一定高程后进行，以便利用混凝土压重提高灌浆压力，保证灌浆质量。为此，须在坝踵部位沿纵向设置灌浆廊道，以便降低渗透压力。基础灌浆廊道的断面尺寸，应根据钻灌机具尺寸及工作要求确定，一般宽度可取 2.5 ~3 m，高度可为 3.0 ~3.5 m。断面形式采用城门洞形。灌浆廊道距上游面的距离可取 0.05 ~0.1 倍水头，且不小于 4 ~5 m。廊道底面距基岩面的距离不小于1.5倍廊道宽度，以防廊道底板被灌浆压力掀动开裂。廊道底面上、下游侧设排水沟，下游排水沟设坝基排水孔及扬压力观测孔。灌浆廊道沿地形向两岸逐渐升高，坡度不宜大于40° ~45°，以便进行钻孔、灌浆操作和搬运灌浆设备。

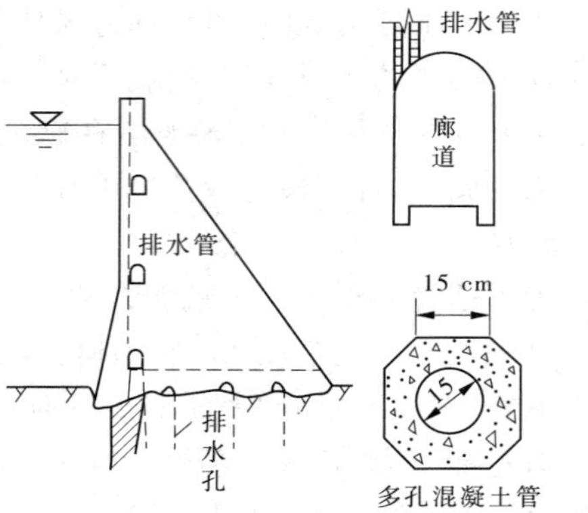

图 2-40　坝体排水管

微课 2-22　重力坝的廊道系统

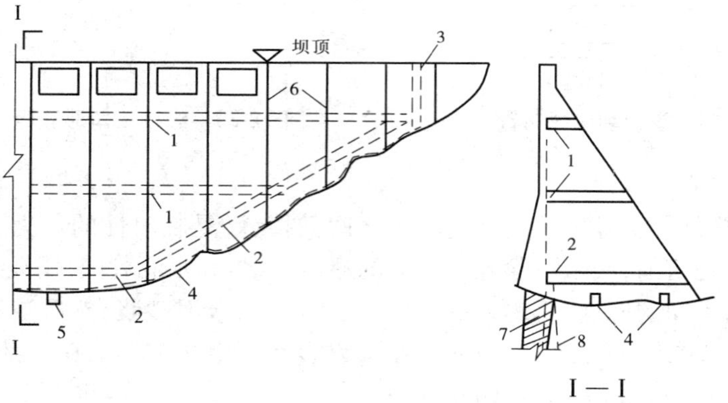

1—检查廊道；2—基础灌浆廊道；3—竖井；4—排水廊道；
5—集水井；6—横缝；7—灌浆帷幕；8—排水孔幕

图 2-41　廊道和竖井系统布置

对坡度较陡的长廊，应分段设置安全平台及扶手。

2. 检查坝体排水廊道

为了检查巡视和排除渗水，常在靠近坝体上游面沿高度方向每隔 15 ~30 m 设置检查排水廊道。断面形式多采用城门洞形，最小宽度为 1.2 m，最小高度为 2.2 m，距上游面距离应不小于 0.05 ~0.07 倍水头，且不小于 3 m。寒冷地区应适当加厚。

【例 2-10】 根据前面各单元所给的已知条件，所拟定的溢流坝、非溢流坝剖面，坝址地形、地质、水文等资料对坝体材料和构造进行设计。

解：(1) 坝体材料及分区。

根据混凝土的耐久性(抗渗性、抗冻性、抗冲耐磨性、抗侵蚀性等)及坝体各部位的工作条件、受力条件的不同要求,并参照已建类似工程,将非溢流坝混凝土划分为2个区、溢流坝混凝土划分为3个区,如图2-42所示。Ⅰ区混凝土强度为C15(上、下游面混凝土厚度3.0 m,坝基混凝土厚度5.75 m),Ⅱ区混凝土强度为C10,Ⅲ区混凝土强度为C20(溢流面下混凝土厚度2.0~3.0 m,其他部位混凝土厚度按实体结构尺寸确定)。

(2)坝顶构造。

防浪墙设在坝顶上游面,顶部高程186.36 m,厚50 cm的钢筋混凝土结构,在坝体横缝处设伸缩缝。坝顶栏杆在溢流坝段布置于交通桥和工作桥上、下游两侧;在挡水坝段布置于下游侧。照明设施的灯柱同栏杆一块考虑。坝顶以2%坡度向上游侧倾斜做排水,并在防浪墙底部设置排水口,将雨水排入上游水库中。

溢流坝段设置工作闸门和检修闸门。工作闸门为弧形钢闸门,支臂长度9.00 m,牛腿中心及闸门底部位置需通过布置(综合考虑布置后确定牛腿长度和高度),本工程闸门设在堰顶下游1.10 m处。检修闸门采用平面闸门,检修闸门和工作闸门之间应留有1~3 m的净距,以便进行检修。

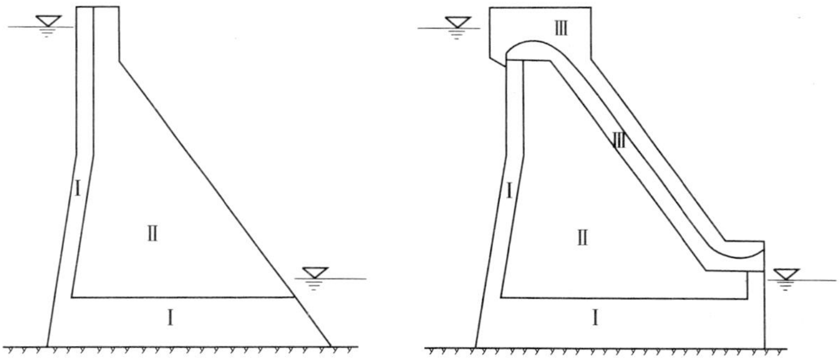

图2-42　坝体混凝土分区

闸墩头部、尾部均采用半圆形,闸墩厚度为2 m;闸墩的长度和高度,应满足布置闸门、工作桥、交通桥和启闭机械的要求(图2-43中闸门虚线位置为闸门全开时的状态,它需与工作桥、交通桥保持安全间距,闸门底部及牛腿位置需高于水面线1.0 m以上),闸墩、工作桥排架尺寸及位置见图2-44。交通桥设在工作桥后闸墩尾部上,桥面宽2.0 m,用两根钢筋混凝土梯形梁。

(3)分缝和止水。

两岸挡水坝段按20 m左右分缝,结合地形,施工开挖后设置横缝。厂房坝段分缝与机组间距相适应。溢流坝段分缝与溢流孔口相适应。因地基较好,横缝设于孔口中间,间距为14.00 m,缝宽度2 cm。横缝止水做法采用上游设置两道止水片和一道防渗沥青井,下游不设止水,缝中填塞沥青玛琋脂。止水片材料用紫铜片,厚度1.2 mm(或不锈钢片),伸入两边坝体长度20 cm,伸入基岩30~50 cm,并用混凝土紧密嵌固。溢流坝顶第一道止水片与闸门底部止水接触(要分叉接在检修闸门和工作闸门底止水处);第二道止水片伸至溢流坝顶后,顺溢流坝延伸至下游鼻坎,溢流坝止水布置见图2-45。

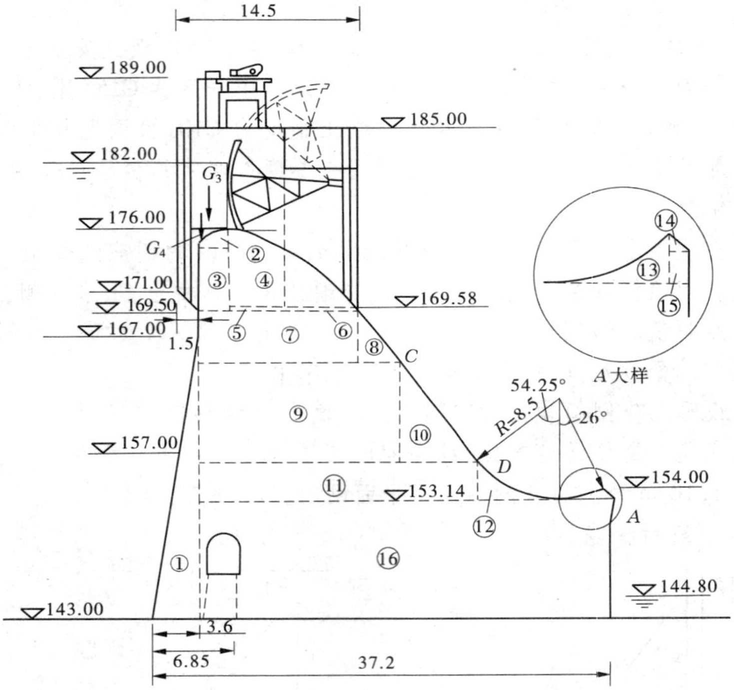

图 2-43 溢流坝剖面图 （单位:m）

(4)廊道。

根据实际情况,本工程仅设置基础灌浆排水廊道。廊道采用上圆下方的标准廊道,尺寸为2.5 m×3.0 m(宽×高)。廊道底面距基岩面的距离不小于1.5倍廊道宽度,经计算取147.00 m,距上游边缘距离为4.5 m,沿坝轴线方向由地形向两岸逐渐抬高,斜坡度不大于40°,在两岸下游洪水位以上均设有进、出口。

(5)坝体排水。

沿坝轴线方向布置一排预制多孔混凝土竖向排水管,间距3.5 m,距上游面3.0 m,直径15 cm,并与廊道连通。横向排水管坡度 $i=1/200$,排水管入口与廊道的集水沟相连,出口通向下游(高于下游最高洪水位),用水泵将水排出。横向排水管管径为25 cm,间距

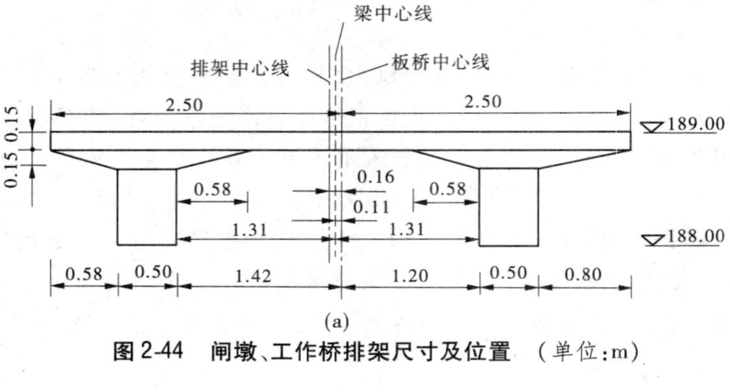

(a)

图 2-44 闸墩、工作桥排架尺寸及位置 （单位:m）

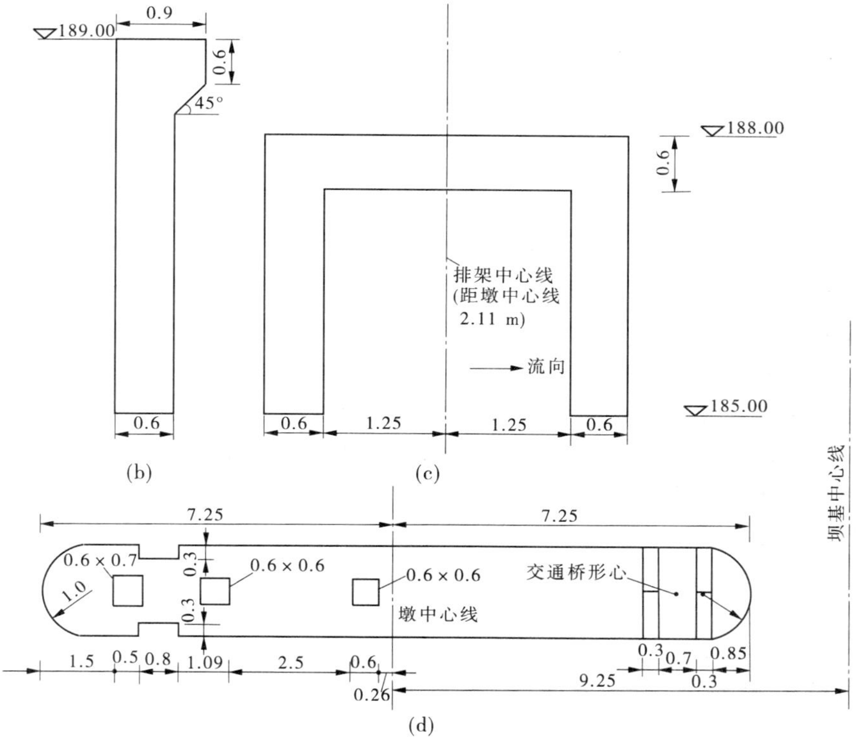

续图 2-44

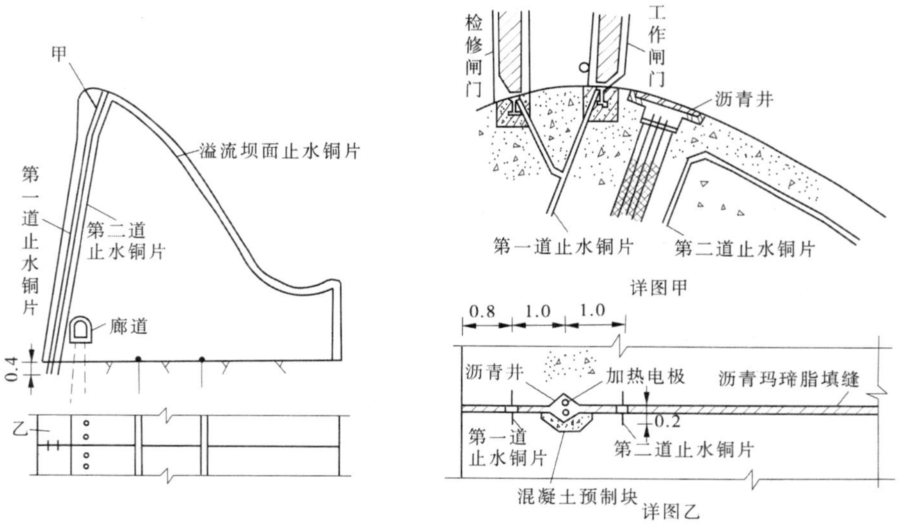

图 2-45 溢流坝止水布置 （单位:m）

在与坝分段相适应的前提下，按 30～50 m 左右一根进行布置。

【单元探索】

结合工程实际，谈谈重力坝还有哪些构造？用途如何？

【单元练习】

一、判断题

1. 混凝土按标准立方体试块抗压极限强度分为 12 个强度等级，重力坝常用的有 C7.5 ~ C30 六个级别。(　　)

2. 混凝土的强度等级越高，其抗磨性越强。(　　)

3. 由于混凝土重力坝坝体各部位的工作条件及受力条件不同，故对混凝土材料性能指标的要求也不同。(　　)

4. 为了便于施工，相邻混凝土区的强度等级相差应不超过一级。(　　)

5. 分区的厚度一般不得小于 1 m，以便浇筑施工。(　　)

6. 止水片及沥青井需伸入基岩 30 ~ 50 cm，并必须延伸到正常蓄水位以上。(　　)

7. 溢流孔口段的横缝止水应沿溢流面至坝体下游尾水位以下设置，穿越横缝的廊道和孔洞周边均需止水片。(　　)

8. 为了在接缝之间传递剪力和压力，纵缝内还必须设置足够数量的三角形键槽。(　　)

9. 为了减少坝体渗透压力，在靠近下游坝面应设排水管幕。(　　)

10. 在坝体浇筑到一定高程后进行帷幕灌浆，可利用混凝土压重提高灌浆压力，保证灌浆质量。(　　)

二、单项选择题

1. 坝体混凝土抗压强度一般采用(　　)d 龄期强度，保证率为(　　)。

A. 28、80%　　B. 90、80%　　C. 28、95%　　D. 90、95%

2. 坝体混凝土抗拉强度采用(　　)d 龄期强度，保证率为(　　)，一般不采用后期强度。

A. 28、80%　　B. 90、80%　　C. 28、95%　　D. 90、95%

3. 重力坝所采用的抗渗等级应根据所在的部位及(　　)进行选用。

A. 承受的渗透水力坡降　　B. 水泥的品种

C. 混凝土的强度等级　　D. 混凝土的养护时间

4. 为了满足坝体各部位的不同要求，节省水泥用量及工程费用，通常将坝体混凝土按不同工作条件分为(　　)个区。

A. 3　　B. 4　　C. 5　　D. 6

5. 非溢流坝坝顶上游侧一般设有钢筋混凝土防浪墙，防浪墙高度一般为(　　) m。

A. 0.8　　B. 1.0　　C. 1.2　　D. 1.5

6. (　　)一般是永久缝。

A. 横缝　　B. 纵缝　　C. 水平施工缝　　D. 伸缩缝

7. 坝体排水管距上游坝面的距离，一般要求不小于坝前水头的(　　)且不小于 2 m，以使渗透坡降在允许范围以内。

A. 1/2 ~ 1/3　　B. 1/5 ~ 1/10　　C. 1/15 ~ 1/25　　D. 1/20 ~ 1/30

8. 灌浆廊道距上游面的距离可取(　　)倍水头,且不小于4～5 m。

A. 0.05～0.1　B. 0.1～0.2　C. 0.15～0.3　D. 0.2～0.4

9. 灌浆廊道底面距基岩面的距离不小于(　　)倍廊道宽度,以防廊道底板被灌浆压力掀动开裂。

A. 0.8　B. 1.0　C. 1.2　D. 1.5

10. 重力坝在水位变化范围内表面混凝土其控制因素主要是(　　)。

A. 抗冻性能　B. 防渗要求　C. 强度要求　D. 抗冲刷要求

三、多项选择题

1. 混凝土的抗冻等级应根据建筑物所在地区的(　　　)等因素确定。

A. 气候分区　B. 年冻融循环次数

C. 表面局部小气候条件　D. 结构构件重要性和检修的难易程度

E. 施工条件

2. 为了适应(　　　),常需对坝体进行分缝。

A. 地基不均匀沉降　B. 温度变化

C. 施工期混凝土的浇筑能力　D. 温度控制要求

E. 混凝土养护要求

3. 下列有关横缝叙述正确的是(　　　)。

A. 横缝属于临时缝

B. 横缝可兼作伸缩缝和沉降缝

C. 横缝间距(坝段长度)一般为12～20 m

D. 当坝内设有泄水孔或电站引水管道时,横缝设置应考虑泄水孔和电站机组间距

E. 对于溢流坝段横缝要结合溢流孔口尺寸进行布置

四、填空题

1. 为了降低水泥用量并提高混凝土的性能,在坝体混凝土内可适量掺加________、________、________。

2. 重力坝的构造设计包括________、________、________、排水、廊道等内容。

3. 横缝内的止水材料有________、________、________、________等。

4. 常用的纵缝形式有________、________、________等。

5. 为了满足________、________、________、检查和交通等施工运用要求,须在坝体内设置各种廊道。

6. 混凝土的耐久性包括抗渗性、________、________、________。

单元九　重力坝的地基处理

【单元导航】

问题1:重力坝对地基的要求有哪些?

问题2:如何进行坝基开挖清理,进行固结灌浆和防渗帷幕灌浆,设置基础排水系统?特殊软弱破碎带应怎样处理?

【单元解析】

一、重力坝对地基的要求

重力坝承受较大的荷载，对地基的要求较高，它对地基的要求介于拱坝和土石坝之间。除少数较低的重力坝可建在土基上外，一般须建在岩基上。然而天然基岩经受长期地质构造运动及外界因素的作用，多少存在着风化、节理、裂隙、破碎等缺陷，在不同程度上破坏了基岩的整体性和均匀性，降低了基岩的强度和抗渗性。因此，必须对地基进行适当的处理，以满足重力坝对地基的要求。这些要求包括：①具有足够的强度，以承受坝体的压力；②具有足够的整体性、均匀性，以满足坝基抗滑稳定和减少不均匀沉陷；③具有足够的抗渗性，以满足渗透稳定，控制渗流量；④具有足够的耐久性，以防止岩体性质在水的长期作用下发生恶化。

二、重力坝对地基的处理方法

重力坝的地基处理一般包括坝基开挖清理，对基岩进行固结灌浆和防渗帷幕灌浆，设置基础排水系统，对特殊软弱带如断层、破碎带进行专门的处理等。

（一）地基的开挖与清理

微课 2-23 重力坝坝基开挖与清理

坝基开挖与清理的目的是使坝体坐落在稳定、坚固的地基上。开挖深度应根据坝基应力、岩石强度及完整性，结合上部结构对地基的要求和地基加固处理的效果、工期和费用等研究确定。《混凝土重力坝设计规范》（SL 319—2005）要求，坝高超过 100 m 时，可建在新鲜、微风化至弱风化下部基岩上；坝高 50 ~ 100 m 时，可建在微风化至弱风化中部基岩上；坝高小于 50 m 时，可建在弱风化中部至上部基岩上。两岸地形较高部位的坝段，可适当放宽。

坝基开挖的边坡必须保持稳定、在顺河方向，各坝段基础面上下游高差不宜过大，为有利于坝体的抗滑稳定，可开挖成略向上游倾斜；两岸岸坡应开挖成台阶形，以利于坝块的侧向稳定；基坑开挖轮廓应尽量平顺，避免有高差悬殊的突变，以免应力集中造成坝体裂缝；当地基中存在有局部工程地质缺陷时，应予以挖除。

为保持基岩完整性，避免开挖爆破振裂，基岩应分层开挖。当开挖到距设计高程0.5 ~ 1.0 m 的岩层时，宜用手风钻造孔，小药量爆破。如岩石较软弱，也可用人工借助风镐清除。基岩开挖后，在浇筑混凝土前，需进行彻底的清理和冲洗；对易风化、泥化的岩体，应采取保护措施，及时覆盖开挖面。

（二）坝基的固结灌浆

在重力坝工程中采用浅孔低压灌注水泥浆的方法对地基进行加固处理，称为固结灌浆（见图 2-46）。固结灌浆的目的是提高基岩的整体性和强度，降低地基的透水性。现场试验表明，在节理裂隙较发育的基岩内进行固结灌浆后，基岩的弹性模量可提高 2 倍甚至更多，在帷幕灌浆范围内先进行固结灌浆可提高帷幕灌浆的压力。

固结灌浆孔一般布置在应力较大的坝踵和坝趾附近，以及节理裂隙发育和破碎带范围内。灌浆孔呈梅花形布置，孔距、排距和孔深根据坝高、基岩的构造情况确定，一般孔距

3 ~ 4 m，孔深 5 ~ 8 m。帷幕上游区的孔深一般为 8 ~ 15 m，钻孔方向垂直于基岩面。当无混凝土盖重灌浆时，压力一般为 0.2 ~ 0.4 MPa（2 ~ 4 kg/cm^2）；当有盖重时，压力一般为 0.4 ~ 0.7 MPa，以不掀动基础岩体为原则。

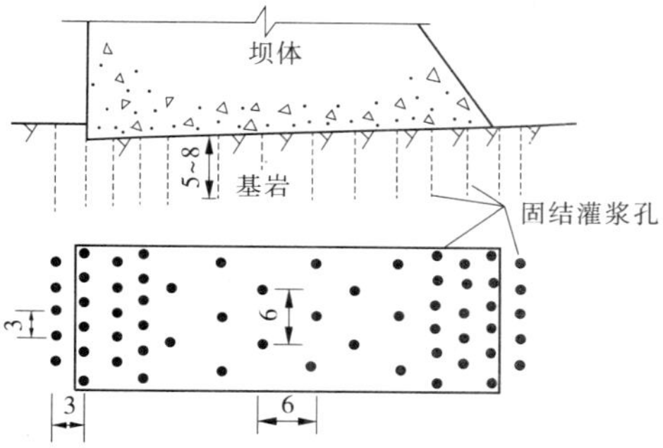

图 2-46　固结灌浆孔的布置　（单位：m）

（三）帷幕灌浆

帷幕灌浆的目的是降低坝底的渗透压力，防止坝基内产生机械或化学管涌，减少坝基和绕坝渗透流量。帷幕灌浆是在靠近上游坝基布设一排或几排深钻孔，利用高压灌浆充填基岩内的裂隙和孔隙等渗水通道，在基岩中形成一道相对密实的阻水帷幕（见图 2-47）。帷幕灌浆材料目前最常用的是水泥浆，水泥浆具有结石体强度高、经济和施工方便等优点。在水泥浆灌注困难的地方，可考虑采用化学灌浆。化学灌浆具有很好的灌注性能，能够灌入细小的裂隙，抗渗性好，但价格昂贵，又易造成环境污染，使用时需慎重。

微课 2-24　坝基防渗设计

防渗帷幕的深度应根据基岩的透水性、坝体承受的水头和降低坝底渗透压力的要求确定。当坝基下存在可靠的相对隔水层时，帷幕应伸入相对隔水层内 3 ~ 5 m。不同坝高所要求的相对隔水层的透水率 q（1 m 长钻孔在 1 MPa 压水压力作用下，1 min 内的透水量）应采取下列不同标准：坝高在 100 m 以上，$q = 1 \sim 3$ Lu；坝高在 100 ~ 50 m，$q = 3 \sim 5$ Lu；坝高在 50 m 以下，$q = 5$ Lu。如相对隔水层埋藏很深，帷幕深度可根据降低渗透压力和防止渗透变形的要求确定，一般可在 0.3 ~ 0.7 倍水头范围内选取。

防渗帷幕的排数、排距及孔距，应根据坝高、作用水头、工程地质、水文地质条件确定。在一般情况下，高坝可设两排，中坝设一排。当帷幕由两排灌浆孔组成时，可将其中的一排钻至设计深度，另一排可取其深度的 1/2 左右。帷幕灌浆孔距为 1.5 ~ 3.0 m，排距宜比孔距略小。

帷幕灌浆需要从河床向两岸延伸一定的范围，形成一道从左到右的防渗帷幕。当相对不透水层距地面较近时，帷幕可伸入岸坡与相对不透水层相衔接。当两岸相对不透水层很深时，帷幕可以伸到原地下水位线与最高库水位相交点 B 附近，如图 2-47 所示。在最高库水位以上的岸坡可设置排水孔以降低地下水位，增加岸坡的稳定性。

帷幕灌浆必须在浇筑一定厚度的坝体混凝土作为盖重后进行，灌浆压力由试验确定，通常在帷幕孔顶段取 1.0 ~ 1.5 倍的坝前静水压强，在孔底段取 2 ~ 3 倍的坝前静水压强，但应以不破坏岩体为原则。

（四）坝基排水设施

为了进一步降低坝底扬压力，需在防渗帷幕后设置排水系统，如图 2-48 所示。坝基排水系统一般由排水孔幕和基面排水组成。主排水孔一般设在基础灌浆廊道的下游侧，孔距 2 ~ 3 m，孔径 15 ~ 20 cm，孔深常采用帷幕深度的 0.4 ~ 0.6 倍，方向则略倾向下游。除主排水孔外，还可设辅助排水孔 1 ~ 3 排，孔距一般为 3 ~ 5 m，孔深为 6 ~ 12 m。

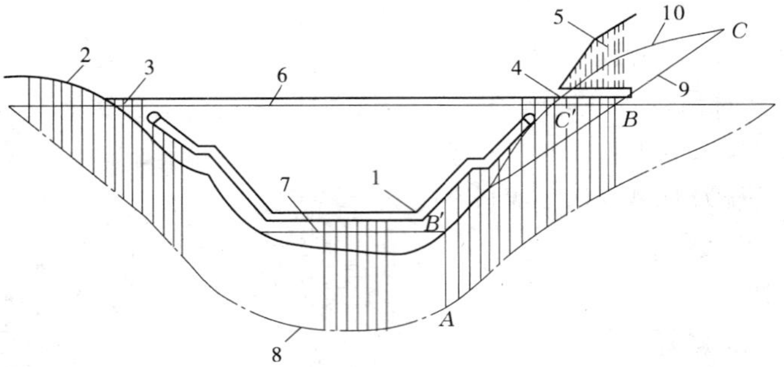

1—灌浆廊道;2—山坡钻进;3—坝顶钻进;4—灌浆平洞;5—排水孔;6—最高库水位;
7—原河水位;8—防渗帷幕底线;9—原地下水位线;10—蓄水后地下水位线

图 2-47　防渗帷幕沿坝轴线的布置

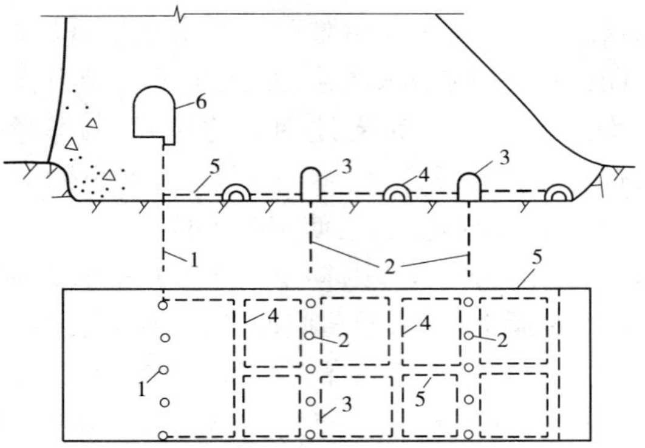

1—主排水孔;2—辅助排水孔;3—坝基纵向排水廊道;
4—半圆形排水管;5—横向排水沟;6—灌浆廊道

图 2-48　坝基排水设施布置

微课 2-25　坝基排水设施

如基岩裂隙发育,还可在基岩表面设置排水廊道或排水沟、管作为辅助排水。排水沟、管纵横相连形成排水网,增加排水效果和可靠性,并在坝基上布置集水井,渗水汇入集水井后,用水泵排向下游。

(五)坝基软弱破碎带的处理

当坝基中存在断层破碎带或软弱结构面时,则需要进行专门处理。处理方式应根据软弱带在坝基中的位置、走向、倾角的陡缓以及对强度和防渗的影响程度而定。

微课 2-26　坝基加固处理措施

对于走向与水流方向大致垂直、倾角较大的断层破碎带,常采用混凝土梁(塞)或混凝土拱进行加固,如图 2-49 所示。混凝土塞是将破碎带挖除至一定深度后回填混凝土,以提高地基局部的承载能力。当破碎带的宽度小于 2 ~ 3 m 时,混凝土塞的深度可采用破碎带宽度的 1 ~ 2 倍,且不得小于 1 m。若破碎带的走向与水流方向大致相同,与上游水库连通,则须同时做好坝基加固和防渗处理,常用的方法有钻孔灌浆、混凝土防渗墙、防渗塞(见图 2-50)等。

对于某些倾角较缓的断层破碎带,除应在顶部做混凝土塞外,还应沿破碎带开挖若干个斜井和平洞，用混凝土回填密实，形成斜塞和水平塞组成的刚性骨架（见图 2-51），封闭破碎物，增加抗滑稳定性和提高承载能力。

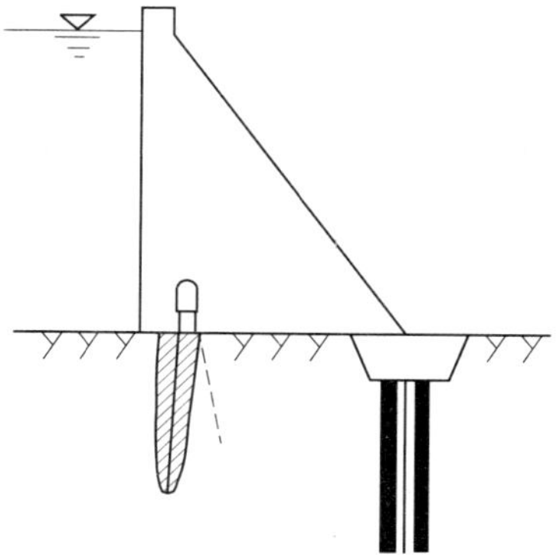

图 2-49 陡倾角断层处理

【例 2-11】 根据前面各单元所给的已知条件和以下工程的坝址地形、地质条件，进行重力坝地基处理。

（1）地形条件。

经勘测调查，坝址确定在峡谷出口处，这样峡谷上游是一巨大的山间盆地，具有形成水库的良好条件（如图 2-52 所示），峡谷筑坝工程量小，峡谷出口后是地形开阔的平原，河岸边可布置生活区。坝址处有上、下两条坝轴线可供选择，通过分析，上坝线比下坝线稍好，故采用上坝线。

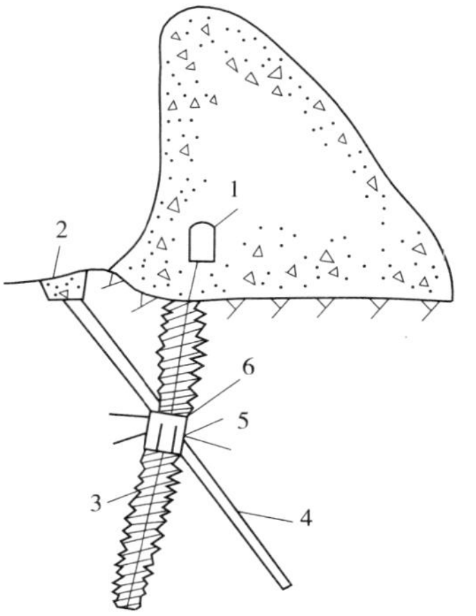

1—灌浆廊道；2—回填混凝土；3—灌浆帷幕；4—破碎带；5—混凝土防渗塞；6—井壁固结灌浆

图 2-50 混凝土防渗塞

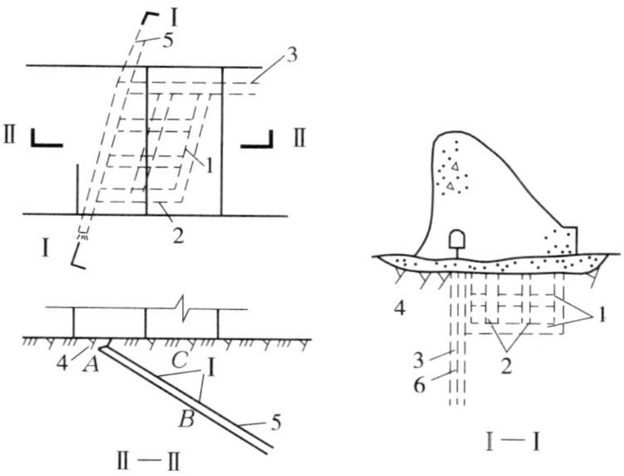

1—平洞回填；2—斜井回填；3—阻水斜塞；4—表面混凝土梁（塞）；5—破碎带；6—帷幕灌浆孔

图 2-51 缓倾角断层破碎带处理

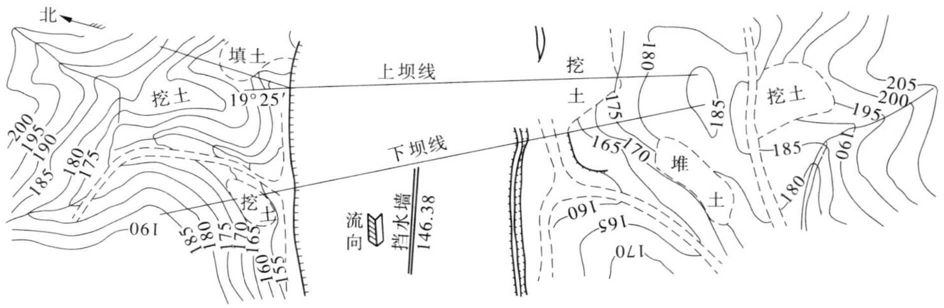

图 2-52 坝址地形图 （单位：m）

（2）坝址工程地质条件。

坝址位于燕山期花岗岩侵入体边缘，可大致分为新鲜岩石和微风化、半风化、全风化及残积层。河床部位为半风化花岗岩，具有足够的抗压强度。两岸风化较深呈带状，残积层较少，仅见于左岸 181 m 高程以上，厚度约 2 m。全风化层厚 5 ~ 8 m，半风化右岸深 7 ~ 13 m，左岸 9 m。岩石力学性质见表 2-20。

坝址岩层节理裂隙发育，影响较大的有如下几组：

(1) 横切河床走向北西 15° ~ 20°，倾向北东，倾角 45° ~ 55°，由数组大致平行的剪切裂隙构成（代号 F_1），裂隙带宽 0.5 ~ 7.3 m，对坝址有较大影响。

(2) 河床右侧最发育者有三组：第一组走向北东 35° ~ 45°，倾向北西，倾角 32° ~ 65°；第二组走向北西 52° ~ 80°，倾向西南，倾角 30° ~ 80°；此两组对坝的稳定不利。第三组走向北西 28°，倾向北东，倾角 60°。由于节理发育，所以渗漏较严重，单位吸水量为 0.01 ~ 0.05 L/(min · m)，河床中基岩深达 20 m 左右，两岸深为 10 m 以上，见图 2-53、图 2-54。

表 2-20　坝址岩石力学性质

层序	风化程度	厚度(m)	岩石特性	物理力学性质及主要指标
1	半风化花岗岩	8 ~ 10	黄白色长石部分风化，锤击多沿节理成块破碎，有一定的坚固性	容重 25.6 kN/m³，抗压强度 30 ~ 80 MPa，f' = 0.7 ~ 0.9，c' = 0.3 ~ 0.7 MPa
2	微风化花岗岩	20 ~ 40	灰白色，除长石云母因稍有风化外，性质与新鲜花岗岩无太大差别	容重 25.8 kN/m³，抗压强度 100 MPa，f' = 0.9 ~ 1.2，c' = 0.7 ~ 1.1 MPa
3	新鲜花岗岩		灰白色，坚硬致密	容重 25.9 kN/m²，抗压强度 150 MPa，f' = 1.2 ~ 1.3，c' = 1.1 ~ 1.5 MPa

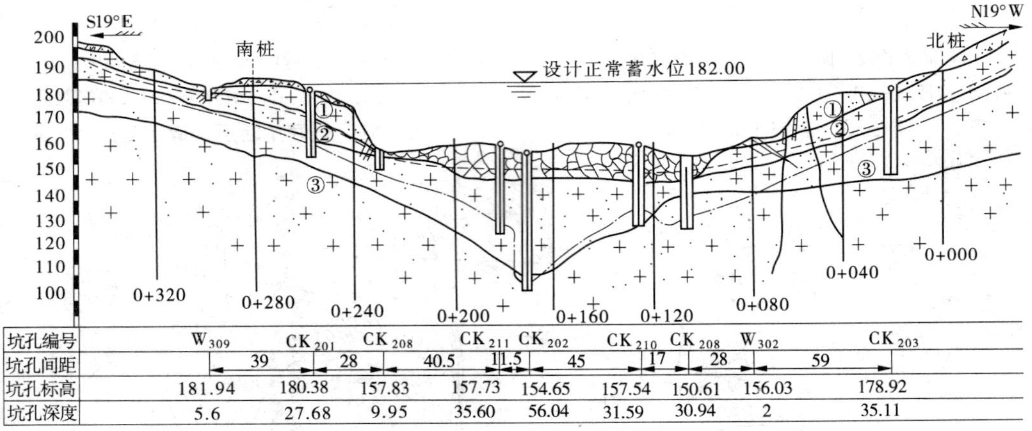

坑孔编号	W_{309}	CK_{201}	CK_{208}	CK_{211}	CK_{202}	CK_{210}	CK_{208}	W_{302}	CK_{203}
坑孔间距	39	28	40.5	11.5	45	17	28	59	
坑孔标高	181.94	180.38	157.83	157.73	154.65	157.54	150.61	156.03	178.92
坑孔深度	5.6	27.68	9.95	35.60	56.04	31.59	30.94	2	35.11

图 2-53　坝址综合工程地质图　（单位：m）

坝段河流向南西，泄流挑出至坝基下游 34 ~ 54 m 范围内，冲刷坑处均为坚硬岩石，对建筑物无安全之虞。

据上所述，坝址区岩性坚固，主要是节理裂隙发育，清基时断层带须尽力挖除，局部较

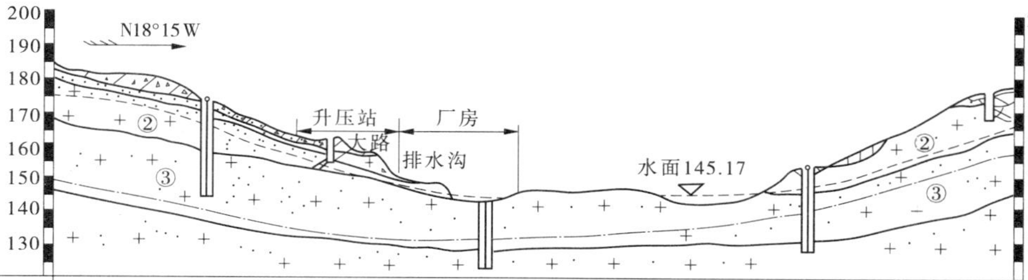

坑孔编号	CK_{207}	W_{305}	CK_{205}	CK_{206}	W_{307}
坑孔间距	31.5	47.5	98	58	
坑孔标高	171.81	161.85	143.93	152.86	175.13
坑孔深度	29.87	9.30	20.04	24.95	8.50

图 2-54　工程地质横剖面图　(单位:m)

深可做混凝土塞;同时,因渗漏较严重,深度达 10 ~ 20 m,需加强固结灌浆及帷幕灌浆,以防止渗漏。

解:基础处理如下:

(1)坝基开挖。坝基面在主河槽挖至 143.00 m 高程,原设计挖到半风化岩石,实际工程开挖到此高程已是微风化层。岸坡开挖由技术施工设计具体制定。F_1 断层开挖后用混凝土填塞。

(2)固结灌浆。在应力较大的坝踵和坝趾附近,以及节理裂隙发育和破碎带范围内进行固结灌浆。灌浆孔呈梅花形布置,孔距为 3 m,帷幕上游区的孔深一般为 10 m,其他部位孔深为 6 m,钻孔方向垂直于基岩面。灌浆压力为 0.2 ~ 0.4 MPa,实际施工时可视现场情况调整。

(3)坝基帷幕灌浆。在坝址地质剖面图上找出相对隔水层,并使防渗帷幕设计深度伸入相对隔水层内 3 ~ 5 m [单位吸水量为 0.03 ~ 0.05 L/(min · m)],从而达到减小渗透压力的目的,故帷幕设计深度至 130.00 m 高程。只设一排防渗帷幕,钻孔斜向上游,倾角控制在 5°以内(和垂线夹角)。帷幕灌浆在廊道内施工,孔距均为 3 m,若以后实测减小扬压力效果达不到设计要求时,加密。帷幕厚度取(0.7 ~ 0.8)倍孔距,因此帷幕厚度为 2.1 ~ 2.4 m。

(4)坝基排水。坝基主排水孔设在防渗帷幕下游 2 m 处,间距为 0.8 倍帷幕孔距,即为 2.4 m,孔径 15 cm,深度达 133.0 m 高程(满足中坝不应小于 10 m 的要求)。次排水孔在厂房坝段设置两排,孔距为 4 m,孔深至 137.0 m 高程,主排水管所排出的水直接进入帷幕灌浆(排水)廊道,次排水管的渗水由横向排水沟(管)排向下游。

【单元探索】

结合工程实际,谈谈重力坝还有哪些地基处理方法?

【单元练习】

一、判断题

1. 坝基开挖深度应根据坝基应力、岩石强度及完整性,并结合上部结构对地基的要求和地基加固处理的效果、工期和费用等研究确定。(　　)

2. 重力坝基坑开挖轮廓应尽量平顺,避免有高差悬殊的突变,以免应力集中造成坝体

裂缝。(　　)

3. 水泥浆具有很好的灌注性能，能够灌入细小的裂隙，抗渗性好，但价格昂贵，且易造成环境污染。(　　)

4. 当坝基下存在可靠的相对隔水层时，帷幕应伸入相对隔水层内 1 ~ 3 m。(　　)

5. 当两岸相对不透水层很深时，帷幕可伸入岸坡与相对不透水层相衔接。(　　)

6. 在最高库水位以上的岸坡可设置排水孔以降低地下水位，增加岸坡的稳定性。(　　)

7. 对于走向与水流方向大致垂直、倾角较大的断层破碎带，须同时做好坝基加固和防渗处理。(　　)

二、单项选择题

1. 坝高超过(　　)时，可建在新鲜、微风化至弱风化下部基岩上。

A. 100 m 以上　　B. 100 ~ 70 m　　C. 70 ~ 30 m　　D. 30 m 以下

2. 当基坑开挖到距设计高程(　　)的岩层时，宜用手风钻造孔，小药量爆破。

A. 2.0 ~ 1.5 m　　B. 1.5 ~ 1.0 m　　C. 1.0 ~ 0.5 m　　D. 0.5 m 以下

3. 当采用无混凝土盖重进行固结灌浆时，灌浆压力一般为(　　)MPa。

A. 0.7 ~ 1.0　　B. 0.4 ~ 0.7　　C. 0.2 ~ 0.4　　D. 0.2 以下

4. 坝高在 100 m 以上时，所要求相对隔水层的透水率为(　　)。

A. 7.0 Lu　　B. 5 ~ 7 Lu　　C. 3 ~ 5 Lu　　D. 1 ~ 3 Lu

5. 如相对隔水层埋藏很深，帷幕深度一般可在(　　)倍水头范围内选取。

A. 0.1 ~ 0.3　　B. 0.3 ~ 0.7　　C. 0.7 ~ 1.0　　D. 1.0 ~ 1.2

三、多项选择题

1. 下列关于帷幕灌浆压力确定叙述正确的是(　　　)。

A. 灌浆压力由计算确定

B. 在帷幕孔顶段取 1.0 ~ 1.5 倍的坝前静水压强

C. 在帷幕孔底段取 2 ~ 3 倍的坝前静水压强

D. 以不破坏岩体为原则

E. 灌浆压力由试验确定

2. 坝基软弱破碎带处理的目的是(　　　)。

A. 增加抗滑稳定性　B. 提高承载能力　　C. 满足耐久性要求

D. 减少渗漏量　　E. 防止渗透破坏

四、填空题

1. 重力坝对地基的要求包括具有足够的________、________、________、________。

2. 重力坝的地基处理一般包括________、________、________、设置基础排水系统、对特殊软弱带进行专门处理等。

3. 固结灌浆的目的是提高基岩的________、________，降低地基的________。

4. 帷幕灌浆的目的是降低坝底的________，防止坝基内产生________，减少坝基和绕渗________。

5. 重力坝坝基帷幕灌浆的材料有________、________两种。
6. 防渗帷幕的深度应根据________、________、________的要求确定。
7. 坝基排水系统一般由________、________组成。
8. 坝基软弱破碎带的处理方式应根据软弱带在坝基中的________、________、________以及对强度和防渗的影响程度而定。
9. 对于帷幕灌浆,需确定的主要设计参数是________、________和________。

单元十 其他类型的重力坝

【单元导航】

问题1:什么是碾压混凝土重力坝?其特点和构造要求如何?
问题2:什么是浆砌石坝?其特点和构造要求如何?
问题3:什么是支墩坝?其特点和构造要求如何?

【单元解析】

一、碾压混凝土重力坝

碾压混凝土重力坝是将土石坝的碾压技术应用于混凝土坝施工中,采用水泥含量低的超干硬混凝土熟料、现代化施工机械和碾压设备实施运料,通仓铺填,逐层碾压固结而成的坝(如图2-55所示),简称RCCD或RCD,但外形仍与普通混凝土重力坝类似。

图2-55 某碾压混凝土重力坝施工现场

碾压混凝土筑坝技术的研究和试建始于20世纪60年代,1980年日本首先建成了世界第一座90 m高的碾压混凝土重力坝。我国广西的龙滩碾压混凝土重力坝高为216.5 m,是目前世界上最高的碾压混凝土重力坝。

（一）碾压混凝土重力坝的特点

碾压混凝土重力坝与常规混凝土重力坝相比具有以下优点：

（1）碾压混凝土采用干硬性混凝土，水泥用量少，整体造价低。

（2）施工工艺简单，速度快，可缩短工期。

（3）简化温度控制，因混凝土中的水泥用量少，水化热低，并且采用了薄层浇筑，表面散热好，坝内温升降低。

（4）省略了坝缝，碾压混凝土重力坝施工一般不设置纵缝，取消了纵缝灌浆系统，节省模板，为机械化施工创造了有利条件。

（5）可简化施工导流，因施工强度高、速度快，可安排在一个枯水季节进行施工。

（二）碾压混凝土坝的坝体材料与工艺

碾压混凝土坝中混凝土胶凝材料的用量远少于常态混凝土，但变幅较大，有的只有 60 ~ 70 kg/m^3，有的达 240 ~ 250 kg/m^3，一般在 120 ~ 160 kg/m^3。其中，粉煤灰、矿渣或其他活性掺和料在胶凝材料中所占比重一般为 30% ~ 60%，有的高达 70%。

碾压混凝土坝施工工艺程序简单，水泥和模板用量少，薄层大仓面浇筑碾压，减少分缝分块，便于连续施工，简化温控措施，因而施工速度快，工期短，工程费用低。即使考虑到防渗等设施的投资，碾压混凝土坝仍远较常态混凝土坝经济。自 20 世纪 70 年代末期以来，碾压混凝土坝技术得到了迅速发展，不仅适用于混凝土重力坝，也适用于混凝土拱坝，但在枢纽布置和坝体设计时，应尽可能减少穿过坝体的孔洞，否则施工干扰大，采用碾压混凝土不一定有利。

碾压混凝土坝的剖面设计、水力设计、应力和稳定分析（需增加对碾压混凝土层面的复核）与常态混凝土坝相同，但在材料、结构和施工方面存在不同的形式和方法，以适应碾压混凝土的特点。

（三）碾压混凝土坝的坝体结构

碾压混凝土坝的坝体结构形式根据防渗措施不同大致可归纳为两种。

1. 坝面常态混凝土防渗型

仅将碾压混凝土用于坝体内部，而在坝体的上、下游面和坝顶（包括闸墩、溢流面）以及靠近基岩面浇筑 3 m 左右的常态混凝土作为防渗层、保护层和垫层，形成所谓“金包银”式。日本的 RCD 都属这种类型。坝体设横缝，横缝迎水面的止水和坝体排水管均设在常态混凝土内，碾压混凝土部分的横缝，在碾压前或碾压后凝固前用振动切缝机造成。横缝中间用聚氯乙烯板充填或白铁皮插入。这种类型基本上是从常态混凝土坝演变而来，其防渗、防裂、防冻性能较好，但水泥用量多，施工干扰大，对缩短工期、降低造价的效果较差。日本的岛地川坝、玉川坝（见图 2-56）等属这种类型。

2. 坝体碾压混凝土防渗型

利用常态混凝土预制模板兼作坝面保护层或用滑动模板在内侧浇筑 0.3 ~ 0.6 m 厚的薄常态混凝土以辅助防渗，坝体内部采用高胶碾压混凝土。其构造简单，施工方便，建造速度快，但防渗、抗裂性能稍差。

碾压混凝土筑坝技术尚处于发展之中，随着世界筑坝技术的发展和施工工艺的进一步提高，该技术的应用会越来越广泛。

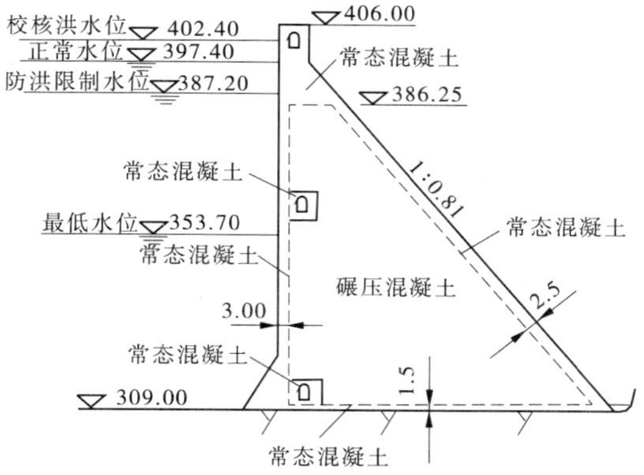

图 2-56　日本玉川碾压混凝土重力坝　（单位：m）

二、浆砌石坝

浆砌石坝具有就地取材，节省水泥用量，不需要散热措施，施工技术比较简单等显著优点，因此在石料丰富地区的中小型水利工程中得到广泛应用。

（一）浆砌石坝的材料

1. 石料

砌筑坝体的石料必须新鲜、坚硬、完整。石料按其加工外形可分为粗料石、块石和毛石三种。修建浆砌石坝，多采用块石。粗料石一般仅用于坝面，而乱毛石则用于坝内次要部位。石料的强度等级分为 1 000、800、600、500、400、300 六级，坝越高，要求采用的石料强度等级也越高。

2. 胶结材料

浆砌石坝的胶结材料主要有水泥砂浆和细石混凝土两种，水泥砂浆常用于砌筑粗料石或勾缝，强度等级一般为 M5 ~ M15，且任何部位砌体的水泥砂浆强度等级不应低于所受力的 5 倍。目前，细石混凝土逐渐替代水泥砂浆，成为砌筑毛石和块石砌体的主要胶结材料，常用的有一级配、二级配细石混凝土，石子最大粒径为 4 cm。

（二）浆砌石坝的构造要点

浆砌石坝在构造上与混凝土坝大致相同，但由于浆砌石坝水泥用量少，水化热低，所以施工中不需要采取任何温控措施，不设纵缝，横缝间距也可增大，一般为 30 ~ 40 m。同时，砌体本身防渗性能差，一般不能满足坝体防渗要求，因此需在坝上游面设置专门的防渗设施。此外，溢流坝面与非溢流坝面的下游面也往往需要设置专门的护面，以满足水流、耐久性和美观的要求。

1. 坝体防渗设备

坝体防渗设备有混凝土防渗面板、防渗心墙和浆砌条石防渗层等形式。混凝土防渗面板厚度一般为作用水头的 1/20 ~ 1/25，但最小厚度不得小于 0.3 m，面板需嵌入完整的基岩内 1.0 ~ 1.5 m，并与坝基防渗帷幕连成整体。面板必须设伸缩缝，缝内设止水，并配适量的温度钢筋，如图 2-57 所示。对中、低水头的浆砌石坝，可在坝体上游面用 M7.5 ~

M10 的水泥砂浆砌筑粗料石作为防渗层，其厚度为水头的 1/15 ~ 1/20，砌缝厚度控制在 1 ~ 2 cm，然后采用 M10 ~ M15 的水泥砂浆仔细勾缝，勾缝深度不小于 2 ~ 3 cm。

2. 坝体分缝、止水和排水

混凝土防渗面板的伸缩缝缝距宜为 10 ~ 20 m，并与坝体设置的横缝缝距一致（或成倍数），横缝内设止水，其构造措施同混凝土坝。横缝止水后面宜设竖向排水孔，通至纵向排水检查廊道或坝体水平排水系统。

3. 溢流坝面的衬护

浆砌石坝的溢流面一般采用混凝土衬护，常用混凝土强度等级为 C20，护面厚度为0.6 ~ 1.5 m，并在衬护内设温度筋，用锚筋与砌体锚固。如过坝流速不大，也可只在溢流堰顶和反弧段用混凝土衬护，直线段用条石砌筑衬护。小型工程也可全部用条石衬护。

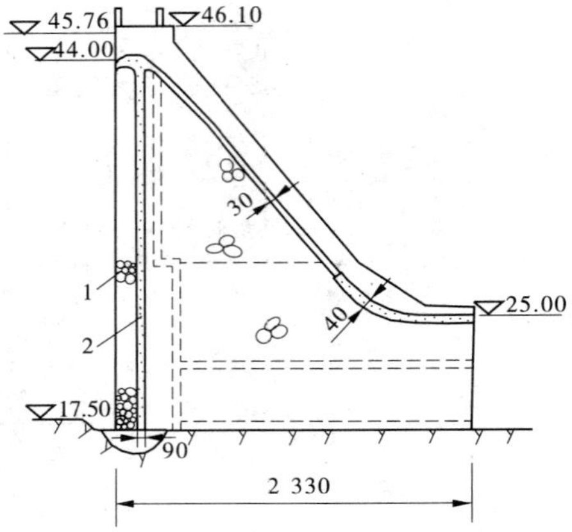

1—水泥砂浆勾缝；2—混凝土防渗墙

图 2-57 混凝土防渗墙式砌石重力坝

（尺寸单位：cm；高程单位：m）

三、支墩坝

支墩坝是由一系列顺水流方向的支墩和支撑在墩子上游的盖板所组成的。盖板形成挡水面，将水压力传递给支墩，支墩沿坝轴线排列，支撑在岩基上。支墩坝按盖板形式不同分为平板坝、连拱坝和大头坝（见图 2-58）；按支墩形式不同分为单支墩、双支墩、框格式支墩、空腹支墩等。

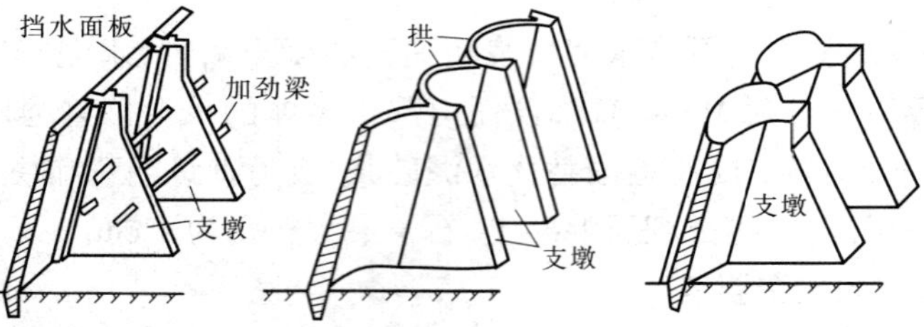

(a)平板坝　(b)连拱坝　(c)大头坝

图 2-58 支墩坝的形式

（一）平板坝

平板坝是支墩坝中结构最简单的形式，其上游挡水面板为钢筋混凝土平板，并常以简支的形式与支墩连接，以避免面板上游面产生的拉应力，并可适应地基变形，见图 2-59。

面板的顶部厚度必须满足气候、构造和施工要求，一般不小于 0.3 ~ 0.6 m。支墩多采用单支墩，中心距一般为 5 ~ 10 m，顶厚 0.3 ~ 0.6 m，向下逐渐加厚。

平板坝可以做成非溢流坝或溢流坝。既可建在岩基上，也可建在非岩基上或软弱岩基上（此时需将 2 ~ 3 个坝段连在一起，在坝底做成有排水孔的连续底板）。溢流面板的

图 2-59 平板坝

厚度根据板上静水、动水压力及自重等荷载计算确定,一般不小于 0.8 ~ 1.0 m。溢流堰面一般采用非真空实用堰,使溢流时坝面不产生负压和振动。

平板坝由于跨中弯矩大,一般适用于气候温和地区且高度小于 40 m 的中、低坝。20 世纪初用得较多,后来较少,主要是考虑到钢筋用量多,侧身稳定性及耐久性差。

福建古田二级(龙亭)水电站平板坝,最大坝高 43.5 m,坝顶全长 208.5 m,由 27 个 7.5 m 长的平板坝段和左右岸混凝土重力坝段组成。支墩垛墙厚度为 1.2 ~ 1.75 m,面板厚度顶部为 60 cm,往下逐步变厚至基础处约 220 cm。溢流坝段设在坝体中间,为自由溢流式溢洪道,堰顶高程为 254.0 m,宽 81.3 m,最大泄洪能力为 3 300 m^3/s。

(二)连拱坝

连拱坝是挡水盖板呈拱形的一种轻型支墩坝,如图 2-60 所示。这种倾向上游的拱状盖板称拱筒。拱筒与支墩刚性连接而成为超静定结构。因为温度变化和地基不均匀变形对坝体应力的影响显著,因此适宜建在气候温和的地区和良好的岩基上。

图 2-60 梅山连拱坝

【单元探索】

比较各种坝型的特点和构造要点异同,适用情况如何?

【单元练习】

一、判断题

1.碾压混凝土重力坝的耐久性能比常态混凝土坝好。(　　)

2.砂的含水量变化对碾压混凝土拌和物稠度的影响比常态混凝土敏感。(　　)

3.碾压混凝土坝因可采用薄层通仓浇筑,自然散热,因而不设纵缝。(　　)

4.碾压混凝土坝的横缝常由切缝机切割而成,也可利用手工打钻邮票式连续孔或预埋分缝板,设置诱导缝。(　　)

5.碾压混凝土坝的溢流面,宜用常态钢筋混凝土防护,以增强其抗冲耐磨性能。(　　)

6.碾压混凝土坝下游坡通常采用带适当数量连接锚筋的三角形预制块做模板。(　　)

7.浆砌石坝石料的强度等级分为六级,坝越高,所要求采用的石料强度等级越低。(　　)

8.浆砌石坝砌体整体防渗性能好,一般不需要在坝上游面设置专门的防渗设施。(　　)

二、单项选择题

1.碾压混凝土坝中胶凝材料用量少,必须掺入(　　)以改善其黏聚性与抗离析性能。

A.减水剂　　B.缓凝剂　　C.加气剂　　D.速凝剂

2.(　　)一般仅用于浆砌石坝的坝面。

A.乱毛石　　B.片石　　C.粗料石　　D.块石

3.任何部位砌体的水泥砂浆强度等级不应低于所受力的(　　)倍。

A.5.0　　B.4.5　　C.4.0　　D.3.5

4.浆砌石坝横缝间距一般为(　　)。

A.5~10 m　　B.10~20 m　　C.20~30 m　　D.30~40 m

三、填空题

1.碾压混凝土坝中常用的活性掺和料有________、________。

2.碾压混凝土坝与常规混凝土坝相比具有________、________、________、________等优点。

3.浆砌石坝具有________、________、________、________等显著优点。

4.一般浆砌石坝所用块石最小边长不小于________,重量不小于________。

5.浆砌石坝的胶结材料主要有________、________两种。

项目三　拱　坝

【学习目标】

学习单元	能力目标	知识点
单元一	了解拱坝的定义、类型和特点；根据拱坝对地形、地质条件的要求，初步掌握拱坝坝址的选择方法	拱坝的概念； 厚高比； 宽高比
单元二	了解拱坝布置要求和步骤，理解拱圈参数的选择，理解拱冠梁剖面形式和尺寸确定方法	拱圈参数； 拱坝形状(单曲拱坝、双曲拱坝)； 拱冠梁
单元三	了解作用在拱坝上的荷载，比较作用在拱坝和重力坝上荷载的异同点，掌握自重、温度荷载的计算方法，掌握拱坝荷载组合的方法	温度荷载； 封拱温度
单元四	了解拱坝应力分析的方法，掌握拱坝应力控制指标和方法	纯拱法； 拱梁分载法； 有限元法
单元五	了解拱坝可能滑裂面形式，理解稳定分析方法，理解拱坝设计的稳定指标，改善坝肩稳定的工程措施	滑裂面的形式； 刚体极限平衡法
单元六	了解混凝土拱坝泄洪消能形式的新发展，理解拱坝坝身泄水方式，理解拱坝的消能和防冲	水垫消能； 空中冲击消能
单元七	了解拱坝地基处理与重力坝的异同，理解拱坝的构造	垫座与周边缝； 重力墩

单元一　概　述

【单元导航】

问题1：何谓拱坝？其结构组成和特点是什么？

问题2：拱坝的类型如何划分？拱坝对地形、地质条件有哪些要求？

【单元解析】

微课 3-1 拱坝定义

一、拱坝的特点

(一)基本概念

拱坝是一空间壳体结构。坝体结构是由一系列凸向上游的水平拱圈和一系列竖向悬臂梁组成的。拱坝结构既有拱作用又有梁作用,因此具有双向传递荷载的特点。借助拱的作用将水压力的全部或部分传给河谷两岸的基岩。坝体所承受的水平荷载一部分由拱的作用传至两岸岩体,另外一部分通过竖直梁的作用传到坝底基岩,如图 3-1 所示。

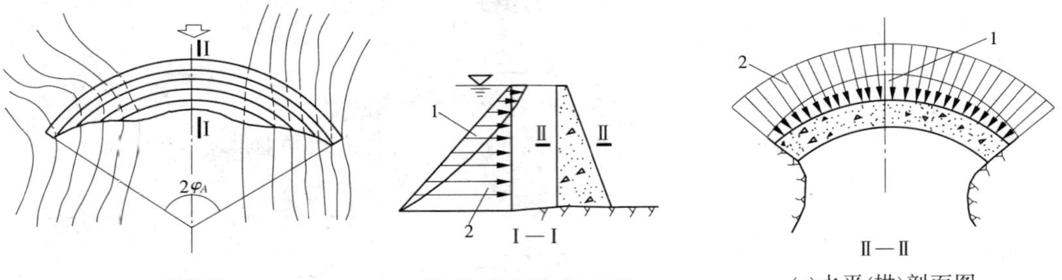

(a)平面图 (b)铅直(悬臂梁)剖面图 (c)水平(拱)剖面图

1—作用在拱圈上的水平荷载;2—作用在梁上的水平荷载

图 3-1 拱坝平面图及剖面图

拱坝在外荷载作用下的稳定主要是依靠两岸拱端的反力作用,并不完全依靠坝体自重来维持。

(二)拱坝特点

(1)利用两岸岩体维持稳定。拱坝主要依靠两岸的坝肩岩体来维持稳定,自重对其稳定影响不大,这是拱坝最大的特点。

(2)能充分发挥筑坝材料强度。由于拱坝是一种以拱受力为主的结构,在外荷载作用下主要产生轴向压力,因此有利于充分发挥混凝土或浆砌石材料的抗压强度。与重力坝相比,体积大为减少,对于适宜修建拱坝和重力坝的同一坝址,若两者坝高相同,拱坝体积较重力坝可减少 1/3 ~ 2/3。因而拱坝是一种比较经济的坝型。

(3)超载能力大,安全度高。拱坝属周边嵌固的高次超静定结构,当外荷超载后,坝体发生局部开裂时,应力可自行调整而得到新的平衡,使裂缝终止。国内外拱坝的结构模型破坏试验表明,混凝土拱坝的超载能力可达设计荷载的 5 ~ 11 倍。

(4)抗震性能好。由于拱坝属整体性空间壳体结构,重量小、富有弹性,故其抗震性能较好。

(5)荷载特点。由于拱坝不设永久性横缝,且周边嵌固,所以,温度变化和坝基岩体变形对拱坝的应力影响较大,而坝体自重和扬压力则对拱坝应力影响较小。

拱坝坝身单薄,体形复杂,设计和施工的难度较大,因而对筑坝材料强度、施工质量、施工技术以及施工进度等方面要求较高。

二、拱坝的类型

（1）按坝高分：坝高小于 30 m 为低坝；坝高在 30～70 m 为中坝；坝高大于 70 m 为高坝。

（2）按坝顶中心角分：拱圈中心角为 105°～125°属一般弯曲，60°～90°属扁平（扁薄）。

（3）按拱坝的曲率分：单曲拱坝和双曲拱坝。单曲拱坝在水平断面上有曲率，而悬臂梁断面上不弯曲或弯曲很小［见图 3-2（a）］。双曲拱坝在水平断面和悬臂梁断面都有曲率，拱冠梁断面向下游弯曲［见图 3-2（b）］。

（4）按水平拱圈形式分：圆弧拱坝、多心拱坝（二心、三心）、抛物线拱坝、椭圆拱坝和对数螺旋线拱坝等，见图 3-3。

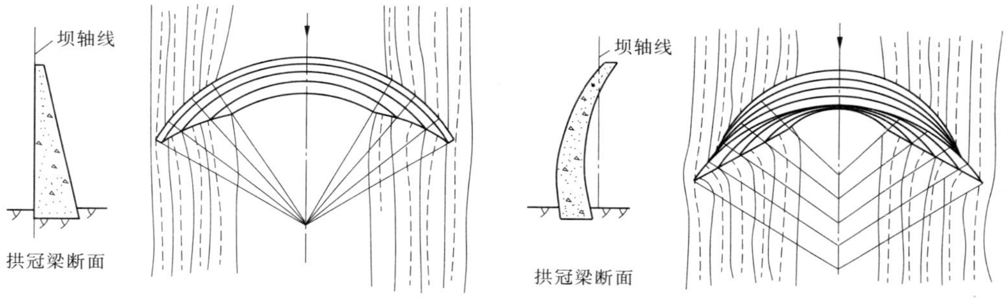

(a)单曲拱坝　(b)双曲拱坝

图 3-2　单曲拱坝、双曲拱坝示意

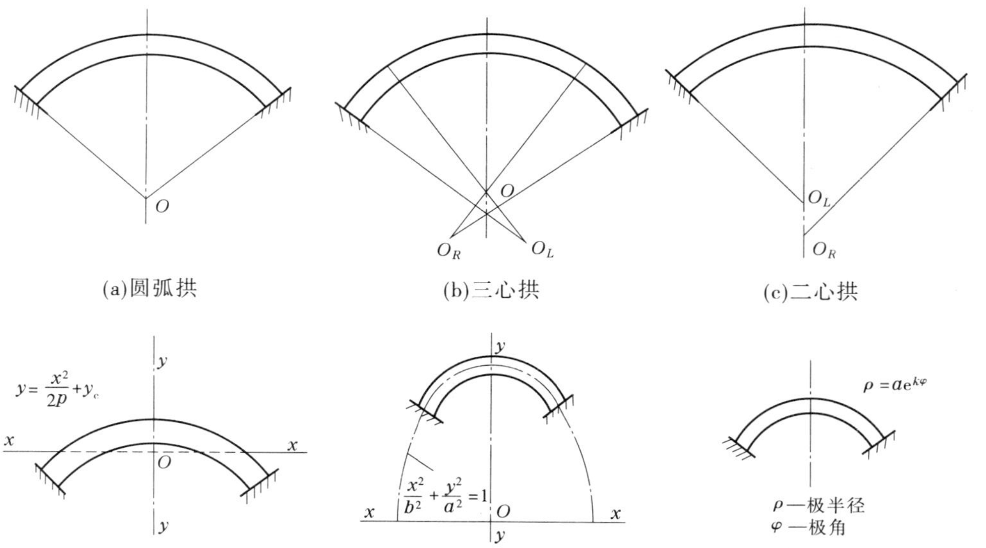

(d)抛物线拱　(e)椭圆拱　(f)对数螺旋线拱

图 3-3　拱坝的各种水平拱圈形式

(5)按拱坝的厚高比分:拱坝最大坝高处的坝底厚度 T_B 与坝高 H 之比,称为拱坝的厚高比(T_B/H)。拱坝的厚高比小于0.2为薄拱坝;厚高比在0.2～0.35的为中厚拱坝;厚高比大于0.35的为厚拱坝。

(6)坝身结构形式分:①一般拱坝(单曲、双曲拱坝);②混合型拱坝(隔河岩拱坝、乌江渡拱坝);③上拱下部支墩式拱坝(蒙弗特拱坝);④空腹拱坝(凤滩混凝土空腹重力拱坝);⑤多层拱坝(法国玛雷琪、中国火甲拱坝);⑥拱上拱坝(窄巷口混凝土拱坝、红色娘子军砌石拱坝);⑦周边缝拱坝(天生桥砌石拱坝);⑧平底缝拱坝(门坎哨混凝土薄拱坝);⑨铰拱坝(摩荆瑞保双铰拱坝);⑩预应力拱坝。

(7)其他分类方法。按建筑材料分,有砌石拱坝、混凝土拱坝和钢筋混凝土拱坝。按照施工方法分,有常态混凝土拱坝、碾压混凝土拱坝、装配式混凝土拱坝和分期施工拱坝。

三、拱坝对地形和地质的要求

微课3-2　拱坝对地形地质的要求

(一)对地形的要求

地形条件是决定拱坝结构形式、工程布置以及经济性的主要因素。理想的地形应是坝址上游较为宽阔,左右两岸对称,岸坡平顺无突变,在平面上向下游收缩的峡谷段。坝端下游侧要有足够的岩体支承,以保证坝体的稳定。如图3-4所示,B—B 坝址虽然河谷狭窄,但位于向下游扩散的喇叭口处,两岸拱座单薄,对稳定不利。而 A—A 坝址两岸拱座厚实,拱轴线与等高线接近垂直,因此应将 A—A 处选为坝址。

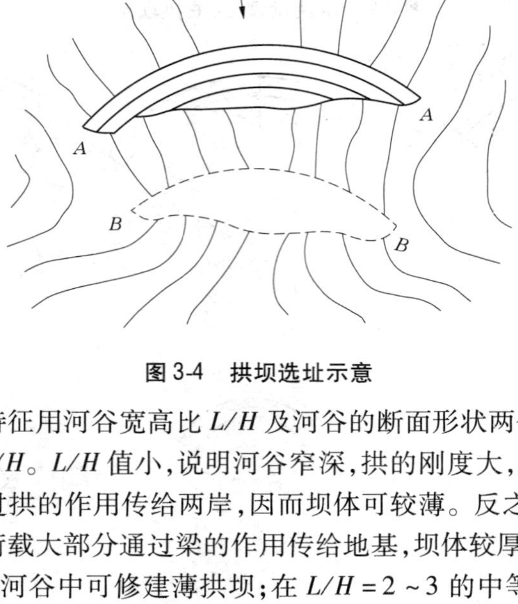

图3-4　拱坝选址示意

坝址处河谷形状特征用河谷宽高比 L/H 及河谷的断面形状两个指标来表示。

(1)河谷宽高比 L/H。L/H 值小,说明河谷窄深,拱的刚度大,梁的刚度小,坝体所承受的荷载大部分是通过拱的作用传给两岸,因而坝体可较薄。反之,当 L/H 值很大时,河谷宽浅,拱作用较小,荷载大部分通过梁的作用传给地基,坝体较厚。

在 $L/H<2$ 的窄深河谷中可修建薄拱坝;在 $L/H=2\sim3$ 的中等宽度河谷中可修建中厚拱坝;在 $L/H=3\sim4.5$ 的宽河谷中多修建重力拱坝;在 $L/H>4.5$ 的宽浅河谷中,一般只宜修建重力坝或拱形重力坝。

(2)河床断面形状。是影响拱坝体形及其经济性的更为重要的因素。不同的河谷即使具有相同的高宽比,断面形状也可能相差很大。图 3-5 为两种不同类型的河谷形状,在水压荷载作用下拱梁系统的荷载分配以及对坝体剖面的影响。

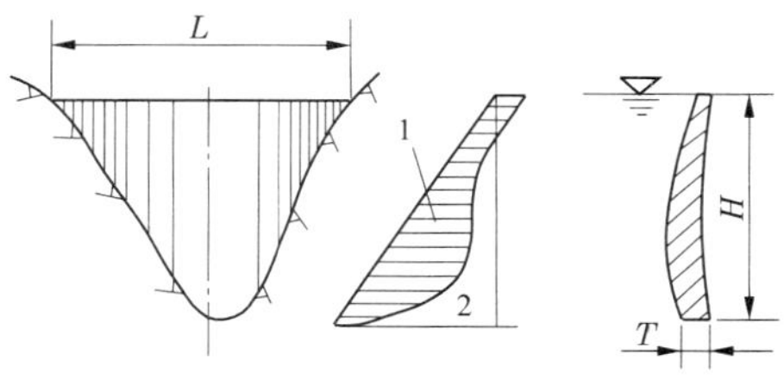

(a)V形河谷

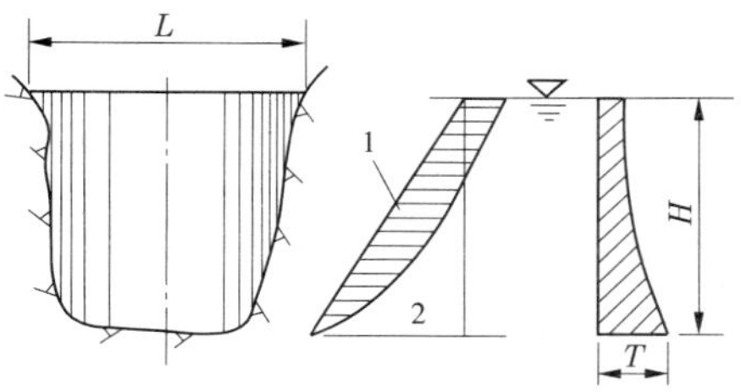

(b)U形河谷

1—拱荷载;2—梁荷载

图 3-5　河谷形状对荷载分配和坝体剖面的影响

左右对称的 V 形河谷最适宜发挥拱的作用,靠近底部水压强度最大,但拱跨短,因而底拱厚度仍可较薄;U 形河谷靠近底部拱的作用显著降低,大部分荷载由梁的作用来承担,故厚度较大,梯形河谷的情况则介于这两者之间。

随着近代拱坝建设技术的发展,已有一些成功的实例突破了这些界限,例如:奥地利的希勒格尔斯双曲拱坝,高 130 m,$L/H=5.5$,$T/H=0.25$;美国的奥本三圆心拱坝,高 210 m,$L/H=6.0$,$T/H=0.29$。

(二)对地质的要求

1. 地基对坝体的影响

地质条件是拱坝建设中的一个重要问题。两岸的基岩必须能承受由拱端传来的推力,要在任何情况下都能保持稳定,不致危害坝体的安全。设计时拱坝地基应尽量地避开有严重地质缺陷的坝址。

2. 理想地质条件

拱端地基理想的地质条件:基岩比较均匀、坚固完整、有足够的强度、透水性小、能抵抗水的侵蚀、耐风化、岸坡稳定、没有大断裂等。两岸坝肩的基岩必须能承受由拱端传来的巨大推力,保持稳定并不产生较大的变形。

随着经验积累和地基处理技术水平的不断提高,在地质条件较差的地基上也建成了不少高拱坝,例如:意大利的圣杰斯汀那拱坝,高 153 m,基岩变形模量只有坝体混凝土的 1/5 ~ 1/10;葡萄牙的阿尔托 · 拉巴哥拱坝,高 94 m,两岸岩体变形模量之比达 1∶20;我国的龙羊峡拱坝,高 178 m,基岩被众多的断层和裂隙所切割,岩体破碎,且位于 9 度强震区。但当地质条件复杂到难于处理,或处理工作量太大、费用过高时,则应另选其他坝型。

四、拱坝的发展概况

目前,世界拱坝发展速度仅次于土石坝,且多修建高拱坝、双曲拱坝和薄拱坝。高度超过 200 m 的拱坝有 20 多座,其中大部分为双曲拱坝,双曲拱坝是高拱坝发展的趋向,被誉为“近代拱坝”。

目前,我国已建成最高的双曲拱坝是雅砻江锦屏一级双曲拱坝,高 305 m(世界第一高坝);最高的重力拱坝是青海省的龙羊峡拱坝,高 178 m;最薄的拱坝是广东省的泉水双曲拱坝,高 80 m,$T/H=0.112$。为适应不同的地质条件和布置要求,还修建了一些特殊的拱坝,例如:湖南省凤滩拱坝,采用了空腹重力拱坝形式;贵州省的窄巷口水电站,采用拱上拱的工程措施,以跨过河床的深厚砂砾层。

【单元探索】

了解拱坝的概念及特点,了解拱坝的发展概况。

【单元练习】

一、判断题

1. 拱坝是利用自重来稳持稳定的。(　　)

2. 在实际工程条件中,普遍存在有理想的地质条件和地形条件。(　　)

二、选择题

1. 按照坝高分有(　　)。

A. 低坝　　B. 超低坝　　C. 高坝　　D. 中坝

2. 拱坝分为圆弧拱坝、多心拱坝(二心、三心)、抛物线拱坝、椭圆拱坝和对数螺旋线拱坝等,是按(　　)分类。

A. 中心角大小　　B. 拱坝结构　　C. 水平拱圈形式　　D. 拱坝厚高比

三、填空题

1. 拱坝是一空间壳体结构,坝体结构是由一系列凸向上游的________和一系列竖向________组成。拱坝结构既有________又有________,因此具有双向传递荷载的特点。

2. 理想的地质条件:________、________、________、透水性小、能抵抗水的侵蚀、耐风化、岸坡稳定、没有大断裂等。两岸坝肩的基岩必须能承受由________、保持稳定并不产生较大的变形。

单元二　拱坝的布置

【单元导航】

问题 1:何谓拱圈中心角? 拱圈中心角大小对拱坝有何影响?

问题 2:何谓拱冠剖面? 如何确定?

问题 3:拱坝平面布置形式有哪些?

【单元解析】

拱坝布置的具体内容是根据坝址的地形、地质、水文和施工条件选择坝的体形,拟定坝体基本尺寸,进行平面布置。具体进行布置时,需要经过多次修改,使坝体应力分布合理,坝肩稳定性好,并满足施工、枢纽总体布置及运行要求,且工程总投资最小。

一、拱圈形状与尺寸参数

微课 3-3 拱坝的平面布置形式

(一)水平拱圈的形状

合理的水平拱圈应当是压力线接近拱轴线,使拱截面内的压应力分布趋于均匀。以圆弧拱圈中水压荷载在拱梁系统的分配情况看,拱所分担的水压荷载并不是沿拱圈均匀分布的,而是从拱冠向拱端逐渐减小的(见图 3-1)。因此,最合理的拱圈形状应是变曲率、变厚度、扁平的。

拱圈形状很多,最常用的是等厚单心圆拱(见图 3-6),一般多用于狭窄、对称的河谷;其他拱圈形状有三圆心拱、变厚度拱及抛物线拱等,由于两侧弧段的曲率变小(见图 3-7),有利于减小中间弧段截面弯矩,使应力分布趋于均匀;同时,由于改善了拱端推力方向,可以提高拱座稳定,该类型拱圈一般用于宽且不对称河谷及地形、地质条件特殊的情况。

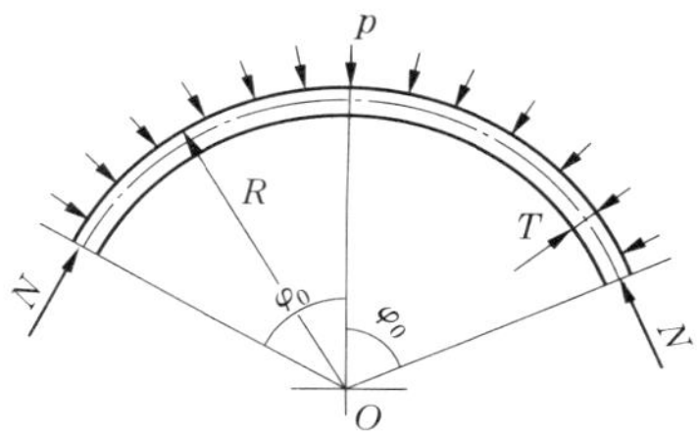

图 3-6 等厚单心圆拱计算简图

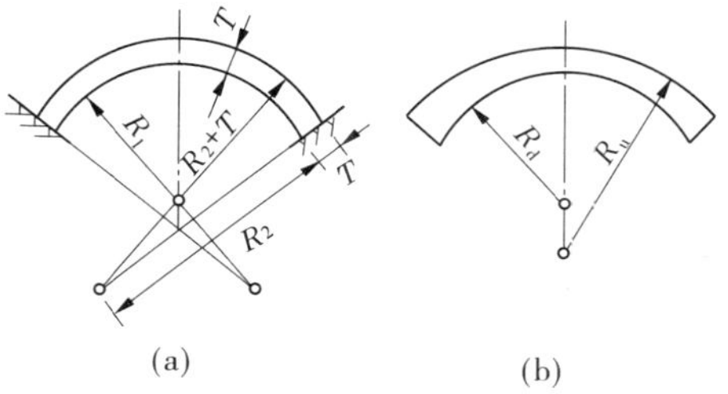

图 3-7 其他拱圈形状

(二)水平拱圈的形状参数

为了便于说明拱圈形状参数($2\varphi_0$、R、T)之间的关系,近似采用"圆筒公式"对图 3-6 所示的计算图进行分析。等厚圆拱拱圈的形状参数包括中心角 $2\varphi_0$、拱圈半径 R 和拱圈厚度 T 等三要素,根据径向荷载作用下圆拱合理拱轴的概念可得:

$$N = pR \tag{3-1}$$

$$T = \frac{N}{[\sigma]} = \frac{pL}{2[\sigma]\sin\varphi_0} \tag{3-2}$$

$$R = \frac{L}{2\sin\varphi_0} \tag{3-3}$$

微课 3-4 水平拱圈参数的选择

式中 T——拱圈厚度,m;

L——中心角 $2\varphi_0$ 对应的弧长;

$[\sigma]$——材料的允许压应力,kPa。

从式(3-2)可知:拱圈中心角越大,拱圈的厚度越小。因此,从经济方面考虑,适当加大中心角 $2\varphi_0$ 是有利的,经过计算拱圈体积最小时的中心角为 133°34′。但中心角加大,一方面拱圈弧长增加,相应坝体工程量就增大,将抵消减小拱厚所节省的工程量;另一方面拱端圆弧切线与岩面等高线的夹角过小,对坝肩稳定不利。因此,一般要求拱圈轴线两端的切线与可利用基岩等高线的夹角不宜小于 30°,亦即当基岩等高线与河流平行时,$2\varphi_0$ 不宜大于 110°~120°。工程实践表明,顶拱中心角一般取 90°~110°,底拱中心角一般取 50°～80°，其他各层拱圈介于两者之间。

二、拱冠梁剖面形状与尺寸

微课 3-5 拱冠梁的形式和尺寸

（一）坝顶及坝底厚度

坝顶厚度 T_C 基本上代表了拱顶的刚度，加大坝顶厚度不仅能改善坝体上部下游面的应力状态，还能改善拱冠梁附近的梁底应力，有利于降低坝踵拉应力。在选择拱冠梁顶部厚度时，应考虑工程规模、交通和运行要求。如无交通要求，T_C 一般取 3～5 m。

初拟拱冠梁厚度时可采用我国《水工设计手册》建议的公式：

$$T_C = 2\varphi_0 R_{轴}(3R_f/2E)^{\frac{1}{2}}/\pi \tag{3-4}$$

$$T_B = 0.7LH/[\sigma] \tag{3-5}$$

$$T_{0.45H} = 0.385HL_{0.45H}/[\sigma] \tag{3-6}$$

式中 T_C、T_B、$T_{0.45H}$——拱冠顶厚、底厚和 0.45H 高度处的厚度，m；

φ_0——顶拱的中心角，rad；

$R_{轴}$——顶拱中心线的半径，m；

R_f——混凝土的极限抗压强度，kPa；

E——混凝土的弹性模量，kPa；

L——两岸可利用基岩面间河谷宽度沿坝高的平均值，m；

H——拱冠梁的高度，m；

$[\sigma]$——坝体混凝土的容许压应力，kPa；

$L_{0.45H}$——拱冠梁 0.45H 高度处两岸可利用基岩面间的河谷宽度，m。

美国垦务局经验公式：

$$T_C = 0.01(H + 1.2L_1) \tag{3-7}$$

$$T_B = \sqrt[3]{0.0012HL_1L_2\left(\frac{H}{122}\right)^{H/122}} \tag{3-8}$$

$$T_{0.45H} = 0.95T_B \tag{3-9}$$

式中 L_1——坝顶高程处拱端可利用基岩面间的河谷宽度，m；

L_2——坝底以上 0.15H 处拱端可利用基岩面间的河谷宽度，m。

我国《水工设计手册》的公式是根据混凝土强度条件确定的，美国垦务局的公式是根据已建拱坝设计资料总结出来的，两者可以互相参考。

（二）拱冠梁剖面形式

拱冠梁的剖面形式多种多样，选择剖面形式应根据拱坝坝体的体形、拱坝的运行要求以及施工条件等因素进行综合考虑，并参照已建类似工程，经过反复修改而确定。对于单曲拱坝，多选用上游面近似铅直，下游面倾斜或曲线的形式，见图 3-8（a）、（b）；有时为了便于坝顶自由跌落泄水，也可将下游面做成铅直，见图 3-8（c）。对于双曲拱坝[见图 3-8（d）]，拱冠梁剖面的曲率对坝体应力和两岸坝体倒悬影响较为敏感，并直接影响施工难易程度。

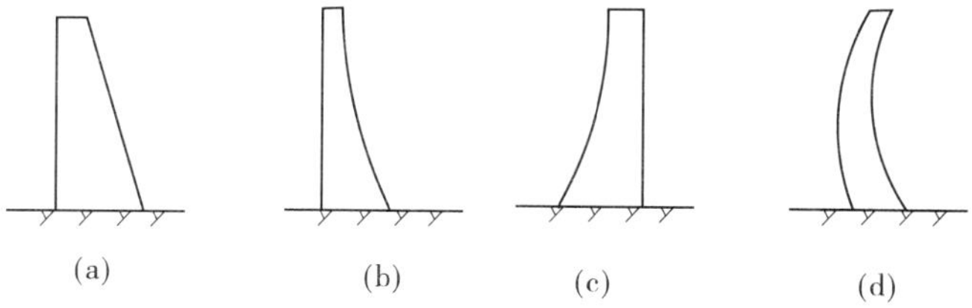

图 3-8　拱冠梁剖面形状

对于混凝土双曲拱坝，美国垦务局推荐的拱冠梁剖面形式及各部位尺寸，如图 3-9 所示，其中 T_C 、T_B 可用前面公式计算，其他各部位尺寸，可按表 3-1 参考选用，各控制厚度确定后，即可用光滑曲线绘出拱冠梁剖面。

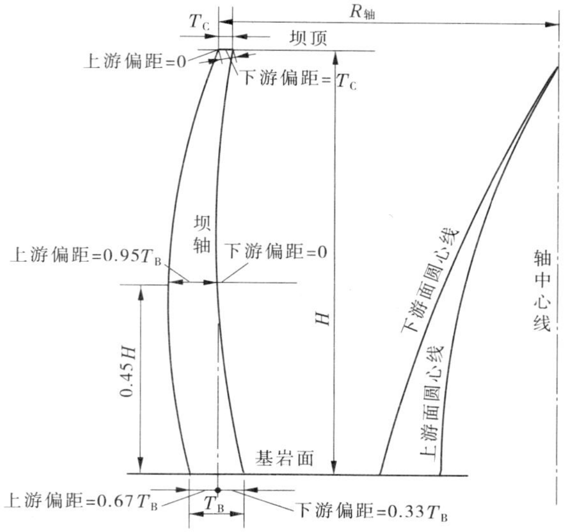

图 3-9　双曲拱坝拱冠梁剖面布置图

表 3-1　拱冠梁剖面参考尺寸

高程	上游偏距	下游偏距
坝顶	0	T_C
0.45H	0.95T_B	0
坝底	0.67T_B	0.33T_B

三、拱坝的总体布置

（一）拱坝布置的原则

（1）基岩轮廓线连续光滑。开挖后的基岩面应无突出的齿坎，岩性均匀连续变化，开挖后的河谷地形基本对称和连续变化。如天然河谷不满足要求，可采用如图 3-10 所示的工程措施进行适当处理。

（2）坝体轮廓线连续光滑。拱坝坝体轮廓应力求简单，光滑平顺，避免有任何突变。

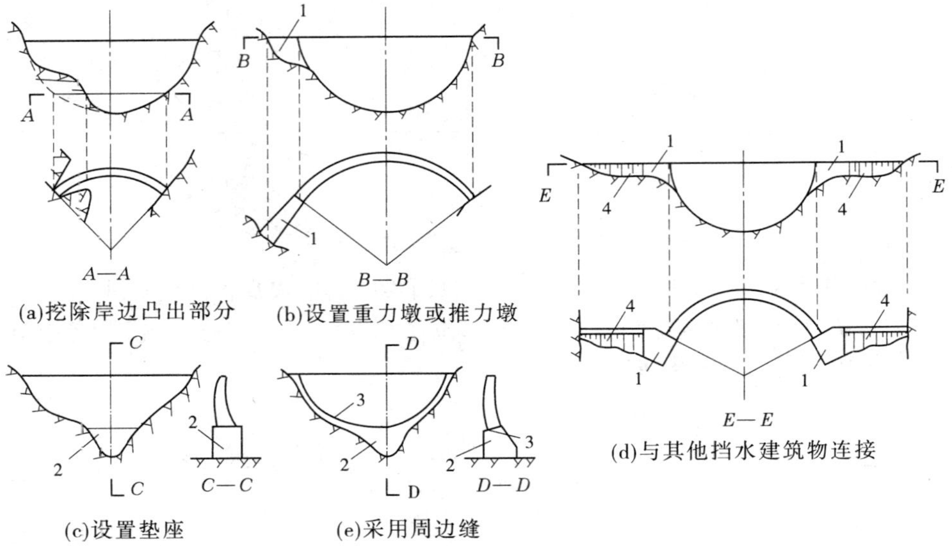

1—重力墩;2—垫座;3—周边缝;4—其他挡水建筑物

图 3-10　复杂断面河谷的处理

圆心连线、中心角和内外半径沿高程的变化也是光滑连续或基本连续,悬臂梁的倒悬度应满足拱坝设计的规范要求。《混凝土拱坝设计规范》(SL 282—2003)规定悬臂梁上游面的倒悬度不宜大于0.3∶1。

微课 3-6　拱坝的倒悬度及其处理

(二)拱坝布置的步骤

拱坝的布置没有固定程序,而是一个反复调整和修改的过程。下面结合案例介绍拱坝的一般步骤。

【例 3-1】　某拱坝坝顶高程为 90.0 m,坝高 60.0 m,坝顶不考虑溢流,坝址地形图如图 3-11 所示,坝基及两岸均为花岗岩。试对该拱坝进行平面布置。

解:(1)根据坝址地形、地质资料,确定坝基开挖线,作出坝址可利用基岩面的等高线图。图 3-11(a)中的虚线是坝基开挖前的地面等高线。

(2)初定拱坝体形,进行顶层拱圈平面布置,初定拱坝中心线位置。综合考虑坝址地形、地质、水文、施工及运行等条件,选择适宜的拱坝坝型。本河谷呈对称 V 形,由坝址可利用基岩面的等高线图量得高程为 90 m 的河谷宽度 $L=161$ m,$L/H=2.7$,其体形初步选为变圆心、变半径的圆拱双曲拱坝。

在可利用基岩等高线图上,试定顶层拱圈平面和轴线(初定为拱坝中心线)的位置。在地形图上移动、调整位置,使拱轴线与基岩等高线在拱端处的夹角不小于 30°,并使两端夹角大致相同。然后,按顶层拱圈弦长和选定的中心角及顶拱厚度,计算并画出顶拱内外圆弧线。本例河谷地形对称,可将地形对称中心线作为顶拱轴线,顶拱弦长 $L=161$ m,拱圈中心角为 120°,顶拱厚度 $T=3$ m,由公式(3-3)估算得各高程拱圈内半径 R_i。结果如表 3-2 和图 3-11(a)所示。

(3)按选定的坝型及工程规模初拟拱冠梁剖面形式及尺寸。从顶到底将拱坝分成若

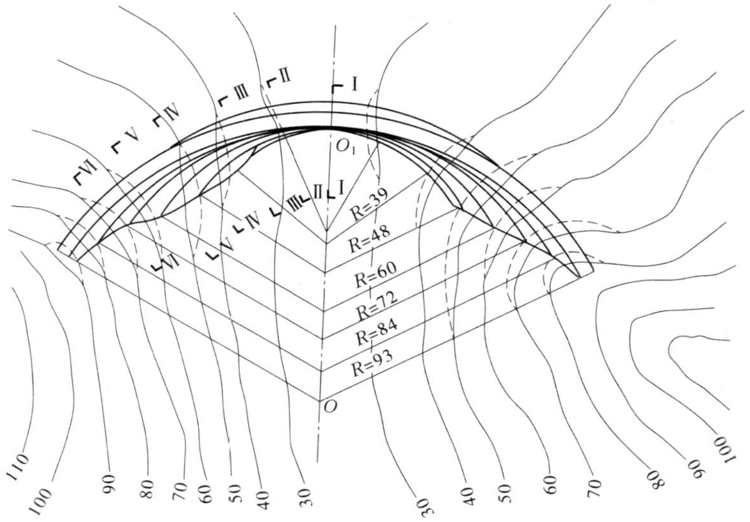

(a)平面图

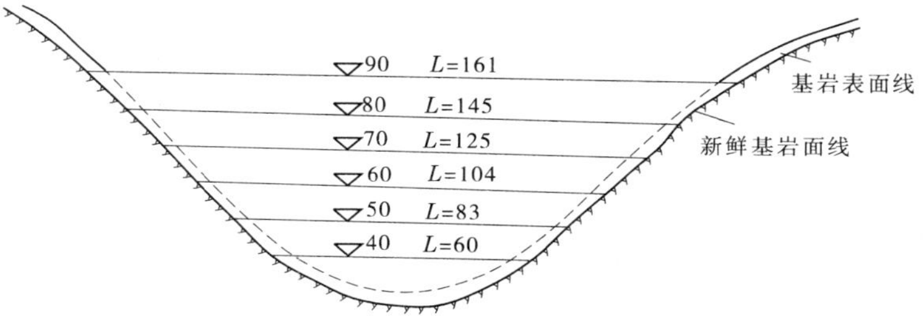

(b)河谷展示图

图 3-11 某枢纽坝址地形图 (单位:m)

干层,一般选取 5 ~ 10 层(本例为 6 层),选定各高程拱圈中心角 $2\varphi_0$ 后,即可由公式(3-3)估算得各高程拱圈内半径 R_i,由公式(3-2)估算得各高程拱圈厚度 T([σ]采用 2 000 kPa)。各高程拱圈形状参数列于表 3-2,其拱冠梁剖面图如图 3-12 所示。

表 3-2 各高程拱圈形状参数

项目	拱圈高程(m)					
	90	80	70	60	50	40
弦长 L(m)	161	145	125	104	83	60
中心角 $2\varphi_0$(°)	120	120	120	120	120	120
内半径 R_i(m)	93	84	72	60	48	35
水压力 P(kPa)	0	100	200	300	400	500
拱圈厚度 T(m)	3.00	4.42	8.00	10.60	12.00	13.00
外半径 R_e(m)	96.0	88.4	80.0	70.6	60.0	48

(4)做其他高程拱圈的平面布置。依据表 3-2 所列的拱圈形状参数,按照顶层拱圈布

置的原则，绘制出各层拱圈的平面图，如图 3-11(a)所示。一般在顶层拱圈布置后即可布置底层拱圈，其次布置约 1/3 坝高处拱圈，然后再布置中间各层拱圈。布置时，先将各层拱圈圆心落在初定的拱坝轴线上，检查各层拱轴线与基岩等高线在拱端处的夹角是否不小于 30°，左右中心角是否大致相同。

(5)绘制坝基轮廓线。连接各高程拱圈端点及坝体与坝基接触边界线，即得到坝基轮廓线。

(6)将坝体沿拱轴线展开，绘成拱坝上游或下游展视图，如图 3-11(b)所示。显示基岩面的起伏变化，对于突变处应采取削平或填塞措施。

(7)检查修改。自拱坝中心线向两岸切取铅直剖面，检查其轮廓线是否连续光滑，倒悬度是否满足要求(见图 3-13)。在竖直面上，各高程圆心连线应能够形成光滑的曲线。对不连续或有突变的部位，应适当修改此拱圈的半径、中心角和圆心的位置，直至连续光滑。

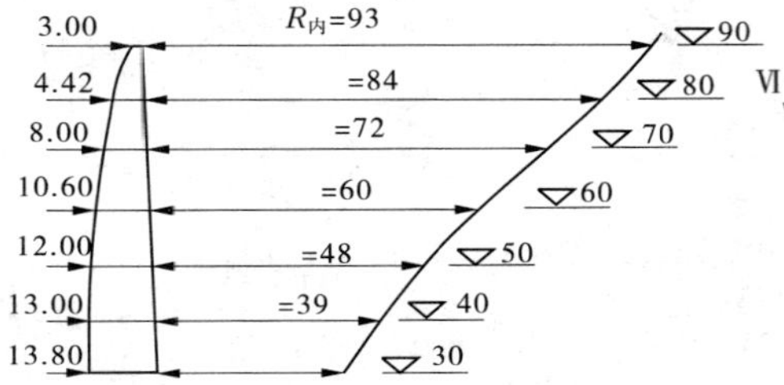

图 3-12　拱冠梁剖面图　(单位：m)

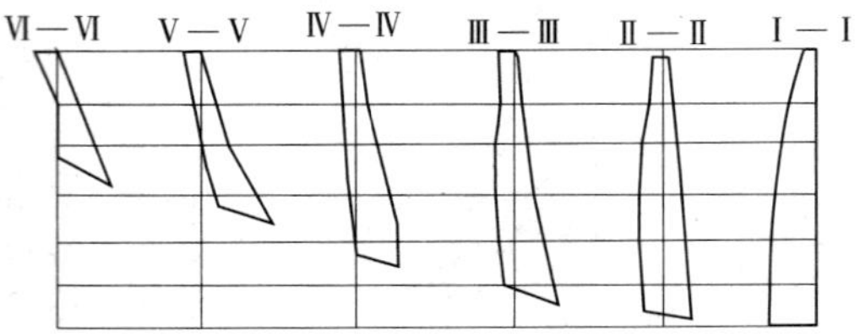

图 3-13　悬臂梁剖面图

(8)进行坝体应力分析计算和坝肩岩体抗滑稳定校核。如不满足要求，应修改布置和尺寸，直至满足拱坝布置设计的总要求。

【单元探索】

了解拱坝平面布置形式的新发展，了解拱坝布置的新方法。

【单元练习】

一、判断题

1. 左右对称的 U 形河谷最适宜发挥拱的作用。(　　)

2. 当拱厚 T 一定，拱中心角愈大，拱端应力条件愈好。采用较大中心角比较有利，但选用很大的中心角将很难满足坝肩稳定的要求。(　　)

3. 拱坝坝面倒悬是指下层坝面突出于上层坝面的现象。(　　)

二、单项选择题

1. 在 V 形和接近 V 形河谷中，多采用(　　)。

A. 等半径拱坝　　B 等中心角拱坝

C. 变半径、变中心角拱坝　　D. 双曲拱坝

2. 倒悬处理有(　　)种方式。

A. 2　　B. 3　　C. 4　　D. 1

3. 坝顶厚度 T_C 一般按工程规模、运行和交通要求确定，如无交通要求，一般采用(　　)m。

A. 2～6　　B. 3～5　　C. 10～15　　D. 5～10

三、填空题

1. 水平拱圈形态有________、________。

2. 拱坝平面布置形式有________、________、________和________。

单元三　拱坝的荷载及组合

【单元导航】

问题1:拱坝有哪些设计荷载？温度荷载对坝体有哪些影响？

问题2:拱坝的荷载组合有哪些？

【单元解析】

一、拱坝的设计荷载

（一）水平径向荷载

水平径向荷载包括静水压力、泥沙压力、浪压力及冰压力。

荷载的分配:静水压力是坝体上的最主要荷载,应由拱、梁系统共同承担,可通过拱梁分载法来确定拱系和梁系上的荷载分配。水平径向静水压力的计算如下:

$$p = \gamma h \tag{3-10}$$

式中　p——作用于坝面的静水压力强度;

γ——水的容重;

h——计算点处的水深。

将 p 转化为拱轴线上的压力强度 p' 时,则

$$p' = \frac{pR_u}{R} \tag{3-11}$$

式中　R_u、R——拱圈外弧半径和平均半径。

（二）自重

混凝土拱坝在施工时常采用分段浇筑,最后进行灌浆封拱形成整体。这样,由自重产生的变位在施工中已经完成,全部自重应由悬臂梁承担,悬臂梁的最终应力应是由拱梁分载法算出的应力加上由于自重产生的应力。

拱坝各坝块的水平截面都呈扇形,如图3-14所示,因此截面 A_1 与 A_2 间的坝块自重 G 可按辛普森公式计算:

$$G = \frac{1}{6}\gamma_c \Delta Z(A_1 + 4A_m + A_2) \tag{3-12}$$

式中　G——坝块自重,kN;

γ_c——混凝土容重,kN/m^3;

ΔZ——计算坝块的高度,m;

A_1、A_2、A_m——上、下两端和中间截面的面积，m^2。

或简单地按式(3-13)计算

$$G = \frac{1}{2}\gamma_c \Delta Z(A_1 + A_2) \tag{3-13}$$

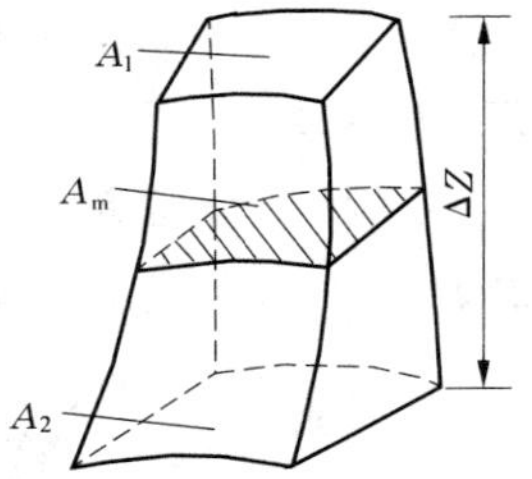

图 3-14 坝块自重计算图

【例 3-2】 某拱坝坝址为对称的梯形河谷，采用定圆心等外半径圆筒形拱坝，坝高 40 m，分 4 等份(即 ΔZ = 10.0 m)，其中最上层拱圈的厚度 T_1 = 3.0 m，T_2 = 5.74 m，拱冠梁宽度取 1.0 m(即拱冠梁中线弧长 Δs = 1.0 m)，混凝土容重为 24.0 kN/m^3。试计算该段拱冠梁的自重。

解：首先计算拱冠梁上、下两端的面积 A_1、A_2：

$A_1 = \Delta s \times T_1 = 3.0(m^2)$

$A_2 = \Delta s \times T_2 = 5.74(m^2)$

所以，该段拱冠梁的自重：

$$G = \gamma_c \Delta Z(A_1 + A_2)/2 = 24 \times 10.0 \times (3.0 + 5.74)/2 = 1\ 048.8(kN)$$

(三)动水压力

当拱坝采用坝顶或坝面泄流时，应计算溢流坝面上的动水压力，按重力坝所述公式计算。对溢流坝面的脉动力和负压的影响可忽略不计。

(四)水重

水重对于拱、梁应力均有影响。但在拱梁分载法计算中，一般近似假定由梁承担，通过梁的变位来考虑其对拱的影响。

(五)扬压力

拱坝坝体一般较薄，坝体内部扬压力对应力影响不大，对薄拱坝通常可忽略不计。

(六)温度荷载

拱坝为一超静定结构，在上下游水温、气温周期性变化的影响下，坝体温度将随之变化，并引起坝体的伸缩变形，在坝体内将产生较大的温度应力。温度荷载是拱坝设计的主要荷载。

微课 3-7　拱坝的温度荷载

1. 封拱温度

拱坝系分块浇筑，经充分冷却，当坝体温度逐渐降至相对稳定值时，进行封拱灌浆，形成整体。拱坝封拱一般选在气温为年平均气温或略低于年平均气温时进行。封拱时温度愈低，建成后愈有利于降低坝体拉应力。在封拱时的坝体温度称作封拱温度。

2. 温度荷载

温度荷载是指拱坝形成整体后，坝体温度相对于封拱温度的变化值。

温度荷载的种类：坝体温度受外界温度及其变幅、周期，封拱温度，坝体厚度及材料的热学特性等因素制约，同一高程沿坝厚呈曲线分布。可将其与封拱温度的差值，即温差视为三部分的叠加，见图 3-15。

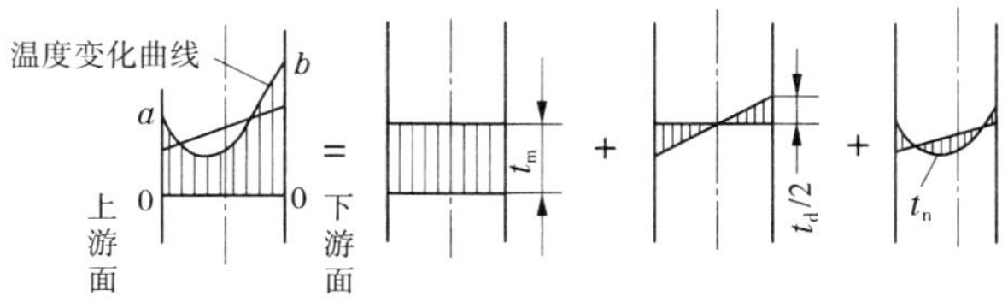

图 3-15　拱坝温差分解示意图

(1)均匀温度变化 t_m。是温差的均值,是温度荷载的主要部分。它对拱圈轴向力和力矩、悬臂梁力矩等都有很大影响。

(2)等效线性温差 t_d。等效线性化后,上、下游坝面的温度差值,用以表示水库蓄水后,由于水温变幅小于下游气温变幅沿坝厚的温度梯度 t_d/T。它对拱圈力矩的影响较大,而对拱圈轴向力和悬臂梁力矩的影响很小。

(3)非线性温差变化 t_n。是从坝体温度变化曲线 $t(y)$ 扣去以上两部分后剩余的部分,是局部性的,只产生局部应力,不影响整体变形,在拱坝设计中一般可略去不计。

3. 温度变化对拱坝的影响

封拱温度作为坝体温升和温降的计算基准,当坝体温度低于封拱温度时,称温降,拱圈将缩短并向下游变位,见图 3-16(a),由此产生的弯矩、剪力及位移的方向都与库水压力作用下所产生的弯矩、剪力及位移的方向相同,但轴力方向相反;当坝体温度高于封拱温度时,称温升,拱圈将伸长并向上游变位,见图 3-16(b),由此产生的弯矩、剪力和位移的方向与库水压力所产生的方向相反,但轴力方向则相同。因此,在一般情况下,温降对坝体应力不利;温升将使拱端推力加大,对坝肩稳定不利。

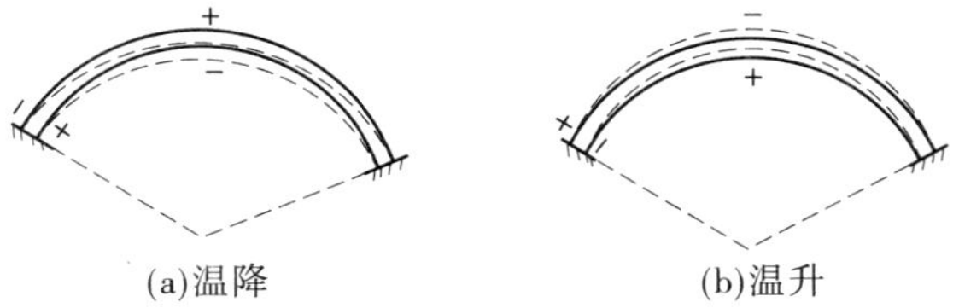

"+"—压应力;"−"—拉应力

图 3-16　坝体因温度变化的变形示意图

(七)地震荷载

地震荷载包括地震惯性力和地震动水压力,其计算可参照《水工建筑物抗震设计规范》(SL 203—97)的规定执行。

二、拱坝的荷载组合

重力坝的基本荷载和特殊荷载划分也适用于拱坝,只是在基本荷载中还应列入温度荷载。拱坝的荷载组合应根据荷载同时作用的可能性,选择最不利情况,作为分析坝体应力和拱座抗滑稳定的依据,其组合情况见表 3-3。

表 3-3　荷载组合

荷载组合	主要考虑情况		荷载类别：自重	静水压力	温度荷载：设计正常温降	温度荷载：设计正常温升	扬压力	泥沙压力	浪压力	冰压力	动水压力	地震荷载
基本组合	1. 正常蓄水位情况		√	√	√		√	√	√	√		
基本组合	2. 正常蓄水位情况		√	√		√	√	√	√			
基本组合	3. 设计洪水位情况		√	√		√	√	√	√			
基本组合	4. 死水位(或运行最低水位)情况		√	√		√	√	√	√			
基本组合	5. 其他常遇的不利荷载组合											
特殊组合	1. 校核洪水位情况		√	√		√	√	√	√		√	
特殊组合	2. 地震情况	(1)基本组合 1 + 地震荷载	√	√	√		√	√	√	√		√
特殊组合	2. 地震情况	(2)基本组合 2 + 地震荷载	√	√		√	√	√	√			√
特殊组合	2. 地震情况	(3)常遇低水位情况 + 地震荷载	√	√		√	√	√	√			√
特殊组合	3. 施工期情况	(1)未灌浆	√									
特殊组合	3. 施工期情况	(2)未灌浆遭遇施工洪水	√	√								
特殊组合	3. 施工期情况	(3)灌浆	√		√							
特殊组合	3. 施工期情况	(4)灌浆遭遇施工洪水	√	√		√						
特殊组合	4. 其他稀遇的不利荷载组合											

注:1. 上述荷载组合中,可根据工程的实际情况选择控制性的荷载组合进行计划。

2. 地震较频繁地区,当施工期较长时,应采取措施及时封拱,必要时对施工期的荷载组合应增加一项“上述情况加地震荷载”,其地震烈度可按设计烈度降低 1 度考虑。

3. 表中“特殊组合 3. 施工期情况(3)灌浆”状况下的荷载组合,也可为自重和设计正常温升的温度荷载组合。

【单元探索】

了解拱坝设计荷载,了解温度荷载对拱坝的影响,会进行拱坝荷载组合。

【单元练习】

一、判断题

1. 在拱坝的设计荷载计算中,扬压力都必须考虑。(　　)

2. 重力坝的基本荷载和特殊荷载划分也适用于拱坝,只是在基本荷载中还应列入温度荷载。(　　)

3. 拱坝全部自重应由悬臂梁承担。混凝土拱坝在施工时常采用分段浇筑,最后进行

灌浆封拱形成整体。灌浆前的自重作用应由梁系单独承担,灌浆后浇筑的混凝土自重参加拱梁分载法中的变位调整。(　　)

二、单项选择题

1. 拱坝的设计荷载中,静水压力、泥沙压力、浪压力及冰压力都属于(　　)。

A. 水平竖向荷载　B. 水平径向荷载　C. 偶然荷载　D. 无法确定

2. 拱坝的扬压力计算中,(　　)可以不考虑扬压力。

A. 重力拱坝　B. 厚拱坝　C. 薄拱坝　D. 中厚拱坝

三、填空题

1. 温降时,拱圈将缩短并向下游变位,由此产生的弯矩、剪力及位移的方向都与库水压力作用下所产生的弯矩、剪力及位移的方向________,但轴力方向________。

2. 在一般情况下,温降对坝体________不利;温升将使拱端推力加大,对坝肩______不利。

3. 静水压力是坝体上的最主要荷载,应由拱、梁系统共同承担,可通过________来确定拱系和梁系上的荷载分配。

单元四　拱坝的应力分析

【单元导航】

问题1:拱坝应力分析有哪些方法?

问题2:何谓纯拱法? 如何进行应力分析?

问题3:何谓拱梁分载法? 何谓拱冠梁法?

【单元解析】

一、应力分析方法综述

应力分析方法有纯拱法、拱梁分载法、有限元法、壳体理论计算法和结构模型试验法等。

有限元法:将拱坝视为空间壳体或三维连续体,根据坝体体形,选用不同的单元模型。有限单元法适用性强,可用于解算体形复杂、坝内有较大的中孔或底孔、设有垫座或重力墩以及坝基内有断层、裂隙、软弱夹层的拱坝在各种荷载作用下的应力和变形,是拱坝应力分析的一种有效方法。

壳体理论计算法:利用薄壳理论计算拱坝应力的近似方法,由于拱坝体形和边界条件十分复杂,使得这种计算方法在工程中应用受到了很大的限制。近年来由于电子计算机的发展,壳体理论计算方法也取得了新的进展,网格法就是应用有限差分解算壳体方程的一种计算方法,适用于薄拱坝。

结构模型试验法:是研究解决拱坝应力问题的有效方法,它不仅能研究坝体、坝基在正常运行情况下的应力和变形,而且还可以进行破坏试验。当前在模型试验中需要研究解决的问题有:寻求新的模型材料,施加自重、渗透压力及温度荷载的试验技术等。

二、纯拱法

纯拱法假定坝体由若干层独立的水平拱圈叠合而成，每层拱圈可作为弹性固端拱进行计算。除弹性拱的一般假定外，拱圈的轴向力、剪力及拱端基岩变形都不能忽略。

由于纯拱法没有反映拱圈之间的相互作用，假定荷载全部由水平拱承担，不符合拱坝的实际受力状况，因而求出的应力一般偏大，尤其对重力拱坝，误差更大。但对于狭窄河谷中的薄拱坝，仍不失为一个简单实用的计算方法；另外，按拱梁分载法计算时，纯拱法也是其中的一个重要组成部分。

三、拱梁分载法

拱梁分载法是将拱坝视为由若干水平拱圈和竖直悬臂梁组成的空间结构，坝体承受的荷载一部分由拱系承担，一部分由梁系承担，拱和梁的荷载分配由拱系和梁系在各交点处变位一致的条件来确定。荷载分配以后，梁是静定结构，拱的应力可按纯拱法计算。荷载分配可采用试载法。先将总的荷载试分配由拱系和梁系承担，然后分别计算拱、梁变位。第一次试分配的荷载不会恰好使拱和梁共轭点的变位一致，必须再调整荷载分配，继续试算，直到变位接近一致。近代由于电子计算机的出现，可以通过求解结点变位一致的代数方程组来求得拱系和梁系的荷载分配，避免了烦琐的计算。拱梁分载法是目前国内外广泛采用的一种拱坝应力分析方法，它把复杂的弹性壳体问题简化为结构力学的杆件计算，概念清晰，易于掌握。

拱冠梁法是一种简化了的拱梁分载法。它是以拱冠处的一根悬臂梁为代表与若干水平拱圈作为计算单元进行荷载分配，然后计算拱冠梁及各个拱圈的应力，计算时只取拱冠处的一根悬臂梁为代表与若干层水平拱圈组成计算简图，并仅按径向位移（它是拱坝最主要的位移）一致条件，对拱梁进行荷载分配。计算工作量比多拱梁分载法节省很多。拱冠梁法的主要步骤如下：

（1）选定若干拱圈，分别计算各拱圈拱顶以及拱冠梁与各拱圈交点在单位径向荷载作用下的变位，这些变位称为单位变位。

（2）根据各共轭点拱、梁径向变位协调的关系以及各点荷载之和应等于总荷载强度的要求建立变位协调方程组。

（3）将上述方程组联立求解，得出各点的荷载分配。

（4）根据求解的荷载分配值，分别计算拱冠梁和各拱圈的内力和应力。

四、地基变形计算

拱坝是超静定结构，地基变形对坝体的变形和应力影响很大，设计时必须加以考虑。拱坝的建基面（坝体与地基的接触面）既是梁的基础，又是拱的基础。地基在梁底力系、拱端力系和库水压力的作用下将产生位移，由于拱坝系超静定结构，地基位移对坝体的变形和应力的影响很大，设计时应予以充分考虑。

目前，国内外广泛采用的是 1925 年由挪威的 F. 伏格特提出的近似计算方法。伏氏用弹性理论首先推导了地基变形计算的基本公式，然后通过一些假定条件将这些基本公式应用于拱坝坝基（参见有关专著）。但是这些假定与实际情况均有出入，所得结果只是近似的，且计算很复杂。

五、拱坝的应力控制指标

根据《混凝土拱坝设计规范》（SL 282—2003）的要求，用拱梁分载法计算时，坝体的主压应力和主拉应力应符合下列应力控制规定：

（1）容许压应力。混凝土拱坝采用了与混凝土重力坝相同的抗压强度安全系数。据统计，国内混凝土拱坝的容许压应力一般采用4～7 MPa。

（2）容许拉应力。混凝土拱坝的抗拉安全系数一般均小于2.0，比混凝土重力坝取值小。据统计，国内混凝土拱坝的容许拉应力一般采用1.0～1.5 MPa。当考虑地震荷载作用时，混凝土的容许压应力可比静荷载情况适当提高，但不超过30%。

【单元探索】

了解拱坝应力分析的新发展，了解地基变形计算新发展。

【单元练习】

一、判断题

1. 拱坝分载法中拱和梁的荷载分配是由拱系和梁系在各交点处变位一致的条件来确定的。（　　）

2. 拱坝是超静定结构，低级变形对坝体的变形和应力影响不大，设计时可以不予考虑。（　　）

二、单项选择题

1.（　　）应力分析方法假定坝体由若干层独立工作的水平拱圈叠合而成，每层拱圈可作为弹性固端拱进行计算。

A. 有限元法　　B. 拱梁分载法
C. 纯拱法　　D. 壳体理论计算方法

2. 当考虑地震荷载作用时，混凝土的容许压应力可比静荷载情况适当提高，但不超过（　　）。

A. 10%　　B. 20%　　C. 30%　　D. 40%

三、填空题

1. 拱坝应力分析方法有________、________、________、________和________等。

2. 国内混凝土拱坝的容许压应力一般采用________，容许拉应力一般采用______。

单元五　拱坝的稳定分析

【单元导航】

问题1：何谓坝肩稳定分析？稳定分析的意义是什么？

问题2：坝肩抗滑稳定的指标是什么？如果不满足稳定要求，应该采取哪些工程措施?

【单元解析】

一、概述

坝肩岩体失稳的最常见形式是坝肩岩体受荷载后发生滑动破坏。这种情况一般发生在岩体中存在着明显的滑裂面,如断层、节理、裂隙、软弱夹层等。另一种情况是当坝的下游岩体中存在着较大的软弱带或断层时,即使坝肩岩体抗滑稳定性能够满足要求,但过大的变形仍会在坝体内产生不利的应力,同样也会给工程带来危害,应当尽量避免,必要时要采取适当的加固措施。

二、可能滑裂面的形式

坝肩岩体滑动的主要原因:一是岩体内存在着软弱结构面;二是荷载作用。不利的结构面对坝肩稳定的影响如图 3-17 所示。为此,在进行抗滑稳定计算时,必须研究失稳时最可能的滑裂面和滑裂方向,通过抗滑稳定计算,找出最危险的滑裂面组合和相应的最小安全系数。

如图 3-18 所示,常见的滑移体形式一般具备以下边界条件:在坝基础内存在着陡倾角的上游拉裂面、可能的软弱面和不利的结构面。

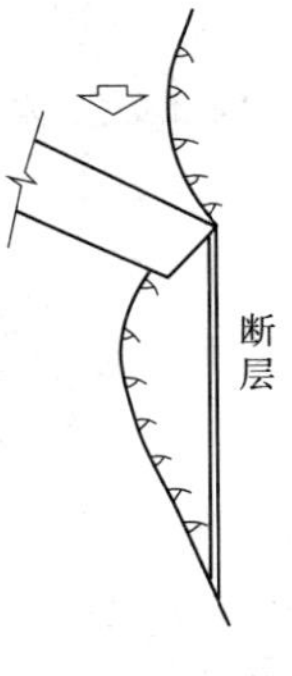

图 3-17　坝肩岩体失稳情况

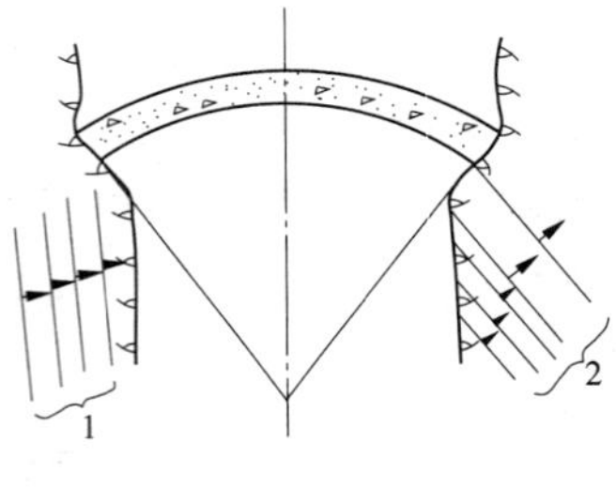

图 3-18　不利结构面对坝肩稳定的影响

SL 282—2003 规定,在拱坝拱座稳定计算中,应当考虑下列荷载:坝体传来的作用力、岩体的自重、渗透水压力和地震荷载,其中渗透水压力是控制拱座稳定的重要因素之一,如 1959 年法国马尔巴塞拱坝,如图 3-19 所示。

三、稳定分析方法

拱坝坝肩稳定分析目前常用刚体极限平衡法,其基本假定是:

(1)将滑移体视为刚体,不考虑其中各部分间的相对位移。

(2)只考虑滑移体上力的平衡,不考虑力矩的平衡,认为后者可由力的分布自行调整满足,因此在拱端作用的力系中不考虑弯矩的影响。

(3)忽略拱坝的内力重分布作用,认为作用在岩体上的力系为定值。

(4)达到极限平衡状态时,滑裂面上的剪力方向将与滑移的方向平行,指向相反,数

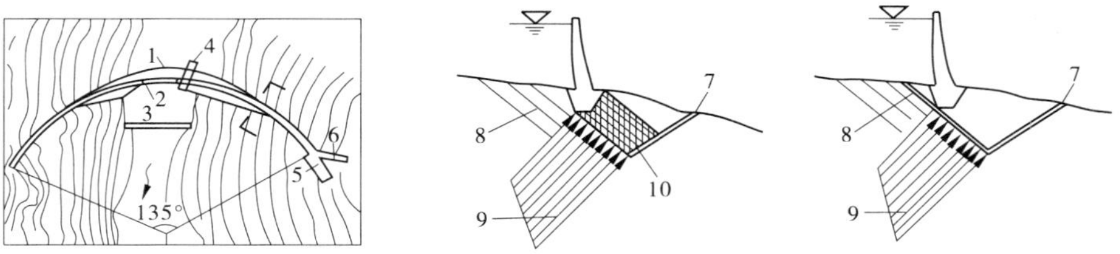

(a)平面布置　(b)Bellier和Londe分析剖面图　(c)Wittke分析剖面图

1—坝;2—溢流段;3—护坦;4—泄水底孔;5—推力墩;6—翼墙;
7—断层;8—层面;9—渗透水压力;10—带状片麻岩

图3-19　马尔巴塞拱坝平面布置及事故分析示意

值达到极限值。

刚体极限平衡法是半经验性的计算方法,具有长期的工程实践经验,采用的抗剪强度指标和安全系数是配套的,方法简便易行,概念清楚,国内外广泛采用。

四、拱坝设计的稳定指标

拱坝抗滑稳定计算,以刚体极限平衡法为主。对1、2级拱坝及高拱坝采用抗剪断公式计算,其他则可采用抗剪断或抗剪强度公式计算。

$$K_1 = \frac{\sum (f_1 N + c_1 A)}{\sum Q} \tag{3-14}$$

$$K_2 = \frac{\sum (f_2 N)}{\sum Q} \tag{3-15}$$

式中　N——滑动面上的法向力;

Q——滑动面上的滑动力;

K_1、K_2——抗滑稳定安全系数;

A——计算滑裂面的面积;

f_1、f_2、c_1——滑裂面的抗剪断摩擦系数和黏聚力。

采用式(3-14)和式(3-15)计算时,相应安全系数应满足表3-4规定的要求。

表3-4　拱座抗滑稳定安全系数

荷载组合		建筑物级别		
		1	2	3
式(3-14)	基本	3.50	3.25	3.0
	特殊(非地震)	3.00	2.75	2.5
式(3-15)	基本	—	—	1.30
	特殊(非地震)	—	—	1.10

五、改善坝肩稳定性的工程措施

通过坝肩稳定分析，如发现局部或整体稳定性不能满足要求，可采取以下适当的工程措施加以改善：

（1）通过挖除某些不利的软弱部位和加强固结灌浆等坝基处理措施来提高基岩的抗剪强度。

（2）深开挖，将拱端嵌入坝肩深处，可避开不利的结构面及增大下游抗滑体的重量。

（3）加强坝肩帷幕灌浆及排水措施，减小岩体内的渗透压力。

（4）调整水平拱圈形态，采用三心圆拱或抛物线等扁平的变曲率拱圈，使拱推力偏向坝肩岩体内部。

（5）如坝基承载力较差，可采取局部扩大拱端厚度、推力墩或人工扩大基础等措施。

【单元探索】

了解滑裂面形式的发展及其相应新的工程措施，了解拱座稳定分析的发展及其相应新的工程措施。

【单元练习】

一、判断题

1. 坝肩岩体失稳的最常见形式是坝肩岩体受荷载后发生滑动破坏。（　　）

2. 坝肩岩体滑动的主要原因：一是岩体内存在着软弱结构面；二是荷载作用。（　　）

3. 如坝基承载力较差，可采取局部扩大拱端厚度、推力墩或人工扩大基础等措施。（　　）

4. 在拱坝拱座稳定计算中，应当考虑下列荷载：坝体传来的作用力、岩体的自重、渗透水压力和地震荷载，其中渗透水压力是控制拱座稳定的重要因素之一。（　　）

5. 改善坝肩稳定性工程措施中，加强坝肩帷幕灌浆及排水措施，减小岩体内的渗透压力。（　　）

二、单项选择题

1. 拱坝坝肩稳定分析目前常用（　　）。

A. 纯拱法　　B. 刚体极限平衡法　　C. 拱梁分载法　　D. 有限元法

2. 在拱坝拱座稳定计算中，应当考虑下列荷载：坝体传来的作用力、岩体的自重、渗透水压力和地震荷载，其中（　　）是控制拱座稳定的重要因素之一。

A. 自重　　B. 扬压力　　C. 渗透水压力　　D. 地震荷载

三、填空题

1. 拱座抗滑稳定计算公式有________和________。

2. 调整水平拱圈形态，采用________或________等扁平的变曲率拱圈，使拱推力偏向坝肩岩体内部。

单元六 拱坝的泄流和消能

【单元导航】

问题 1:拱坝的泄流方式有哪些? 其特点和适用性如何?

问题 2:拱坝下游消能防冲方式有哪些? 各适用于什么情况?

微课 3-8 拱坝坝身泄水方式

【单元解析】

一、拱坝坝身泄水方式

常用的拱坝坝身泄水方式有坝顶泄流(自由跌流式、鼻坎挑流式)、坝身泄水孔式、坝面泄流、滑雪道式、坝后厂顶溢流(厂前挑流)等。

(一)自由跌流式

溢流坝段布置在中间的河床部分,水流从坝顶自由跌落。对于比较薄的双曲拱坝或小型拱坝,常采用坝顶自由跌流的方式,由于下落水舌距坝脚较近,坝下必须设有防护设施,堰顶设或不设闸门,视水库淹没损失和运用条件而定,见图 3-20。

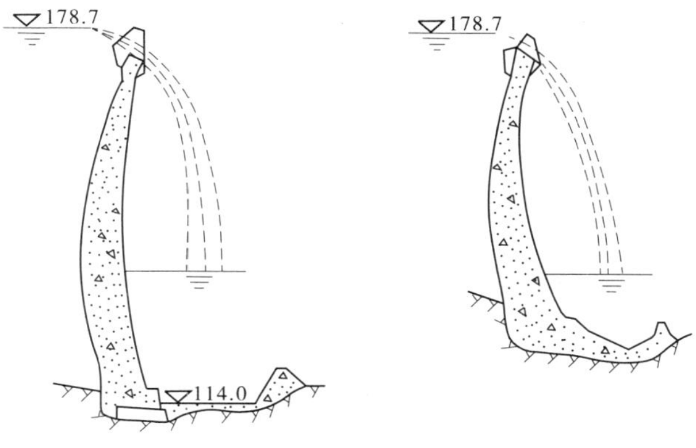

(a)平护坦 (b)V形护坦

图 3-20 自由跌流式 (单位:m)

泄流时,水流经坝顶自由跌入下游河床。自由跌流式适用于基岩良好,单宽泄洪量较小的小型拱坝。

(二)鼻坎挑流式

为了使泄水跌落点远离坝脚,常在溢流堰顶曲线末端以反弧段连接成为挑流鼻坎,堰顶至鼻坎之间的高差一般不大于 6 ~ 8 m,大致为设计水头的 1.5 倍,反弧半径约等于堰上设计水头,鼻坎挑射角一般为 15° ~ 25°。由于落水点距坝趾较远,可适用于泄流量较大的轻薄拱坝,见图 3-21。

(三)滑雪道式

滑雪道泄洪是拱坝特有的一种泄洪方式,其溢流面曲线由溢流坝顶和紧接其后的泄槽组成,泄槽与坝体彼此独立。水流流经泄槽,由槽末端的挑流鼻坎挑出,使水流在空中

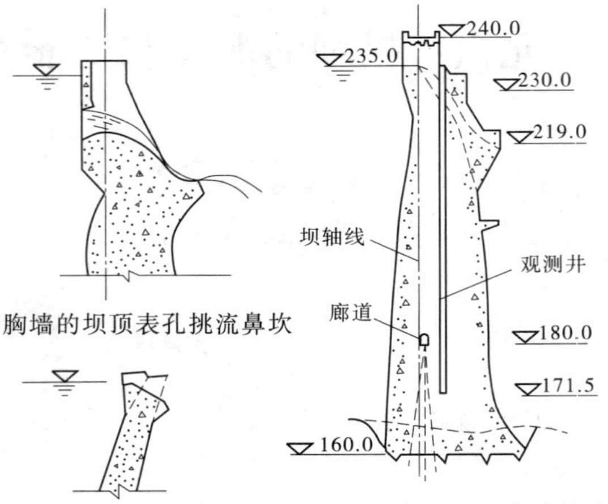

(a)带胸墙的坝顶表孔挑流鼻坎

(b)坝顶表孔挑流鼻坎　(c)流溪河拱坝溢流表孔挑流鼻坎

图 3-21　鼻坎挑流式　(单位:m)

扩散,下落到距坝较远的地点。

挑流鼻坎一般都比堰顶低很多,落差较大,因而挑距较远,是其优点。但滑雪道各部分的形状、尺寸必须适应水流条件,否则容易产生空蚀破坏。所以,滑雪道溢流面的曲线形状、反弧半径和鼻坎尺寸等都需经过试验研究来确定。滑雪道的底板可设置于水电站厂房的顶部或专门的支承结构上,前者的溢流段和水电站厂房等主要建筑物集中布置,对于溢洪量大而河谷狭窄的枢纽是比较有利的。滑雪道也可设在岸边,一般多采用两岸对称布置,也有只布置在一岸的。滑雪道式适用于泄洪量大、较薄的拱坝,见图 3-22。

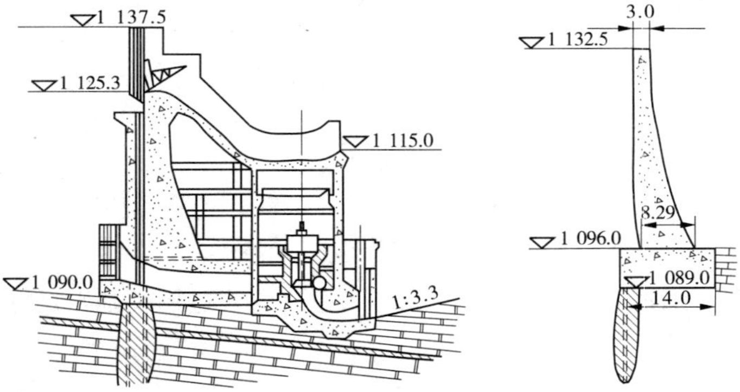

图 3-22　滑雪道式　(单位:m)

(四)坝身泄水孔式

在水面以下一定深度处,拱坝坝身可开设孔口。位于拱坝 1/2 坝高处或坝体上半部的泄水孔称作中孔;位于坝体下半部的称作底孔。拱坝泄流孔口在平面上多居中或对称于河床中线布置,孔口泄流一般是压力流,比堰顶溢流流速大,挑射距离远。

泄水中孔一般设置在河床中部的坝段,以便于消能与防冲。也有的工程将泄水中孔分设在两岸坝段,在河床中部布置电站厂房。泄水中孔孔身一般可做成水平或近乎水平、上翘和下弯三种形式。对于设置在河床中部的泄水中孔,通常多布置成水平型的。

拱坝的坝身泄水还可将各种形式结合使用，如坝顶溢流可以同时设置坝身泄水孔。当泄洪流量大，坝身泄水不能满足要求时，还可布置泄洪隧洞或岸边溢洪道。

二、拱坝的消能和防冲

拱坝泄流具有以下两个特点：

(1)水流过坝后具有向心集中现象，水舌入水处单位面积能量大，造成集中冲刷，因此消能防冲设计要防止发生危害性的河床集中冲刷。

(2)拱坝河谷一般比较狭窄，当泄流量集中在河床中部时，两侧形成强力回流，淘刷岸坡，因此消能防冲设计要防止危及两岸坝肩的岸坡冲刷或淘刷。

拱坝消能形式通常有以下几种。

(一)水垫消能

水流从坝顶表孔直接跌落到下游河床，利用下游水垫消能。跌流消能最为简单，但由于水舌入水点距坝趾较近，需要采取相应的防冲措施。例如：法国的乌格朗拱坝，利用下游施工围堰做成二道坝，抬高下游水位，见图3-23；美国的卡尔德伍德拱坝，在跌流的落水处建戽斗，并在其下游设置了二道坝，运用情况良好，见图3-24。

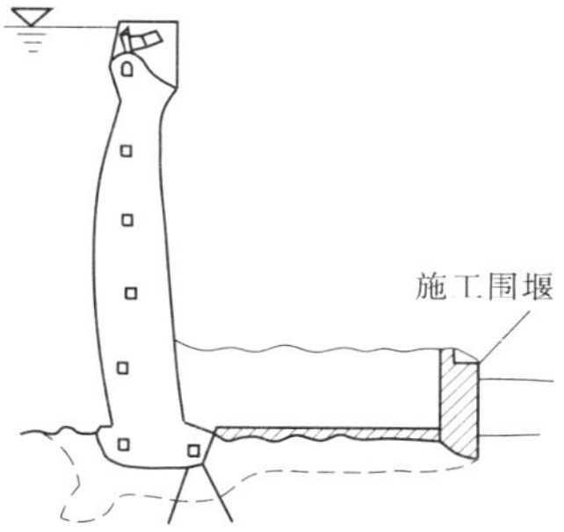

图3-23 乌格朗拱坝消力池

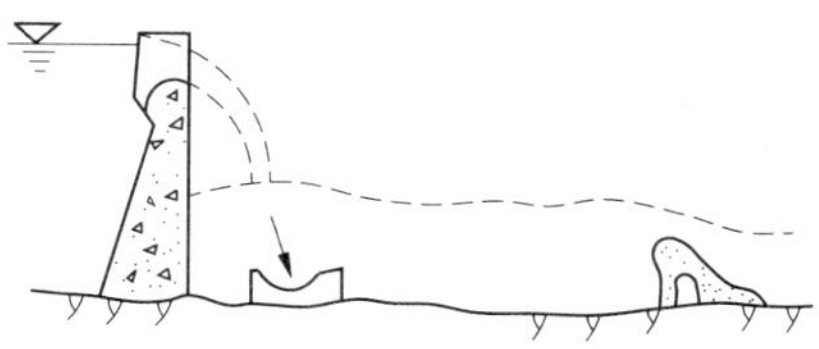

图3-24 卡尔德伍德拱坝消力池

(二)挑流消能

鼻坎挑流式、滑雪道式和坝身泄水孔式大都采用各种不同形式的鼻坎，使水流扩散、冲撞或改变方向，在空中消减部分能量后再跌入水中，以减轻对下游河床的冲刷。

泄流过坝后向心集中是拱坝泄水的一个特点。对于中、高拱坝，可利用这个特点，在拱冠两侧各布置一组溢流表孔或泄水孔，使两侧挑射水流在空中对冲，并沿河槽纵向扩散，从而消耗大量的能量，减轻对下游河床的冲刷。但应注意必须使两侧闸门同步开启；否则射流将直冲对岸，危害更甚。

(三)空中冲击消能

对于狭窄河谷中的中、高拱坝，可利用过坝水流承担向心作用的特点，在拱冠两侧各布置一组溢流表孔或泄洪孔，使两侧水舌在空中交汇，冲击掺气，沿河槽纵向激烈扩散，从而消耗大量的能量，减轻对下游河床的冲刷，但应注意两侧闸门必须同时开启，否则射流将直冲对岸，危害更大。我国先后成功地修建了陈村、泉水和广西的山花等两侧挑流对冲的消能工。

在大流量的中、高拱坝上，采用高低坎大差动形式，形成水股上下对撞消能。这种消能形式不仅把集中的水流分散成多股水流，而且由于通气充分，有利于减免空蚀破坏。我国的白山重力拱坝采用高差较大的溢流面低坎各中孔高坎相间布置，形成挑流水舌相互穿射、横向扩散、纵向分层的三维综合消能，效果很好。但对撞水流造成的“雾化”程度更为严重，应适当加以控制。

（四）底流消能

对重力拱坝，有的也可采用底流消能，如萨扬舒申斯克重力拱坝，高 242 m，采用下弯型中孔，泄流沿下游坝面流入设有二道坝的收缩式消力池，池的上游端宽 123 m，下游端宽 97 m，长约 130 m，二道坝下游护坦长 235 m，末端设有齿墙，单宽流量为 139 $m^3/(s \cdot m)$，运用情况良好。

【单元探索】

了解拱坝消能形式和消能防冲的新发展。

【单元练习】

一、判断题

1. 鼻坎挑流式、滑雪道式和坝身泄水孔式大都采用各种不同形式的鼻坎，使水流扩散、冲撞或改变方向，在空中消减部分能量后再跌入水中，以减轻对下游河床的冲刷。（　　）

2. 对重力拱坝，有的也可采用挑流消能。（　　）

二、单项选择题

1.（　　）泄洪方式，其溢流面曲线由溢流坝顶和紧接其后的泄槽组成。

A. 自由跌流式　　B. 鼻坎挑流式

C. 滑雪道式　　D. 坝身泄水孔式

2. 在水面以下一定深度处，拱坝坝身可开设孔口。位于拱坝（　　）坝高处或坝体上半部的泄水孔称作中孔。

A. 1/2　　B. 2/3　　C. 4/5　　D. 2/4

3. 为了使泄水跌落点远离坝脚，常在溢流堰顶曲线末端以反弧段连接成为挑流鼻坎，堰顶至鼻坎之间的高差一般不大于（　　）。

A. 3 ~ 5 m　　B. 5 ~ 8 m　　C. 2 ~ 8 m　　D. 6 ~ 8 m

三、填空题

1. 拱坝坝身的泄水方式有________、________、________、________及________等。

2. 水流过坝后具有________现象，水舌入水处单位面积能量大，造成集中冲刷，因此消能防冲设计要防止发生危害性的河床集中冲刷。

3. 拱坝消能形式有________、________、________及________等。

4. 滑雪道泄洪是拱坝特有的一种泄洪方式，其溢流面曲线由________和紧接其后的________组成，泄槽与坝体彼此独立。

单元七　拱坝的构造及地基处理

【单元导航】

问题1:拱坝构造有哪些要求?

问题2:拱坝地基处理的目的是什么? 工程措施有哪些?

【单元解析】

微课 3-9　拱坝的构造

一、拱坝的构造

(一)坝体分缝与接缝处理

拱坝是整体结构,不设置永久性横缝,为便于施工期间混凝土散热和降低收缩应力,需要分段浇筑,各段之间设有收缩缝,在坝体混凝土冷却到年平均气温左右,混凝土充分收缩后再用水泥浆封堵,以保证坝的整体性。

收缩缝有横缝和纵缝两类,见图3-25。

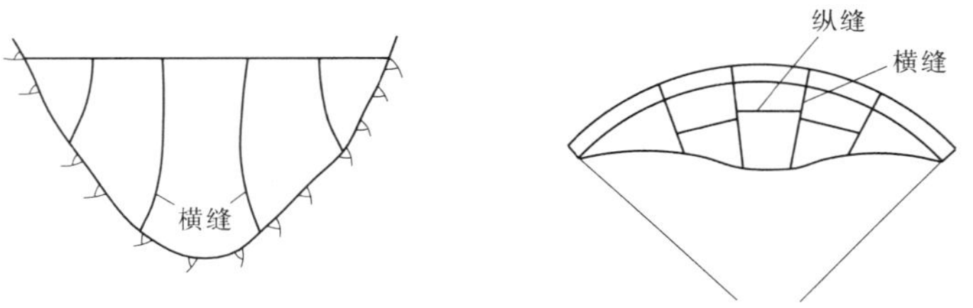

(a)　(b)

图3-25　横缝、纵缝示意图

拱坝横缝是适应拱圈的切向收缩,防止径向裂缝,沿径向设置,指上游坝面的弧长,一般为15~20 m。在变半径的拱坝中,为了使横缝与径向一致,必然会形成一个扭曲面。有时为了简化施工,对不太高的拱坝也可以中间高程处的径向为准,仍用铅直平面来分缝。横缝底部缝面与地基面的夹角不得小于60°并应尽可能接近正交。缝内设铅直向的梯形键槽,以提高坝体的抗剪强度。横缝上游侧应设置止水片。止水片可与上游止浆片结合。止水的材料和做法与重力坝相同。

拱坝厚度较薄,一般可不设纵缝,对厚度大于40 m的拱坝,经分析论证,可考虑设置纵缝。相邻坝块间的纵缝应错开,纵缝的间距为20~40 m。为方便施工,一般采用铅直纵缝,到缝顶附近应缓转与下游坝面正交,避免浇筑块出现尖角。

收缩缝是两个相邻坝段收缩后自然形成的冷缝,缝的表面做成键槽,预埋灌浆管与出浆盒,在坝体冷却后进行压力灌浆。收缩缝的灌浆工艺和重力坝相同。

收缩缝按封拱时填灌方式不同可分为窄缝和宽缝两种。窄缝是两个相邻的坝段相互紧靠着浇筑,因混凝土收缩而自然形成的缝,缝中预埋灌浆系统,坝体冷却后进行接缝灌浆,混凝土拱坝一般都采用这种窄缝。

当坝址河谷断面很不规则时,可在基岩与坝体之间设置垫座,使坝体变为有规则的形状,同时使坝体与垫座的接触面成为一条永久缝,称为周边缝。周边缝(铰接拱)能够改善坝体边界弯曲应力,能使坝断面减薄。设置周边缝后,坝体即使有裂缝,延伸到缝边就会停止发展,若垫座有开裂,也不致影响到坝体。

宽缝又称回填缝,是在坝段之间留 0.7 ~ 1.2 m 的宽度,缝面设键槽,上游面设钢筋混凝土塞,然后用密实的混凝土填塞。宽缝散热条件好,坝体冷却快,但回填混凝土冷却后又会产生新的收缩缝。

(二)坝顶

坝顶宽度应根据交通要求确定。当无交通要求时,非溢流坝的顶宽一般不小于 3 m。溢流坝段坝顶布置应满足泄洪、闸门启闭、设备安装、交通、检修等的要求。

(三)坝体防渗和排水

拱坝上游面应采用抗渗混凝土,其厚度为(1/10 ~ 1/15)H,H 为坝面该处在水面以下的深度。

坝身内一般应设置竖向排水管,排水管与上游坝面的距离为(1/10 ~ 1/15)H,一般不小于 3 m。排水管应与纵向廊道分层连接。排水管间距一般为 2.5 ~ 3.5 m,内径一般为 15 ~ 20 cm,多用无砂混凝土管。

(四)廊道

为满足检查、观测、灌浆、排水和坝内交通等要求,需要在坝体内设置廊道与竖井。廊道的断面尺寸、布置和配筋基本上和重力坝相同。

(五)坝体管道及孔口

坝体管道及孔口用于引水发电、供水、灌溉、排沙及泄水。管道及孔口的尺寸、数目、位置、形状应根据其运用要求和坝体应力情况确定。

(六)垫座与周边缝

对于地形不规则的河谷或局部有深槽时,可在基岩与坝体之间设置垫座,在垫座与坝体间设置永久性的周边缝。

(七)重力墩

重力墩是拱坝坝端的人工支座。对形状复杂的河谷断面,通过设重力墩可改善支承坝体的河谷断面形状。

二、拱坝的地基处理

混凝土拱坝地基经过必要的处理后,应具有整体性和抗滑稳定性,具有足够的强度和刚度,具有抗渗性、渗透稳定性和有利的渗流场,具有在水长期作用下的耐久性,并通过地基处理控制地基接触面形状对坝体应力分布的不利影响。

坝基处理设计(包括两岸拱座和河床段的地基)应根据坝址地质条件和基岩的物理力学性质,综合分析坝体和地基之间的相互关系、泄洪建筑物的布置、施工技术等因素,选择安全、经济和有效的处理方案。

(一)坝基开挖

坝基开挖深度应根据坝体传来的荷载、坝基内的应力分布情况、基岩的地质条件和物理力学性质、坝基处理的效果、工期和费用等综合研究确定。根据坝址具体地质情况,结合坝高,选择新鲜、微风化或弱风化中、下部的基岩作为建基面。

定出建基面后,即可进行开挖。在开挖过程中应注意以下几点:拱端开挖应注意拱端布置原则,如图 3-26 所示。

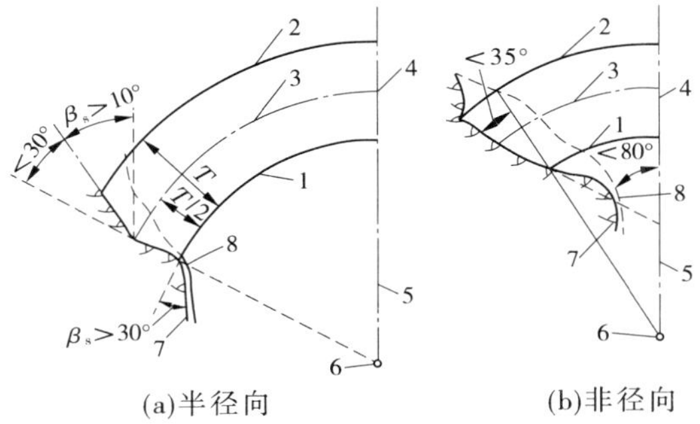

1—内弧面;2—外弧面;3—坝轴线;4—拱冠;5—基准面;
6—坝轴线圆心;7—可利用基岩面线;8—原地面线

图 3-26 拱座形状准则

两岸拱座利用岩面宜开挖成径向面,当按全径向开挖,如拱端厚度较大而使开挖量过多,也可采用非全径向开挖。

(二)固结灌浆和接触灌浆

一般要求对拱坝坝基进行全面的固结灌浆,对于比较坚硬完整的基岩,也可以只在坝基的上游侧和下游侧设置数排固结灌浆孔。对节理、裂隙发育的基岩,为了减小地基变形,增加岩体的抗滑稳定性,还需在坝基外的上、下游侧扩大固结灌浆的范围。断层破碎带及其两侧影响带,应加强固结灌浆。

对于坝体与陡于 50°~60°的岸坡间和上游侧的坝基接触面以及基岩中所有槽、井、洞等回填混凝土的顶部,均需进行接触灌浆,以提高接触面的强度,减少渗漏。

固结灌浆孔的孔距、排距,应根据开挖以后的地质条件,并参照灌浆试验确定,宜为 3~4 m。固结灌浆孔的孔深,应根据坝高和开挖以后的地质条件确定,宜采用 5~8 m。

(三)防渗帷幕

防渗帷幕应符合下列基本要求:

(1)控制渗漏对坝基及两岸边坡稳定的不利影响。

(2)控制坝基软弱夹层、断层破碎带、岩体裂隙充填物以及抗水性能差的岩层不产生管涌。

(3)控制坝基面渗透压力和渗流量。

(4)具有可靠的连续性和足够的耐久性。

坝基和两岸的防渗帷幕宜采用水泥灌浆;在水泥灌浆达不到设计防渗要求时,可采用化学材料补充灌浆,但应防止污染环境。帷幕灌浆一般在廊道中进行,两岸山坡内的帷幕灌浆,可在岩体内开挖的平洞中进行,如图 3-27 所示。

(四)坝基排水

正常情况下,防渗帷幕的下游应布置坝基排水,设 1 排主排水孔,必要时加设 1~3 排

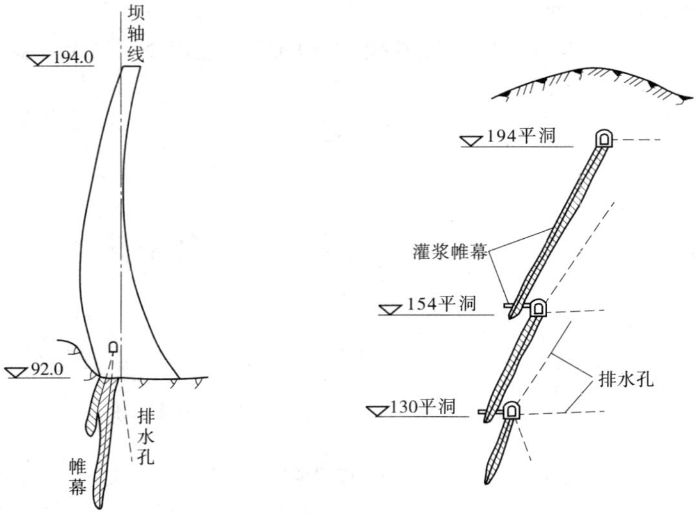

(a)坝体剖面图　　(b)坝肩(岸基)剖视图

图 3-27　拱坝基岩帷幕灌浆与排水孔设置　(单位:m)

辅助排水孔。坝基下存在相对隔水层或缓倾角结构面时,宜根据其分布情况进行合理布置。对于地质条件较差的坝基,设置排水孔时应防止渗透变形。中、低高度的薄拱坝经论证可不设坝基排水。

高坝以及两岸地形较陡、地质条件较复杂的中坝,宜在两岸布置多层排水平洞,在平洞内钻设排水孔。排水孔的孔壁有塌落危险或排水孔穿过软弱夹层、夹泥裂隙时,应采取孔内设滤层等保护措施。

(五)断层破碎带、软弱夹层的处理

对于坝基范围内的断层破碎带或软弱夹层,应根据其产状、宽度、充填物性质、所在部位和有关的试验资料,分析研究其对坝体和地基的应力、变形、稳定与渗漏的影响,并结合施工条件,采用适当的方法进行处理。一般情况下,位于坝肩部位的断层破碎带比位于河床部位的对拱坝的安全影响大;缓倾角比陡倾角断层的危害性严重;位于坝趾附近的比位于坝踵附近的断层破碎带对坝体应力和稳定更为不利;断层破碎带宽度愈大,对应力和稳定的影响也愈严重。

【单元探索】

了解拱坝构造的新发展,了解拱坝地基处理的新发展。

【单元练习】

一、判断题

1. 拱坝是整体结构,需要设置永久性横缝,为便于施工期间混凝土散热和降低收缩应力,需要分段浇筑,各段之间设有收缩缝。(　　)

2. 拱坝坝身设永久伸缩缝以适应地基不均匀沉陷。(　　)

3. 两岸拱座利用岩面宜开挖成径向面,当按全径向开挖,如拱端厚度较大而使开挖量过多,也可采用非全径向开挖。(　　)

二、单项选择题

1. 拱坝厚度较薄，一般可不设纵缝，对厚度大于（　　）的拱坝，经分析论证，可考虑设置纵缝。

A. 30 m　　B. 70 m　　C. 50 m　　D. 40 m

2. 宽缝又称回填缝，是在坝段之间留 0.7～1.2 m 的宽度，缝面设键槽，上游面设钢筋混凝土塞，然后用密实的（　　）填塞。

A. 混凝土　　B. 砂浆　　C. 水泥浆　　D. 黏土

三、填空题

1. 拱坝坝基的处理措施有坝基开挖、________、________、________、坝基排水、断层破碎带和软弱夹层的处理等。

2. 在防渗帷幕下游侧应设置________，以减小坝底扬压力。

3. 拱坝分缝中，收缩缝有________和________两类。

项目四　土石坝

【学习目标】

学习单元	能力目标	知识点
单元一	理解土石坝的优缺点，掌握土石坝的工作特点和设计要求，明确按坝高、施工方法、筑坝材料及防渗体位置对土石坝的分类	土石坝的概念； 土石坝的分类
单元二	掌握土石坝基本剖面的设计方法，明确坝顶高程、坝顶宽和上下游坝坡的计算方法和拟定原则	土石坝基本剖面形状； 基本剖面设计原则和方法
单元三	掌握水力学法渗流计算的基本原理、基本假定、计算简图和基本方程，能根据坝型、地基、排水设备、下游水位的不同选用正确的公式进行渗流计算，重点掌握心墙坝、斜墙坝和透水地基上均质坝的渗流计算方法，掌握浸润线绘制和修正的方法，明确渗透变形的防止措施	浸润线； 渗流计算的目的； 渗流计算的方法； 渗透变形； 反滤层
单元四	了解作用在土石坝上的荷载，明确土石坝边坡稳定分析情况和方法、稳定安全系数标准，重点掌握瑞典圆弧法，确定出最危险圆弧的位置	土石坝滑动面形状； 简化的毕肖普法
单元五	明确坝体各组成部分对材料的要求，掌握不同土石料的填筑标准	坝体各组成部分对材料的要求； 土石料的填筑标准
单元六	掌握坝顶、防渗结构、排水设施、护坡的构造要求	土石坝坝顶构造； 土石坝防渗体、排水体构造
单元七	明确土石坝地基处理的任务，掌握砂砾石地基处理“上防下排”的措施、方法的适用条件，了解其他地基处理的相关知识	土石坝地基处理的任务； 土石坝地基处理的原则和方法
单元八	掌握坝体与土质地基及岸坡的连接、坝体与岩石地基及岸坡的连接、坝体与混凝土建筑物的连接处理办法	土石坝与坝基连接处理办法； 土石坝与岸坡及其他建筑物连接办法
单元九	掌握钢筋混凝土面板堆石坝的基本特点，了解其剖面尺寸和构造要求	面板堆石坝的基本概念； 面板堆石坝的剖面尺寸

单元一　概　述

微课 4-1　土石坝的定义

【单元导航】

问题 1：土石坝具有什么样的特点？

问题 2：土石坝根据坝高、施工方法和材料不同，有哪些分类？

【单元解析】

土石坝是指由当地土料、石料或混合料，经过抛填、碾压等方法堆筑成的挡水坝。当坝体材料以土和砂砾为主时，称为土坝；以石渣、卵石、爆破石料为主时，称为堆石坝；当两类材料均占相当比例时，称为土石混合坝。由于筑坝材料主要来自坝区，因而也称为当地材料坝。

土石坝历史悠久，是世界坝工建设中应用最为广泛和发展最快的一种坝型。土石坝得以广泛应用和发展的主要原因是：

（1）可以就地取材，节约大量水泥、木材和钢材，减少工地的外线运输量。由于土石坝设计和施工技术的发展，放宽了对筑坝材料的要求，几乎任何土石料均可筑坝。

（2）能适应各种不同的地形、地质和气候条件。任何不良的坝址地基，经处理后均可筑坝。特别是在气候恶劣、工程地质条件复杂和高烈度地震区的情况下，土石坝实际上是唯一可取的坝型。

（3）大功率、多功能、高效率施工机械的发展，提高了土石坝的施工质量，加快了进度，降低了造价，促进了高土石坝建设的发展。

（4）岩土力学理论、试验手段和计算技术的发展，提高了大坝分析计算的水平，加快了设计进度，进一步保障了大坝设计的安全可靠性。

（5）高边坡、地下工程结构、高速水流消能防冲等土石坝配套工程设计和施工技术的综合发展，对加速土石坝的建设和推广也起了重要的促进作用。

据统计，从 20 世纪 80 年代末以来世界上兴建的百米以上高坝中，土石坝的比例占 75% 以上。目前，世界上最高土石坝是塔吉克斯坦的罗贡坝，坝高 335 m。我国在建的最高土石坝是四川省甘孜州雅砻江上的两河口水电站，坝高为 295 m；已建的最高土石坝是云南省普洱市澜沧江上的糯扎渡水电站，坝高为 261.5 m。

一、土石坝的特点和设计要求

微课 4-2　土石坝的工作特点和设计要求

土石坝是由散粒体土石料经过填筑而成的挡水建筑物，因此土石坝与其他坝型相比，在稳定、渗流、冲刷、沉陷等方面具有不同的特点和设计要求。

（一）稳定方面

土石坝的基本剖面形状为梯形或复式梯形。由于填筑坝体的土石料为松散体，抗剪强度低，上下游坝坡平缓，坝体体积和重量都较大，所以不会产生水平整体滑动。土石坝失稳的形式，主要是坝坡的滑动或坝坡连同部分坝基一起滑动。坝坡滑动会影响土坝的正常工作，严重的将导致工程失事。

为了保证土石坝在各种工作条件下能保持稳定，应合理设计坝坡和防渗排水设备，施工中还要认真做好地基处理并严格控制施工质量。

（二）渗流方面

土石坝挡水后，在坝体内形成由上游向下游的渗流。渗流不仅使水库损失水量，还易引起管涌、流土等渗透变形。坝体内渗流的水面线叫作浸润线（见图4-1）。浸润线以下的土料承受着渗透动水压力，并使土的内摩擦角和黏结力减小，对坝坡稳定不利。坝体与坝基、两岸以及其他非土质建筑物的结合面，易产生集中渗流，因此设计土石坝时必须采取防渗措施以减少渗漏，保证坝体的渗透稳定性，并做好各种结合面的处理，避免产生集中渗流。

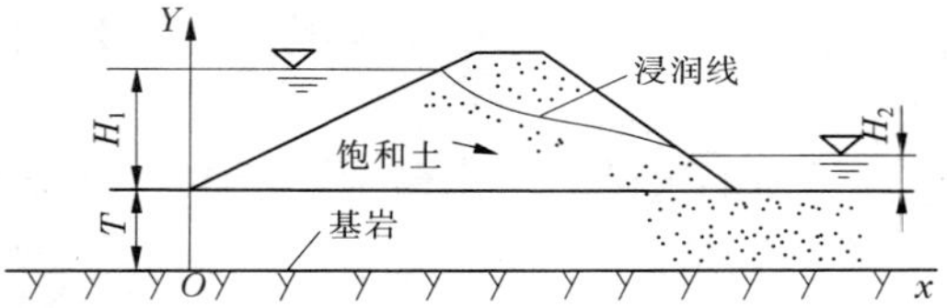

图4-1　浸润线

（三）冲刷方面

土石坝为散粒体结构，抗冲能力很低。坝体上下游水的波浪将在水位变化范围内冲刷坝坡；大风引起的波浪可能沿坝坡爬升很高甚至翻过坝顶，造成严重事故；降落在坝面的雨水沿坝坡下流，也将冲刷坝坡；靠近土石坝的泄水建筑物在泄水时激起水面波动，对土石坝坡也有淘刷作用；季节气温变化，也可能使坝坡受到冻结膨胀和干裂的影响。为避免上述不良影响，应采取以下工程措施：①在土石坝上下游坝坡设置护坡，坝顶及下游坝面布置排水措施，以免风浪、雨水及气温变化带来有害影响；②坝顶在最高库水位以上要留一定的超高，以防止洪水漫过坝顶造成事故；③布置泄水建筑物时，注意进出口离坝坡要有一定距离，以免泄水时对坝坡产生淘刷。

（四）沉陷方面

由于土石料存在较大的孔隙，且易产生相对的移动，在自重及水压力作用下，会有较大的沉陷。沉陷使坝的高度不足，不均匀沉陷还将导致土石坝裂缝，横缝对坝的防渗极为不利。为防止坝顶低于设计高程和产生裂缝，施工时应严格控制碾压标准并预留沉陷量，使竣工时坝顶高程高于设计高程。对于重要工程，沉陷值应通过沉陷计算确定。对于一般的中小型土石坝，如坝基没有压缩性很大的土层，可按坝高的1%～2%预留沉陷值。

根据土石坝的特点，认真分析研究基本资料，在枢纽布置时，应特别重视并尽量避免或减少土石坝与刚性建筑物的连接。对有条件的坝址，尽量选用开敞式溢洪道，以提高泄洪的超泄能力，使土石坝满足稳定、渗流、变形、冲刷以及不漫顶的要求。

二、土石坝的类型

土石坝常按坝高、施工方法或筑坝材料及防渗体位置进行分类。

（一）按坝高分类

土石坝按坝高可分为低坝、中坝和高坝。我国《碾压式土石坝设计规范》（SL 274—

2001)规定:高度在 30 m 以下的为低坝,高度在 30 ~ 70 m 的为中坝,高度超过 70 m 的为高坝。土石坝的坝高均从清基后的地面算起。

微课 4-3 土石坝的分类

(二)按施工方法分类

1. 碾压式土石坝

它是用适当的土料分层堆筑,并逐层加以压实(碾压)而成的坝。这种方法在土坝中用得最多。本项目主要阐述这种类型的土石坝。

2. 水力冲填坝

它是以水力为动力完成土料的开采、运输和填筑全部工序而建成的坝。其施工方法是用机械抽水到高出坝顶的土场,以水冲击土料形成泥浆,然后通过泥浆泵将泥浆送到坝址,再经过沉淀和排水固结而筑成坝体。

3. 定向爆破堆石坝

它是按预定要求埋设炸药,使爆出的大部分岩石抛向预期地点而形成的坝。

水力冲填坝和定向爆破堆石坝因填筑质量难以完全保证,目前在国内外很少采用。

(三)按坝体材料的组合和防渗体的相对位置分类

1. 土坝

土坝是指坝体的绝大部分都由土料筑成的坝。根据土料的分布情况又可分为:

(1)均质坝。坝体基本上是由均一的壤土筑成,整个坝体用以防渗并保持自身的稳定,见图 4-2(a)。由于黏性土抗剪强度较低,故多用于低坝。

(2)黏土心墙坝和黏土斜墙坝。用透水性较大的土料做坝的主体,用透水性极小的黏土做防渗体的坝。防渗体设在坝体中央的或稍向上游的称为黏土心墙坝[见图 4-2(b)]或黏土斜心墙坝[见图 4-2(c)],防渗体设在上游面的称为黏土斜墙坝[见图 4-2(d)]。

(3)人工材料心墙和斜墙坝。防渗体由沥青混凝土、钢筋混凝土或其他人工材料建成的坝。按其位置也可分为心墙或斜墙两种。图 4-2(e)为钢筋混凝土(或称刚性)心墙坝的示意图。

(4)多种土质坝。坝的主体(不包括防渗体、排水体和护坡等)由几种不同的土料建成。

2. 土石混合坝

上述多种土质坝中,粗粒土改用砂砾石料筑成的坝,或用土石混合在一起的材料筑成的坝,称为土石混合坝。根据防渗体的位置和材料的不同,也可分为心墙的、斜墙的和人工材料防渗的,见图 4-2(f) ~ (i)。

3. 堆石坝

除防渗体外,坝体的绝大部分或全部由石料堆筑起来的称为堆石坝,见图 4-2(k)。按防渗体的布置,同样也有斜墙坝、心墙坝[见图 4-2(l)]两种。

在以上这些坝型中,用得最多的是斜墙或斜心墙土石坝,特别是斜心墙的土石混合坝,在改善坝身应力状态和避免裂缝方面具有良好的效能,高土石坝中应用得更多。

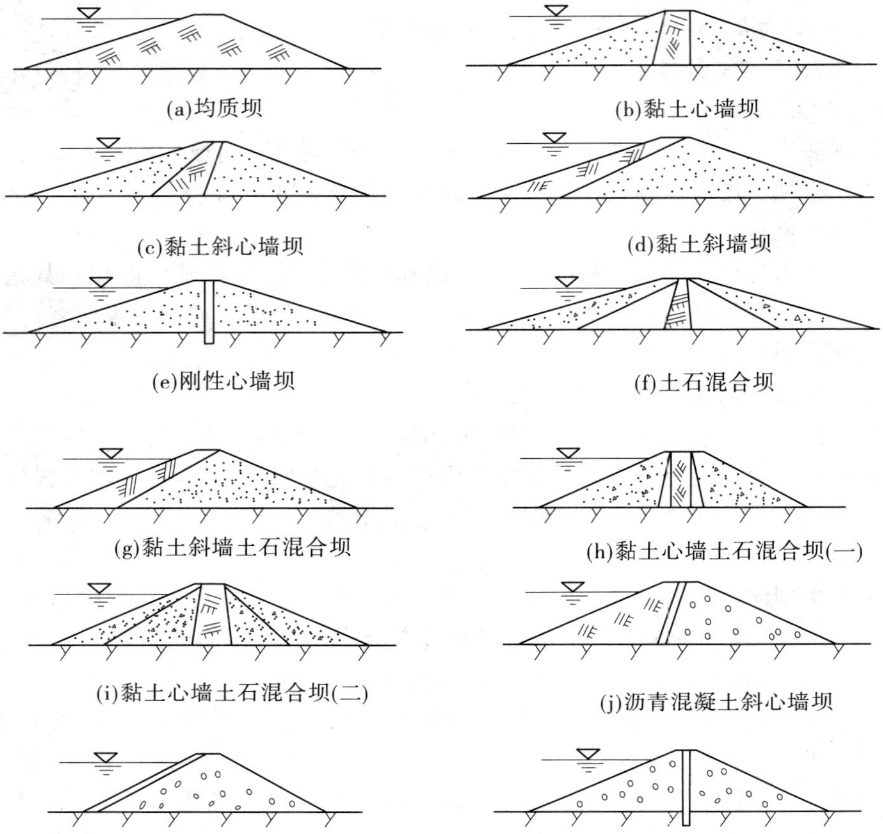

(a)均质坝　(b)黏土心墙坝
(c)黏土斜心墙坝　(d)黏土斜墙坝
(e)刚性心墙坝　(f)土石混合坝
(g)黏土斜墙土石混合坝　(h)黏土心墙土石混合坝(一)
(i)黏土心墙土石混合坝(二)　(j)沥青混凝土斜心墙坝
(k)钢筋混凝土面板堆石坝　(l)钢筋混凝土心墙堆石坝

图4-2　土石坝类型示意

【单元探索】

土石坝在全世界范围内运用广泛,通过互联网或智能手机查一下最新的土石坝在建工程,了解土石坝的特点。

【单元练习】

一、判断题

1. 土石坝得以广泛应用和发展的主要原因是修筑方法比较简单。(　　)
2. 坝体内渗流的水面线叫浸润线。(　　)
3. 目前世界上最高的大坝为重力坝。(　　)

二、单项选择题

1. 高度超过(　　)m 的为高坝。

A. 60　　B. 70　　C. 80　　D. 90

2. 除防渗体外,坝体的绝大部分或全部由石料堆筑起来的称为(　　)。

A. 土坝　　B. 土石混合坝　C. 堆石坝　　D. 人工材料心墙坝

三、填空题

1. ________是指坝体的绝大部分都由土料筑成的坝。

2. 按施工方法分，土石坝可分为________、________、________。

四、简答题

1. 土石坝的特点是什么？试与重力坝、拱坝做比较。

2. 土石坝的主要类型有哪些？各有什么优缺点？

单元二　土石坝的基本剖面

微课 4-4　土石坝剖面设计案例

【单元导航】

问题 1：土石坝的基本剖面是什么样的？

问题 2：土石坝的基本剖面有哪些基本尺寸？

问题 3：土石坝的基本剖面的基本尺寸如何确定？

【单元解析】

土石坝的基本剖面根据坝高、坝的等级、坝形和筑坝材料特性、坝基情况以及施工、运行条件等参照现有工程的实践经验初步拟定，然后通过渗流和稳定分析检验，最终确定合理的剖面形状。由于土石坝的基本剖面是梯形，因此土石坝剖面的基本尺寸主要包括坝顶高程、坝顶宽度、上下游坡度、防渗结构、排水设备的基本尺寸等。本单元只介绍前三个基本尺寸的确定。

一、坝顶高程

微课 4-5　坝顶高程

坝顶高程应分别按下列四种情况计算，并取其最大值：①正常蓄水位 + 正常情况的坝顶超高；②设计洪水位 + 正常情况的坝顶超高；③校核洪水位 + 非常情况的坝顶超高；④正常蓄水位 + 非常情况的坝顶超高 + 地震安全加高。

坝顶设防浪墙时，防浪墙顶高程可代替坝顶高程，但在正常运用条件下，坝顶应高出静水位 0.5 m；在非常运用条件下，坝顶不应低于水库最高静水位。

坝顶超高 Y（见图 4-3）按下式计算：

$$Y = R + e + A \tag{4-1}$$

$$e = \frac{Kv_0^2 D}{2gH_m}\cos\beta \tag{4-2}$$

式中　R——波浪在坝坡上的最大爬高，m；

e——最大风壅水面高度，即风壅水面超出原库水位高度的最大值，m；

H_m——坝前水域平均水深，m；

K——综合摩阻系数，其值变化为$(1.5 \sim 5.0)\times 10^{-6}$，计算时一般取 $K = 3.6\times 10^{-6}$；

β——风向与水域中线（或坝轴线的法线）的夹角，(°)；

v_0——计算风速，m，是指水面以上 10 m 处多年风速平均值，正常运用时，对于 1、2 级坝宜采用多年平均最大风速的 1.5 ~ 2.0 倍，对于 3 ~ 5 级坝宜采用多年平均最大风速的 1.5 倍，非常运用时，宜采用相应洪水期多年平均最大风速；

D——风区长度（有效吹程），m，当风区长度内水面有局部缩窄，且缩窄处的宽度 B 小于 12 倍计算波长时，风区长度 $D = 5B$（并不小于坝前到缩窄处的距离），水域不规则时按规范要求计算；

A——安全加高，m，根据坝的等级和运用情况，按表 4-1 确定。

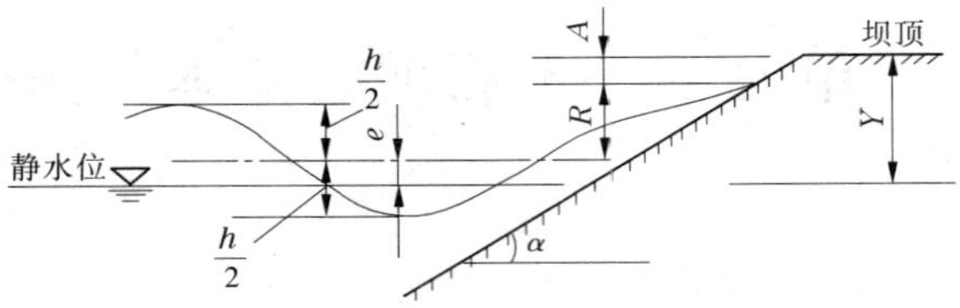

图 4-3 坝顶超高计算图

表 4-1 安全加高 A （单位：m）

运用情况	坝的级别			
	1	2	3	4、5
正常	1.5	1.0	0.7	0.5
非常	0.7	0.5	0.4	0.3

波浪沿建筑物坡面爬升的垂直高度（由风壅水面算起）称为波浪爬高，如图 4-3 所示的 R。它与坝前的波浪要素（波高和波长）、坝坡坡度、坡面糙率、坝前水深、风速等因素有关。波浪爬高 R 的计算，《碾压式土石坝设计规范》（SL 274—2001）推荐采用蒲田试验站公式，其具体计算方法如下：

（1）计算波浪的平均爬高 R_m。当坝坡系数 $m = 1.5 \sim 5.0$ 时，平均爬高 R_m 计算公式如下：

$$R_m = \frac{K_\Delta K_w}{\sqrt{1 + m^2}} \sqrt{h_m L_m} \tag{4-3}$$

式中 K_Δ ——斜坡的糙率渗透性系数，根据护面的类型查表 4-2 选用；

K_w ——经验系数，由计算风速 v_0、水域平均水深 H_m 和重力加速度 g 组成的无维量 $\frac{v_0}{\sqrt{gH_m}}$ 按表 4-3 确定；

m——单坡的坡度系数，若单坡坡角为 α，则 $m = \cot\alpha$，见图 4-3；

h_m、L_m——平均波高和波长，m，采用蒲田试验站公式计算。

表 4-2 糙率渗透系数 K_Δ

护面类型	K_Δ	护面类型	K_Δ
光滑不透水护面（沥青混凝土）	1.0	砌石护面	0.75 ~ 0.80
混凝土板护面	0.9	抛填两层块石（不透水基础）	0.60 ~ 0.85
草皮护面	0.85 ~ 0.90	抛填两层块石（透水基础）	0.50 ~ 0.55

表 4-3 经验系数 K_w

$\frac{v_0}{\sqrt{gH_m}}$	≤1	1.5	2.0	2.5	3.0	3.5	4.0	>5.0
K_w	1	1.02	1.08	1.16	1.22	1.25	1.28	1.30

(2)平均波高 h_m用式(4-4)计算。

$$\frac{gh_m}{v_0^2} = 0.13\text{th}\left[0.7\left(\frac{gH_m}{v_0^2}\right)^{0.7}\right]\cdot \text{th}\left\{\frac{0.0018\left(\frac{gD}{v_0^2}\right)^{0.45}}{0.13\text{th}\left[0.7\left(\frac{gH_m}{v_0^2}\right)^{0.7}\right]}\right\} \tag{4-4}$$

当 $\frac{gD}{v_0^2} \leqslant 1760\left\{\text{th}\left[0.7\left(\frac{gH_m}{v_0^2}\right)^{0.7}\right]\right\}^{\frac{1}{0.45}}$ 时,式(4-4)可简化为

$$\frac{gh_m}{v_0^2} = 0.0018\left(\frac{gD}{v_0^2}\right)^{0.45} \tag{4-5}$$

(3)平均波长 L_m根据平均周期 T_m 和平均水深 H_m,按下述理论公式计算。

平均周期 $$T_m = 4.438\, h_m^{0.5} \tag{4-6}$$

当 $\frac{H_m}{L_m} \geqslant 0.5$ 时,称为深水波,波长与周期有关,关系如下:

$$L_m = \frac{gT_m^2}{2\pi} \approx 1.56T_m^2 \tag{4-7}$$

当 $\frac{H_m}{L_m} < 0.5$ 时,称为浅水波,波长与周期和水深都有关,关系如下:

$$L_m = \frac{gT_m^2}{2\pi}\text{th}\frac{2\pi H_m}{L_m} \tag{4-8}$$

(4)计算设计爬高值 R。不同累计频率的爬高 R_P 与 R_m 的比,可根据爬高统计分布表 4-4 确定。

表 4-4 爬高统计分布(R_P / R_m 值)

h_m/H_m	P(%)									
	0.1	1	2	4	5	10	14	20	30	50
<0.1	2.66	2.23	2.70	1.90	1.84	1.64	1.53	1.39	1.22	0.96
0.1~0.3	2.44	2.08	1.94	1.80	1.75	1.57	1.48	1.36	1.21	0.97
>0.3	2.30	1.86	1.76	1.65	1.61	1.48	1.39	1.31	1.19	0.99

设计爬高值按建筑物的级别而定,对 1~3 级土石坝,取累计频率 $P = 1\%$ 的爬高值 $R_{1\%}$;对 4、5 级坝,取 $P = 5\%$ 的 $R_{5\%}$。

【例 4-1】 某工程为Ⅲ等工程,经计算平均波高 $h_m = 0.4816$ m,平均水深 $H_m = 35.70$

m，波浪的平均爬高 $R_m=0.7226$ m，试确定其波浪设计爬高。

解：因该土石坝为 3 级建筑物，故 $P=1\%$。

根据 $h_m/H_m=0.4816/35.70=0.0135$，查表 4-4 得 $R_P/R_m=2.23$。

则设计爬高 $R=2.23\times0.7226=1.61$(m)。

当风向与坝轴的法线成一夹角 β 时，波浪爬高应乘以折减系数 K_β，其值由表 4-5 确定。

表 4-5　斜向坡折减系数 K_β

β(°)	0	10	20	30	40	50	60
K_β	1	0.98	0.96	0.92	0.87	0.82	0.76

应该指出，这里计算的坝顶高程是指坝体沉降稳定后的数值。因此，竣工时的坝顶高程还应有足够的预留沉陷值。对施工质量良好的土石坝，坝顶沉降值约为坝高的 1%。

二、坝顶宽度

坝顶宽度应根据运行、施工、构造、交通和人防等方面的要求综合研究后确定。

微课 4-6　坝顶宽度

当沿坝顶设置公路或铁路时，坝顶宽度应按照有关的交通规定选定。当无特殊要求时，高坝的坝顶最小宽度可选用 10 ~ 15 m，中低坝可选用 5 ~ 10 m。

三、坝坡

土石坝坝坡对坝体稳定及工程量大小均起重要影响。坝坡确定一般应遵循以下规律：①上游坝坡长期处于水下饱和状态，水库水位也可能快速下降，为了保持坝坡稳定，上游坝坡常比下游坝坡为缓；②由于荷载从上往下传递，故上部坝坡陡于下部；③若坝较高，则从上到下每隔 10 ~ 30 m 逐渐放缓坝坡，相邻坡率差值取 0.25 或 0.5，一般在下游变坡处设马道，用以拦截雨水，防止冲刷坝面，同时也兼作交通、检修和观测之用，还有利于坝坡稳定，马道宽 1.5 ~ 2.0 m；④坝基地址条件较差时，一般要求适当放缓下游坝坡。

微课 4-7　坝坡

一般土坝坝坡为 1:2 ~ 1:4，初拟坝坡时可参照表 4-6 和表 4-7。

表 4-6　均质坝坝坡经验值

坝高(m)	马道		坝坡	
	宽度(m)	级数	上游坡	下游坡
<15	1.5	1	1:2.50(上) 1:2.75(下)	1:2.25(上) 1:2.50(下)
15 ~ 25	2.0	2	1:2.75(上) 1:3.00(下)	1:2.50(上) 1:2.75(下)
25 ~ 35	2.0	3	1:2.75(上) 1:3.00(中) 1:3.50(下)	1:2.50(上) 1:2.75(中) 1:3.00(下)

表 4-7　心墙坝坝坡经验值

<table>
<tr><th rowspan="3">坝高(m)</th><th colspan="4">坝壳部分</th><th colspan="2">心墙部分</th></tr>
<tr><th colspan="2">马道</th><th colspan="2">坝坡</th><th rowspan="2">顶宽(m)</th><th rowspan="2">边坡</th></tr>
<tr><th>宽度(m)</th><th>级数</th><th>上游坡</th><th>下游坡</th></tr>
<tr><td><15</td><td>1.5</td><td>1</td><td>1:2.25(上)
1:2.50(下)</td><td>1:2.00(上)
1:2.25(下)</td><td>1.5</td><td>1:0.2</td></tr>
<tr><td>15~25</td><td>2.0</td><td>1~2</td><td>1:2.50(上)
1:2.75(下)</td><td>1:2.25(上)
1:2.50(下)</td><td>2.0</td><td>1:0.15~1:0.25</td></tr>
<tr><td>25~35</td><td>2.0</td><td>3</td><td>1:2.75(上)
1:3.00(中)
1:3.50(下)</td><td>1:2.50(上)
1:2.75(中)
1:3.00(下)</td><td>2.5</td><td>1:0.15~1:0.25</td></tr>
</table>

对于堆石坝,上游坝坡坡度一般采用1:1.4~1:1.7,下游坝坡为1:1.3~1:1.4。当坝高超过110 m时,宜适当放缓坝坡。

【单元探索】

利用互联网或智能手机,查一些土石坝工程的基本资料和数据,了解这些土石坝工程的基本尺寸,并与本单元所提供的经验数据对比,看看有什么差别?

【单元练习】

一、判断题

1. 竣工时的坝顶高程就是最终的坝顶高程。(　　)

2. 土石坝上游坝坡常比下游坝坡缓,但堆石坝上、下游坝坡坡率的差别要比砂土料大。(　　)

3. 斜墙的上游坝坡一般较心墙坝为陡,下游坝坡一般较心墙坝的缓。(　　)

二、单项选择题

1. 对施工质量良好的土石坝,坝顶沉降值约为坝高的(　　)。

A. 1%　　B. 2%　　C. 3%　　D. 4%

2. 中、低高度的均质坝,其平均坡度约为(　　)。

A. 1:1　　B. 1:2　　C. 1:3　　D. 1:4

三、填空题

1. 高坝的坝顶最小宽度可选用________m,中低坝可选用________m。

2. 碾压式土石坝上下游坝坡常沿高程每隔________m设置一条马道,其宽度不小于________m。

四、简答题

1. 土石坝的基本剖面为什么是梯形?

2. 确定土石坝坝顶高程和重力坝坝顶高程的不同点是什么?

3. 土石坝的上、下游坝坡通常采用值的范围如何?为什么上游坝坡比下游坝坡平缓?

单元三　土石坝的渗流分析

【单元导航】

问题1:为什么要进行土石坝的渗流分析?

问题2:土石坝渗流分析的水力学法基本公式是什么?

问题3:土石坝渗流分析的手绘流网法如何实施?

问题4:土石坝渗流变形都有哪些形式?如何有效地防止渗透变形?

微课4-8　渗流分析案例

【单元解析】

一、渗流分析的目的和方法

(一)渗流分析的目的

(1)确定坝体浸润线和下游渗流出逸点的位置,以便在不同部位正确采用土壤的容重、抗剪强度等物理、力学指标,为坝体稳定、应力与变形的计算和排水设备的选择提供依据,也为水上、水下分区设置土料提供依据。

(2)确定坝体与坝基的渗流量,以便估计水库渗漏损失和确定坝体排水设备的尺寸。

(3)确定坝坡出逸段和下游地基表面的出逸坡降,以及不同土层之间的渗透坡降,以判断该处的渗透稳定性。

(4)确定库水位降落时上游坝壳内自由水面的位置,估算由此产生的孔隙水压力,供上游坝坡稳定分析之用。

(二)渗流分析的方法

土石坝渗流是一个比较复杂的空间问题,理论计算非常复杂。土石坝渗流计算方法主要有解析法、手绘流网法和数值法三种。

解析法分为流体力学法和水力学法。前者理论严谨,但只能用于某些边界条件较为简单的情况;后者计算简易,精度可满足工程要求,得到了广泛的应用。本节主要介绍水力学法。

手绘流网法是一种简单易行的方法,能够求渗流场内任一点渗流要素,并具有一定的精度,但在渗流场内具有不同土质,且其渗透系数差别较大的情况下较难应用。

数值法可以计算不稳定渗流和较复杂的渗流问题,多用于复杂地基或多种土质坝。

(三)渗流计算工况

渗流计算工况应涵盖土石坝运行时各种不利的运行情况,《碾压式土石坝设计规范》(SL 274—2001)规定,一般需计算的工况有:①上游正常蓄水位与下游相应的最低水位;②上游设计洪水位与下游相应的最高水位;③上游校核洪水位与下游相应的最高水位;④库水位降落时上游坝坡稳定最不利的情况。

二、渗流分析的水力学法

用水力学法进行土石坝渗流计算时,可将渗流视为平面问题,把坝内渗流分为若干段，应用达西定律和杜平假设，建立各段的运动方程式，然后根据水流的连续性求解渗透流速、渗透流量和浸润线等。

（一）渗流基本公式

不透水地基上矩形土体内的渗流计算简图如图4-4所示。

应用达西定律，渗透流速 $V=KJ$，K 为渗透系数，J 为渗透坡降。假定任一铅直过水断面内各点渗流坡降均相等，则全断面的平均流速

$$V=-K\frac{dy}{dx} \tag{4-9}$$

设 q 为单宽流量，则

$$q=Vy=-Ky\frac{dy}{dx} \tag{4-10}$$

将式（4-10）两端积分的上、下限设为 x 由0至 x、y 由 H_1 至 y，解微分方程得

$$q=\frac{K(H_1^2-y^2)}{2x} \tag{4-11}$$

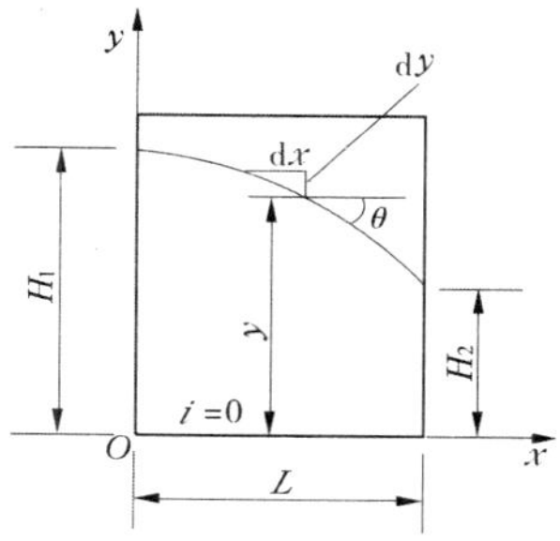

图4-4　不透水地基上矩形土体的渗流计算简图

即

$$y=\sqrt{H_1^2-\frac{2q}{K}x} \tag{4-12}$$

式（4-11）和式（4-12）为渗流基本公式，适合于任何平底渐变渗流的计算。

（二）不透水地基上均质土石坝的渗流计算

以下游有水而无排水设备的情况为例。

计算时将土坝剖面分为上游楔形体、中间段和下游楔形体三段，如图4-5所示。

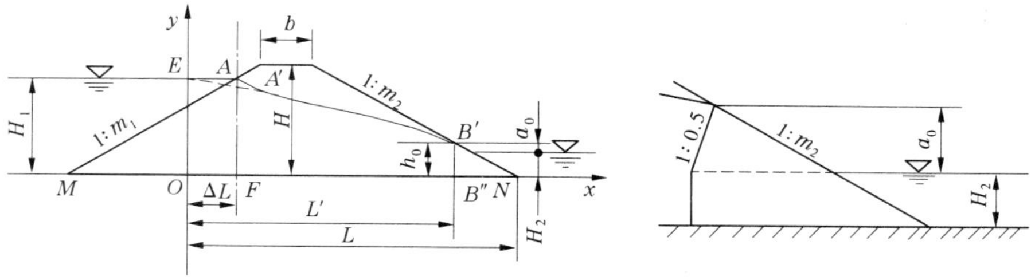

(a)上游坝身段计算图　(b)下游坝脚处渗流计算图

图4-5　不透水地基上均质坝的渗流计算图

为了简化计算，根据电拟试验的结果，上游楔形体 AMF 可用高度 H_1、宽度 $\Delta L=\lambda H_1$ 的等效矩形代替，λ 值由下式计算：

$$\lambda=\frac{m_1}{2m_1+1} \tag{4-13}$$

式中　m_1——上游坝面的边坡系数，如为变坡则取平均值。

这样就将上游面为坡面的渗流转换为上游面为铅直面的土石坝渗流问题。对所讨论情况的渗流计算可分两段进行，即坝身段（$AMB''B'$）及下游楔形体段（$B'B''N$），见图4-5。

由式（4-11）得通过坝身段的渗流量

$$q_1 = K\frac{H_1^2 - (H_2 + a_0)^2}{2L'} \tag{4-14}$$

式中　a_0 ——浸润线出逸点在下游水面以上高度；

K——坝身土壤渗透系数；

H_1——上游水深；

H_2——下游水深；

L' ——含义见图 4-5。

通过下游楔形体的渗流量，可分下游水位以上及以下两部分计算，见图 4-5(b)。

试验研究认为，下游水位以上的坝身段与楔形体段以 1∶0.5 的等势线为分界面，下游水位以下部分以铅直面作为分界面，则通过下游楔形体上部的渗流量 q'_2 为：

$$q_2 = q'_2 + q''_2 = K\frac{a_0}{m_2 + 0.5}\left(1 + \frac{H_2}{a_0 + a_m H_2}\right) \tag{4-15}$$

根据水流连续条件，$q_1 = q_2 = q$，联立式(4-14)、式(4-15)，即可求得渗流量 q 和逸出点高度 a_0。

浸润线由式(4-12)确定。上游坝面附近的浸润线需做适当修正：自 A 点做与坝坡 AM 正交的平滑曲线，曲线下端与计算求得的浸润线相切于 A' 点，见图 4-5。

当下游无水时，以上各式中的 $H_2 = 0$；当下游有贴坡排水时，因贴坡式排水基本上不影响坝体浸润线的位置，所以计算方法与下游不设排水时相同。

有褥垫排水的均质坝和有棱体排水的均质坝渗流计算公式见表 4-9。

【例 4-2】　某不透水地基上均质坝剖面图如图 4-6 所示，坝下游设有棱体排水，下游有水，均质坝的渗透系数 $K = 10^{-4}$ cm/s，试绘制均质坝的浸润线，并计算单宽渗流量。

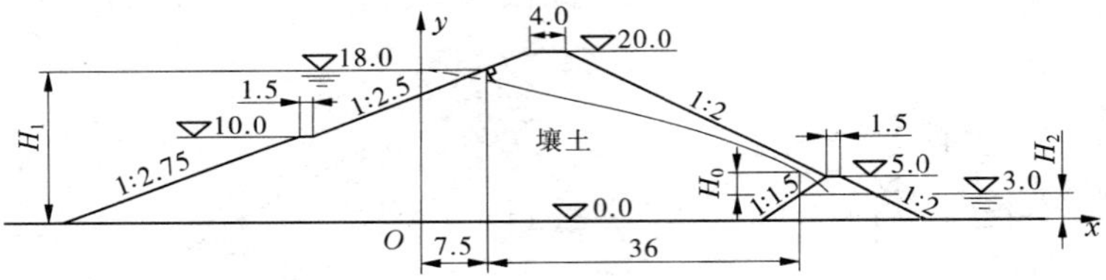

图 4-6　不透水地基上均质坝剖面图　(单位:m)

解：(1)求等效矩形宽度 ΔL。

$$\Delta L = \frac{m_1 H_1}{2m_1 + 1} = \frac{2.5 \times 18}{2 \times 2.5 + 1} = 7.5(\text{m})$$

(2)求 L。

$$L = (20 - 18) \times 2.5 + 4 + (20 - 5) \times 2 - (5 - 3) \times 1.5 = 5 + 4 + 30 - 3 = 36(\text{m})$$

(3)求 h_0。

$$h_0 = \sqrt{(\Delta L + L)^2 + (H_1 - H_2)^2} - (\Delta L + L)$$
$$= \sqrt{(7.5 + 36)^2 + (18 - 3)^2} - (7.5 + 36) = 2.51(\text{m})$$

(4)求 q。已知 $K = 10^{-4}$ cm/s $= 10^{-6}$ m/s，则

$$q=\frac{K[H_1^2-(H_2+h_0)^2]}{2L'}=10^{-6}\times\frac{18^2-(3+2.51)^2}{2\times(7.5+36)}=3.375\times10^{-6}[\mathrm{m^3/(s\cdot m)}]$$

(5)绘制浸润线，浸润线关系见表4-8。

$$y=\sqrt{H_1^2-\frac{2q}{K}x}=\sqrt{18^2-6.75x}$$

表4-8　浸润线关系表

x	0	10	20	30	40	43.5
y	18	16.02	13.75	11.02	7.35	5.51

(三)有限深透水地基上土石坝的渗流计算

1. 均质土坝

对坝体透水性和地基透水性相似的，可先假定地基不透水，按上述方法确定坝体的渗流量 q_1 和浸润线；然后再假定坝体不透水，计算坝基的渗流量 q_2；最后将 q_1 和 q_2 相加，即可近似地得到有限深透水地基上均质坝的渗流量。坝体浸润线可不考虑坝基渗透的影响，仍用地基不透水情况下算出的结果，如表4-9所示。

对于褥垫排水情况，因地基渗水而使浸润线稍有下降，可近似地假定浸润线与排水起点相交。由于渗流渗入地基时要转一个90°的弯，流线长度比坝底长度 L' 要增大些。根据试验和流体力学分析，增大的长度约为 $0.44T$，如图4-7所示。

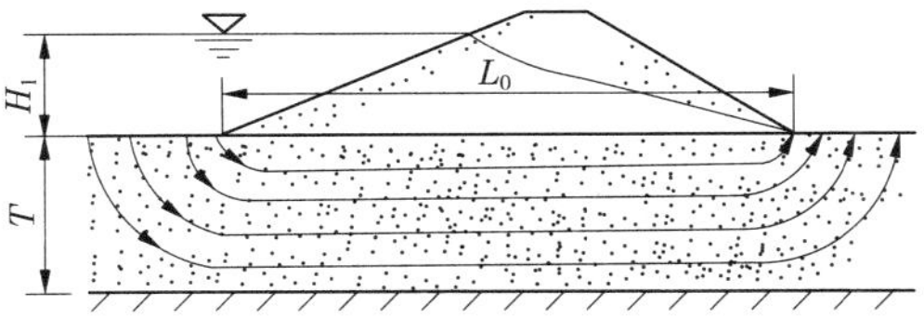

图4-7　透水地基上均质土坝渗流计算

2. 心墙土石坝

有限深透水地基上的心墙坝，一般都做有截水墙以拦截透水地基渗流。心墙土料的渗透系数 K_e 常比坝壳土料的小得多，故可近似地认为上游坝壳中无水头损失，心墙前的水位仍为水库的水位。计算时一般分为心墙与截水墙段、下游坝壳与坝基段分别计算渗流量。由于心墙后浸润线的位置较低，可近似地取浸润线末端与堆石棱体的上游端相交。利用渗流的连续性，联立方程求得 q 和 h。

当下游有水时，可近似地假定浸润线逸出点在下游水面与堆石棱体内坡的交点处，用上述同样的方法进行计算。表4-9给出几种不同类型地基土石坝渗流计算公式。

表 4-9　各种不同类型地基土石坝渗流计算公式

地基类型	坝型		计算简图	计算公式	
				浸润线方程	q
不透水地基	均质坝	带棱体排水	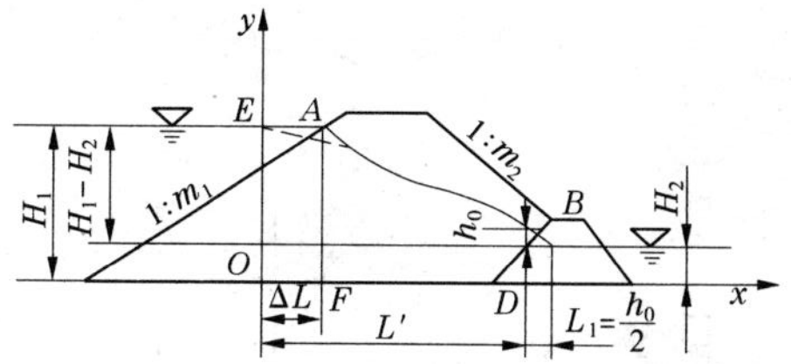	$y=\sqrt{H_1^2-\frac{2q}{K}x}$	$q=\frac{K[H_1^2-(H_2+h_0)^2]}{2L'}$ $h_0=\sqrt{L'^2+(H_1-H_2)^2}-L'$
		带褥垫排水	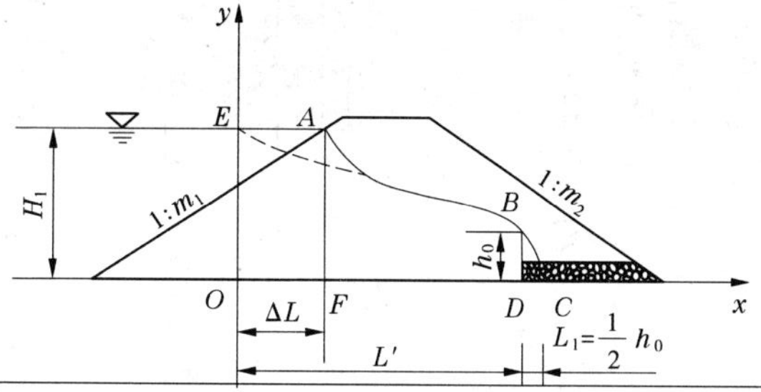	$y=\sqrt{H_1^2-\frac{2q}{K}x}$	$q=\frac{K}{2L'}(H_1^2-h_0^2)$ $h_0=\sqrt{L'^2+H_1^2}-L'$
	心墙坝		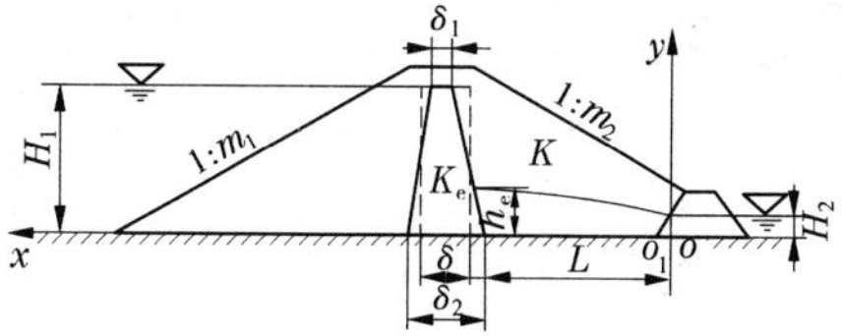	$y=\sqrt{\frac{2q}{K}x+H_2^2}$	联立下式求解 h_e、q $\begin{cases} q=K_e\frac{H_1^2-h_e^2}{2\delta} \\ q=K\frac{h_e^2-H_2^2}{2L} \end{cases}$

续表 4-9

地基类型	坝型	计算简图	计算公式：浸润线方程	计算公式：q
不透水地基	斜墙坝	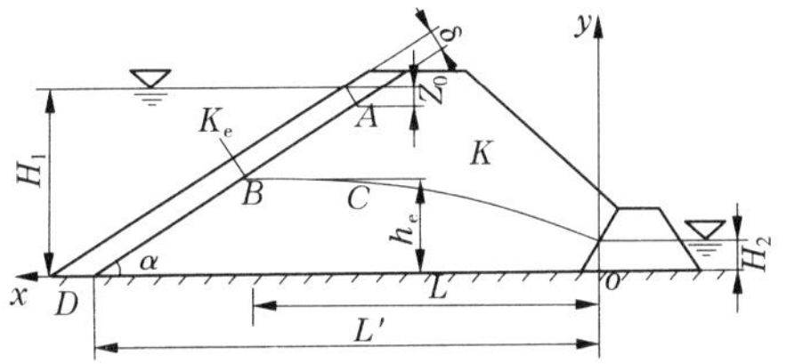	$y=\sqrt{\dfrac{2q}{K}x+H_2^2}$	联立下式求解 h_e、q $\begin{cases} q=K\dfrac{h_e^2-H_2^2}{2L} \\ q=K_e\dfrac{H_1^2-h_e^2-(\delta\cos\alpha)^2}{2\delta\sin\alpha} \end{cases}$
有限深透水地基	均质坝	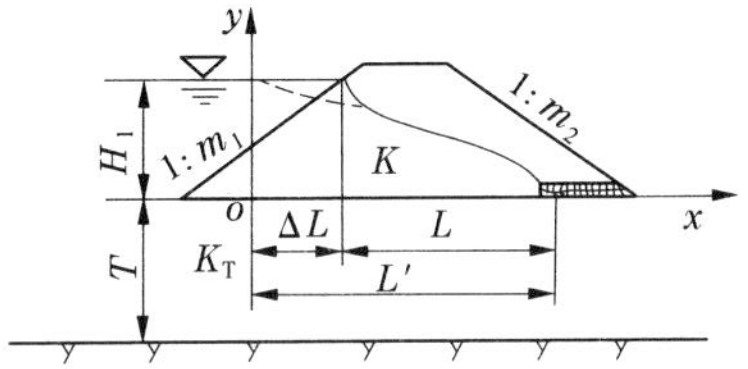	$y=\sqrt{H_1^2-\dfrac{2q}{K}x}$	$q=K\dfrac{H_1^2}{2L'}+K_T\dfrac{TH_1}{L'+0.44T}$
有限深透水地基	心墙坝	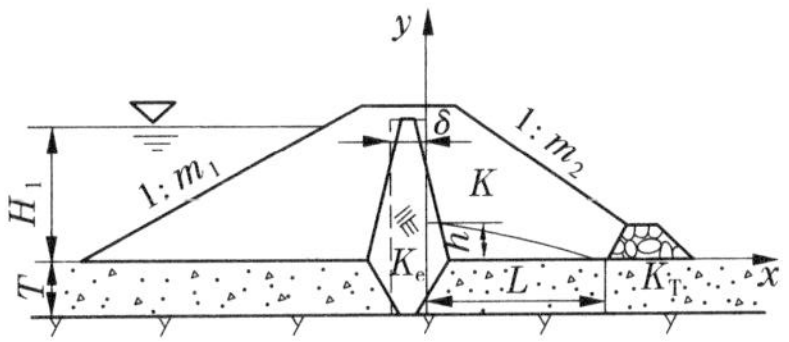	$y^2=h^2-\dfrac{h^2}{L}x$	联立下式求解 h、q $\begin{cases} q=K_e\dfrac{(H_1+T)^2-(h+T)^2}{2\delta} \\ q=K\dfrac{h^2}{2L}+K_T\dfrac{h}{L+0.44T}T \end{cases}$

(四)总渗流量计算

计算总渗流量时,应根据地形及透水层厚度的变化情况,将土石坝沿坝轴线分为若干段,如图 4-8 所示,然后分别计算各段的平均单宽流量,则全坝的总渗流量 Q 可按下式计算:

$$Q = \frac{1}{2}[q_1 l_1 + (q_1 + q_2) l_2 + \cdots + (q_{n-2} + q_{n-1}) l_{n-1} + q_{n-1} l_n] \tag{4-16}$$

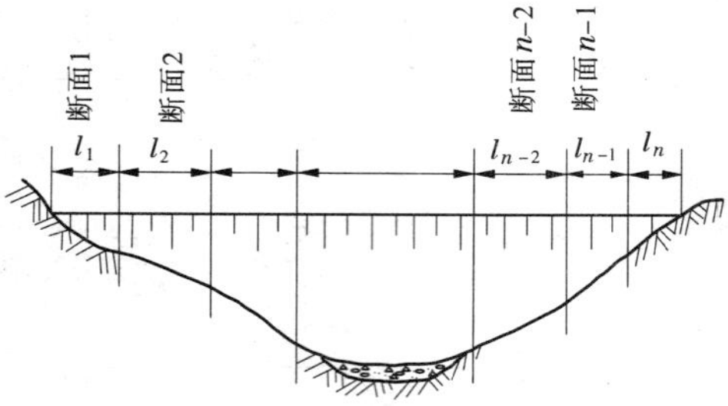

图 4-8 总渗流量计算示意

式中 $l_1, l_2, \cdots, l_n$ ——各段坝长;

$q_1, q_2, \cdots, q_n$ ——各断面处的单宽流量。

三、渗流分析的手绘流网法

手绘流网并辅以简单的计算,除可以得到土石坝在稳定渗流情况下的浸润线、渗透流量、渗流出逸坡降等数据,供渗流分析以外,还可以得到坝体内的孔隙水压力,供坝坡稳定分析用。

(一)流网的特性

在土石坝的渗流范围内充满了运动着的水质点。在稳定渗流的层流中,水质点的运动轨迹即为流线,各条流线上测压管水头相同点的连线称为等水位线或等势线。流线与等势线组成的网状图形叫作流网,如图 4-9 所示。

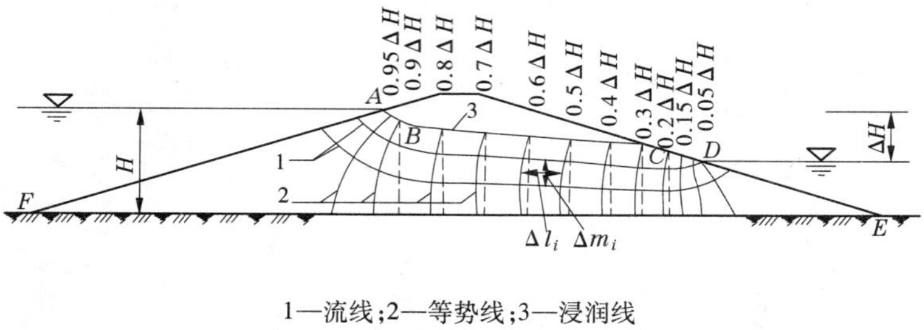

1—流线;2—等势线;3—浸润线

图 4-9 流网绘制

绘制的流网是否正确,要看它是否符合以下流网特性:

(1)流线和等势线都是圆滑的曲线。

(2)流线和等势线是互相正交的,即在相交点,二曲线的切线互相垂直。

为了应用方便和便于绘制、检查流网,一般把流网的网格画成曲线正方形,即其网格的中线互相正交且长度相等。这样可使流网中各流带的流量相等,各相邻等势线间的水头差相等。

(二)流网的绘制

【例 4-3】　试用手绘流网的方法,绘制不透水地基上均质坝流网图。

解:首先,确定渗流区的边界。如图 4-9 所示,上、下游水位以下的坝坡线 AF 和 DE 均为等势线,初拟的浸润线 AC 及坝体与不透水地基接触线 FE 均为流线。下游坝坡出逸段 CD 既不是等势线,也不是流线,所以流线与等势线均不与它垂直正交,但其上各点反映了该处逸出渗流的水面高度。

其次,将上、下游水头差 ΔH 分成 n 等份,每段为 $\frac{\Delta H}{n}$(如图 4-10 中分为 10 等份,每段为 $0.1\Delta H$),然后引水平线与浸润线相交(如图 4-10 所示),从交点处按照等势线与流线正交的原则绘制等势线,形成初步的流网。

最后,不断修改流线(包括初拟浸润线)与等势线,必要时可插补流线和等势线,直至使它们构成的网格符合要求,通常使之成为扭曲正方形。

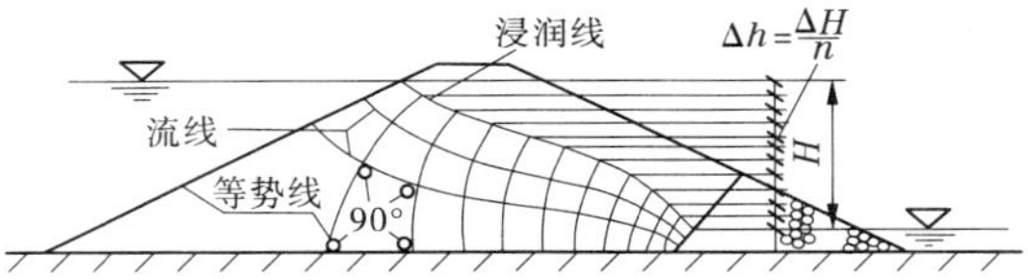

图 4-10　具有堆石排水时土石坝的流网

(三)流网的应用

流网绘制后,就可以根据流网求得渗透范围内各点的水力要素。

1. 渗透坡降与渗透流速

在图 4-9 中任取一网格 i,两等势线间的距离为 Δl_i,两流线间的距离为 Δm_i,水头差为 $\frac{\Delta H}{n}$,则该网格的平均渗透坡降为

$$J_i = \frac{\frac{\Delta H}{n}}{\Delta l_i} = \frac{\Delta H}{n\Delta l_i} \tag{4-17}$$

通过该网格两流线间(流带)的平均渗透流速为

$$V_i = KJ_i = \frac{K\Delta H}{n\Delta l_i} \tag{4-18}$$

由于 K、ΔH 在同一流网中为常数,J_i 及 V_i 大小与网格的中线长 Δl_i 成反比,即网格小的地方坡降和流速大,反之则小。因此,从流网中可以很清楚地看出流速的分布情况和水力坡降的变化。

2. 渗流量

单宽渗流量 q 为所有流带流量的总和。图 4-9 中网格 i 所在流带中的渗流量为

$$\Delta q_i = KJ\Delta m_i = \frac{K\Delta H\Delta m_i}{n\Delta l_i}$$

如果绘制的网格是扭曲正方形($\Delta m_i = \Delta l_i$),则

$$\Delta q = \frac{K\Delta H}{n}$$

如整个流网分成 m 个流带(图中分为 3 个),则单宽总渗透流量为

$$q = \sum_{i=1}^{m} \Delta q_i \tag{4-19}$$

3. 渗透动水压力 W_φ

因为任意两相邻等势线的水头差为 $\frac{\Delta H}{n}$,所以任一网格 i 范围内的土体所承受的渗透动水压力为

$$W_\varphi = \gamma \frac{\Delta H}{n}\Delta l_i \times 1 = \gamma \frac{\Delta H}{n\Delta l_i} \times \Delta l_i^2 \times 1 = \gamma J_i A_i \tag{4-20}$$

式中 A_i——网格 i 的面积;

γ——水的容重。

四、土石坝的渗透变形及其防止措施

土石坝及地基中的渗流,由于机械作用或化学作用,可能使土体产生局部破坏,称为渗透变形。严重时会导致工程失事,必须采取有效的控制措施。

(一)渗透变形的形式

渗透变形的形式及其发生发展过程,与土料性质、土粒级配、水流条件以及防渗排水措施等因素有关,通常可分为下列几种形式。

1. 管涌

在渗流作用下,坝体或坝基中的细小颗粒被渗流带走逐步形成渗流通道的现象称为管涌,常发生在坝的下游坡或闸坝下游地基面渗流逸出处。没有凝聚力的无黏性砂土、砾石砂土中容易出现管涌;黏性土的颗粒之间存在有凝聚力(或称黏结力),渗流难以把其中的颗粒带走,一般不易发生管涌。

管涌开始时只是细小颗粒从土壤中被带出,以后随着小颗粒土的流失,土壤的孔隙加大,较大颗粒也会被带走,逐渐向内部发展,形成集中的渗流通道。使个别小颗粒土在孔隙内开始移动的水力坡降,称为临界坡降;使更大的土粒开始移动,产生渗流通道和较大范围破坏的水力坡降,称为破坏坡降。

2. 流土

在渗流作用下,成块土体被掀起浮动的现象称为流土。它主要发生在黏性土及均匀非黏性土体的渗流出口处。发生流土时的水力坡降称为流土的破坏坡降。

3. 接触冲刷

当渗流沿两种不同土壤的接触面流动时,把其中细颗粒带走的现象,称为接触冲刷。接触冲刷可能使临近接触面的不同土层混合起来。

4. 接触流土和接触管涌

渗流方向垂直于两种不同土壤的接触面时,例如在黏土心墙(或斜墙)与坝壳砂砾料

之间，坝体或坝基与排水设施之间，以及坝基内不同土层之间的渗流，可能把其中一层的细颗粒带到另一层的粗颗粒中去，称为接触管涌。当其中一层为黏性土，由于含水量增大凝聚力降低而成块移动，甚至形成剥蚀时，称为接触流土，如图4-11所示。

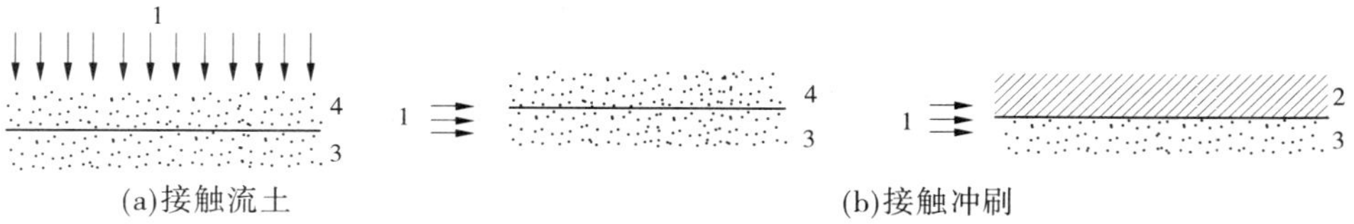

1—渗流；2—黏性土；3—砾石；4—砂土

图4-11　土层接触面处的渗透变形

渗透变形的形式，可能是单一型的，也可能是上述两种或多种形式同时出现于不同部位。设计时应进行分析判别，采取合适的防护措施。

(二)渗透变形形式的判别

试验研究表明，土壤中的细颗粒含量是影响土体渗透性能和渗透变形的主要因素。南京水利科学研究院进行过大量研究，结论是以粒径在2 mm以下者为细粒，其含量$P_z>35\%$时，孔隙填充饱满，易产生流土；$P_z<25\%$时，孔隙填充不足，易产生管涌；$25\%<P_z<35\%$时，可能产生管涌或流土，并提出产生管涌或流土的细粒临界含量与孔隙率的关系为

$$P_z = \alpha \frac{\sqrt{n}}{1+\sqrt{n}} \tag{4-21}$$

式中　P_z——粒径等于或小于2 mm的细粒临界含量(%)；

α——修正系数，取0.95～1.0；

n——土壤孔隙率。

当土体的细粒含量$>P_z$时，可能产生流土；当土体的细粒含量$\leqslant P_z$时，则可能产生管涌。

(三)渗透变形的临界坡降

1. 管涌的临界坡降

对于大中型工程，应进行管涌试验，以求出实际产生管涌的临界坡降。对中小型工程及初步设计时，当渗流方向为由下向上时，可用南京水利科学研究院的经验公式推算：

$$J_c = \frac{42d_3}{\sqrt{\dfrac{K}{n^3}}} \tag{4-22}$$

式中　d_3——相应于粒径曲线上含量为3%的粒径，cm；

K——渗透系数，cm/s；

n——土壤孔隙率。

容许渗透坡降$[J]$，可根据建筑物的级别和土壤的类型选用安全系数2～3。$[J]$值还可参照不均匀系数η值选用：$10<\eta<20$的非黏性土，$[J]=0.20$；$\eta>20$的非黏性土，$[J]=0.10$。

2. 流土的临界坡降

当渗流自下向上作用时，常采用根据极限平衡得到的太沙基公式计算，即

$$J_B = (G-1)(1-n) \tag{4-23}$$

式中　G——土粒比重；

n——土的孔隙率。

J_B一般在0.8～1.2变化。南京水利科学研究院建议式(4-23)乘以1.17。容许渗透坡降$[J_B]$也要有一定的安全系数，对于黏性土，可用1.5；对于非黏性土，可用2.0～2.5。

(四)防止渗透变形的工程措施

土体发生渗透变形主要取决于渗透坡降、土的颗粒组成和孔隙率等。因此，设计时应尽量降低渗透坡降和增加渗流出口处土体抵抗渗透变形的能力。为防止渗透变形，常采取的工程措施有全面截阻渗流、延长渗径、设置排水设施、反滤层或排渗减压井等。这里只介绍反滤层的有关问题。

设置反滤层是提高抗渗破坏能力、防止各类渗透变形特别是防止管涌的有效措施。在任何渗流流入排水设施处一般都要设置反滤层。

1. 反滤层的结构

反滤层一般是由2～3层不同粒径的非黏性土、砂和砂砾石组成的，见图4-12。层次排列应尽量与渗流的方向垂直，各层次的粒径则按渗流方向逐层增加。按照施工条件，水平反滤层的每层厚度最小为10～15 cm，一般为15～30 cm，垂直或倾斜反滤层的最小厚度应更大些。采用机械化施工时，每层厚度还要适当加大。

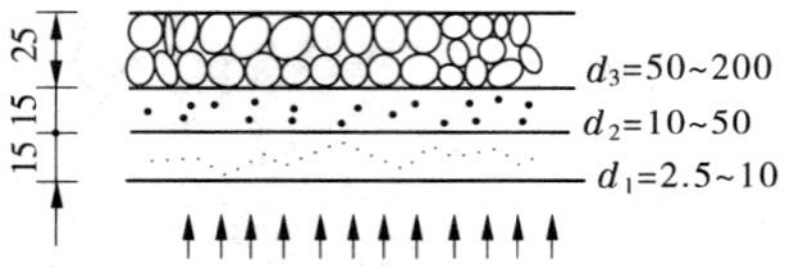

图4-12　反滤层的布置示意　(单位:cm)

2. 反滤层的材料

反滤层的材料首先应该是耐久的、能抗风化的砂石料。为保证滤土排水的正常工作，材料的布置和要求应满足如下原则：

(1)被保护土壤的颗粒不得穿过反滤层。但对细小的颗粒(如粒径小于0.1 mm的砂土)，则可允许被带走。因为它的被带走不会使土的骨架破坏，不至于产生渗透变形。

(2)各层的颗粒不得发生移动。

(3)相临两层间，较小的一层颗粒不得穿过较粗一层的孔隙。

(4)反滤层不能被堵塞，而且应具有足够的透水性，以保证排水畅通。

3. 反滤层级配的设计

根据《碾压式土石坝设计规范》(SL 274—2001)中提出的设计方法进行。

【单元探索】

现在有许多新的材料和技术，可以有效地防止渗透变形，借助互联网和智能手机，查查看。

【单元练习】

一、判断题

1. 当渗流沿两种不同土壤的接触面流动时，把其中细颗粒带走的现象，称为接触冲刷。（　　）

2. 黏性土的颗粒之间存在有凝聚力（或称黏结力），渗流难以把其中的颗粒带走，一般不易发生流土。（　　）

二、单项选择题

1. 粒径在 2 mm 以下者为细粒，其含量 P_z >（　　）时，孔隙填充饱满，易产生流土。

A. 33%　　B. 34%　　C. 35%　　D. 36%

2. P_z <（　　）时，孔隙填充不足，易产生管涌。

A. 22%　　B. 23%　　C. 24%　　D. 25%

三、填空题

1. 在渗流作用下，成块土体被掀起浮动的现象称为________。它主要发生在________及均匀非黏性土体的渗流出口处。

2. 反滤层一般是由 2 ~3 层不同粒径的________、________和________组成的。

四、简答题

1. 渗流分析的任务是什么？有哪些方法？常用的理论方法是什么？它的基本假定是什么？

2. 什么叫流网？它由哪些线构成？绘制流网的基本原则是什么？土石坝渗流域的边界各是什么线？

3. 确定土石坝坝顶高程和重力坝坝顶高程的不同点是什么？

4. 试叙述手绘流网的方法步骤。

5. 如何根据已知流网求渗流要素？

6. 土石坝渗流变形有哪几类？什么叫流土？什么叫管涌？什么叫接触冲刷？什么叫接触流土？

7. 防止渗流变形的措施有哪些？

单元四　土石坝的稳定分析

微课 4-9　稳定分析案例

【单元导航】

问题 1：为什么要进行土石坝的稳定分析？

问题 2：土石坝稳定分析的荷载是如何组成的？

问题 3：土石坝稳定分析的瑞典圆弧法的计算过程是什么？

问题 4：土石坝稳定分析的瑞典圆弧法最危险圆弧圆心位置的确定方法是什么？

【单元解析】

一、概述

土石坝作为一个整体,也是依靠重力维持稳定的。但土石坝由于是由散粒体堆筑而成的,坝坡稳定要求必须采用较缓的坡度,因此其剖面肥大,不可能产生整体水平滑动,其失稳形式主要是坝坡滑动或坝坡与坝基一起滑动。土石坝稳定分析的目的就是核算土石坝在自重、各种情况的孔隙压力和外荷载作用下,坝坡是否具有足够的稳定性。

坝坡稳定计算时,应先确定滑裂面的形状、土石坝滑坡的形式,与坝体结构、土料和地基的性质以及坝的工作条件等密切相关。图 4-13 所示为可能滑动的各种形式,大体可归纳为如下几种:

(1)曲线滑裂面。当滑裂面通过黏性土的部位时,其形状常是上陡下缓的曲面,由于曲线近似圆弧,因而在实际计算中常用圆弧代替,见图 4-13(a)、(b)。

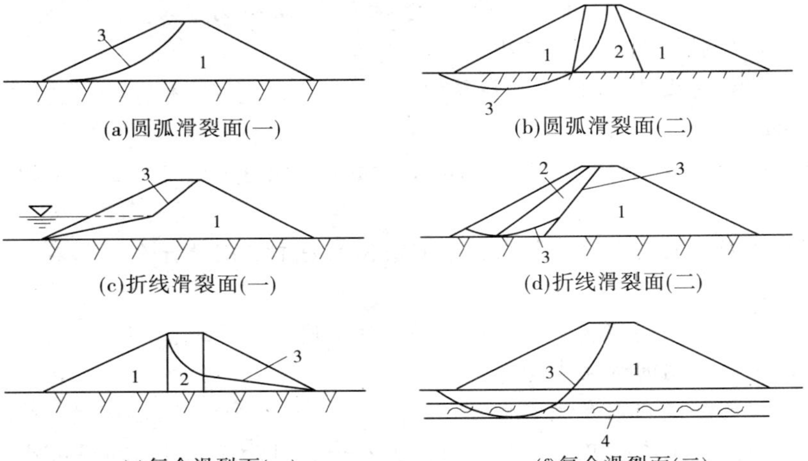

(a)圆弧滑裂面(一)　(b)圆弧滑裂面(二)

(c)折线滑裂面(一)　(d)折线滑裂面(二)

(e)复合滑裂面(一)　(f)复合滑裂面(二)

1—坝壳;2—防渗体;3—滑裂面;4—软弱层

图 4-13　坝坡滑裂面形状

(2)直线或折线滑裂面。滑裂面通过无黏性土时,滑裂面的形状可能是直线或折线形。当坝坡干燥或全部浸入水中时呈直线形;当坝坡部分浸入水中时呈折线形,见图 4-13(c)。斜墙坝的上游坡失稳时,通常是沿着斜墙与坝体交界面滑动,如图 4-13(d)所示。

微课 4-10　滑裂面形式

(3)复合滑裂面。当滑裂面通过性质不同的几种土料时,可能是由直线和曲线组成的复合形状滑裂面。图 4-13(e)为通过黏土心墙的圆弧和通过砂砾坝壳直线组成的复合滑裂面;图 4-13(f)为坝基存在软弱夹层的情况,由两段圆弧和一段直线组合成的复合滑裂面。

二、荷载组合及稳定安全系数的标准

微课 4-11　荷载组合和稳定安全系数的标准

(一)荷载

土石坝稳定计算必须考虑的荷载有自重、渗透动水压力、孔隙压力和地震惯性力等。

1. 自重

坝体自重一般在浸润线以上的土体按湿容重计算,浸润线以下、下游水位以上的按饱和容重计算,下游水位以下的按浮容重计算。

2. 渗透动水压力

渗透动水压力的方向与渗透方向相同,作用在单位土体上的渗透动水压力为γJ,γ为水的容重,J为该处的渗透坡降。

3. 孔隙压力

孔隙压力是黏性土体中常存在的一种力。黏性土在外荷载作用下产生压缩时,由于土内空气和水一时来不及排除,外荷载便由土粒及空隙中水和空气共同承担。土粒骨架承担的应力称为有效应力,它在土体滑动时能产生摩擦力,而水和空气承担的应力称为孔隙压力,它是不能产生摩擦力的。土壤中的有效应力σ'为总应力σ与孔隙压力u之差,所以土壤的有效抗剪强度为

$$\tau = c + (\sigma - u)\tan\varphi' = c' + \sigma'\tan\varphi' \tag{4-24}$$

式中　φ'、c'——内摩擦角和凝聚力。

孔隙压力的存在使土的抗剪强度降低,对于黏性填土或坝基,在施工期和水库水位降落期必须计算相应的孔隙压力,必要时,还要考虑施工末期孔隙压力消散的情况。

孔隙压力的大小及消散速度,主要随土料性质、填土含水量、填筑速度、坝内各点荷载和排水条件不同而异,并随时间变化,因而孔隙压力的计算一般都较复杂。

目前,考虑孔隙压力的方法有两种,一种是总应力法,即采用不排水剪的总强度指标φ_u、c_u来确定土的抗剪强度τ_u,即$\tau_u = c_u + \sigma\tan\varphi_u$。显然,欲使试验的总应力与土壤实际总应力状态相符,一般是难以做到的。另一种是有效应力法,即先计算孔隙压力,再把它当作一组作用在滑弧上的外力来考虑,采用与有效应力相应的由排水剪或固结快剪试验求得的有效强度指标φ'、c'。

4. 地震惯性力

沿土石坝高度作用于质点i处的水平向地震惯性力Q按下式计算:

$$Q = K_H C_z W_i \alpha_i \tag{4-25}$$

竖向地震惯性力V按下式计算:

$$V = \frac{2}{3} K_H C_z W_i \alpha_i \tag{4-26}$$

式中　K_H——水平向地震系数,当设计烈度为 7 度时$K_H = 0.1$,当设计烈度为 8 度时$K_H = 0.2$,当设计烈度为 9 度时$K_H = 0.4$;

C_z——地震效应折减系数,$C_z = 1/4$;

W_i——集中在质点i的重量,kN;

α_i ——质点 i 的动态分布系数，按图 4-14 选用，图中 α_m 为坝顶的动态分布系数，对于设计烈度为 7、8、9 度区的土石坝，α_m 分别取为 3.0、2.5 和 2.0。

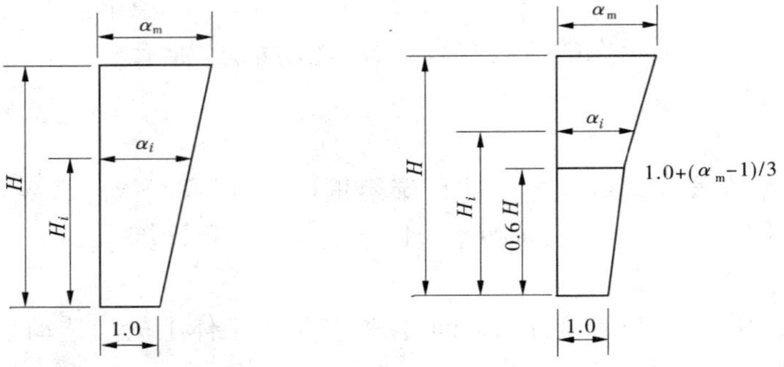

图 4-14　土石坝坝体动态分布系数

(二)稳定计算情况

根据经验，应对以下几种荷载组合情况进行稳定计算：

(1)正常运用情况(设计情况)。①上游为正常蓄水位，下游为相应的最低水位或上游为设计洪水位，下游为相应的最高水位时，在稳定渗流情况下的上、下游坝坡的稳定计算；②水库水位正常降落时，上游坝坡的稳定计算。

(2)非常运用情况(校核情况)。①施工期，凡黏性填土均应考虑孔隙压力的影响，考虑孔隙压力消散的条件为填筑密度低、饱和度 >80%、K 在 $10^{-7} \sim 10^{-3}$ cm/s 的大体积填土；②水库水位非常降落，如自校核洪水位降落、降落至死水位以下，大流量泄空等情况下的上游坝坡稳定计算；③校核洪水位下有可能形成稳定渗流时的下游坝坡稳定计算。

(三)稳定安全系数标准

当采用简化毕肖普法(或滑楔法，假设滑楔之间作用力平行于坡面与滑底斜面的平均坡度)时，抗滑稳定安全系数应不小于表 4-10 所规定的数值；当采用瑞典圆弧法(或滑楔法，假设滑楔之间作用力为水平方向)时，对 1 级坝正常运用情况，最小抗滑稳定安全系数应不小于 1.30，其他情况最小抗滑稳定安全系数值应比表 4-10 中的规定降低8.0%。

表 4-10　容许最小抗滑稳定安全系数

运用条件	工程等级			
	1	2	3	4、5
正常运用	1.50	1.35	1.30	1.25
非常运用	1.30	1.25	1.20	1.15
正常运用 + 地震	1.20	1.15	1.15	1.10

三、土料抗剪强度指标的选取

土石坝从施工期到运用期，坝体填土及地基土的抗剪强度都在不断变化。所以，土料的抗剪强度指标（内摩擦角 φ、凝聚力 c）的选用，关系到坝体的工程量和安全程度，至为重要。

微课 4-12　土料抗剪强度指标的选取

一般情况下，黏性土的抗剪强度随固结度的增加而增加，稳定计算时应该采用黏性土固结后的强度指标。确定抗剪强度指标的方法有前述的有效应力法和总应力法两种。《碾压式土石坝设计规范》（SL 274—2001）规定，1 级坝和 2 级以下高坝在稳定渗流期必须采用有效应力法作为依据，3 级以下中低坝可采用两种方法的任一种；还提出了不同情况下确定抗剪强度指标的方法，见表 4-11。

表 4-11　抗剪强度指标的测定和应用

<table>
<tr><th>控制稳定的时期</th><th>强度计算方法</th><th colspan="2">土类</th><th>使用仪器</th><th>试验方法与代号</th><th>强度指标</th><th>试样起始状态</th></tr>
<tr><td rowspan="8">施工期</td><td rowspan="6">有效应力法</td><td colspan="2" rowspan="2">无黏性土</td><td>直剪仪</td><td>慢剪（S）</td><td rowspan="6">c'、φ'</td><td rowspan="8">填土用填筑含水量和填筑密度的土，坝基用原状土</td></tr>
<tr><td>三轴仪</td><td>固结排水剪（CD）</td></tr>
<tr><td rowspan="4">黏性土</td><td rowspan="2">饱和度 < 80%</td><td>直剪仪</td><td>慢剪（S）</td></tr>
<tr><td>三轴仪</td><td>不排水剪测孔隙压力（UU）</td></tr>
<tr><td rowspan="2">饱和度 > 80%</td><td>直剪仪</td><td>慢剪（S）</td></tr>
<tr><td>三轴仪</td><td>固结不排水剪测孔隙压力（CU）</td></tr>
<tr><td rowspan="2">总应力法</td><td rowspan="2">黏性土</td><td>渗透系数 $<10^{-7}$ cm/s</td><td>直剪仪</td><td>快剪（Q）</td><td rowspan="2">c_u、φ_u</td></tr>
<tr><td>任何渗透系数</td><td>三轴仪</td><td>不排水剪（UU）</td></tr>
<tr><td rowspan="3">稳定渗流期和水库水位降落期</td><td rowspan="3">有效应力法</td><td colspan="2" rowspan="2">无黏性土</td><td>直剪仪</td><td>慢剪（S）</td><td rowspan="3">c'、φ'</td><td rowspan="4">填土用填筑含水量和填筑密度的土，坝基用原状土，但要预先饱和，而浸润线以上的土不需饱和</td></tr>
<tr><td>三轴仪</td><td>固结排水剪（CD）</td></tr>
<tr><td colspan="2">黏性土</td><td>直剪仪</td><td>慢剪（S）</td></tr>
<tr><td>水库水位降落期</td><td>总应力法</td><td colspan="2">黏性土</td><td>三轴仪</td><td>固结不排水剪（CU）</td><td>c_{cu}、φ_{cu}</td></tr>
</table>

四、稳定分析方法

微课 4-13　稳定分析方法

现行的边坡稳定分析方法很多，基本上都属于刚体极限平衡法。首先选定一种（或几种）破坏面的形式（如圆弧、直线、折线或复合滑动面），再在其中选取若干个可能的破坏面，分别计算出它们的安全系数，其中安全系数最小的滑动面即为最危险滑动面，相应的安全系数即为所求的安全系数。

(一)圆弧滑动面稳定计算

基本原理:假定滑动面为圆柱面,将滑动面内土体看作刚体脱离体,土体绕滑动面的圆心转动即为边坡失稳。分析时在坝轴线方向取单位坝长 1 m 按平面问题研究。工程实践中常采用条分法:将脱离体按一定的宽度分成若干铅直土条,分别计算各土条对圆心的抗滑力矩 M_r和滑动力矩 M_s,再求和,最后即得该滑动面的安全系数 $K = \sum M_r / \sum M_s$。

目前,最常见的有瑞典圆弧法和简化的毕肖普法。瑞典圆弧法计算简单,但理论上有缺陷,且当孔隙压力较大和地基软弱时误差较大。简化的毕肖普法计算比瑞典圆弧法复杂,但由于计算机的广泛应用,目前应用较多。

1. 不计条块间作用力的瑞典圆弧法

以渗流稳定期下游坝坡有效应力法为例说明如下:

(1)将土条编号。土条宽度常取半径 R 的 1/10,即 $b = 0.1R$。各块土条编号的顺序为:首先以过圆心垂线为零号土条的中心线,向上游(对下游坝坡)各土条的顺序为 1、2、3、…,往下游的顺序为 −1、−2、−3、…,如图 4-15 所示。

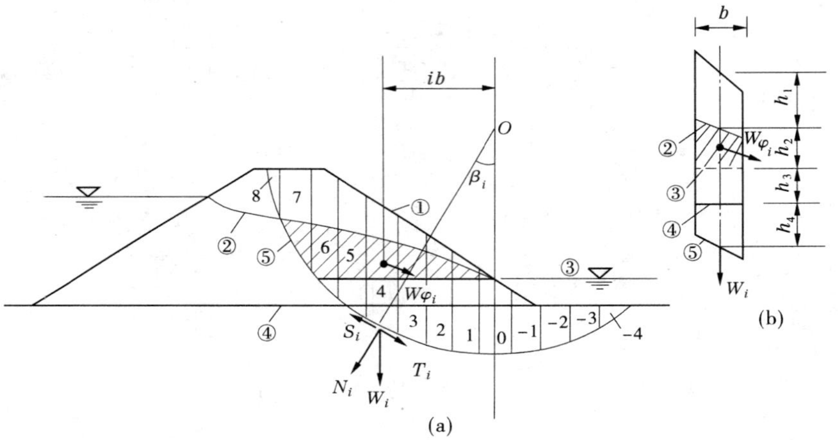

①—坝坡线;②—浸润线;③—下游水面;④—地基面;⑤—滑裂面

图 4-15 圆弧滑动计算简图

(2)土条的重量 W_i。浸润线以上部分用湿容重,下游水位与浸润线之间的土体用饱和容重,下游水位以下土体用浮容重。土条的重量按下式计算:

$$W_i = [\gamma_1 h_1 + \gamma_2 h_2 + \gamma_3 h_3 + \gamma_4 h_4] b \tag{4-27}$$

式中 h_1、h_2、h_3、h_4——土条各分段的中线高度;

γ_1、γ_2、γ_3、γ_4——坝体土的湿容重、饱和容重、浮容重,坝基土的浮容重。

(3)安全系数。计算公式为

$$K = \frac{\sum \{ [(W_i \pm V)\cos\beta_i - ub\sec\beta_i - Q\sin\beta_i]\tan\varphi_i' + c_i' b\sec\beta_i \}}{\sum [(W_i \pm V)\sin\beta_i + M_C / R]} \tag{4-28}$$

式中 W_i——土条重量;

Q、V——水平和垂直地震惯性力（向上为负，向下为正）；

u——作用于土条底面的孔隙压力；

β_i——条块重力线与通过此条块底面中点的半径之间的夹角；

b——土条宽度；

c'_i、φ'_i——土条底面的有效应力抗剪强度指标；

M_C——水平地震惯性力对圆心的力矩；

R——圆弧半径。

用总应力法分析坝体稳定时，略去公式中孔隙压力 u 的项，并将 c'_i、φ'_i换成总应力强度指标。

2. 简化的毕肖普（Bishop）法

瑞典圆弧法不满足每一土条力的平衡条件，一般计算出的安全系数偏低。毕肖普法在这方面做了改进，近似考虑了土条间相互作用力的影响，其计算简图如图 4-16 所示。图中 E_i和 X_i分别表示土条间的法向力和切向力；W_i为土条自重，在浸润线上、下分别按湿容重和饱和容重计算；Q_i为水平力，如地震力等；N_i和 T_i分别为土条底部的总法向力和总切向力；其余符号意义如图 4-16 所示。

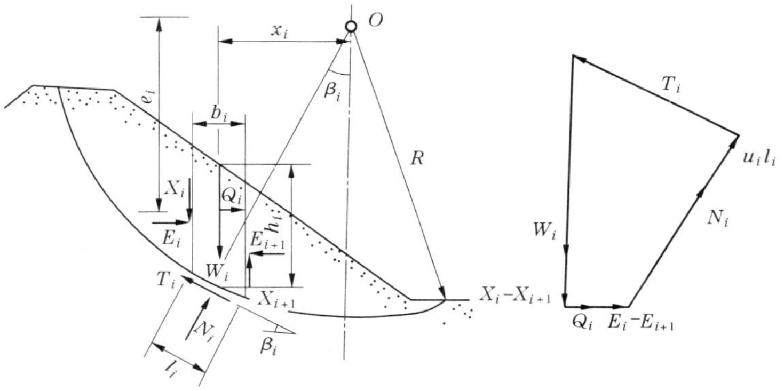

图 4-16　简化的毕肖普法的计算简图

为使问题可解，毕肖普假设 $X_i = X_{i+1}$，即略去土条间的切向力，使计算工作量大为减少，而成果与精确法计算的仍很接近，故称为简化的毕肖普法。安全系数计算公式为

$$K = \frac{\sum \{[(W_i \pm V)\sec\beta_i - ub\sec\beta_i]\tan\varphi'_i + c'_i b\sec\beta_i\}[1/(1 + \tan\beta_i\tan\varphi'_i/K)]}{\sum[(W_i \pm V)\sin\beta_i + M_O/R]} \tag{4-29}$$

3. 最危险圆弧位置的确定

上述滑动圆弧的圆心和半径都是任意选定的，求得的安全系数一般不是最小的，需经多次试算才能找到最小安全系数，如何能用最少的试算次数，寻到最小的安全系数，过去不少学者进行过研究，下面介绍适合均质坝的两种常用方法。

1) B. B. 方捷耶夫法

他认为最小安全系数的滑弧圆心在扇形 $bcdf$ 范围内,见图 4-17。

此扇形面积的两个边界为由坝坡中点 a 引出的两条线,一条为铅直线,另一条与坝坡线成 85°角。另外两个边界是以 a 为圆心所做的两个圆弧,内、外圆弧的 R 如表 4-12 所示。

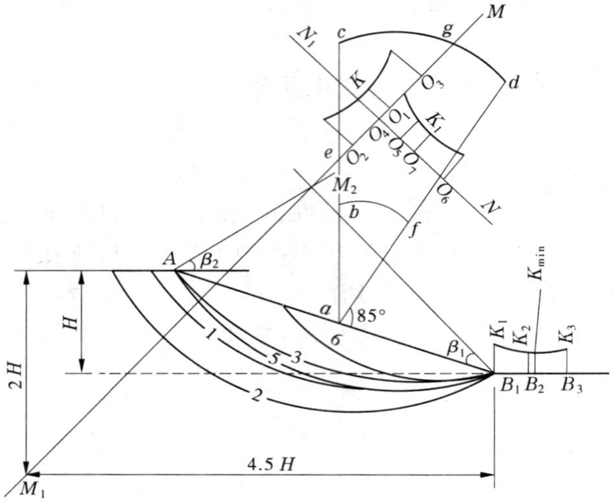

图 4-17 寻求最危险滑弧位置示意

表 4-12 $R_{内}$、$R_{外}$值

坝坡		1:1	1:2	1:3	1:4	1:5	1:6
$\frac{R}{H}$	$R_{内}$	0.75	0.75	1.0	1.5	2.2	3.0
	$R_{外}$	1.50	1.75	2.30	3.75	4.80	5.50

2) 费兰纽斯法

如图 4-17 所示,H 为坝高,定出距坝顶为 $2H$,距坝趾为 $4.5H$ 的 M_1 点;再从坝趾 B_1 和坝顶 A 引出 B_1M_2 和 AM_2,它们分别与下游坡及坝顶成 β_1、β_2(见表 4-13)角并相交于 M_2 点,连接 M_1M_2 线,费兰纽斯认为最危险滑弧的圆心位于 M_1M_2 的延长线附近。

表 4-13 β_1、β_2值

坝坡	1:1.5	1:2.0	1:3.0	1:4.0
β_1(°)	26	25	25	25
β_2(°)	35	35	35	36

以上两种方法,适用于均质坝,其他坝型也可参考。实际运用时,常将两者结合应用,即认为最危险的滑弧圆心在扇形面积中 eg 线附近,并按以下步骤计算最小的安全系数:

(1) 首先在 eg 线上选取 O_1、O_2、O_3…为圆心,分别做通过 B_1 点的滑弧并计算各自的安全系数 K,按比例将 K 值标在相应的圆心上,连成曲线找出相应最小 K 的圆心,如 O_4

点。

（2）再通过 eg 线上 K 最小的点 O_4，做 eg 的垂线 $N_1—N$，在 $N_1—N$ 线上选 O_5、O_6…等为圆心，同样分别过 B_1 点做滑弧，找出最小的安全系数，例如 B_1 点对应 K_1 即是。一般认为 K_1 值即为通过 B_1 点的最小安全系数，按比例将 K_1 标在 B_1 点的上方。

（3）然后根据坝基土质情况，在坝坡或坝趾外再选 B_2、B_3…，同上述方法求出最小安全系数 K_2、K_3…等，分别按比例标在 B_2、B_3 点的上方，连接标注 K_1、K_2、K_3 诸短线的端点，即可找出相应于计算情况的坝坡稳定安全系数 K_{min}。一般至少要计算 15 个滑弧才能求得 K_{min}，现在常用计算机解决。

【例 4-4】 某均质坝如图 4-18 所示，3 级建筑物，坝高 31.85 m，坝顶宽 7 m，上、下游坝坡分别为 1∶3、1∶3.25、1∶3.5 及 1∶2.75、1∶3、1∶3.25，筑坝土料为中粉质壤土，土料设计指标为：$\varphi' = 20.1°$、$c' = 15$ kPa、湿容重 $\gamma_m = 19.5$ kN/m^3、浮容重 $\gamma' = 10.5$ kN/m^3、饱和容重 $\gamma_{sat} = 20.5$ kN/m^3，水的容重 $\gamma_w = 10.0$ kN/m^3。试求上游为正常高水位（水深 $H_1 = 27.52$ m），下游无水（假设下游水位与地基平）且不考虑地震荷载时，下游坝坡的稳定安全系数。

解： 按瑞典圆弧法，取 1 m 坝长，采用列表的方法进行计算。

（1）按一定比例绘出坝体横剖面图，将计算的浸润线绘于图上。

（2）确定危险滑弧圆心的范围，见图 4-18。

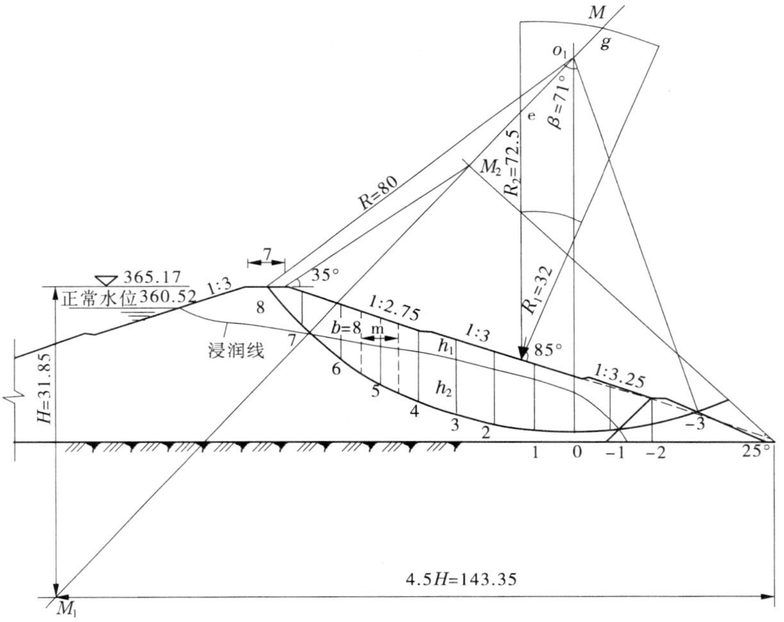

图 4-18　某均质坝稳定计算图　（单位：m）

（3）在 eg 线上任选一点 O_1 为圆心，以半径 $R = 80$ m 作圆弧。取土条宽度 $b = 8$ m，以通过圆心 O_1 的铅垂线作为 0 号土条的中线，向左右两侧量取土条，以左的编号为 1，2，…，8；以右的编号为 −1，−2，−3，各土条的 $\sin\beta_i$ 和 $\cos\beta_i$ 值填入计算表 4-14 中第②、③栏内。

(4)量出各土条中心线的各种土体高度 h_{1i}、h_{2i}，并填入计算表 4-14 中的第④、⑤栏内。第 8 号土条量出宽度 $b'=3$ m，高度 $h'=2.5$ m，不足一条土条 $b=8$ m 的宽度，要将其换算成宽度 $b=8$ m、高度 $h=b'h'/b=3\times2.5/8=0.94$(m)的土条；−3 号土条量出的宽度 $b'=5$ m，高为 $h'=2.5$ m，同理换算成宽度 $b=8$ m，高度 $h=b'h'/b=5\times2.5=1.6$(m)。

下游排水设备对于低坝可近似地采用与坝体相同的容重(偏安全)。

(5)计算表 4-14 中各土条的重量和孔隙水压力(稳定渗流期各土条的孔隙水压力等于土条底部的水头压力)。

(6)假设各土条的内摩擦角相同，计算 $\tan\varphi'=\tan20.1°=0.381\ 9$。

(7)将有关数值代入式(4-28)中，求坝坡稳定安全系数为

$$K=\frac{\sum[(W_i\cos\beta_i-ub_i\sec\beta_i)\tan\varphi'_i+c'_ib_i\sec\beta_i]}{\sum W_i\sin\beta_i}$$

$$=\frac{\sum\{(\gamma_m h_{1i}+\gamma_{sat}h_{2i})\cos\beta_i-u\sec\beta_i]b_i\tan\varphi'_i+c'_ib_i\sec\beta_i\}}{\sum b_i(\gamma_m h_{1i}+\gamma_{sat}h_{2i})\sin\beta_i}$$

$$=\frac{880.97-263.55+205.91}{647.40}=1.27 \tag{4-30}$$

(8)再取其他的圆心 O_1、O_2、O_3、…重复上述的计算，即可求得最小稳定安全系数。其坝坡最小的稳定安全系数不得小于表 4-10 中规定的数值。

表 4-14

土条编号	$\sin\beta_i$	$\cos\beta_i$	h_{1i}	h_{2i}	$\gamma_m h_{1i}$	$\gamma_{sat}h_{2i}$	(⑥+⑦) $\cos\beta_i\tan\varphi'$	$\gamma_w h_{2i}$ $\sec\beta_i\tan\varphi'$	$c'\sec\beta_i$	(⑥+⑦) $\sin\beta_i$
①	②	③	④	⑤	⑥	⑦	⑧	⑨	⑩	⑪
0	0	1	4.05	8.75	78.98	179.38	98.67	33.42	15.00	0
1	0.1	0.99	4	10.5	78.00	215.25	110.87	40.50	15.15	29.33
2	0.2	0.98	4.5	11.5	87.75	235.75	121.07	44.81	15.31	64.70
3	0.3	0.95	4.5	11.5	87.75	235.75	117.37	46.23	15.79	97.05
4	0.4	0.92	5.5	10.0	107.25	205.00	109.71	41.51	16.30	124.90
5	0.5	0.87	7.0	7.0	136.50	143.50	93.03	30.73	17.24	140.00
6	0.6	0.80	7.5	3.5	146.25	71.75	66.60	16.71	18.75	130.80
7	0.7	0.71	7.0		136.50		37.01		21.12	95.55
8	0.8	0.6	0.94		18.33		4.20		25.00	14.66
−1	−0.1	0.99	7.0	2.5	136.50	51.25	70.98	9.64	15.15	−18.78
−2	−0.2	0.98	5.5		107.25		40.14		15.31	−21.45
−3	−0.3	0.95	1.6		31.20		11.32		15.79	−9.36
合计							880.97	263.55	205.91	647.40

(二)折线滑动面法

非黏性土的坝坡，例如心墙坝的上、下游坝坡和斜墙坝的下游坝坡，以及斜墙坝的上游保护层和保护层连同斜墙一起滑动时，常形成折线滑动面。

折线滑动面的稳定计算一般采用滑楔法，如图 4-19 所示，图中 ADC 为任一滑裂面，折点 D 在上游水位处，以铅直线 DE 将滑动土体分为两块，其重量分别为 W_1、W_2，假定条块间作用力为 P_1，其方向平行 DC 面，两块土体底面的抗剪强度分别为 φ_1、φ_2，则土块 $BCDE$ 的平衡式为

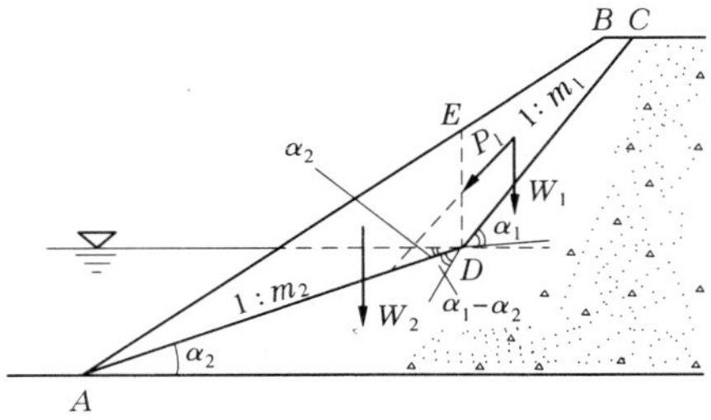

图 4-19　非黏性土坝坡稳定计算图

$$P_1 = W_1\sin\alpha_1 + \frac{1}{K}W_1\cos\alpha_1\tan\varphi_1 = 0 \qquad (4\text{-}31)$$

土体 ADE 的平衡式为

$$\frac{1}{K}W_2\cos\alpha_2\tan\varphi_2 + \frac{1}{K}P_1\sin(\alpha_1 - \alpha_2)\tan\varphi_2 - W_2\sin\alpha_2 - P_1\cos(\alpha_1 - \alpha_2) = 0 \qquad (4\text{-}32)$$

由以上两式联立，可以求得安全系数 K。

若 $\varphi_1 = \varphi_2 = \varphi$，并令 $\frac{\tan\varphi}{K} = f$，则

$$\sin\alpha_1 = \frac{1}{\sqrt{1 + m_1^2}};\quad \cos\alpha_1 = \frac{m_1}{\sqrt{1 + m_1^2}}$$

$$\sin\alpha_2 = \frac{1}{\sqrt{1 + m_2^2}};\quad \cos\alpha_2 = \frac{m_2}{\sqrt{1 + m_2^2}}$$

并将以上两式联解得

$$f = \frac{A + B}{2} - \sqrt{\left(\frac{A + B}{2}\right)^2 - \left(\frac{B}{m_2} + C\right)} \qquad (4\text{-}33)$$

式中

$$A = \frac{1 + m_1^2}{m_2 - m_1} \cdot \frac{m_2}{m_1} \qquad (4\text{-}34)$$

$$B = \frac{W_2}{W_1} \cdot A \qquad (4\text{-}35)$$

$$C = \frac{1 + m_1 m_2}{m_1(m_2 - m_1)} \qquad (4\text{-}36)$$

安全系数

$$K = \frac{\tan\varphi}{f} \qquad (4\text{-}37)$$

为求得坝坡的稳定安全系数，应假定不同的α_1、α_2和上游水位，即先求出在某一水位和α_2下不同α_1值时的最小稳定安全系数，然后在同一水位下再假定不同的α_2值，重复上述计算可求出在这种水位下的最小稳定安全系数。一般还必须至少再假设两个水位，才能最后确定坝坡的最小稳定安全系数。

（三）复合滑动面法

当滑动面通过不同土料时，常有直线与圆弧组合的形式。例如厚心墙坝的滑动面，通过砂性土部分为直线，通过黏性土部分为圆弧。当坝基下不深处存在有软弱夹层时，滑动面也可能通过软弱夹层而形成，如图 4-20 所示。

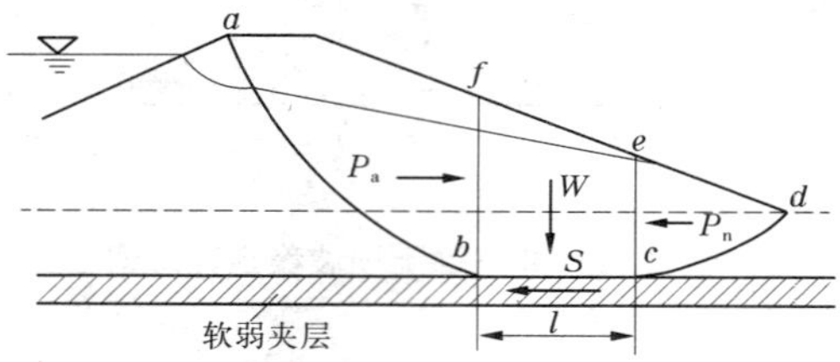

图 4-20 坝基有软弱夹层时的稳定计算简图

计算时，可将滑动土体分为 3 个区，土体 *abf* 的滑动推力为P_a，土体 *cde* 的推力为P_n，分别作用于 *fb* 和 *ec* 面上。由土体 *bcef* 产生的抗滑力 S 作用于 *bc* 面上，稳定安全系数 K 可表示为

$$K = \frac{抗滑力}{滑动力} = \frac{S}{P_a - P_n} = \frac{W\tan\varphi + cL}{P_a - P_n} \tag{4-38}$$

式中 W——土体 *bcef* 的自重；

φ、c——软弱夹层的内摩擦角和凝聚力。

求P_a、P_n时，也可用条分法将两边的滑动土体 *abf* 和 *cde* 分成几个条块，并假定条块间的推力近似于水平。用上述试算法，拟定一个安全系数 K，推求各条块对下一块的推力（求P_a时从左块开始，求P_n时则从右块开始），得出P_a和P_n后，代入式(4-38)，如果得到 K 值与拟定的 K 值不同，则重新拟定 K，重复计算，直至两者相等为止。当然，也要多假定几个 *ab* 弧和 *cd* 弧的位置，经过多次试算，才能求出沿这种滑动面的最小稳定安全系数。

【单元探索】

试着用计算机编程的方法，帮着解决烦琐的土石坝稳定计算。

【单元练习】

一、判断题

1. 土石坝由于是由散粒体堆筑而成的，其失稳形式主要是坝体整体滑动。（　　）

2. 当滑裂面通过黏性土的部位时，其形状常是上陡下缓的曲面，实际计算中常用圆弧代替。（　　）

3. 当滑动面通过不同土料时，常有直线与圆弧组合的形式。（　　）

4. 瑞典圆弧法不满足每一土条力的平衡条件，一般计算出的安全系数偏高。（　　）

二、单项选择题

1. 认为土石坝最小安全系数的滑弧圆心在扇形 *bcdf* 范围内的是(　　)法。

A. 费兰纽斯法　　B. 方捷耶夫法

C. 毕肖普法　　D. 瑞典圆弧法

2. 认为最危险滑弧的圆心位于 M_1M_2 的延长线附近的是(　　)法。

A. 费兰纽斯法　　B. 方捷耶夫法

C. 毕肖普法　　D. 瑞典圆弧法

三、填空题

1. 土石坝滑坡的形式大体可归纳为________、________和________3 种。

2. 土石坝稳定计算荷载组合的正常运用情况(设计情况)包括:①上游________水位,下游为相应的最低水位或上游为________水位,下游为相应的最高水位时,在稳定渗流情况下的上、下游坝坡的稳定计算;②水库水位正常降落时,上游坝坡的稳定计算。

3. 土石坝稳定计算荷载组合的非常运用情况(校核情况)包括:①________;②水库水位非常降落,如自校核洪水位降落、降落至死水位以下,大流量泄空等情况下的上游坝坡稳定计算;③________水位下有可能形成稳定渗流时的下游坝坡稳定计算。

四、简答题

1. 重力坝与土石坝的稳定概念有什么不同?影响土石坝稳定的因素有哪些?

2. 土石坝坝坡滑裂面的形状有哪几种?在什么情况下易产生何种滑裂面?

3. 圆弧法的基本假定是什么?如何用简化的毕肖普法计算坝坡稳定安全系数?

4. 怎样确定滑弧的最小稳定安全系数?

单元五　筑坝材料选择与填筑标准

【单元导航】

问题 1:土石坝坝体各组成部分对材料的要求是什么?

问题 2:风化料可以用来修筑土石坝吗?

问题 3:土石坝的填筑标准是什么?

【单元解析】

就地取材是土石坝的一个主要特点。坝体附近土石料的种类及工程性质、料场的分布、储量、开采及运输条件等是进行土石坝设计的重要依据。近年来,由于筑坝技术的发展,对筑坝材料的要求已逐渐放宽。原则上一般土石料都可选作碾压式土石坝的筑坝材料。对设计者的要求是选择合理的结构形式,将土石料在坝的各部分进行适当的配置,以使所选择的坝型和所设计的坝体剖面经济合理、安全可靠和便于施工。

一、坝体各组成部分对材料的要求

土石坝一般由坝体(或坝壳)、防渗设施和排水设施三个主要部分组成。它们的任务和工作条件不同,对材料的要求也有所不同。

(一)均质坝对材料的要求

均质坝未设置专门的防渗设施,土料应具有一定的抗渗性能,其渗透系数不宜大于 10^{-4} cm/s;黏粒含量一般为 10% ~30%;有机质含量(按重量计)不大于 5%,最常用于均质坝的土料是砂质黏土和壤土。

微课 4-14　坝体各组成部分对材料的要求

(二)心墙坝和斜墙坝对坝壳材料的要求

对心墙坝和斜墙坝的坝壳,一般没有防渗要求,只要求有足够的稳定性和透水性,所以很少用黏性土或壤土、砂壤土等建造,而多用粒径级配较好的中砂、粗砂、砂石、卵石及其他透水性较高、抗剪强度参数较大的混和料。均匀的砂料,特别是颗粒较细的砂料,不均匀系数 η = 1.5 ~2.6时,极易产生液化,高坝中应尽量不用,在地震区更应忌用。砾石土和风化料也可用作坝壳的材料,但要进行适当的布置和必要的处理。图 4-21 为理想的土料颗粒级配曲线,可供设计时参考。

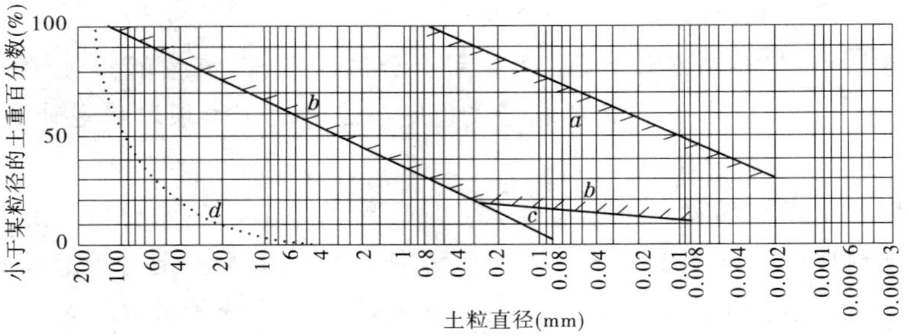

a—心墙、斜墙土料细限;*a* ~ *b*—均质土坝及厚心墙坝的土料范围;
b ~ *c*—优良透水料;*d*—密实度最佳的透水料

图 4-21　理想的土料颗粒级配曲线

(三)防渗设施对土料的要求

在心墙坝、斜墙坝中作防渗设施的土料,首先应具有足够的防渗性。一般要求渗透系数不大于 10^{-5} cm/s,它与坝壳材料的渗透系数之比应最小,最好不大于 1/1 000,以便有效地降低坝体浸润线,提高防渗效果。防渗土料还应具有足够的塑性,能适应坝体及坝基的变形而不致产生裂缝。一般塑性指数为 7 ~20 的适用作防渗材料。塑性指数过大,则黏粒含量太多,不宜用来防渗。浸水后膨胀软化较大的黏土以及开挖压实困难的干硬性黏土应尽量不用。含有石膏和含有交换钠离子数量太多的离散土也不宜用来防渗。防渗体对杂质含量的要求也比对坝体材料的要求为高,一般要求有机质含量不超过 2%,水溶盐含量不超过 3%(均按质量计)。

目前,国内外对土石坝材料的要求有逐步放宽的趋势。有的甚至用砾石土、风化砾石土来做防渗材料。如能针对不同材料的情况,因地制宜地采用适当的开采和压碎方法,做到碾压密实,防渗性能良好,则使用风化的黏土、页岩和泥质砂岩来作防渗体也是可能的。使用带有粗粒(大于 5 mm)的材料时,其粗粒含量一般不应超过 50%,其最大粒径不得大于铺土层厚度的 2/3,或不大于 100 mm,且不得发生粗料集中架空现象。

用非均质土料做防渗材料时，必须按照设计规定的级配曲线的容许范围采用，并在施工工艺上采取保证措施，以免出现分离现象。

（四）排水设施和砌石护坡对石料的要求

排水设施和砌石护坡所用的石料，应有较高的抗压强度，良好的抗水性、抗冻性和抗风化性。块石料的容重应大于 22 kN/m^3；岩石孔隙率不应大于 3%，吸水率（按孔隙体积比例计）不应大于 0.8；块石料的饱和抗压强度不应小于 30 MPa，软化系数不应小于 0.75 ~ 0.85。块石的形状要尽可能做成正方形，最大边长与最小边长之比不应大于 1.5 ~ 2.0，以避免挠曲折断，保证工程质量。所有的岩石还必须是新鲜的，不宜用风化和含黄铁矿的岩石。反滤料是排水设施的重要组成部分，材料要求与以上类似，但颗粒级配必须按要求分层设置。

二、风化料的应用

微课 4-15　风化料的应用

随着土石坝堆石体施工机械的改进，施工方法已由抛填改为薄层碾压，从而提高了碾压效率，降低了碾压费用；碾压后堆石表面平整，可以减少运输车辆轮胎的磨损；碾压的密实度高，碾压的堆石很少发生颗粒分离现象，沉降和扭曲变形都较小。为此，对堆石料的石质、尺寸、级配、细料含量等要求均大大放宽，并有可能采用风化岩、软岩等劣质石料修建高坝。

（1）风化岩、软岩等劣质石料的工程性质。这种石料的特点是：母岩石质软，抗压强度低，石块小，细料多，但级配良好，碾压密实，孔隙率低，其工程性质基本能满足筑坝要求。根据国内外一些工程的经验来看，有的细料（< 5 mm）含量达 10% ~ 30%，尚能够自由排水，施工期无孔隙水压力。风化岩和软岩堆石料虽细料含量较多，但粒间接触点相应增多，压实后，其压缩性并不很大。有的坝软岩压实后的摩擦角 φ' 达到 37° ~ 49°，与坚硬岩石相差无几。所以，用风化岩和软岩建成的堆石坝坝坡也可以做得较陡。

（2）应用风化岩、软岩筑坝时应注意的几个问题。应按石料质量分区使用，将坝壳由内向外分成几个区，质量差的、粒径小的石料放在内侧，质量好的、粒径大的石料放在外侧，这样可扩大材料的使用范围。现场和实验室观测表明，堆石距表面的深度超过 0.5 m 时，遭受风化的影响便很小，设计时应在堆石料表面铺一层 1 ~ 1.5 m 厚的新鲜岩石保护层，以防止内部继续风化。堆石中细料含量宜适当控制，以保持必要的透水性和压实密度，如细料含量较多难以自由排水，则应将其填筑在坝壳内要求较低的“任意料区”。任意料区一般布置在下游坝壳的干燥区或坝壳内侧靠近心墙附近。任意料区的周围应包一层排水过渡层。还应防止细料过分集中，形成软弱面，影响坝体稳定和不均匀沉降。如岩石的软化系数较低，则应研究浸水后的抗剪强度降低和沉陷问题。

三、土石料的填筑标准

为了保证土石料的填筑质量，必须规定一定的标准。土石料的填筑标准，对于黏性土，其指标是设计干密度及相应的含水量；对于非黏性土，其指标是相对密度（可换算出干密度）；对于堆石料，其指标是孔隙率。

坝体填土的压实是为了提高填土的密实度和均匀性，使填土具有足够的抗剪强度、抗渗性和抗压缩性。但压得越密实，越需要较大的压实功能，耗费越多的人力、财力和时间，有时反而不够经济合理。因此，设计时必须对选用的材料，确定合理的填筑方法和恰当的填筑标准，以取得既安全又经济的设计效果。

微课 4-16　土石料的填筑标准

(一)黏性土的压实标准

我国《碾压式土石坝设计规范》(SL 274—2001)对黏性土的填筑标准做了如下规定：

(1)对不含砾或含少量砾的黏性土料，以设计干密度作为设计指标，按击实试验的最大干密度乘以压实度确定。对于1级坝和高坝压实度为0.98～1.00，对于2级、3级及其以下的中坝压实度为0.96～0.98。

(2)对含砾石的黏性土料，以最大干容重和最优含水量作为设计指标。

土料的压实度受击实功能的控制，同时又随含水量而变化。在一定的压实功能条件下达到最佳压实效果的含水量称为最优含水量。填土所能达到的干密度与击实功能和含水量的关系如图4-22所示。最优含水量多在塑限附近。黏性土的填筑含水量一般控制在最优含水量附近。初步设计时，可用类比法，即参考已建成的相似土石坝的资料来选定设计干容重和含水量，并通过击实试验、现场试验和施工实践逐步改进。

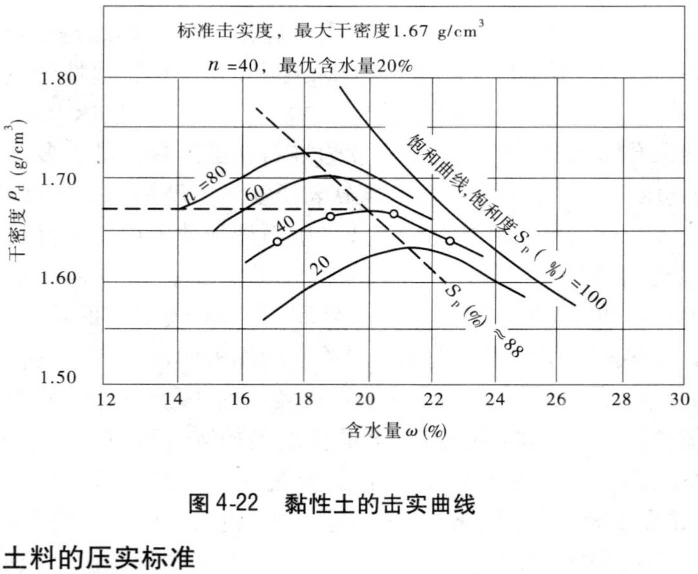

图4-22　黏性土的击实曲线

(二)非黏性土料的压实标准

非黏性土料是填筑坝体或坝壳的主要材料之一，对它的填筑密度也应有严格的要求，以便提高其抗剪强度和变形模量，增加坝体稳定和减小变形，防止砂土料的液化。它的压实程度一般与含水量关系不大，而与粒径级配和压实功能有密切关系。压实程度一般用相对密度 D_r 来表示：

$$D_r = \frac{e_{max} - e}{e_{max} - e_{min}} \tag{4-39}$$

式中　e_{max}——最大孔隙比；

e_{min}——最小孔隙比；

e——设计孔隙比。

与 D_r 相应的干密度 ρ_d 为

$$\rho_d = \frac{\rho_{dmax}\rho_{dmin}}{(1-D_r)\rho_{dmax}+D_r\rho_{dmin}} \tag{4-40}$$

式中　ρ_{dmax}——砂砾料的最大干密度；

ρ_{dmin}——砂砾料的最小干密度，两者均可以由试验得出。

设计时，应适当选定所要求的密实度。对于砂砾土，相对密度要求不低于0.75～0.80，地震区的土石坝，一般要求浸润线以上不低于0.75，浸润线以下不低于0.75～0.85。对于堆石料，平均孔隙率宜为20%～30%，坝的级别和高度越高，应选小值，反之应选大值。

堆石宜以孔隙率为设计控制标准。其中，土质防渗体分区坝堆石料的孔隙率宜为20%～28%。

【单元探索】

借助互联网和智能手机，查询现在最新的可用于修筑土石坝的材料都有哪些？

【单元练习】

一、判断题

1. 土石坝由于是由散粒体堆筑而成的，其失稳形式主要是坝体整体滑动。（　　）

2. 非黏性土设计中的一个重要问题是防止产生液化。（　　）

二、单项选择题

1. 在心墙坝、斜墙坝中做防渗设施的土料，一般要求渗透系数不大于（　　）。

A. 10^{-3} cm/s　　B. 10^{-4} cm/s　　C. 10^{-5} cm/s　　D. 10^{-6} cm/s

2. 对不含砾或含少量砾的黏性土料，以设计干容重作为设计指标，按击实试验的最大干容重乘以压实度确定。对于1级坝和高坝压实度为（　　），对于2级、3级及其以下的中坝压实度为0.96～0.98。

A. 0.98～1.00　　B. 0.97～1.00　　C. 0.96～1.00　　D. 0.99～1.00

三、填空题

1. 土石料的填筑标准，对于黏性土，其指标是________及________；对于非黏性土，其指标是________；对于堆石料，其指标是________。

2. 对于砂砾土，相对密度要求不低于________。

四、简答题

1. 土石料的填筑标准是什么？

2. 在土料设计中何种土料主要控制何种指标？

3. 土石坝为什么要设置反滤层？设置反滤层应遵循什么原则？通常应在哪些部位设置反滤层？

单元六　土石坝的构造

【单元导航】

问题1：土石坝坝体各组成部分都有哪些类型？

问题2：土石坝的防渗体有哪些类型？

问题3：土石坝的排水设施都有哪些形式？

问题4：土石坝的上、下游护坡都有哪些形式？

微课 4-17　土石坝构造工程案例

【单元解析】

对满足抗渗和稳定要求的土石坝基本剖面，尚需进一步通过构造设计来保障坝的安全和正常运行。土石坝的构造主要包括坝顶、防渗体、排水设施、护坡与坝坡排水等部分。

一、坝顶

微课 4-18　坝顶

坝顶一般都做护面，护面的材料可采用碎石、单层砌石、沥青或混凝土，4级以下的坝也可以采用草皮护面。如有公路交通要求，还应满足公路路面的有关规定。

坝顶上游侧常设防浪墙，防浪墙应坚固而不透水，下游侧宜设缘石。为了排除雨水，坝顶应做成向一侧或两侧倾斜的横向坡度，坡度宜采用2%～3%。对于有防浪墙的坝顶，则宜采用单向向下游倾斜的横坡。在坝顶下游侧设纵向排水沟，将汇集的雨水经坝面排水沟排至下游。

防浪墙可用混凝土或浆砌石修建。墙的基础应牢固地埋入坝内，当土石坝有防渗体时，防浪墙墙基要与防渗体可靠地连接起来，以防高水位时漏水。防浪墙的高度一般为1.0～1.2 m，见图4-23。

坝面布置与坝顶结构应力求经济实用，在建筑艺术处理方面要美观大方。

二、防渗体

防渗体主要是心墙、斜墙、铺盖、截水墙等，它所要求的材料及布置上的一些特点，前面已叙述过，它的结构和尺寸应能满足防渗、构造、施工和管理方面的要求。

微课 4-19　防渗体

（一）黏性土心墙

如图4-24所示，这种心墙一般布置在坝体中部，有时稍偏上游并稍微倾斜，以便于和坝顶的防浪墙相连接，并可使心墙后的坝壳先期施工，得到充分的先期沉降，以避免或减少裂缝。

心墙厚度常根据土壤的允许渗透坡降而定，有时也应考虑降低下游浸润线的需要。《碾压式土石坝设计规范》（SL 274—2001）规定心墙坝顶部厚度一般不小于3 m，以便于机械化施工；底部厚度不宜小于作用水头的1/4。黏土心墙两侧边坡多为1∶0.15～1∶0.3，有些肥大心墙为1∶0.4～1∶0.5。心墙的顶部应高出设计洪水位0.3～0.6 m，且不

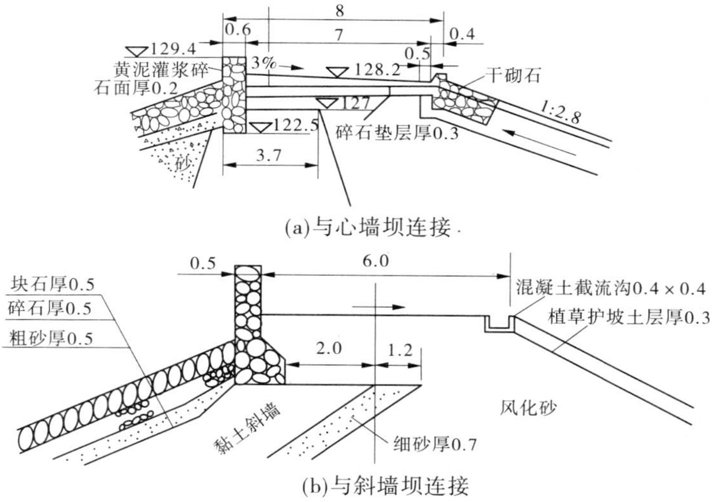

(a)与心墙坝连接

(b)与斜墙坝连接

图4-23　坝顶构造　(单位:m)

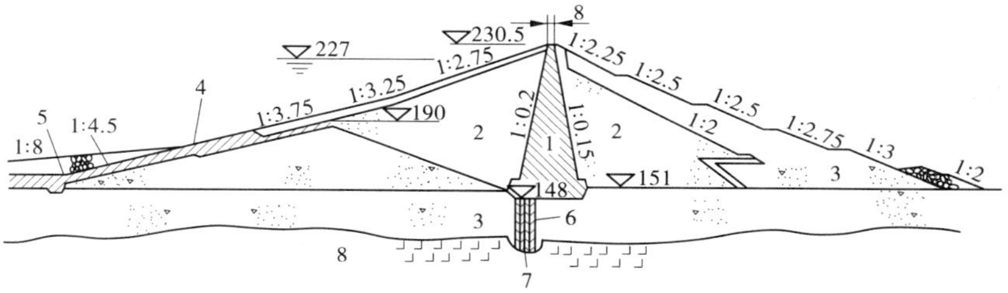

1—黏土心墙;2—半透水材料;3—砂卵石;4—施工时挡土黏土斜墙;
5—盖层;6—混凝土防渗墙;7—灌浆帷幕;8—玄武岩

图4-24　毛家村黏土心墙土坝　(单位:m)

低于校核水位,当有可靠的防浪墙时,心墙顶部高程也不应低于正常运用情况下的静水位。心墙顶与坝顶之间应设有保护层,厚度不小于该地区的冰结或干燥深度,同时按结构要求不宜小于1 m。

心墙与坝壳之间应设置过渡层,过渡层的结构虽比反滤层的要求低一些,但也应采用级配良好的、抗风化的细粒石料和砂砾石料,以使整个坝体内应力传递均匀,并保证坝壳的排水效果良好。心墙与地基和两岸必须有可靠的连接。对于土基,一般采用黏土截水墙;对于岩石地基,一般要设混凝土垫座,或修建1~3道混凝土齿墙,齿墙的高度为1.5~2.0 m,切入岩基的深度常为0.2~0.5 m,有时还要在下部进行帷幕灌浆,见图4-25。

(二)黏土斜墙

黏土斜墙的构造除外形外,其他均与心墙类似。顶厚(指与斜墙上游坡面垂直的厚度)也不宜小于3 m;为保证抗渗稳定,底厚不宜小于作用水头的1/5。墙顶应高出设计洪水位0.6~0.8 m,且不低于校核水位。同样,如有可靠的防浪墙,斜墙顶部也不应低于正

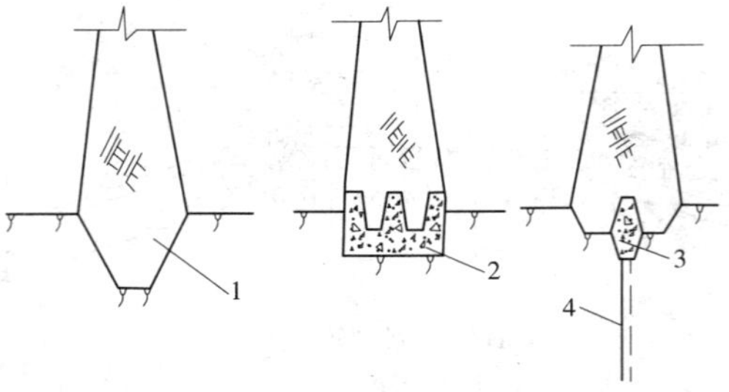

1—黏土截水墙;2—混凝土垫座;3—混凝土齿墙;4—灌浆孔

图 4-25　黏土心墙与岩基的连接形式

常运用情况下的静水位。为防止斜墙因弯曲、沉降而断裂,其厚度应比仅按渗透稳定条件确定的数值为大。斜墙顶部和上游坡都必须设保护层,以防冲刷、冰冻和干裂。保护层常用砂、砾石、卵石或碎石等砌成,厚度不得小于冰冻和干燥深度,一般用 2 ~ 3 m。斜墙及保护层的坡度取决于土坝稳定计算的结果,一般内坡不宜陡于 1∶2.0,外坡常在 1∶2.5 以上。

斜墙与保护层以及下游坝体之间,应根据需要分别设置过渡层。上游的过渡层可简单一些,保护层的材料合适时,可只设一层,有时甚至不设;与坝体连接的过渡层,与心墙后的过渡层相似,但为了使应力均匀并适应变形,要求还应高一些,常需设置两层,斜墙与铺盖或截水墙的连接都应牢靠,如图 4-26 所示。

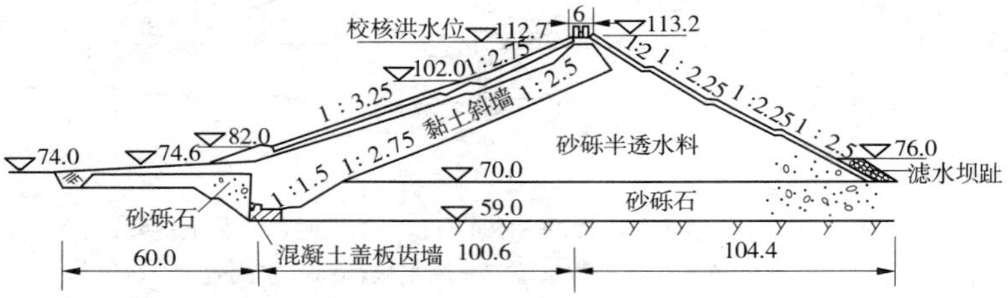

图 4-26　汤河黏土斜墙土坝　(单位:m)

(三)非土料防渗体

非土料防渗体有钢筋混凝土、沥青混凝土、木板、钢板、浆砌块石和塑料薄膜等,较常用的是沥青混凝土和钢筋混凝土,由于这些非土料的防渗体多用在堆石坝中,所以将在堆石坝一节中介绍。

三、排水设施

土石坝虽有防渗体,但仍有一定水量渗入坝体内。设置坝体排水设施,可以将渗入坝体内的水有计划地排出坝外,以达到降低坝体浸润线及孔隙压力,防止渗透变形,增加坝坡的稳定性,防止冻胀破坏的目的。

微课 4-20　排水设施

排水设施应具有充分的排水能力,不致被泥沙堵塞,以保证在任何情况下都能自由地排出全部渗水。在排水设施与坝体、土基接合处,都应设置反滤层,以保证坝体和地基土不产生渗透变形,并应便于观测和检修。常用的坝体排水有以下几种形式。

(一)贴坡排水

紧贴下游坝坡的表面设置,它由 1 ~2 层堆石或砌石筑成,在石块与坝坡之间设置反滤层,如图 4-27 所示。

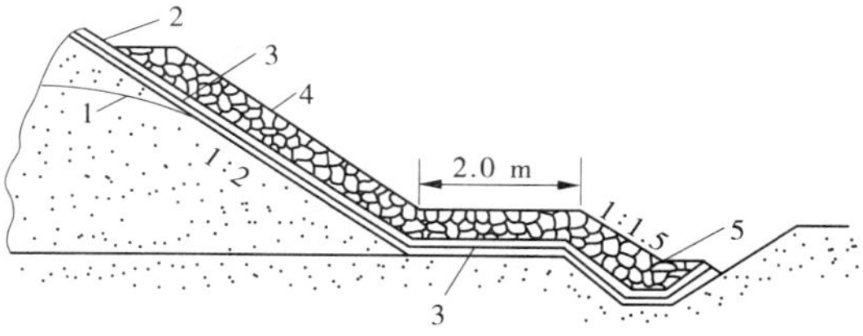

1—浸润线;2—护坡;3—反滤层;4—排水;5—排水沟

图 4-27　贴坡排水

贴坡排水顶部应高于坝体浸润线的逸出点,对 1、2 级坝不小于 2.0 m,3 ~5 级坝不小于 1.5 m,并保证坝体浸润线位于冻结深度以下。贴坡排水底部必须设排水沟,其深度要满足结冰后仍有足够的排水断面。

贴坡排水构造简单、节省材料、便于维修,但不能降低浸润线。多用于浸润线很低和下游无水的情况,当下游有水时还应满足波浪爬高的要求。

(二)棱体排水

在下游坝脚处用块石堆成棱体,顶部高程应超出下游最高水位,超出高度应大于波浪沿坡面的爬高,且对 1、2 级坝不小于 1.0 m,对 3 ~5 级坝不小于 0.5 m,并使坝体浸润线距坝坡的距离大于冰冻深度。堆石棱体内坡一般为 1:1.25 ~1:1.5,外坡为 1:1.5 ~1:2.0 或更缓。顶宽应根据施工条件及检查观测需要确定,但不得小于 1.0 m,如图 4-28 所示。

棱体排水可降低浸润线,防止坝坡冻胀和渗透变形,保护下游坝脚不受尾水淘刷,且有支撑坝体增加稳定的作用,是效果较好的一种排水形式。多用于河床部分的下游坝脚处。但石料用量较大、费用较高,与坝体施工有干扰,检修也较困难。

(三)褥垫排水

褥垫排水是伸展到坝体内的一种排水设施,在坝基面上平铺一层厚为 0.4 ~0.5 m 的块石,并用反滤层包裹。褥垫伸入坝体内的长度应根据渗流计算确定,对黏性土均质坝不大于坝底宽的 1/2,对砂性土均质坝不大于坝底宽的 1/3,其构造如图 4-29 所示。

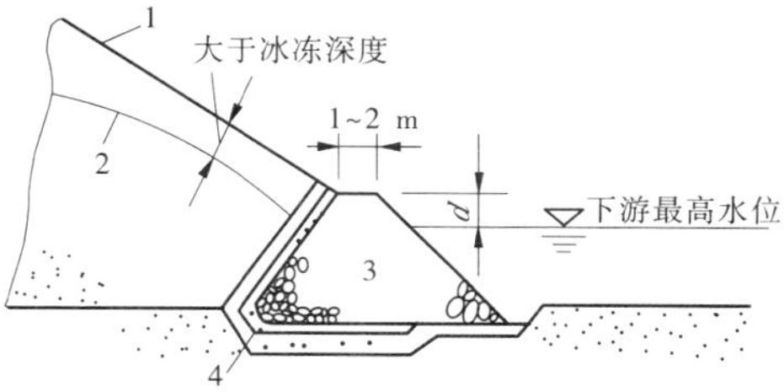

1—下游坝坡;2—浸润线;3—棱体排水;4—反滤层

图 4-28　堆石棱体排水

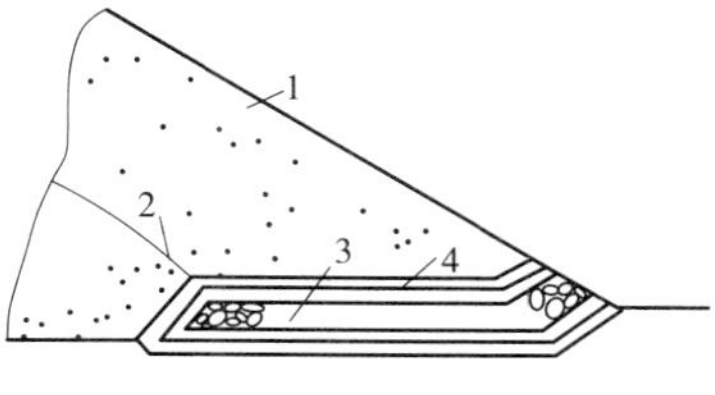

1—护坡;2—浸润线;3—排水;4—反滤层

图 4-29　褥垫排水

褥垫排水向下游方向设有 0.005 ~ 0.01 的纵坡。排水层的厚度应根据排水量计算确定，一般为 0.4 ~ 0.5 m。当下游水位低于排水设施时，降低浸润线的效果显著，还有助于坝基排水固结。但当坝基产生不均匀沉陷时，褥垫排水层易遭断裂，而且检修困难，施工时有干扰。一般用于石料较多，且含水量较大的淤土或软土地基。

(四)管式排水

管式排水的构造如图 4-30 所示。埋入坝体的暗管可以是带孔的陶瓦管、混凝土管或钢筋混凝土管，还可以是由碎石堆筑而成的。平行于坝轴线的集水管收集渗水，经由垂直于坝轴线的横向排水管排向下游。横向排水管的间距为 15 ~ 20 m。管式排水的优缺点与褥垫排水相似。排水效果不如褥垫排水好，但用料少。一般用于土石坝岸坡及台地地段，因为这里坝体下游经常无水，排水效果好。

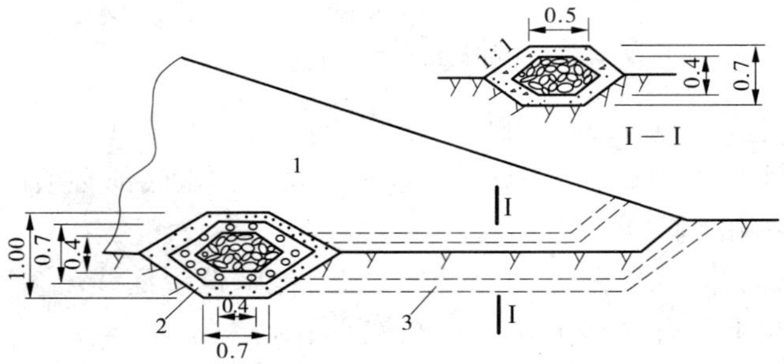

1—坝体；2—集水管；3—横向排水管

图 4-30　管式排水　（单位：m）

(五)综合式排水

为发挥各种排水形式的优点，在实际工程中常根据具体情况采用几种排水形式组合在一起的综合式排水，例如若下游高水位持续时间不长，为节省石料可考虑在下游正常高水位以上采用贴坡排水，以下采用棱体排水，还可以采用褥垫排水与棱体排水组合，贴坡排水与褥垫排水组合等综合式排水，如图 4-31 所示。

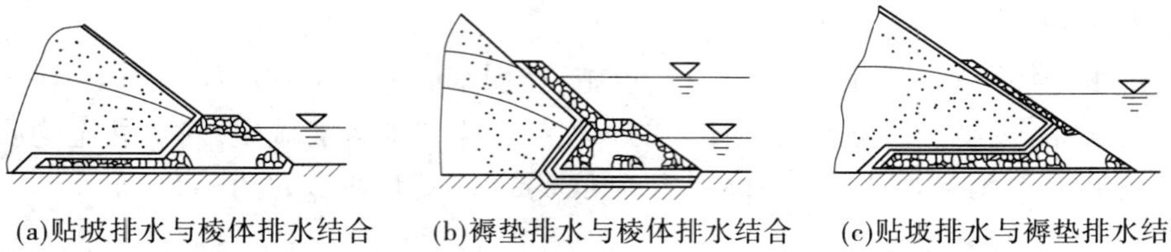

(a)贴坡排水与棱体排水结合　(b)褥垫排水与棱体排水结合　(c)贴坡排水与褥垫排水结合

图 4-31　综合式排水

四、护坡与坝坡排水

为防止波浪淘刷、雨水冲刷、风扬、动物穴居、冻胀干裂、冰层和漂浮物的损害，必须设置护坡。护坡的工程量很大，建设和维修费用都比较高，因此应合理地选择护坡形式。

(一)上游护坡

上游护坡的形式有抛石、砌石、混凝土和钢筋混凝土板、渣油混凝土等。护坡覆盖的范围，一般应由坝顶起护至水库最低水位以下 2.5 m，对最低水位不确定的坝应护至坝底。

微课 4-21　土石坝的护坡与坝坡排水

1. 抛石(堆石)护坡

它是将适当级配的石块倾倒在坝面垫层上的一种护坡。优点是施工进度快、节省人力，但工程量比砌石护坡大。堆石护坡的厚度一般认为至少要包括 2 ~ 3 层块石，这样便于在波浪作用下自动调整，不致因垫层暴露而遭到破坏。当坝壳为黏性小的细粒土时，往往需要两层垫层，靠近坝壳的一层垫层最小厚度为 15 cm。

2. 砌石护坡

砌石护坡是用人工将块石铺砌在碎石或砾石垫层上，有干砌石和浆砌石两种。要求石料比较坚硬并耐风化。干砌石应力求嵌紧，通常厚度为 20 ~ 60 cm，有时根据需要用 2 ~ 3层垫层，也起反滤作用。干砌石护坡构造见图 4-32。

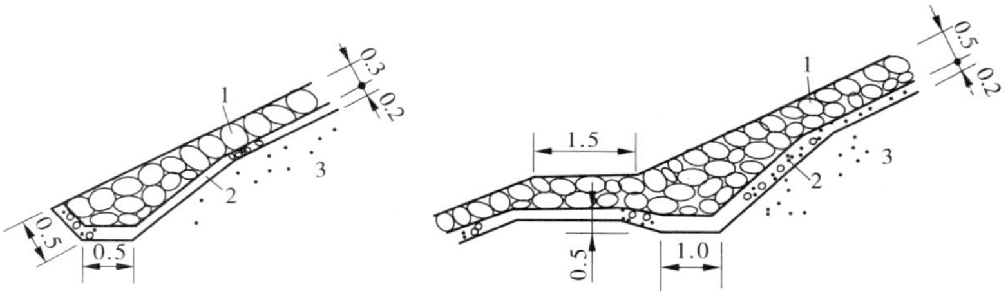

(a)护坡坡脚　　(b)马道

1—干砌石；2—垫层；3—坝体

图 4-32　干砌石护坡　(单位：m)

浆砌石块石护坡能承受较大的风浪，也具有较好的抗冰层推力的性能。但水泥用量大，造价较高。若坝体为黏性土，则要有足够厚度的非黏性土防冻垫层，同时要留有一定缝隙以便排水通畅。

微课 4-22　马道

3. 混凝土和钢筋混凝土板护坡

当筑坝地区缺乏石料时可考虑采用此种形式。预制板的尺寸一般采用：方形板为1.5 m × 2.5 m、2 m × 2 m 或 3 m × 3 m，厚为 0.15 ~ 0.20 m。预制板底部设砾石或碎石垫层。现场浇筑的尺寸可大一些，可采用 5 m × 5 m、10 m × 10 m，甚至 20 m × 20 m。严寒地区冰推力对护坡危害很大，因此也有用混凝土板做护坡的，但其垫层厚度要超过冻结深度，见图 4-33。

4. 渣油混凝土护坡

在坝面上先铺一层 3 cm 的渣油混凝土(夯实后的厚度)，再在其上铺 10 cm 的卵石做排水(不夯)，然后铺 8 ~ 10 cm 的渣油混凝土，夯实后在第三层表面倾倒温度为 130 ~ 140 ℃的渣油砂浆，并立即将 0.5 m × 1.0 m × 0.15 m 的混凝土板平铺其上，板缝间用渣油砂浆灌满。这种护坡在冰冻区试用成功，见图 4-34。

以上各种护坡的垫层按反滤层要求确定。垫层厚度一般对砂土可用 15 ~ 30 cm 以上，卵砾石或碎石可用 30 ~ 60 cm 以上。

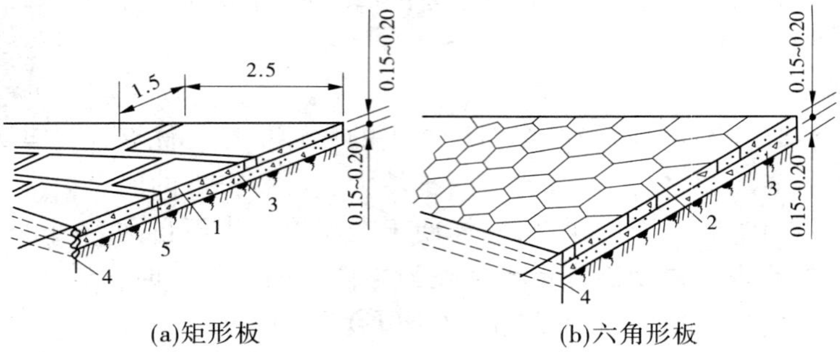

1—矩形混凝土板;2—六角形混凝土板;3—碎石或砾石;4—木档柱;5—结合缝

图 4-33 混凝土板护坡 (单位:m)

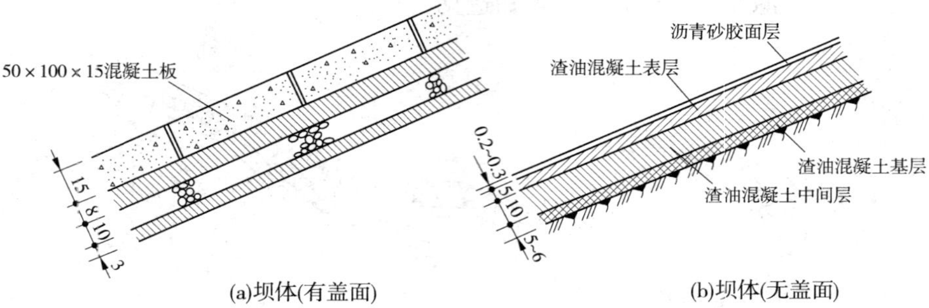

图 4-34 渣油混凝土护坡 (单位:m)

(二)下游护坡

下游护坡主要是为防止被水冲蚀和人为破坏,一般宜采用简化形式。适用于下游护坡的形式有堆石、卵石和碎石、草皮等。其护坡范围为由坝顶护至排水棱体,无排水棱体时护至坝脚。

气候温和地区的黏性土均质坝,草皮护坡是常用的形式。若坝坡为无黏性土时,则应在草皮下铺一层厚 0.2 ~0.3 m 的腐殖土,护坡效果良好。碎石或卵砾石护坡,一般直接铺在坝坡上,厚为 10 ~15 cm。下游坝面需要全部护砌。

(三)坝坡排水

为了防止雨水的冲刷,在下游坝坡上常设置纵横向连通的排水沟,见图 4-35。沿土石坝与岸坡的结合处,应设置排水沟以拦截山坡上的雨水。坝面上的纵向排水沟沿马道内侧布置,用浆砌石或混凝土板铺设成矩形或梯形。若坝较短,纵向排水沟拦截的雨水可引至两岸的排水沟排至下游。若坝较长,则应沿坝轴线方向每隔 50 ~100 m 设一横向排水沟,以便排除雨水。排水沟的横断面,一般深 0.2 m,宽 0.3 m,必要时可按 1 h 暴雨强度和集水面积计算确定。

【单元探索】

借助互联网和智能手机,查询现在最新的可用于土石坝上、下游护坡的材料和类型都有哪些?

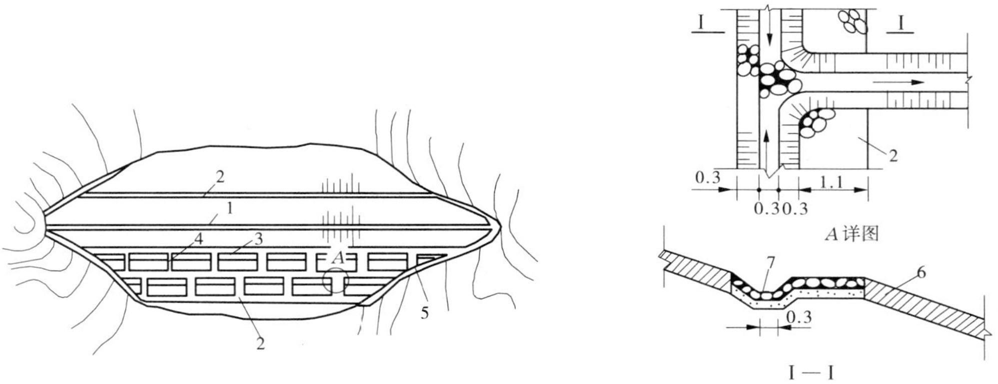

1—坝坡;2—马道;3—纵向排水沟;4—横向排水沟;
5—岸坡排水沟;6—草皮护坡;7—浆砌石排水沟

图 4-35　坝坡排水　(单位:m)

【单元练习】

一、判断题

1. 非土料防渗体有黏性土、钢筋混凝土、沥青混凝土、木板、钢板、浆砌块石和塑料薄膜等。(　　)

2. 土石坝因为设有防渗体,不会有水量渗入坝体内,因此无须设置坝体排水设施。(　　)

二、单项选择题

1. 下列哪种类型的排水构造简单、节省材料、便于维修,但不能降低浸润线(　　)。

A. 褥垫排水　　B. 贴坡排水　　C. 管式排水　　D. 棱体排水

2. 对不含砾或含少量砾的黏性土料,以设计干容重作为设计指标,按击实试验的最大干容重乘以压实度确定。对于1级坝和高坝压实度为(　　),对于2级、3级及其以下的中坝压实度为0.96~0.98。

A. 0.98~1.00　　B. 0.97~1.00　　C. 0.96~1.00　　D. 0.99~1.00

三、填空题

1. 上游护坡的形式有抛石、________、混凝土和钢筋混凝土板、渣油混凝土等。

2. 适用于下游护坡的形式有________、卵石和碎石、________等。

四、简答题

1. 土石坝为什么要设防渗体? 坝身、坝基防渗有哪些方法?

2. 土石坝为什么要设置排水设备? 坝体排水有几种形式? 各有什么优缺点?

单元七　土石坝的地基处理

【单元导航】

问题 1:土石坝地基处理的任务是什么?

问题 2:土石坝砂砾石地基处理的方法是什么? 具体的措施有哪些?

问题 3:土石坝细砂与淤泥地基的处理方法有哪些?

问题 4:土石坝软黏土与黄土地基的处理方法是什么?

【单元解析】

土石坝对地基的要求虽然比混凝土坝低,可不必挖除地表面透水土壤和砂砾石等,但地基的性质对土石坝的构造和尺寸仍有很大影响。据国外资料统计,土石坝失事约有 40% 是由地基问题引起的,可见地基处理的重要性。土石坝地基处理的任务是:①控制渗流,使地基以至坝身不产生渗透变形,并把渗流量控制在允许的范围内;②保证地基稳定,不发生滑动;③控制沉降与不均匀沉降,以限制坝体裂缝的发生。

微课 4-23　土石坝地基处理的目的

土石坝地基处理应力求做到技术上可靠,经济上合理。筑坝前要完全清除表面的腐殖土,以及可能发生集中渗流和可能发生滑动的表层土石,然后再根据不同地基情况采取不同的处理措施。

岩石地基的强度大、变形小,一般均能满足土石坝的要求,其处理的目的主要是控制渗流,处理方法基本与重力坝相同,本节仅介绍非岩石地基的处理。

微课 4-24　岩基处理

一、砂砾石地基处理

砂砾石地基一般强度较大,压缩变形也较小,因而对建筑在砂砾石地基上土石坝的地基处理主要是解决渗流问题。所以,处理的原则一般是减少坝基的渗透量并保证坝基和坝体的抗渗稳定。处理的方法是"上防下排"。属于"上防"的有铅直方向的黏土截水墙、混凝土防渗墙、板桩和帷幕灌浆,以及水平方向的防渗铺盖等;属于"下排"的有铅直方向的减压井和反滤式排水沟,以及水平方向的反滤式盖重等。所有这些措施既可以单独使用,也可以联合使用。

砂砾石地基控制渗流的措施,主要应根据地基情况、工程运用要求和施工条件选定。铅直的防渗措施能够截断地基渗流,可靠而有效地解决地基渗流问题,在技术条件可能而又经济合理时应优先采用。

(一)黏性土截水墙

当覆盖层深度在 15 m 以内时,可开挖深槽直达不透水层或基岩,槽内回填黏性土而成截水墙(也称截水槽)。心墙坝、斜墙坝常将防渗体向下延伸至不透水层而成截水墙,见图 4-36。均质坝也可将坝体部分地延伸至不透水层而成截水墙,如图 4-37 所示。

截水墙底宽常根据回填土料的允许渗透坡降与基岩接触面抗渗流冲刷的允许坡降以及施工条件确定。截水墙内回填黏土、重壤土时不小于 $0.1H$(H 为作用水头),中、轻壤土

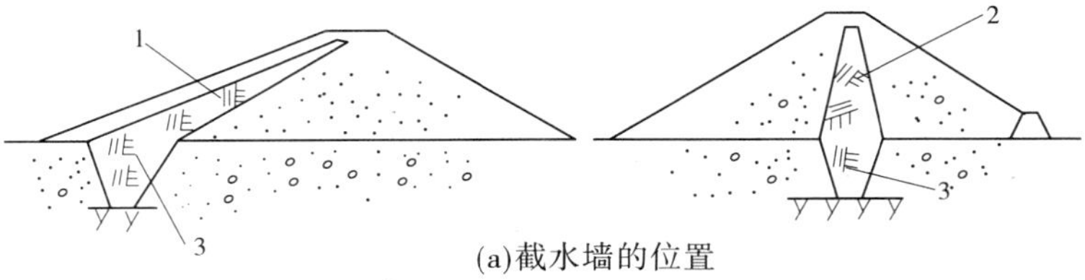

(a)截水墙的位置

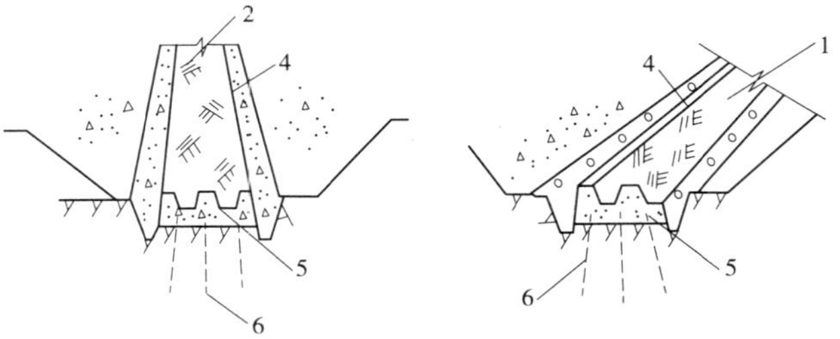

(b)截水墙(或黏土心墙、黏土斜墙)与基岩的连接

1—黏土斜墙;2—黏土心墙;3—截水墙;4—过滤层;5—垫座;6—固结灌浆

图 4-36　黏性土截水墙

不小于 0.2H,且一般不小于 3 m,以利于施工。截水墙的开挖边坡通常不陡于 1:1,以保持边坡稳定。截水墙的土料应与其上部防渗体土料相同。均质坝其截水墙的位置宜设于距上游坝脚 1/3 ~ 1/2 坝底宽处。由于目前施工机械化程度的提高,黏土截水墙的采用有向深处发展的趋势。

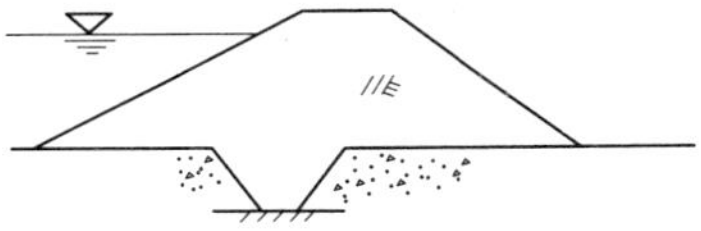

图 4-37　均质坝截水墙

截水墙结构简单、工作可靠、防渗效果好,得到了广泛的应用。缺点是槽身挖填和坝体填筑不便同时进行,若汛前要达到一定的坝高拦洪度汛,工期较紧。

(二)混凝土防渗墙

用钻机或其他设备在土层中造成圆孔或槽孔,在孔中浇混凝土,最后连成一片,成为整体的混凝土防渗墙,适用于地基渗水层较厚的情况。

圆孔形混凝土防渗墙的施工顺序是:先用冲击式或回转式钻机钻第一期孔,如图 4-38(a)所示的 1、3、5、7、9 孔,直径为 60 ~ 80 cm;浇筑混凝土约 1 周后,再钻第二期孔,如图 4-38中的 2、4、6、8、10 孔,将第一期孔的混凝土柱切掉 10 ~ 15 cm。第二期孔浇筑混凝土后,即形成一道整体的混凝土防渗墙。

板槽形防渗墙是一种开挖沟槽浇筑混凝土的方法。施工方法是将一个槽孔分为几个主孔和副孔,先钻主孔,间距为 1.2 ~ 1.5 m[见图 4-38(b)],再劈钻副孔,主副孔形成图示的狭长形沟槽后再浇混凝土。副孔深度可比主孔小一些,主副孔也可交替钻进。板槽孔段长为 8 ~ 17 m,搭接部分比圆孔形少,但槽孔段的体积比单个圆孔大,需要有较大的混凝土搅拌设备和运输能力。用圆孔形施工的防渗墙目前最大深度已达 131 m,板槽形为 80 m。

防渗墙厚度根据防渗和强度要求确定。按施工条件可在 0.6 ~ 1.3 m 之间选用(一

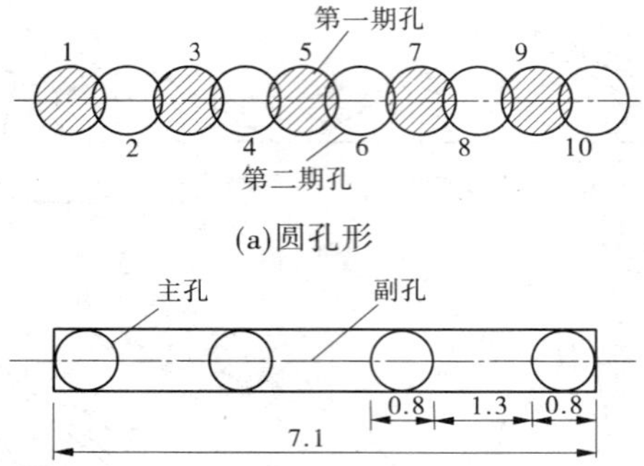

(a)圆孔形

(b)板槽形

图 4-38　混凝土防渗墙的平面布置　(单位:m)

般为 0.8 m)。混凝土防渗墙的允许坡降一般为 80 ~ 100,混凝土强度等级为 C10,抗渗等级 P6 ~ P8。墙底应嵌入半风化岩内 0.5 ~ 1.0 m,顶端插入防渗体,插入深度应为坝前水头的 1/10,且不得小于 2 m。图 4-39 为我国碧口土石坝的混凝土防渗墙布置图。

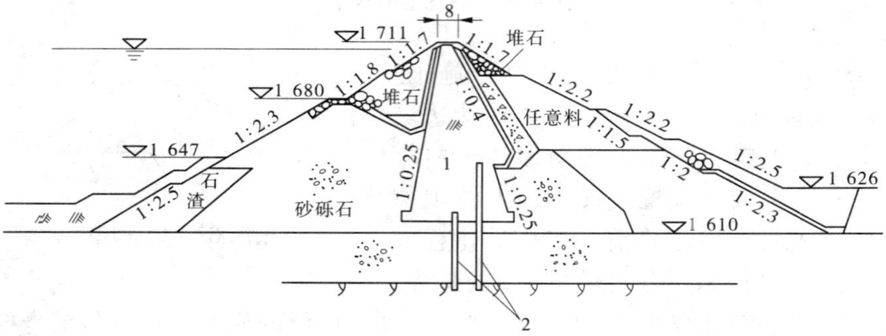

1—黏土心墙;2—混凝土防渗墙

图 4-39　碧口土石坝的混凝土防渗墙布置　(单位:m)

(三)灌浆帷幕

当砂卵石层很厚时,用上述方法处理较困难或不够经济,可采用灌浆帷幕防渗。

灌浆帷幕的施工方法是:先用旋转式钻机造孔,同时用泥浆固壁,钻完孔后在孔中注入填料,插入带孔的钢管(见图 4-40),待填料凝固后,在带孔的钢管中置入双塞灌浆器,用一定压力将水泥浆或水泥黏土浆压入透水层的孔隙中。压浆可自下而上分段进行,分段可根据透水层性质采用 0.33 ~ 0.5 m 不等。待浆液凝固后,就形成了防渗帷幕。

砂卵石地基的可灌性,可根据地基的渗透系数、可灌比值 M 及小于 0.1 mm 颗粒含量等因素来评判。可灌比值可用下式计算:

$$M = D_{15}/d_{85}$$

式中　D_{15}——某一粒径,在被灌土层中小于此粒径的土重占总土重的 15%;

d_{85}——另一粒径,在灌浆材料中小于此粒径的土重占总土重的 85%。

一般认为,地基中粒径小于 0.1 mm 的颗粒含量不超过 5%,或渗透系数 $K > 10^{-2}$

cm/s或 $M > 10$,可灌水泥黏土浆;当渗透系数 $K > 10^{-1}$ cm/s 或 $M > 15$ 时,可灌水泥浆。

灌浆帷幕的厚度 T,根据帷幕最大作用水头 H 和允许水力坡降 $[J]$,按公式估算,即 $T = \dfrac{H}{[J]}$,一般 $[J] = 3 \sim 4$。

由于灌浆帷幕厚度较大,因此需几排钻孔,孔距和排距由现场试验确定,通常为 3 ~ 5 m,边排孔稍密,中排孔稍稀。灌浆时,先灌边排孔,后灌中排孔,浆液由稀到浓,灌浆压力自下而上逐渐减小,由 2 500 ~ 4 000 kPa 减小到 200 ~ 500 kPa。灌浆帷幕伸入砂卵石层下的不透水层内至少 1.0 m。灌浆后将表层胶结不好的砂卵石挖除,做黏土截水墙或混凝土防渗墙。

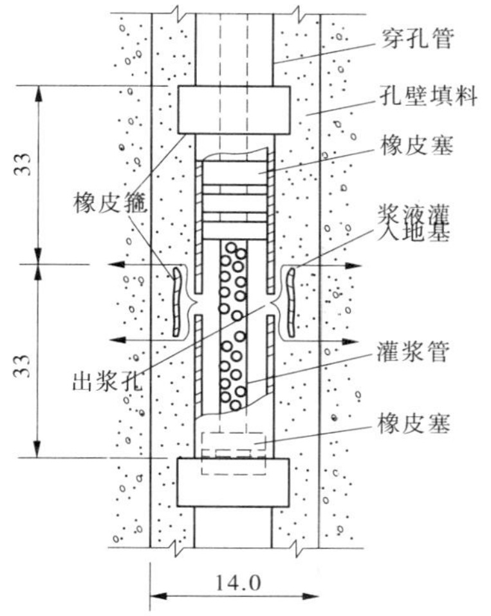

图 4-40　砂卵石灌浆示意　(单位:cm)

灌浆帷幕的优点是灌浆深度大,当覆盖层内有大孤石时,也不受限制。这种方法的主要问题是对地基的适应性较差,有的地基如粉砂、细砂地基,不易灌进,而透水性太大的地基又往往耗浆量太大。所以,使用这种方法时,必须对覆盖层的性质深入勘测和分析,并进行必要的现场试验。20 世纪 80 年代后,我国发展了高压定向喷射灌浆技术,其原理是:将 30 ~ 50 MPa 的高压水和 0.7 ~ 0.8 MPa 的压缩空气输到喷嘴,喷嘴直径 2 ~ 3 mm,造成流速为 100 ~ 200 m/s 的射流,切割地层形成缝槽,同时由 1.0 MPa 左右的压力把水泥浆由另一钢管输送到另一喷嘴以充填上述缝槽并渗入缝壁砂砾石地层中,凝结后形成防渗板墙。施工时,在事先形成的泥浆护壁钻孔中,将高压喷头自下而上逐渐提升即可形成全孔高的防渗板墙。这种喷射板墙的渗透系数为 $10^{-5} \sim 10^{-6}$ cm/s,抗压强度为 6.0 ~ 20.0 MPa,容许渗透坡降突破规范限制,达到 80 ~ 100,施工效率高,有一定发展前途。

(四)防渗铺盖

这是一种由黏性土做成的水平防渗设施,是斜墙、心墙或均质坝体向上游延伸的部分。当采用垂直防渗有困难或不经济时,可考虑采用铺盖防渗,见图 4-41。

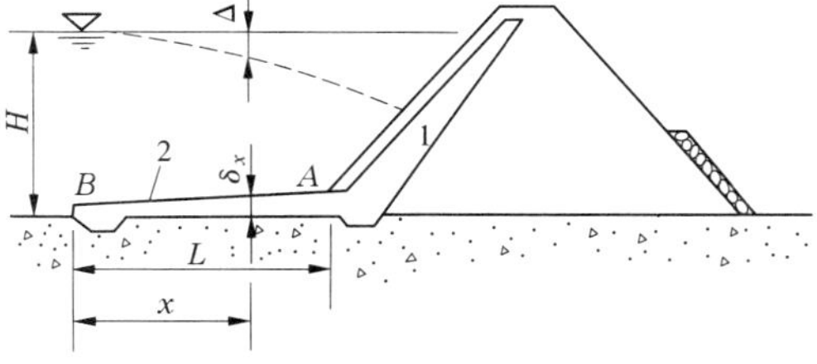

1—斜墙;2—铺盖

图 4-41　防渗铺盖示意

铺盖常用材料有黏土或砂质黏土,渗透系数应小于砂砾石层渗透系数的 1/100。铺盖长度一般为4～6倍水头，铺盖厚度主要取决于各点顶部和底部所受的水头差ΔH_x和土料的允许坡降[J]，即距上游端为x处的厚度应不小于$\delta_x = \Delta H_x/[J]$，[$J$]值对于黏土可取5～10，对壤土可取3～5。上游端部厚度不小于0.5 m，与斜墙连接处常达3～5 m。铺盖表面应设保护层，以防蓄水前黏土发生干裂及运用期间波浪作用和水流冲刷的破坏，铺盖与砂砾石地基之间应根据需要设置反滤层或垫层。

防渗铺盖构造简单，施工方便，但它不能完全截断渗流，只是通过延长渗径的办法，降低渗透坡降，减小渗透流量。同时，其运用可靠性较差，所以对高、中坝，复杂地层和防渗要求较高的工程，应慎重选用。

（五）排水减压措施

在强透水地基中采用铺盖防渗时，由于铺盖不能截断渗流，使渗水量和坝址处的逸出坡降较大，特别当坝基表层为相对不透水层时，坝趾处不透水层的下面可能有水头较大的承压水，致使坝基发生渗透变形，或造成下游地区的沼泽化；即使表层并非不透水层，冲积土的坝基也往往具有水平方向渗透系数大于垂直方向的特点，致使坝趾处仍保持有较大的渗压力水头，仍可能发生管涌或流土。针对以上这些情况，有时需在坝下游设置穿过相对不透水层并深入透水层一定深度的排水减压装置，以导出渗水，降低渗透压力，确保土石坝及其下游地区的安全。常用的排水减压设施有排水沟和排水减压井。

1. 排水沟

在坝趾稍下游平行坝轴线设置，沟底深入到透水的砂砾石层内，沟顶略高于地面，以防止周围表土的冲淤。按其构造，排水沟可分为暗沟和明沟两种。图4-42为排水暗沟，实际上也是坝身排水的组成部分；图4-43为排水明沟。两者都应沿渗流方向按反滤层布置，明沟沟底应有一定的纵坡与下游的河道连接。

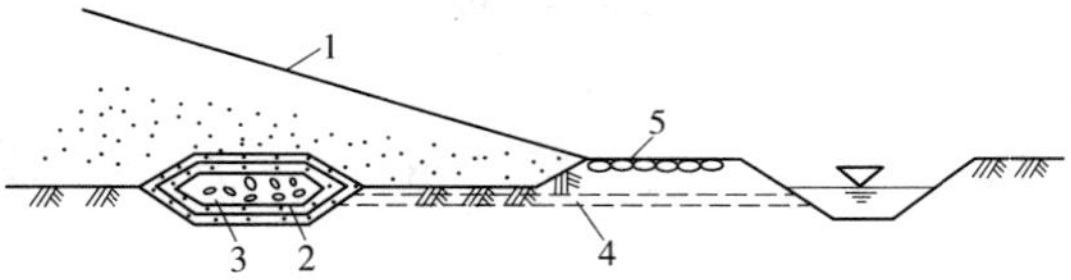

1—坝体；2—坝身排水设施；3—反滤层；4—排水暗沟；5—堆石盖重

图4-42 排水暗沟

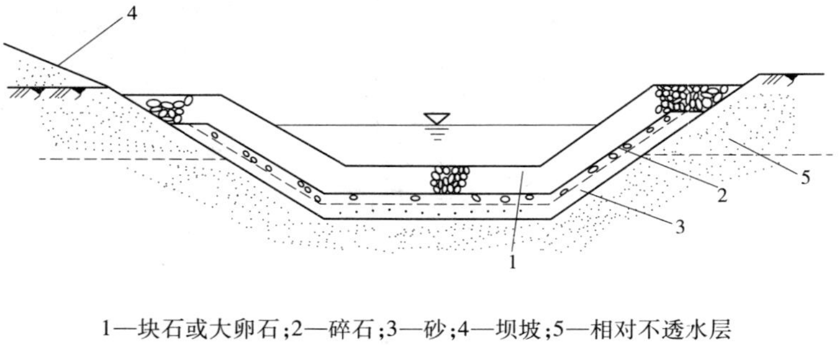

1—块石或大卵石；2—碎石；3—砂；4—坝坡；5—相对不透水层

图4-43 排水明沟

2. 排水减压井

排水减压井常用于不透水层较厚的情况，将深层承压水导出水面，然后从排水沟中排出，其构造图如图 4-44 所示。在钻孔中插入带有孔眼的井管，周围包以反滤料，管的直径一般为 20 ~ 30 cm，井距一般为 20 ~ 30 m。

有时也可施加盖重以保证在承压水作用下的工程安全。太平湖土坝同时采用了减压井和盖重两种方法，如图 4-45 所示。

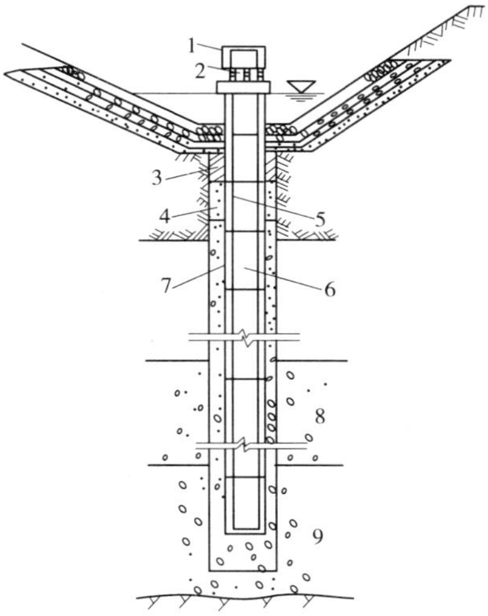

1—井帽；2—钢丝出水口；3—回填混凝土；4—回填砂；5—上升管；6—穿孔管；7—反滤料；8—砂砾石；9—砂卵石

图 4-44　排水减压井构造

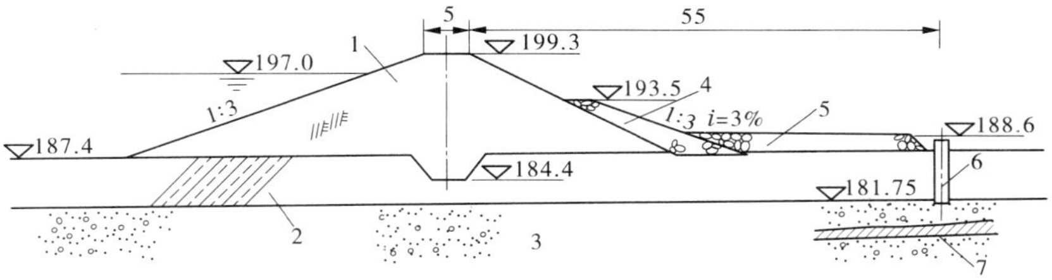

1—粉质黏土；2—重粉质壤土；3—砂砾石层；4—碎石培厚；5—透水盖重；6—减压井；7—软弱夹层

图 4-45　太平湖土坝减压井和透水盖重　（单位：m）

二、细砂与淤泥地基处理

（一）细砂与淤泥地基处理

微课 4-25　细砂与淤泥地基处理

饱和的均匀细砂地基在动力作用下，特别是在地震作用下易于液化，应采取工程措施加以处理。当厚度不大时，可考虑将其挖除。当厚度较大时，可首先考虑采取人工加密措施，使之达到与设计地震烈度相适应的密实状态，然后采取加盖重，并加强排水等附加防护设施。

在易液化土层的人工加密措施中，对浅层土可以进行表面振动加密，对深层土则以振冲、强夯等方法较为经济和有效。振冲法是依靠振动和水冲使砂土加密，并可在振冲孔中填入粗粒料形成砂石桩。强夯法是利用几十吨的重锤反复多次夯击地面，夯击产生的应力和振动通过波的传播影响到地层深处，可使不同深度的地层得到不同程度的加固。

（二）淤泥层的地基处理

淤泥层地基天然含水量大，容重小，抗剪强度低，承载能力小。当埋藏较浅且分布范围不大时，一般应把它全部挖除；当埋藏较深，分布范围又较宽时，则常采用压重法或设置砂井加速排水固结。压重施加于坝趾处，它与放缓坝坡所起的效果类似，但更为有效。这种压重材料只需有一定的重量而不需按反滤层设计。

砂井排水法，是在坝基中钻孔，然后在孔中填入砂砾，在地基中形成砂桩的一种方法。设置砂井后，地基中排除孔隙水的条件大为改善，可有效地增加地基土的固结速度。

三、软黏土和黄土地基处理

微课 4-26　软黏土和黄土地基处理

软黏土层较薄时，一般全部挖除。当土层较薄而其强度并不太低时，可只将表面较薄的可能不稳定的部位挖除，换填较高强度的砂，称为换砂法。有时只在表面上填筑一层砂，以改善坝基的排水条件，加快软黏土的固结。当采用上述方法不能解决问题时，也可采用砂井排水法。

黄土地基在我国西北部地区分布较广，其主要特点是浸水后沉降较大。处理的方法一般有：预先浸水，使其湿陷加固；将表层土挖除，换土压实；夯实表层土，破坏黄土的天然结构，使其密实等。

【单元探索】

借助互联网和智能手机，查阅最新的土石坝地基处理案例。

【单元练习】

一、判断题

1. 淤泥层地基当埋藏较浅且分布范围不大时，一般应把它全部挖除；当埋藏较深，分布范围又较宽时，则常采用压重法或设置砂井加速排水固结。（　　）

2. 黄土地基在我国西北部地区分布较广，其主要特点是浸水后沉降较小。（　　）

二、单项选择题

1. 对于砂砾石地基，不能完全截断渗流，只是通过延长渗径的办法，降低渗透坡降，减小渗透流量的地基处理措施是（　　）。

A. 黏土截水槽　　B. 混凝土防渗墙　　C. 板桩　　D. 防渗铺盖

2. 饱和的均匀细砂地基在动力作用下，特别是在地震作用下易于（　　）。

A. 液化　　B. 裂缝　　C. 沉陷　　D. 流失

三、填空题

1. 砂砾石地基的处理方法是________。属于“上防”的有铅直方向的黏土截水墙、________、板桩和帷幕灌浆，以及水平方向的________等；属于“下排”的有铅直方向的减压井和反滤式排水沟，以及水平方向的反滤式盖重等。

2. 当砂卵石层很厚时，采用其他处理方法都较困难或不够经济，可采用________。

四、简答题

1. 为什么要进行地基处理？地基处理的目的是什么？

2. 砂砾石地基的处理原则是什么？针对不同的深度，分别有哪些处理办法？

单元八　土石坝与坝基、岸坡及其他建筑物的连接

【单元导航】

问题1：土石坝坝体与土质地基及岸坡的连接应做到哪些？

问题2：土石坝坝体与岩质地基及岸坡的连接应做到哪些？

问题3：土石坝坝体与混凝土坝体的连接方式是什么？

【单元解析】

土石坝与坝基、岸坡及其他建筑物的接触面都是防渗的薄弱部位，必须妥善处理，使其结合紧密，避免产生集中渗流；保证坝体与河床及岸坡结合面的质量，不使其形成影响坝体稳定的软弱层面；并不致因岸坡形状或坡度不当引起坝体不均匀沉降而产生裂缝。

一、坝体与土质地基及岸坡的连接

微课 4-27　坝体与土质地基及岸坡的连接

坝体与土质地基及岸坡的连接必须做到以下几点：

(1)清除坝体与地基、岸坡接触范围内的草皮、树干、树根、含有植物的表土、蛮石、垃圾及其他废料，并将清理后的地基表面土层压实。

(2)对坝断面范围内的低强度、高压缩性软土及地震时易于液化的土层，进行清除或处理。

(3)防渗体必须坐落在相对不透水土基上，否则应采取适当的防渗处理措施。

(4)地基覆盖层与下游坝壳粗粒料(如堆石)接触处，应符合反滤层要求，否则必须设置反滤层，以防止地基土流失到坝壳中。

为使防渗体与岸坡紧密结合，防止发生不均匀沉降而导致裂缝，岸边开挖时应大致平顺，不应成台阶状或突然变坡，岸坡上缓下陡时，凸出部位的变坡角应小于20°。土质岸坡的坡度一般不陡于1∶1.5，见图4-46。

心墙和斜墙在与两端岸坡连接处应扩大其断面，以加强连接处防渗的可靠性，扩大断面与正常断面之间应以渐变的形式过渡。

二、坝体与岩石地基及岸坡的连接

坝体与岩石地基及岸坡的连接必须做到以下几点：

(1)坝断面范围内的岩石地基与岸坡，应清除表面松动石块、凹处积土和突出的岩石。

(2)土质防渗体和反滤层应与相对不透水的新鲜或弱风化岩石相连接。在开挖清理后，用混凝土或砂浆封堵清理后的张开节理裂隙和断层。基岩面上一般宜设混凝土盖板、喷混凝土层或喷浆层，将基岩与土质防渗体分隔开来，以防止接触冲刷。混凝土盖板还可兼作灌浆帽。

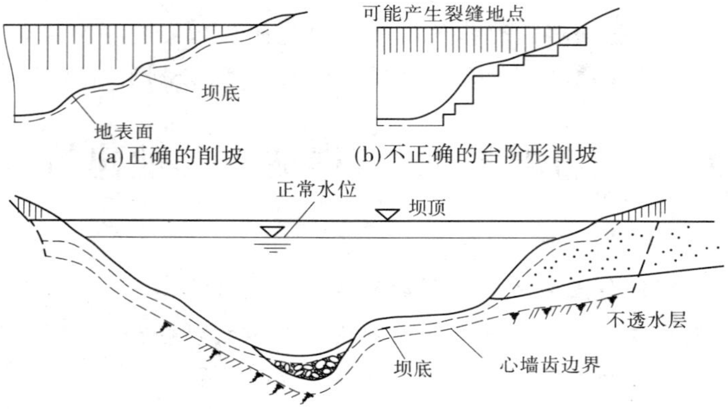

(c)心墙坐落在不透水层上

图 4-46　土石坝与岸坡的连接

(3)对失水时很快风化变质的软岩石(如页岩、泥岩等),开挖时应预留保护层(厚10～15 cm),待开始回填时,随挖除、随回填,或在开挖后用喷浆保护。

(4)土质防渗体与岩石或混凝土建筑物相接处,如防渗土料为细粒黏性土,则在邻近接触面0.5～1.0 m范围内,应控制在高于最优含水量不大于3%的情况下填筑,在填土前用黏土浆抹面。如防渗土料为砾石土,临近接触面应采用纯黏性土或砾石含量少的黏性土,在略高于最优含水量下填筑,使其结合良好并适应不均匀沉陷。

微课 4-28　坝体与岩石地基及岸坡的连接

岩石岸坡一般不陡于1∶0.5,陡于此坡度应有专门论证,并采取必要措施。岩石岸坡的其他要求与土质岸坡相同。

在高坝防渗体底部混凝土盖板以下的基岩中,宜进行固结灌浆和接触灌浆,以改善接触条件和基岩的力学性能。

三、坝体与混凝土建筑物的连接

土石坝与混凝土坝、溢洪道、船闸、涵管等混凝土建筑物的连接,必须防止接触面的集中渗流,防止因不均匀沉降而产生的裂缝,以及因水流对上下游坝坡和坝脚的冲刷而造成的危害。

(一)土石坝与重力坝的连接

土石坝与混凝土重力坝常采用插入式连接,如图 4-47 所示。其结构简单,工作可靠,从混凝土坝与土石坝的连接部位开始,混凝土坝的断面逐渐缩小,最后成为刚性心墙插入土石坝心墙内。这种连接形式,由于土石坝的坡脚要向混凝土坝方向延伸较长,故对中高坝不适于直接与混凝土溢流坝相连接。

(二)土石坝与溢流坝(或船闸)的连接

土石坝与船闸、混凝土溢流坝和溢洪道连接时常采用翼墙式连接,如图 4-48 所示。其中,图 4-48(a)的上、下游翼墙在平面上为圆弧形,其顶部高出上游水位。圆弧形翼墙

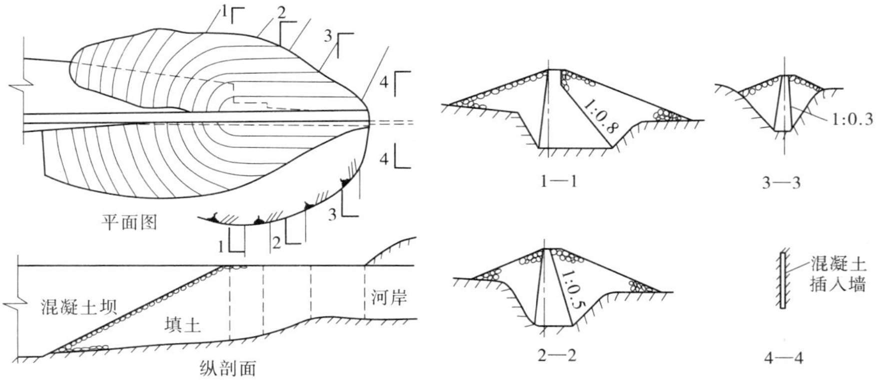

图 4-47　土石坝与混凝土坝的插入式连接

与土石坝的接触渗径较长，水流条件也较好，但工程量较大。图 4-48(b)是仅将上游翼墙做成圆弧形，而下游翼墙做成逐渐降低的斜降墙以节省工程量，但渗径较短。图 4-48(c)是上、下游翼墙均做成斜降墙式，为了增加渗径，可在翼墙背面设一至数道刺墙。

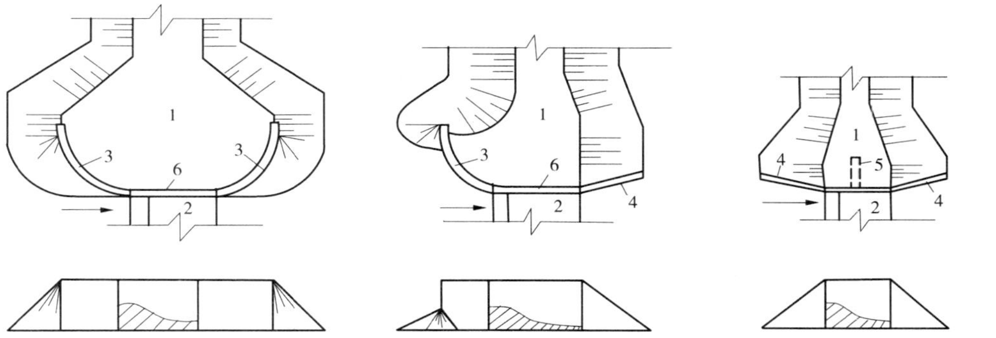

(a)上、下游圆弧形翼墙　(b)上游圆弧形，下游斜墙式反翼墙　(c)上、下游斜墙式反翼墙

1—土石坝；2—溢流重力坝；3—圆弧形翼墙；4—斜降式翼墙；5—刺墙；6—边墩

图 4-48　翼墙式连接

(三)土石坝与坝下埋管的连接

为了泄洪、灌溉、发电和供水的需要，可在土石坝下的岩基或压缩性很小的土基上埋设涵管。土质防渗体与坝下埋管连接处，应适当扩大防渗体断面，以延长渗径。在防渗体下游面与坝下涵管接触处，一定要做好反滤层，将涵管包起来，使从接触面上渗过来的水，通过反滤层逸出而不带走土料。其构造详见项目七。

【单元探索】

通过互联网和智能手机，查询一下土石坝与混凝土坝体连接的工程案例，并分析这些案例的连接方式和特点。

【单元练习】

一、判断题

1. 土石坝与混凝土重力坝常采用翼墙式连接。(　　)

2. 为了泄洪、灌溉、发电和供水的需要，可在土石坝下的岩基或压缩性很小的土基上埋设涵管。(　　)

二、单项选择题

1. 坝体与岩石岸坡连接时，岩石岸坡一般不陡于(　　)，陡于此坡度应有专门论证，并采取必要措施。

A. 1∶0.5　　B. 1∶1.0　　C. 1∶1.5　　D. 1∶2.0

2. 为使防渗体与岸坡紧密结合，防止发生不均匀沉降而导致裂缝，土质岸坡的坡度一般不陡于(　　)。

A. 1∶1.0　　B. 1∶1.5　　C. 1∶2.0　　D. 1∶3.0

三、填空题

1. 为使土石坝的防渗体与岸坡紧密结合，防止发生不均匀沉降而导致________，岸边开挖时应大致________，不应做成台阶状或突然变坡。

2. 土石坝与船闸、混凝土溢流坝和溢洪道连接时常采用________连接。

四、简答题

1. 土石坝与坝基、岸坡及其他建筑物连接时应注意什么问题？

2. 坝体与土质地基及岸坡的连接必须做到哪些？

单元九　面板堆石坝

【单元导航】

问题1：面板堆石坝的概念是什么？

问题2：面板堆石坝剖面都分为哪些区？各个区对筑坝材料的要求是什么？

问题3：面板堆石坝的特点是什么？适用条件是什么？

【单元解析】

一、概述

堆石坝泛指用石料经抛填、碾压等方法堆筑而成的一种坝型。堆石坝的筑坝材料主要采用(50%以上)粒径大于5 mm的碎(块)石和砂砾石。由于堆石体是透水的，故需要设置防渗体，一般堆石坝以防渗体材料的种类和位置来命名，如土质心墙堆石坝、混凝土面板堆石坝等。近年来，随着设计和施工水平的不断提高，堆石坝得到了广泛应用。

当前，堆石坝应用较多的坝型是面板堆石坝，其主要优点如下：

(1)结构特点。①碾压堆石的密度大，抗剪强度高，坝坡较陡，坝体工程量较小；②分层碾压的施工方法，使每层的上半部比下半部的平均粒径小、细粒含量高、表面平整，这不仅有利于施工，而且透水性好，通过堆石体的渗流容易从水平方向排出，坝体基本处于干燥状态，不存在扬压力和孔隙水压力，对坝体稳定和抗震有利；③分区堆石体具有透水、反滤作用；④全部堆石体都对挡水发挥作用。

(2)施工特点。①堆石体的分区使开挖的石料得到充分合理的利用，有利于降低造价；②堆石体的半透水性和反滤作用，有利于施工导流和度汛，降低临时工程费用；③受气候(雨季、严寒)影响小,可以较均衡地进行施工。

(3)运行和维修特点。碾压堆石体的沉降变形量很小,安全性高,维护工作量小。

二、钢筋混凝土面板堆石坝的剖面设计

(一)坝顶要求

面板堆石坝一般为梯形剖面,其坝顶宽度和坝顶高程的确定与土坝类似,其中坝顶宽度除应参考土石坝的要求外,还应兼顾面板堆石坝的施工要求,以便浇筑面板时有足够的工作面和进行滑模设备的操作,一般不宜小于 5 m。

面板堆石坝一般在坝顶上游侧设置钢筋混凝土防浪墙,以利于节省堆石填筑方量。防浪墙高可采用 4 ~ 6 m,背水面一般高于坝顶 1.0 ~ 1.2 m,底部与面板门应做好止水连接,如图 4-49 所示。对于低坝也可采用与面板整体连接的低防浪墙结构。

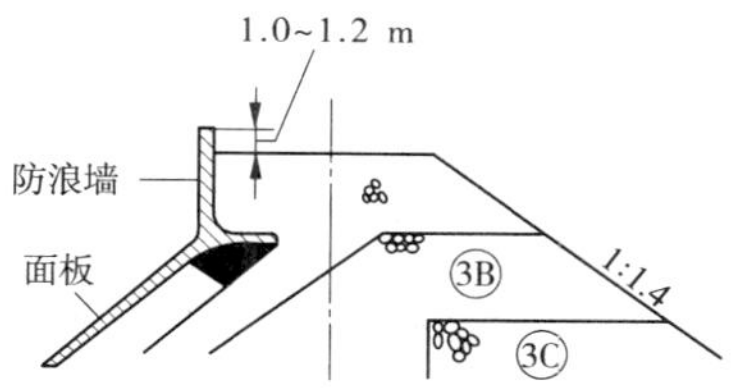

图 4-49 面板堆石坝坝顶构造

(二)坝坡

面板堆石坝的坝坡与堆石料的性质、坝高及地基条件有关,设计时可参考类似工程拟定。对于采用抗剪强度高的堆石料,上、下游坝坡在静力条件下均可采用堆石料的天然休止角对应的坡度,鉴于经过大型振动碾碾压的堆石体内摩擦角多大于 45°,因此一般采用1∶1.3 ~1∶1.4。对于地质条件较差或堆石料抗剪强度较低以及地震区的面板堆石坝,其坝坡应适当放缓。

三、钢筋混凝土面板堆石坝的构造

钢筋混凝土面板堆石坝主要由堆石体和钢筋混凝土面板防渗体等组成。

坝体应根据料源及对坝料强度、渗透性、压缩性、施工方便和经济合理等要求进行分区,并相应确定填筑标准。从上游向下游宜分为垫层区、过渡区、主堆石区、下游堆石区;在周边缝下游侧设置特殊垫层区;100 m 以上高坝,宜在面板上游低部位设置上游铺盖区及盖重区。

(一)堆石体

堆石体是面板下游的填筑体,是面板堆石坝的主体部分,根据其受力情况和在坝体上所发挥的功能,又可划分为垫层区(2A 区)、过渡区(3A 区)、主堆石区(3B 区)和次堆石区(3C 区),如图 4-50 所示。

1. 垫层区

垫层区是面板的直接支撑体,向堆石体均匀传递水压力,并起辅助渗流控制作用。垫层区应选用质地新鲜、坚硬且耐久性较好的石料,可采用经筛选加工的砂砾石、人工石料或者由两者混合掺配。高坝垫层料应具有连续级配,一般最大粒径为 80 ~ 100 mm,粒径小于 5 mm 的颗粒含量为 30% ~50% ,粒径小于 0.775 mm 的颗粒含量应少于 8% 。垫层料经压实后应具有内部渗透稳定性、低压缩性、抗剪强度高,并应具有良好的施工质量。垫层施工时每层铺筑厚度一般为 0.4 ~0.5 m,用 10 t 振动碾碾压 4 遍以上。对垫层上侧

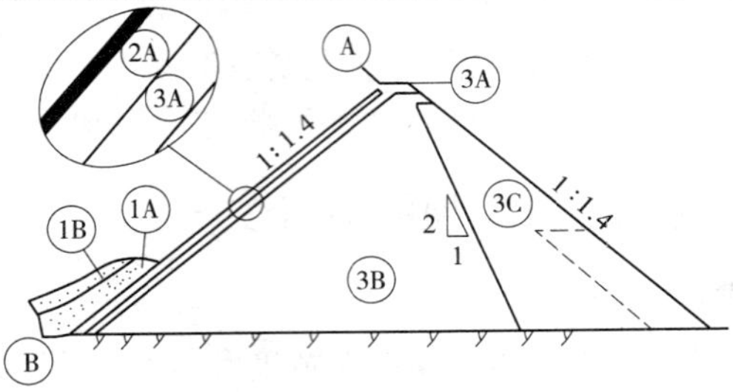

图 4-50 堆石坝分区示意

面，由于重型振动碾难于碾压，因此对上游坡面还应进行斜坡碾压。垫层区的水平宽度应由坝高、地形、施工工艺和经济比较确定。当采用汽车直接卸料、推土机平料的机械化施工时，垫层水平宽度以不小于3 m为宜。如采用反铲、装载机等及配合人工铺料，其水平宽度可适当减小，并相应增大过渡区宽度。垫层区可采用上下等宽布置；垫层区宜沿基岩接触面向下游适当扩大，延伸长度视岸坡地形、地质条件及坝高确定。应对垫层区的上游坡面提出平整度要求。

特殊垫层区是位于周边缝下游侧垫层区内，对周边缝及其附近面板上铺设的堵缝材料及水库泥沙起反滤作用。可以采用最大粒径小于40 mm且内部稳定的细反滤料，经薄层碾压密实，以尽量减少周边缝的位移。

2. 过渡区

过渡区位于垫层区和主堆石区之间，保护垫层并起过渡作用。石料的粒径级配和密实度应介于垫层区与主堆石区两者之间。由于垫层很薄，过渡区实际上是与垫层共同承担面板传力。此外，当面板开裂和止水失效而漏水时，过渡区应具有防止垫层内细颗粒流失的反滤作用，并保持自身的抗渗稳定性。过渡区细石料要求级配连续，最大粒径不宜超过300 mm，压实后应具有低压缩性和高抗剪强度，并具有自由排水性能。过渡区材料，可采用专门开采的细堆石料、经筛选加工的天然砂砾石料或洞挖石渣料等。该区水平宽度可取3～5 m，分层碾压厚度一般为0.4～0.5 m。

3. 主堆石区

主堆石区位于坝体上游区内，是承受水荷载的主要支撑体。它将面板承受的水压力传递到地基和下游次堆石区，该区既应具有足够的强度和较小的沉降量，同时也应具有一定的透水性和耐久性。主堆石区宜采用硬岩（饱和无侧限抗压强度大于或等于30 MPa的岩石）堆石料或砂砾料填筑。枢纽建筑物开挖石料符合主堆石区或下游堆石区质量要求者，也可分别用于主堆石区或下游堆石区。该区石料应级配良好，以便碾压密实。主堆石区填筑层厚一般为0.8～1.0 mm，最大粒径应不超过600 mm，用10 t振动碾碾压4遍以上。

4. 次堆石区

次堆石区位于坝体下游区，与主堆石区共同保持坝体稳定，其变形对面板影响轻微。因而对填筑要求可酌情放宽。石料最大粒径可达1 500 mm，填筑层厚1.5～2.0 m，用10 t振动碾碾压4遍。下游次堆石区在坝体底部下游水位以下部分，应采用能自由滤水、抗风化能力较强的石料填筑；下游水位以上部分，使用与主堆石区相同的材料，但可以采用较低的压实标准,或采用质量较差的石料,如各种软岩(饱和无侧限抗压强度小于 30 MPa 的岩石)料、风化石料等。

另外,混凝土面板上游铺盖区(1A 区)可采用粉土、粉细砂、粉煤灰或其他材料填筑;上游盖重区(1B 区)可采用渣料填筑;下游护坡可采用干砌石;或选用超径大石,运至下游坡面,以大头向外的方式堆放。

(二)防渗面板的构造

1. 钢筋混凝土面板

它位于堆石坝体上游面起防渗作用,其构造要求如下:

钢筋混凝土面板要求下游非黏性土坝体必须具有很小的变形,而面板本身也应能够适应坝体的相对变形。为此,钢筋混凝土面板在坝体完成初始变形后铺筑最为理想。

钢筋混凝土面板防渗体主要由防渗面板和趾板组成,如图 4-51(a)所示。面板是防渗的主体,对质量有较高的要求,即要求面板具有符合设计要求的强度、不透水性和耐久性。面板底部厚度宜采用最大工作水头的 1%,考虑施工要求。顶部最小厚度不宜小于 30 cm。

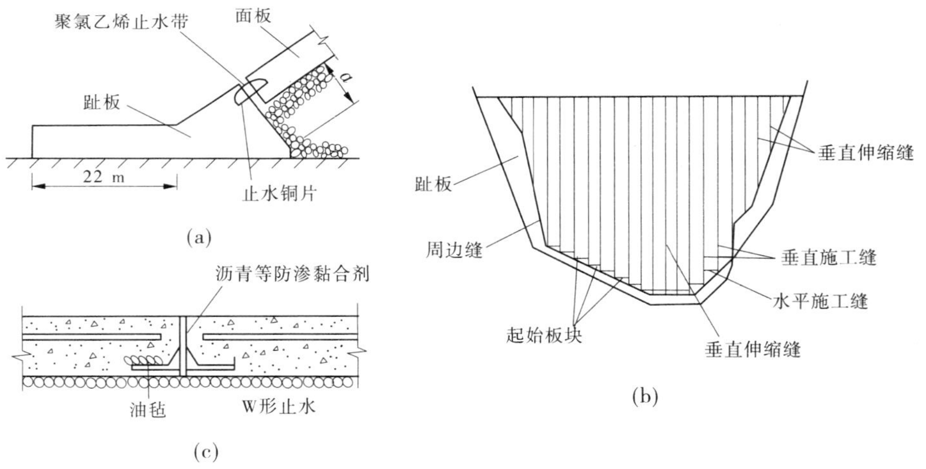

图 4-51　面板与趾板及分缝布置

为使面板适应坝体变形、施工要求和温度变化的影响,面板应设置伸缩缝和施工缝,如图 4-51(b)所示。垂直伸缩缝的间距,应根据面板受力条件和施工要求确定。位于面板中部一带,垂直伸缩间距可以取大些,一般以 10 ~ 18 m 为宜,靠近岸坡的垂直缝间距则应酌情减小。垂直缝宜采用平接[见图 4-51(c)],不使用柔性填充物,以便最大限度地减少面板的位移。水平施工缝一般设在坝底以上 1/3 ~ 1/4 坝高处。采用滑模施工时,为适应滑模连续施工的要求,也可以不设水平施工缝。

为控制温度和干缩裂缝及面板适应坝体变形而产生的应力;面板需要布置双向钢筋,每向配筋率为 0.3% ~ 0.5%。由于面板内力分布复杂、计算有一定的难度,故一般将钢筋布在面板中间部位。周边缝、垂直缝和水平缝附近配筋应适当加密,以控制局部拉应力和边角免遭挤压破坏。

2. 趾板(底座)

趾板是连接地基防渗体与面板的混凝土板,是面板的底座,其作用是保证面板与河床及岸坡之间的不透水连接,同时也作为坝基帷幕灌浆的盖板和滑模施工的起始工作面。

趾板的截面形式和布置如图4-51(a)所示,其沿水流方向的宽度 b 取决于作用水头 H 和坝基的性质,一般可按 $b = H/J$ 确定,J 为坝基的允许渗透比降。无资料时可取相对趾板位置水头的1/10~1/20,最小3.0 m,低坝最小可取2.0 m。对局部不良岸坡,应加大趾板宽度,增大固结灌浆范围。趾板厚度一般为0.5~1.0 m,最小厚度0.3~0.4 m。配筋布置可与面板相同。分缝位置应与面板分缝(垂直缝)对应。如果地基为岩基,可设锚筋与岩基固定。

面板接缝设计(包括面板与趾板的周边接缝和趾板之间接缝)主要是止水布置,周边缝止水布置最为关键。面板中间部位的伸缩缝,一般设1~2道止水,底部用止水铜片,上部用聚氯乙烯止水带。周边缝受力较复杂,一般用2~3道止水,在上述止水布置的中部再加PVC止水。如布置止水困难,可将周边缝面板局部加厚。

3. 面板与岸坡的连接

面板与岸坡的连接是整个面板防渗的薄弱环节,面板常因随坝体产生的位移而产生变形,使其与岸坡结合不紧密,甚至出现蹦离岸坡或产生错动的现象,形成集中渗流。设计中应特别慎重对待。

面板与岸坡的连接是通过趾板与岸坡连接的,面板与趾板又通过分缝和止水措施防渗。为此,了解面板与岸坡的连接,就必须了解趾板与岸坡的连接。

趾板作为面板与岸坡的不透水连接和灌浆压帽,应置于坚硬、不冲蚀和可灌浆的弱风化至新鲜基岩上(低坝或水头较小的岸坡段可酌情放宽),岸坡的开挖坡度不宜陡于1:0.5~1:0.7;对于强风化或有地质缺陷岩基的趾板,应采取专门的处理措施。趾板基础开挖应做到整体平顺,不带台阶,避免陡坎和反坡,当有妨碍垫层碾压的台阶、反坡或陡坎时,应做削坡或回填混凝土处理。

为保证趾板与岸坡紧密结合和加大灌浆压重,趾板与岸坡之间应插锚筋固定。锚筋直径一般为25~35 mm,间距1.0~1.5 m,长3~5 m。

趾板范围内的岸坡应满足自身稳定和防渗要求,为此,应认真做好该处岸坡的固结灌浆和帷幕灌浆设计。固结灌浆可布置两排,深3~5 m。帷幕灌浆宜布置在两排固结灌浆之间,一般为一排,深度按相应水头的1/3~1/2确定。灌浆孔的间距视岸坡地质条件而定,一般取2~4 m,重要工程应根据现场灌浆试验确定。为了保证岸坡的稳定,防止岸坡坍塌而砸坏趾板和面板,趾板高程以上的上游可按永久性边坡设计。

趾板范围内的基岩如有断层、破碎带、软弱夹层等不良地质条件,应根据其产状、规模和组成物质,逐条进行认真处理,可用混凝土塞做置换处理,延伸到下游一定距离,用反滤料覆盖,并加强趾板部位的灌浆。

趾板地基如遇深厚风化破碎及软弱岩层,难以开挖到弱风化岩层时,可以采取如下处理措施:延长渗径,如加宽趾板、设下游防渗板、设混凝土截水墙等;增设伸缩缝;下游铺设反滤料覆盖。

【单元探索】

借助互联网或智能手机,对比土石坝与面板堆石坝,了解这两种坝型的特点。

【单元练习】

一、判断题

1. 钢筋混凝土面板堆石坝主要是由堆石体和钢筋混凝土面板防渗体等组成的。(　　)

2. 过渡区位于垫层区和次堆石区之间,保护垫层并起过渡作用。(　　)

二、单项选择题

1. 主堆石区填筑层厚一般为 0.8 ~ 1.0 mm,最大粒径应不超过(　　) mm,用 10 t 振动碾碾压 4 遍以上。

A. 500　　B. 600　　C. 700　　D. 800

2. 面板堆石坝的坝坡与堆石料的性质、坝高及地基条件有关,鉴于经过大型振动碾碾压的堆石体内摩擦角多大于 45°,因此一般采用(　　)。

A. 1∶1.0 ~ 1∶1.1　　B. 1∶1.1 ~ 1∶1.2

C. 1∶1.2 ~ 1∶1.3　　D. 1∶1.3 ~ 1∶1.4

三、填空题

1. 面板堆石坝坝体从上游向下游宜分为垫层区、________、________、下游堆石区。

2. ________是连接地基防渗体与面板的混凝土板,是面板的底座。

四、简答题

1. 面板堆石坝与土石坝比较有哪些优缺点?

2. 面板堆石坝由哪些组成部分?各部分的要求是什么?

项目五 水 闸

【学习目标】

学习单元	能力目标	知识点
单元一	掌握水闸的概念与分类，掌握水闸的工作特点，掌握水闸的组成及各组成部分的作用，掌握水闸等级划分和洪水标准确定方法	水闸的概念； 开敞式水闸； 涵洞式水闸
单元二	掌握闸址选择方法，掌握水闸的过闸流量、闸底板高程、上下游水位和单宽流量的确定方法，掌握水闸闸孔尺寸的设计计算方法	波状水跃； 折冲水流； 单宽流量
单元三	了解过闸水流的特点和消能防冲设计条件，掌握水闸的底流消能工设计与构造方法，掌握辅助消能工的设计方法	消力池； 临界水跃； 海漫、防冲槽
单元四	掌握水闸地下轮廓的布置，掌握闸基渗流计算的原理、方法，掌握水闸防渗排水设施的设计与构造方法，了解侧向绕渗的概念及防渗措施	水闸地下轮廓（渗径长度）； 改进阻力系数法； 侧向绕渗
单元五	掌握闸底板的分类及平底板的分类、特点和适用性，掌握闸墩、胸墙、工作（交通）桥的设计与构造要求，理解止水的分类及构造要求	整体式底板； 分离式底板
单元六	掌握作用在水闸上荷载的计算方法，掌握荷载组合方法，掌握闸室稳定性分析及基底压应力计算方法，了解水闸地基处理方法	分层总和法； 地基处理
单元七	了解水闸底板、闸墩、胸墙、工作桥、交通桥等构件的计算原理和方法，掌握水闸结构施工图的识图方法	弹性地基梁法、反力直线分布法、倒置梁法； 不平衡剪力； 文克尔假定
单元八	掌握水闸两岸连接建筑物的类型、作用及适用性，理解边墩和岸墙的类型和适用性	翼墙； 边墩、岸墙
单元九	了解水闸闸门的类型与构造组成，了解启闭机的类型	闸门的概念； 启闭机的概念

单元一　概　述

【单元导航】

问题1:何谓水闸? 其用途有哪些?

问题2:水闸由哪些部分组成? 其工作特点如何?

【单元解析】

水闸是一种控制水位和调节流量的低水头水工建筑物,具有挡水和泄水的双重作用。

一、水闸的类型

微课5-1　水闸的类型

(一)按水闸所承担的任务分类

(1)进水闸(取水闸)。建在天然河道、水库、湖泊的岸边及渠道的首部,用于引水,并控制引水流量,以满足发电或供水的需要。

(2)节制闸。灌溉渠系中的节制闸一般建于干、支、斗渠分水口的下游。拦河而建的节制闸也叫拦河闸,用于在枯水期抬高水位,以满足上游取水或航运的需要;在洪水期提闸泄水,控制下泄流量。

(3)冲沙闸(排沙闸)。多建在多泥沙河流上的引水枢纽或渠系中布置有节制闸的分水枢纽处及沉沙池的末端,用于排除泥沙。一般与节制闸并排布置。

(4)分洪闸。建造在天然河道的一侧。用于将超过下游河道安全泄量的洪水泄入湖泊、洼地等滞洪区,以削减洪峰,保证下游河道的安全。

(5)排水闸。在江河沿岸排水渠的出口处建造,排除其附近低洼地区的积水,当外河水位高时关闸以防河水倒灌。其具有闸底板高程较低,且受双向水头作用的特点。

(6)挡潮闸。建在入海河口附近,涨潮时关闸,防止海水倒灌;退潮时开闸放水。挡潮闸也具有双向承受水头作用的特点,且操作频繁。

上述各水闸的布置示意图见图5-1。

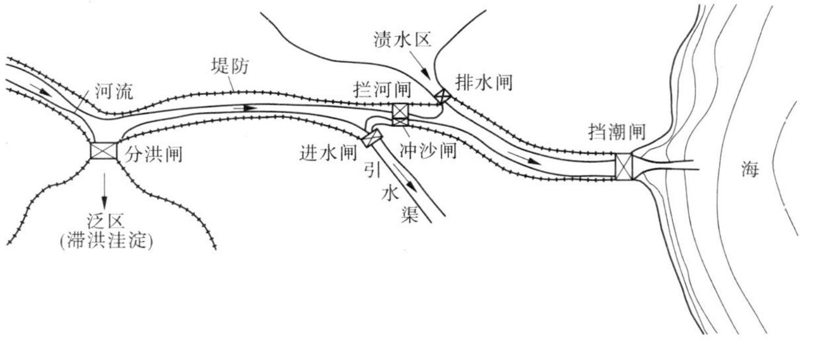

图5-1　水闸的布置示意图

(二)按闸室结构的形式分类

(1)开敞式。闸室是露天的,可分为无胸墙和有胸墙两种形式,见图5-2(a)、(b)。

当上游水位变幅较大而过闸流量不大时，采用胸墙式，既可降低闸门高度，又能减少启闭力；当有泄洪、通航、排冰、过木等要求时，宜采用无胸墙的开敞式水闸。

（2）涵洞式。水闸修建在河、渠堤之下时，便成为涵洞式水闸，见图5-2（c）。根据水力条件的不同，可分为有压式和无压式两类，其适用情况基本同胸墙式水闸。

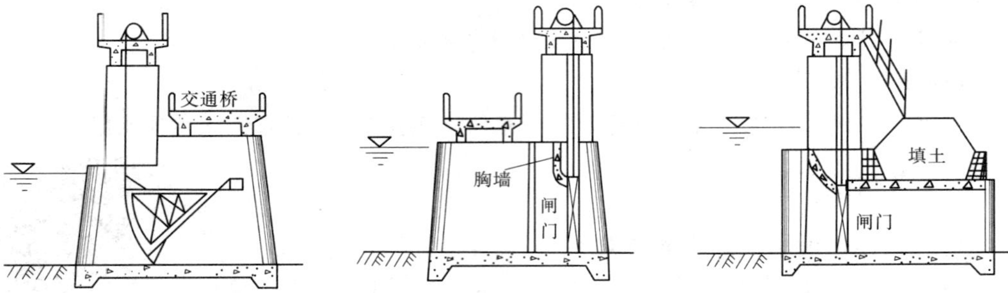

图5-2　水闸闸室结构分类图

二、水闸的工作特点和设计要求

微课5-2　水闸的工作特点

水闸是一种既挡水又泄水的低水头水工建筑物，且多修建在土质地基上，因而它在抗滑稳定、防渗、消能防冲及沉陷等方面具有以下工作特点和设计要求：

（1）当水闸完建时，可能因较大的垂直荷载，使基底压力超过地基容许承载力，导致闸基土深层滑动失稳。因此，水闸必须具有适当的基础（底板）面积，以满足应力要求。

（2）当水闸挡水时，上、下游水位差形成的水平水压力，可能使水闸产生滑动。同时，这种水位差还会引起闸基及两岸的渗流，渗流不仅将对水闸底部施加向上的渗透压力，降低水闸的抗滑稳定性，而且还可能在闸基及两岸土壤中产生渗透变形。因此，水闸必须具有足够的重量以维持自身的稳定，且应妥善设计防渗设施，并在渗流逸出处设反滤层等设施以保证不发生渗透变形。

（3）当水闸泄水时，一方面水闸需满足有足够的过流能力；另一方面，过闸水流具有较大动能，且流态较复杂，易在下游河床及两岸产生有害冲刷。因此，设计水闸时，应合理确定水闸孔口尺寸，同时要采取有效的消能防冲措施，确保泄流安全。

（4）当闸基为软土地基时，由于地基的抗剪强度低，压缩性比较大，水闸在重力和外荷载作用下，可能产生较大沉陷，尤其是不均匀沉陷，导致水闸倾斜，甚至断裂，影响水闸正常使用。因此，设计时必须合理选择闸型和构造，排好施工程序及采取必要的地基处理措施等，以减小地基沉陷。

三、水闸的组成

水闸一般由上游连接段、闸室段及下游连接段三部分组成，见图5-3。

(一)闸室段

它是水闸的主体部分,起挡水和调节水流作用。包括底板、闸墩、闸门、胸墙、工作桥和交通桥等。底板是水闸闸室基础,承受闸室全部荷载并较均匀地传给地基,兼起防渗和防冲作用,同时闸室的稳定主要由底板与地基间的摩擦力来维持;闸墩的主要作用是分隔闸孔,支撑闸门,承受和传递上部结构荷载;闸门则用于控制水位和调节流量;工作桥和交通桥,用于安装启闭设备、操作闸门和联系两岸交通。

微课 5-3 水闸的组成

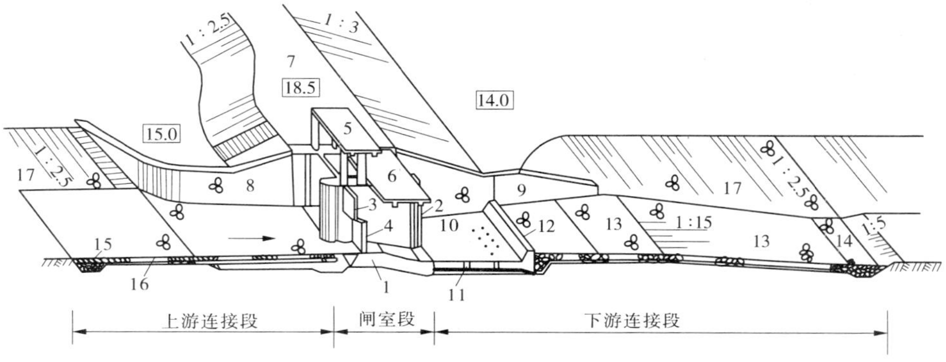

1—闸室底板;2—闸墩;3—胸墙;4—闸门;5—工作桥;6—交通桥;7—堤顶;8—上游翼墙;9—下游翼墙;10—护坦;11—排水孔;12—消力坎;13—海漫;14—下游防冲槽;15—上游防冲槽;16—上游护底;17—上、下游护坡

图 5-3 开敞式水闸组成示意图

(二)上游连接段

上游连接段主要是引导水流平顺、均匀地进入闸室,同时起防冲、防渗和挡土作用。一般由上游防冲槽、护底、铺盖、上游护坡和翼墙等部分组成。

(三)下游连接段

下游连接段主要用来引导水流均匀扩散,消能、防冲及安全排出流经闸基和两岸的渗流。一般包括消力池、海漫、下游防冲槽、下游翼墙及两岸护坡等。

微课 5-4 水闸等级划分和洪水标准

四、水闸的等级划分和洪水标准

(1)水闸枢纽工程的等别及枢纽中永久性水工建筑物级别仍根据国家现行的《水利水电工程等级划分及洪水标准》(SL 252—2017)的规定确定,详见绪论。拦河闸、挡潮闸的洪(潮)水标准如表 5-1 所示。

表 5-1 拦河闸、挡潮闸的洪(潮)水标准

永久性水工建筑物级别		1	2	3	4	5
洪水标准[重现期(年)]	设计	100~50	50~30	30~20	20~10	10
	校核	300~200	200~100	100~50	50~30	30~20
潮水标准[重现期(年)]		≥100	100~50	50~30	30~20	20~10

注:对具有挡潮工况的永久性水工建筑物,按表中潮水标准执行。

(2)位于防洪(挡潮)堤上的水闸,其级别和防洪标准不得低于防洪(挡潮)堤的级别和防洪标准。

(3)平原区水闸闸下消能防冲的洪水标准应与该水闸洪水标准一致,并应考虑泄放小于消能防冲设计洪水标准的流量时可能出现的不利情况。山区、丘陵区水闸闸下消能防冲设计洪水标准,见表5-2。当泄放超过消能防冲设计洪水标准的流量时,允许消能防冲设施出现局部破坏,但必须不危及水闸闸室安全,且易于修复,不致长期影响工程运行。

表5-2 山区、丘陵区水闸闸下消能防冲设计洪水标准

水闸级别	1	2	3	4	5
闸下消能防冲设计洪水重现期(年)	100	50	30	20	10

【单元探索】

比较水闸与之前学习过的挡水与泄水建筑物的异同点。

【单元练习】

一、判断题

1. 水闸既是挡水建筑物,又是泄水建筑物。(　　)

2. 下游连接段的主要作用是引导水流平稳地进入闸室,同时起防冲、防渗、挡土等作用。(　　)

二、单项选择题

1. 枯水期用以拦截水流并抬高水位,以利上游取水或航运要求;洪水期则开闸泄洪,控制下泄流量以便防洪的水闸是(　　)。

A. 节制闸　　B. 进水闸　　C. 分洪闸　　D. 排水闸

2. 一般有泄洪、排水、过木等要求时,多采用(　　)水闸。

A. 不带胸墙的开敞式　B. 带胸墙的开敞式　C. 涵洞式　D. 封闭式

三、填空题

1. 水闸的工作特点主要体现在________、________、________、________等四个方面。

2. 水闸通常由________、________、________三部分组成。

单元二　闸址选择与闸孔设计

【单元导航】

问题1:水闸闸址选择的影响因素有哪些?如何选择闸址?

问题2:影响水闸孔口尺寸确定的因素有哪些?如何设计?

【单元解析】

一、闸址选择

闸址选择应根据水闸的功能、特点和运用要求以及区域经济条件,综合考虑地形、地质、水流、潮汐、泥沙、冰情、施工、管理、周围环境等因素,经过技术经济比较后确定。

节制闸或泄洪闸闸址宜选择在河道顺直、河势相对稳定的河段,经技术经济比较后也可选择在弯曲河段裁弯取直的新开河道上。

进水闸、分水闸或分洪闸闸址宜选择在河岸基本稳定的顺直河段或弯道凹岸顶点稍偏下游处，但分洪闸闸址不宜选择在险工堤段和被保护重要城镇的下游堤段。

排水闸（排涝闸）或泄水闸（退水闸）闸址宜选择在地势低洼、出水通畅处，排水闸（排涝闸）闸址宜选择在靠近主要涝区和容泄区的老堤堤线上。

挡潮闸闸址宜选择在岸线和岸坡稳定的潮汐河口附近，且闸址泓滩冲淤变化较小、上游河道有足够的蓄水容积的地点。

选择闸址应考虑材料来源、对外交通、施工导流、场地布置、基坑排水、施工水电供应等条件，同时还应考虑水闸建成后工程管理维修和防汛抢险等条件。

选择闸址还应考虑：占用土地及拆迁房屋少；尽量利用周围已有公路、航运、动力、通信等公用设施；有利于绿化、净化、美化环境和生态环境保护；有利于开展综合经营。

二、闸孔和底板形式选择

闸孔形式有开敞式和涵洞式两大类，其选用条件已在“单元一水闸的类型”中说明。

微课 5-5　闸孔形式的选择

闸底板形式有宽顶堰和低实用堰两种。

（1）平底板宽顶堰具有结构简单、施工方便、有利于排沙冲淤、泄流能力比较稳定等优点；其缺点是自由泄流时流量系数较小，闸后比较容易产生波状水跃。

（2）低实用堰有 WES 低堰、梯形堰和驼峰堰等形式，见图 5-4。其优点是自由泄流时流量系数较大，可缩短闸孔宽度和减小闸门高度，并能拦截泥沙入渠；缺点是泄流能力受下游水位变化的影响显著，当淹没度增加时（$h_s>0.6H$），泄流能力急剧下降。当上游水位较高而又需限制过闸单宽流量，或由于地基表层松软需降低闸底高程又要避免闸门高度过大时，以及在多泥沙河道上有拦沙要求时，常选用这种形式。

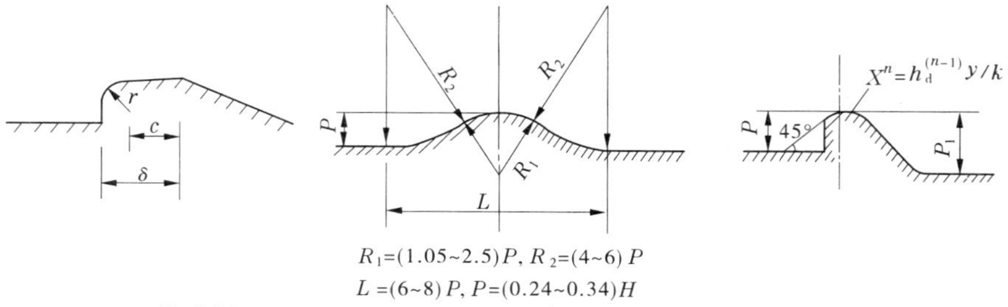

(a)梯形堰　　(b)驼峰堰　　(c)WES低堰

图 5-4　低实用堰

三、设计流量和上、下游水位确定

水闸的设计流量和上、下游水位，应根据其所担负的任务不同，分别进行确定。

(一)拦河闸

拦河闸的设计流量可采用设计洪水标准或校核洪水标准所相应的洪峰流量。下游水位可由通过设计流量时,河道的水位流量关系曲线中查得;上游水位按下游水位加 0.1 ~0.3 m 落差求得,同时还应综合考虑上下游用水要求及上游回水淹没损失情况,经方案比较后确定。

微课 5-6 上、下游水位的确定

(二)进水闸

进水闸的设计流量为渠道的设计取用流量。下游水位一般由供水区域高程控制要求和渠道通过设计流量时的水位流量关系曲线求得;上游水位可按下游水位加 0.1 ~0.3 m 落差确定。

(三)排水闸

排水闸的排水设计流量可由设计暴雨、汇水面积及排水时间来确定,当有其他来水汇入时,应增加相应的排水量。上游水位为渍水区内或排水渠末端相应于排水设计流量的水位;排水闸一般在外河水位稍低时就开闸抢排,故通常选择低于上游水位 0.05 ~0.1 m 的外河水位作为排水闸的下游设计水位。

四、闸底板高程的选定

闸底板高程的选定关系到闸孔形式和尺寸的确定,直接影响整个水闸的工程量和造价。闸底板高程的确定应依据河(渠)底高程、水流、泥沙、闸址地形、地质等条件,并结合水闸规模、所选用的堰型、门型,经技术经济比较确定。对于小型水闸,由于两岸连接建筑物在整个工程量中所占比重较大,将闸底板高程定得高些,可能是经济的。在大、中型水闸中,适当降低闸底板高程,常常是有利的。

微课 5-7 底板高程的拟定

一般情况下,节制闸、泄洪闸、进水闸或冲沙闸的闸底板高程宜与河(渠)底齐平,以便多泄(引)水,多冲沙;多泥沙河流上的进水闸、分水闸及分洪闸,在满足引水、分水或泄水的条件下,闸底板高程可比河(渠)底略高一些;排水闸(排涝闸)、泄水闸或挡潮闸(常常兼有排涝闸的作用),闸底板高程应尽量定得低些,以保证将涝水或渠系集水面积内的洪水迅速排走,一般略低于或齐平闸前排水渠的渠底。

五、过闸单宽流量的确定

过闸单宽流量的选用主要取决于河床或渠道的地质条件,同时还要考虑水闸上、下游水位差,下游尾水深度等因素影响,兼顾泄洪能力和下游消能防冲两个方面。根据我国的经验,对黏土地基可取 15 ~25 $m^3/(s \cdot m)$;壤土地基可取 15 ~20 $m^3/(s \cdot m)$;砂壤土地基可取 10 ~15 $m^3/(s \cdot m)$;粉砂、细砂、粉土和淤泥地基可取 5 ~10 $m^3/(s \cdot m)$。

微课 5-8 过闸单宽流量的选定

六、闸孔宽度的确定

根据已确定的过闸流量、上下游水位、底板高程、闸孔形式和堰型,即可用水力学公式计算水闸的闸孔尺寸。

(一)闸孔总净宽度的确定

水闸最常用的闸槛形式是平底板宽顶堰型,因此本书只列出该堰型闸孔总净宽的计算公式。对于设有低堰或其他堰型的水闸闸孔总净宽计算,可参考有关水力学计算手册。

微课 5-9　闸孔尺寸计算

(1)当为堰流时,闸孔总净宽 B_0 可按式(5-1)进行计算,计算示意图见图 5-5(a)。

$$B_0 = \frac{Q}{\sigma \varepsilon m \sqrt{2gH_0^3}} \tag{5-1}$$

单孔闸

$$\varepsilon = 1 - 0.171\left(1 - \frac{b_0}{b_s}\right)\sqrt[4]{\frac{b_0}{b_s}} \tag{5-2}$$

多孔闸,闸墩墩头为圆弧形时

$$\varepsilon = \frac{\varepsilon_z(N-1) + \varepsilon_b}{N} \tag{5-3}$$

$$\varepsilon_z = 1 - 0.171\left(1 - \frac{b_0}{b_s + d_z}\right)\sqrt[4]{\frac{b_0}{b_s + d_z}} \tag{5-4}$$

$$\varepsilon_b = 1 - 0.171\left(1 - \frac{b_0}{b_0 + \frac{d_z}{2} + b_b}\right)\sqrt[4]{\frac{b_0}{b_0 + \frac{d_z}{2} + b_b}} \tag{5-5}$$

$$\sigma = 2.31\frac{h_s}{H_0}\left(1 - \frac{h_s}{H_0}\right)^{0.4} \tag{5-6}$$

式中　B_0——闸孔总净宽,m;

Q——过闸流量,m^3/s;

H_0——计入行近流速水头的堰上水深,m;

ε——堰流侧收缩系数,单孔闸按式(5-2)计算,多孔闸可按式(5-3)计算;

m——堰流流量系数,可采用 0.385;

b_0——每孔净宽,m;

b_s——上游河道一半水深处的宽度,m;

ε_z——中闸孔侧收缩系数,可按式(5-4)计算;

ε_b——边闸孔侧收缩系数,可按式(5-5)计算;

σ——堰流淹没系数,可按式(5-6)计算;

g——重力加速度,可采用 9.81 m/s^2;

N——闸孔数;

d_z——中闸墩厚度,m;

b_b——边闸墩顺水流向边缘至上游河道水边线之间的距离,m;

h_s——由堰顶算起的下游水深,m。

当堰顶处于高淹没度($h_s/H_0 \geq 0.9$)时,B_0 也可按式(5-7)计算。

$$B_0 = \frac{Q}{\mu_0 h_s \sqrt{2g(H_0 - h_s)}} \tag{5-7}$$

$$\mu_0 = 0.887 + \left(\frac{h_s}{H_0} - 0.65\right)^2 \quad (5\text{-}8)$$

式中　μ_0——淹没堰流的综合流量系数，可按式(5-8)计算。

(2)当为孔流时(闸门开启度或胸墙下孔口高度 h_e 与堰上水头 H 的比值 $h_e/H \leq 0.65$)，闸孔总净宽 B_0 可按式(5-9)计算，计算示意图见图5-5(b)。

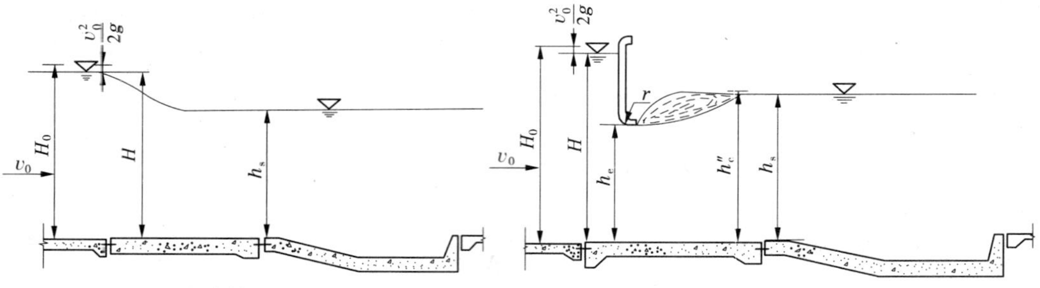

(a)堰流计算示意图　　(b)孔流计算示意图

图5-5　闸孔尺寸计算示意图

$$B_0 = \frac{Q}{\sigma'\mu h_e\sqrt{2gH_0}} \quad (5\text{-}9)$$

$$\mu = \varphi\varepsilon'\sqrt{1 - \frac{\varepsilon' h_e}{H}} \quad (5\text{-}10)$$

$$\varepsilon' = \frac{1}{1 + \sqrt{\lambda\left[1 - \left(\frac{h_e}{H}\right)^2\right]}} \quad (5\text{-}11)$$

$$\lambda = \frac{0.4}{2.718^{16\frac{r}{h_e}}} \quad (5\text{-}12)$$

式中　h_e——孔口高度，m；

μ——孔流流量系数，可按式(5-10)计算；

φ——孔流流速系数，可采用0.95～1.0；

ε'——孔流垂直收缩系数，可由式(5-11)计算求得；

λ——计算系数，可由式(5-12)计算求得，该公式适用于 $0 < r/h_e < 0.25$ 范围；

r——胸墙底圆弧半径，m；

σ'——孔流淹没系数，可由表5-3查得，表中 h_c'' 为跃后水深，m。

表5-3　σ'值

$\frac{h_s - h_c''}{H - h_c''}$	≤0	0.1	0.2	0.3	0.4	0.5	0.6	0.7	0.8	0.9	0.92	0.94	0.96	0.98	0.99	0.995
σ'	1.00	0.86	0.78	0.71	0.66	0.59	0.52	0.45	0.36	0.23	0.19	0.16	0.12	0.07	0.04	0.02

(二)闸室总宽度的确定

闸孔总净宽求出后，即可根据水闸的使用要求、闸门形式、启闭机容量等因素，参照闸门系列尺寸，选定闸孔单孔宽度。大中型水闸的单孔宽度一般采用 8 ~ 12 m；小型水闸的单孔宽度一般为 3 ~5 m。孔宽 b 确定后，孔数 $n = B_0/b$，设计中 n 值应取略大于计算值的整数。孔数少于 6 孔时，宜采用单数。

闸室总宽度 $B = nb + \sum d_z$，其中 d_z 为闸墩厚度。闸室总宽度拟定后，考虑闸墩形状等因素影响，应进一步验算水闸在设计和校核水位下的过水能力，计算的过水能力与设计过流量的差值不得超过 ±5%。

从过水能力和消能防冲两方面考虑，闸室总宽度 B 值还应与上、下游河道或渠道宽度相适应。一般闸室总宽度应等于或大于 0.6 ~0.85 倍的河（渠）道宽度。

【单元探索】

比较水闸孔口尺寸与溢流重力坝孔口尺寸确定的异同点。

【单元练习】

一、判断题

1. 排水闸（排涝闸）闸址宜选择在靠近主要涝区和容泄区的老堤堤线上。（　　）

2. 闸室总宽度拟定后，验算的过水能力与设计过流量的差值不得超过 ±5%。（　　）

二、单项选择题

1.（　　）设计流量可由设计暴雨、汇水面积及排水时间来确定，当有其他来水汇入时，应增加相应的排水量。。

A. 拦河闸　　B. 进水闸　　C. 分洪闸　　D. 排水闸

2.（　　）闸底板高程一般略低于或齐平闸前排水渠的渠底。

A. 拦河闸　　B. 进水闸　　C. 分洪闸　　D. 排水闸

三、填空题

1. 过闸单宽流量的选用主要取决于河床或渠道的地质条件，兼顾________、________两个方面。

2. 平底板宽顶堰具有________、________、________、________等优点；其缺点是自由泄流时流量系数较小，闸后比较容易产生波状水跃。

单元三　水闸的消能防冲设计

【单元导航】

问题 1：水闸下游可能发生的不利水流流态有哪些？如何防止？

问题 2：如何选择水闸消能防冲设计的水力条件？

问题 3：水闸消能防冲的具体设计内容和构造要求有哪些？

微课 5-10　消能防冲设计

【单元解析】

一、过闸水流的特点及闸下游发生冲刷的原因

（1）当水闸初始泄流时，闸下游水深较浅，随着闸门开度的增加而逐渐加深，在这个过程中，出闸水流从孔流到堰流，从自由出流到淹没出流都会发生。当闸下不能形成淹没

水跃或水跃淹没度过大时，以致垂直扩散不良，急流沿底部推进，形成严重的脉动现象。

（2）当水闸的上下游水位差较小，相应的弗劳德数 Fr 较低（$1.0 < Fr < 1.7$）时，会出现波状水跃，消能效果较差，对下游河床或渠道产生较大的冲刷。

（3）出闸水流是由窄流向宽，如果水闸下游翼墙布置不当，水流扩散不良或水闸在运用时开启孔数过少及闸孔开启不对称，都易产生左冲右撞、淘刷河床及河岸的折冲水流。

二、消能防冲设计的水力条件

（一）闸下水流的消能方式

水闸的消能方式一般采用底流式，平原地区水闸尤其如此。当水闸承受较高水头，且闸下河床及岸坡为坚硬岩体时，可采用挑流式消能。当水闸闸下尾水深度较大，且变化较小，河床及岸坡抗冲能力较强时，可采用面流式消能。在挟有较大砾石的多泥沙河流上的水闸，不宜设消力池，可采用抗冲耐磨的斜坡护坦与下游河道连接，末端应设防冲墙。在高速水流部位，尚应采取抗冲磨与抗空蚀的措施。

（二）消能防冲设计的水力条件选择

水闸在泄流（或引水）过程中，随着闸门开启度不同，闸下水深、流态和过闸流量也随之变化，设计条件较难确定。一般是以上游最高水位、下游始流水位为可能出现的最低水位、闸门部分开启、单宽流量大为控制条件。设计时应以闸门的开启程序、开启孔数和开启高度进行多种组合计算，通过分析比较确定。

三、底流式消能设计

底流式消能的作用是增加下游水深，以保证产生淹没式水跃，防止土基冲刷破坏，保证闸室安全。底流式消能防冲设施由消力池、海漫、防冲槽等部分组成。

微课 5-11　底流消能工

（一）消力池

1. 消力池形式的选用

底流式消能有下挖式消力池、突槛式消力池和综合式消力池等形式。当闸下尾水深度小于跃后水深时，可采用下挖式消力池消能；当闸下尾水深度略小于跃后水深时，可采用突槛式消力池消能；当闸下尾水深度远小于跃后水深，且计算消力池深度又较深时，可采用下挖式消力池与突槛式消力池相结合的综合式消力池消能。当水闸上、下游水位差较大，且尾水深度较浅时，宜采用二级或多级消力池消能。对于大型多孔闸，可根据需要设置隔墩或导墙进行分区消能防冲布置。

2. 消力池的尺寸确定

消力池的深度可按公式（5-13）计算，计算示意图见图 5-6。

$$d = \sigma_0 h''_c - h'_s - \Delta Z \tag{5-13}$$

$$h''_c = \frac{h_c}{2}\left(\sqrt{1 + \frac{8\alpha q^2}{g h_c^3}} - 1\right)\left(\frac{b_1}{b_2}\right)^{0.25} \tag{5-14}$$

$$h_c^3 - T_0 h_c^2 + \frac{\alpha q^2}{2 g \varphi^2} = 0 \tag{5-15}$$

$$\Delta Z = \frac{\alpha q^2}{2g\varphi^2 h_s'^2} - \frac{\alpha q^2}{2gh_c''^2} \tag{5-16}$$

式中　d——消力池深度，m；

σ_0——水跃淹没系数,可采用1.05～1.10；

h_c''——跃后水深，m；

h_c——收缩水深，m；

α——水流动能校正系数,可采用1.0～1.05；

q——过闸单宽流量，$m^3/(s \cdot m)$；

b_1——消力池首端宽度，m；

b_2——消力池末端宽度，m；

h_s'——出池河床水深，m；

T_0——由消力池底板顶面算起的总势能，m；

ΔZ——出池落差，m。

消力池的长度可按式(5-17)、式(5-18)计算,计算示意图见图5-6。

$$L_{sj} = L_s + \beta L_j \tag{5-17}$$

$$L_j = 6.9(h_c'' - h_c) \tag{5-18}$$

式中　L_{sj}——消力池长度,m；

L_s——消力池斜坡段水平投影长度，m；

β——水跃长度校正系数,可采用0.7～0.8；

L_j——水跃长度，m。

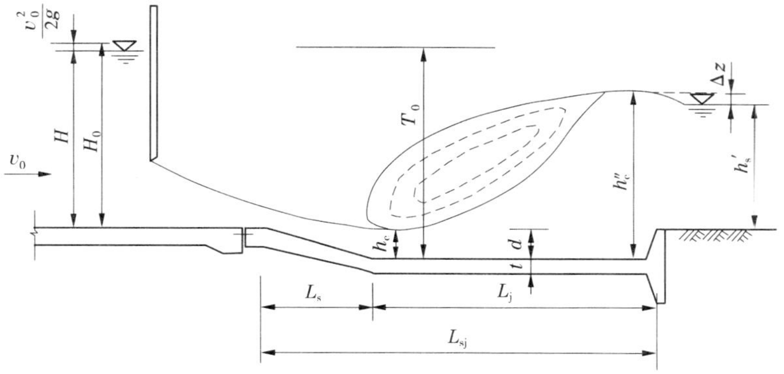

图5-6　消力池池长、池深计算示意图

消力池底板厚度可根据抗冲和抗浮要求确定,一般大中型水闸为0.5～1.0 m,长消力池可自上而下逐渐减薄,末端厚度可采用$t/2$,但不宜小于0.5 m。小型水闸底板厚度不宜小于0.3 m。

3.消力池的构造

消力池的材料一般选用C15或C20的混凝土浇筑而成,并配置Φ10～12的温度钢筋,间距20～30 cm。大型水闸消力池底板的顶、底面均需配筋,中、小型水闸可只在顶面配筋。为了减小渗透压力的影响,按防渗设计要求,在底板上布设排水孔,孔径一般为

50 ~ 250 mm，间距为 1.0 ~ 3.0 m，呈梅花形布置在消力池的中后部，并在排水孔下设反滤层。为适应地基的不均匀沉陷，消力池与闸底板、翼墙、海漫之间以及消力池本身顺水方向均应分缝，缝距为 10 ~ 20 m，地基差时为 8 ~ 12 m。垂直水流方向通常不设缝，以保证其整体性。缝的位置如在闸基防渗范围以内，缝中应设止水；否则，不用设止水，但一般都铺设沥青油毛毡。

(二) 辅助消能工

消力池内除设置尾槛外，也常设置消力墩、消力齿等辅助消能工，见图 5-7。其目的是使水流受阻，促使水流撞击，形成涡流，加强紊动扩散，稳定水跃，减小消力池尺寸，提高消能效果，节省工程量。

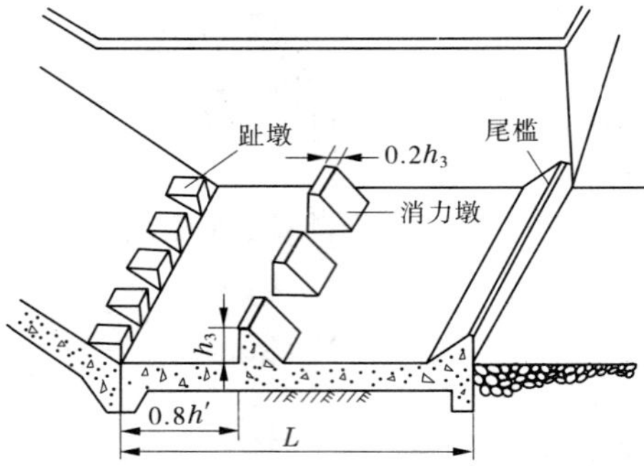

图 5-7　USBR Ⅲ 型消力池布置

四、波状水跃及折冲水流的防止措施

(一) 波状水跃的防止措施

对于平底板水闸，可在消力池斜坡段的顶部预留一段 0.5 ~ 1.0 m 宽的平台，在其末端设置一道小槛，见图 5-8(a)，迫使水流越槛入池，促成底流式水跃。槛高 C 约为第一共轭水深的 1/4，迎水面做成斜坡，以减弱水流的冲击作用，槛底设排水孔。若将上述小槛做成分流墩、分流齿形，见图 5-8(b)，则消除波状水跃的效果更好。如水闸底板为低实用堰型，有助于消除波状水跃的产生。

(二) 折冲水流的防止措施

防止折冲水流产生主要应从以下三方面入手：①在平面布置上，应尽量使上游引河具有较长的直线段，并能在上游两岸对称布置翼墙，出闸水流与原河床主流的位置和方向一致，并控制下游翼墙的扩散角度，一般采用 1:8 ~ 1:15，池中设有辅助消能工时可用偏大值；②在消力池前端设置散流墩，对防止折冲水流有明显效果；③应制定合理的闸门开启程序，如在低流量时可隔孔交替开启，使水流均匀出闸，或开闸时先开中间孔，再开两侧邻孔至同一高度，直到全部开至所需高度，闭门与启门相反，由两侧孔向中间孔依次对称地操作。

五、海漫及防冲槽

过闸水流经过消力池已消除绝大部分能量，但仍有剩余能量，底部流速较大，对河床

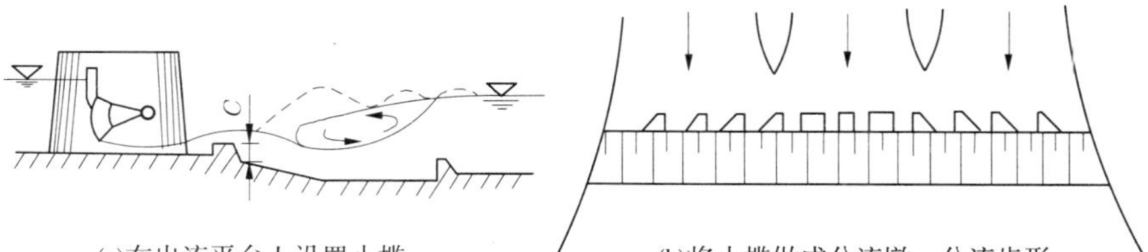

(a)在出流平台上设置小槛　　(b)将小槛做成分流墩、分流齿形

图 5-8　波状水跃的防止措施

和岸坡仍具有一定的冲刷能力,故紧接护坦后还要采取海漫等防冲加固措施,以使水流均匀扩散,并将流速分布逐步调整到接近天然河道的水流形态,见图 5-9。

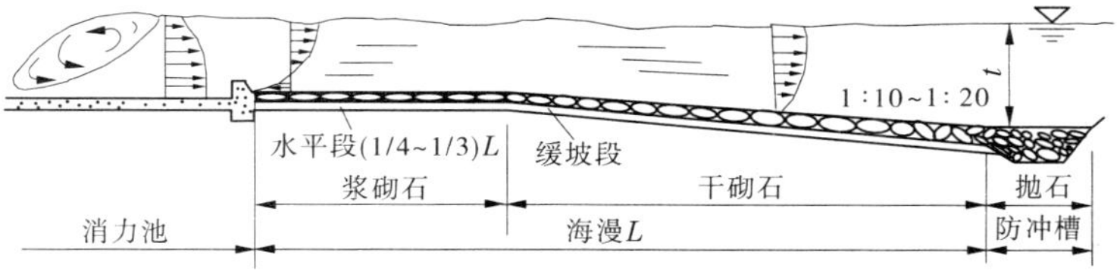

图 5-9　防冲加固措施

(一)海漫长度计算

海漫的长度取决于消力池末端的单宽流量、上下游水位差、下游水深、河床土质抗冲能力、闸孔与河道宽度的比值以及海漫结构形式等。《水闸设计规范》(SL 265—2016)建议采用下式计算:

$$L_p = k_s \sqrt{q_s \sqrt{\Delta H'}} \tag{5-19}$$

式中　L_p——海漫长度,m;

$\Delta H'$——闸孔泄水时的上下游水位差,m;

k_s——计算系数,当河床为粉砂、细砂时取 14 ~ 13,当河床为中砂、粗砂、砂质壤土时取 12 ~ 11,当河床为粉质黏土时取 10 ~ 9,当河床为坚硬黏土时取 8 ~ 7;

q_s——消力池末端单宽流量,$m^3/(s \cdot m)$。

式(5-19)的适用范围是 $\sqrt{q_s \sqrt{\Delta H'}} = 1 \sim 9$,且消能扩散良好的情况。

(二)海漫的布置及构造

海漫应具有一定的柔性,以适应下游河床可能的冲刷变形;应具有一定的透水性,以便使渗水自由排出,降低扬压力;应具有一定的表面粗糙性,以利进一步消除余能;应具有与水流流速相适应的抗冲能力,以保证海漫本身不致被水流冲动,从而达到保护河床的目的。

海漫一般采用整体向下游倾斜的形式或将前 5 ~ 10 m 做成水平段,其顶面高程可与护坦齐平或在消力池尾槛顶以下 0.5 m,水平段后宜做成等于或缓于 1∶10 的斜坡,同时沿水流方向在平面上向两侧逐渐扩散,以便使水流均匀扩散,调整流速分布,保护河床不受冲刷。

(三)海漫结构

海漫结构常用的有以下几种:

(1)干砌石海漫。常用在海漫的中后段,一般由粒径大于 30 cm 的块石砌成,厚度为 0.3 ~ 0.6 m,下面铺设碎石、粗砂垫层,每层厚度为 10 ~ 15 cm。其抗冲流速为 3 ~ 4 m/s。

(2)浆砌石海漫。一般用于海漫前部 5 ~ 10 m 范围内,常以粒径大于 30 cm 的块石,用强度等级 M5 或 M8 的水泥砂浆砌筑而成,厚度为 0.4 ~ 0.6 m,砌石设排水孔,下面铺设反滤层或垫层。其抗冲流速可达 3 ~ 6 m/s,但柔性和透水性较差。

(3)混凝土和钢筋混凝土海漫。整个海漫由边长为 2 ~ 5 m,厚度为 0.1 ~ 0.2 m 的板块拼铺而成,板中有排水孔,下面铺设反滤层或垫层。其抗冲流速可达 6 ~ 10 m/s。通常采用斜面式或垛式拼铺而成,以增加表面糙率。铺设时应注意顺水流流向不宜有通缝。

(四)防冲槽

水流经过海漫后,多余能量得到进一步消除,但海漫末端处仍有冲刷现象。为保护海漫,常在海漫末端设置防冲槽或采取其他加固措施。工程上多采用宽浅式梯形断面防冲槽,槽深为 1.5 ~ 2.0 m,槽底宽一般为槽深的 2 ~ 3 倍,上游坡率 $m = 2 \sim 3$,下游坡率 $m = 3$。

微课 5-12　防冲槽

六、上游河床和上下游岸坡的防护

为了避免水流对上游河床及上下游岸坡的冲刷,需要对上游河床和上下游岸坡用浆砌石或干砌石进行防护。上游护坡一般自铺盖始端再向上游延伸 3 ~ 5 倍的水头。下游除消力池、海漫、防冲槽和下游翼墙外,在防冲槽以下的岸坡还应护砌 4 ~ 6 倍的水头。

近年来,水闸工程中也采用土工织物进行护岸和防冲。防护用土工合成材料主要有无纺土工织物、织造土工织物、土工模袋、土工膜、土工格室、三维植被网等,有时也用土工格栅、土工网等加筋。具体设计和使用见《水利水电工程土工合成材料应用技术规范》(SL/T 225—98)。

【单元探索】

比较水闸与之前学习过的挡水、泄水建筑物的异同点。

【单元练习】

一、判断题

1. 一般是以上游最高水位、下游始流水位为可能出现的最低水位、闸门部分开启、单宽流量大为消能防冲设计的控制条件。(　　)

2. 上游护坡一般自铺盖始端再向上游延伸 4 ~ 6 倍的水头。(　　)

二、单项选择题

1. (　　)抗冲流速可达 3 ~ 6 m/s,但柔性和透水性较差。

A. 干砌石海漫　　B. 浆砌石海漫　　C. 混凝土海漫　　D. 钢筋混凝土海漫

2. 当闸下尾水深度远小于跃后水深,且计算消力池深度较深时,可采用(　　)。

A. 综合式消力池消能 B. 下挖式消力池　　C. 突槛式消力池　　D. 多级消力池

三、填空题

1. 底流式消能防冲设施由________、________、________等部分组成。

2. 海漫应具有一定的________、________、________和与水流流速相适应的抗冲能力。

单元四　水闸的防渗排水设计

【单元导航】

问题 1：水闸防渗排水设计的目的是什么？如何进行设计？

问题 2：防渗排水设施的类型和构造方法有哪些？

【单元解析】

一、闸基防渗长度及地下轮廓线布置

防渗排水设计的任务是经济合理地确定水闸地下轮廓线的形式与尺寸，并采取必要、可靠的防渗排水措施，以减小或消除渗流的不利影响，保证水闸安全。

微课 5-13　地下轮廓线布置

水闸防渗排水设计的一般步骤是：①初拟地下轮廓线和防渗排水设施的布置；②验算地基土的抗渗稳定性，确定闸底渗透压力；③若满足稳定和抗渗要求，则初拟的地下轮廓线即可采用，反之，需修改设计直至满足要求。

（一）闸基防渗长度的确定

在上下游水位差的作用下，上游水从河床入渗，绕过上游铺盖、板桩、闸底板经过反滤层由排水孔排至下游。其中铺盖、板桩和闸底板等不透水部分与地基的接触线，即图 5-10 中 0—1—2—3…—16 的折线是闸基渗流的第一根流线，称为地下轮廓线。其长度即为闸基防渗长度（又称渗径长度）。该长度可按式（5-20）初步拟定。

$$L = CH \tag{5-20}$$

式中　L——闸基防渗长度，即闸基轮廓线防渗部分水平段和垂直段长度的总和，m；

C——允许渗径系数值，见表 5-4，当闸基设板桩时，可采用表中规定值的小值；

H——上下游水位差，m。

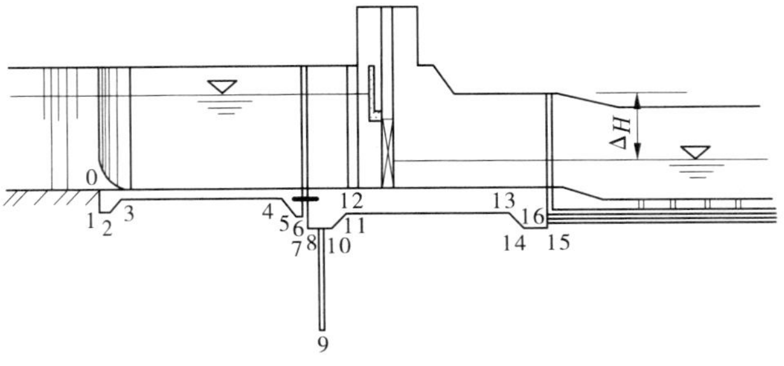

图 5-10　水闸地下轮廓线

表 5-4 中对壤土和黏土以外的地基，只列出了有反滤层时的渗径系数，因为在这些地基上建闸，不允许不设反滤层。

表 5-4　渗径系数 C 值

排水条件	地基类别									
	粉砂	细砂	中砂	粗砂	中砾细砾	粗砾夹卵石	轻粉质砂壤土	轻砂壤土	壤土	黏土
有反滤层	13 ~ 9	9 ~ 7	7 ~ 5	5 ~ 4	4 ~ 3	3 ~ 2.5	11 ~ 7	9 ~ 5	5 ~ 3	3 ~ 2
无反滤层	—	—	—	—	—	—	—	—	7 ~ 4	4 ~ 3

（二）闸基防渗排水布置

闸基防渗排水布置总的原则是"高防低排"。"高防"就是在闸底板上游一侧布置铺盖、板桩、齿墙、混凝土防渗墙及灌浆帷幕等防渗设施，以延长渗径，减小作用在底板上的渗透压力，降低闸基渗流的平均坡降。"低排"就是在闸底板下游一侧布置面层排水、排水孔（或排水井）、反滤层等设施，使地基渗水尽快排出。不同地基对地下轮廓线的要求不同，现分述如下：

（1）黏性土地基。黏性土地基不易发生管涌，但摩擦力较小。所以，防渗布置应以降低闸基渗透压力、提高闸室的抗滑稳定性为主要目的。黏土地基不打入板桩，以免破坏黏土的天然结构，造成集中渗流，因此防渗设施多采用不设板桩的平铺式布置。排水设施一般紧邻闸底板布置，必要时可前移到闸底板下，以降低底板上的渗透压力，加速地基土固结，见图 5-11（a）。

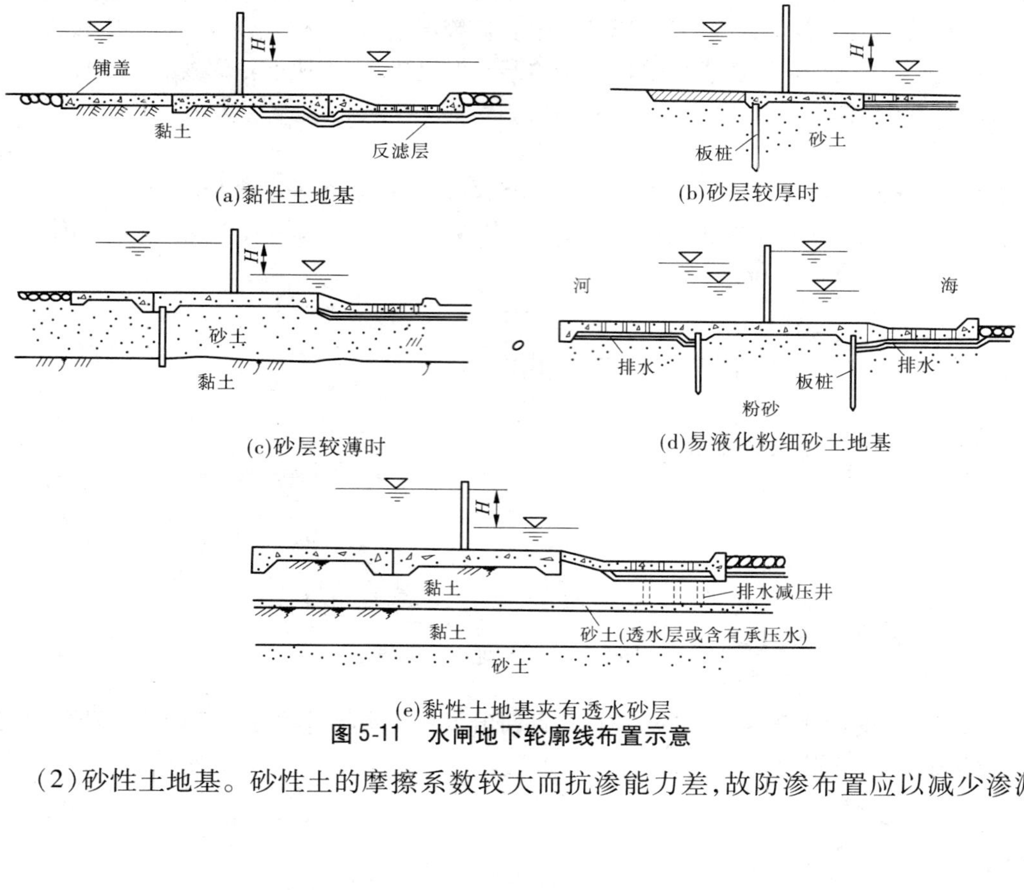

(e)黏性土地基夹有透水砂层

图 5-11　水闸地下轮廓线布置示意

（2）砂性土地基。砂性土的摩擦系数较大而抗渗能力差，故防渗布置应以减少渗漏和防止渗透变形为主要目的。当砂层较厚时，一般采用铺盖和在闸底板上游端设置悬挂式垂直防渗体的布置方式，垂直防渗体深度一般为作用水头的 0.7～1.2 倍，见图 5-11(b)。当砂层较薄(4～5 m 以下)，其下有相对不透水层时，则可用垂直防渗体切断砂层渗透途径，其嵌入不透水层的深度不得小于 1.0 m，见图 5-11(c)。对于地震区的均匀粉砂、细砂地基，为防止液化，常在闸底板下将垂直防渗体布置成四周封闭的形式。如水闸受双向水头作用，则上下游均应设垂直防渗体和排水，见图 5-11(d)。

(3)多层土地基。当闸基为薄层黏性土和砂性土互层，且含有承压水时，还应验算黏性土覆盖层的抗渗、抗浮稳定性。必要时，可在铺盖前端加设一道垂直防渗体，闸室下游设置深入透水层的排水井，见图 5-11(e)。

(4)岩石地基。当闸基为岩石地基时，可根据防渗需要在闸底板上游端设水泥灌浆帷幕，其后设排水孔。

二、闸基渗流计算

闸基渗流计算的任务是计算闸底板所受的渗透压力和验算地基土的抗渗稳定性。计算方法有全截面直线分布法和改进阻力系数法。

(一)全截面直线分布法

岩基上水闸基底渗透压力计算采用全截面直线分布法，计算时分两种情况考虑。

微课 5-14 直线比例法渗流计算

(1)当岩基上水闸闸基未设水泥灌浆帷幕和排水孔时，闸底板底面上的渗透压力的分布图形为三角形，见图 5-12(a)。

(2)当岩基上水闸闸基设有水泥灌浆帷幕和排水孔时，闸底板底面上游端的渗透压力作用水头为$(H-h_s)$，排水孔中心线处为$\alpha(H-h_s)$，α 为

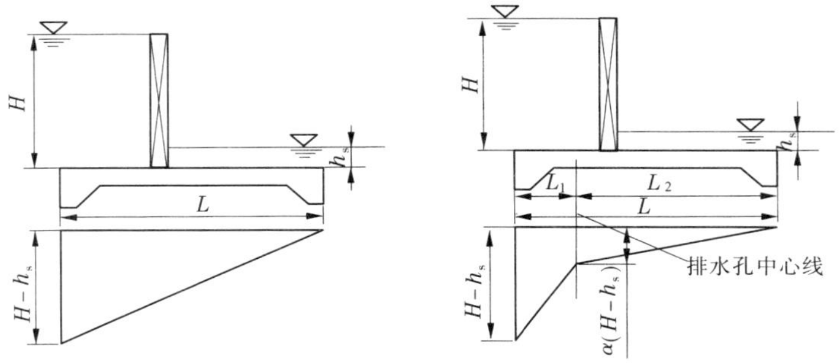

(a)未设水泥灌浆帷幕和排水孔情况 (b)设有水泥灌浆帷幕和排水孔情况

图 5-12 全截面直线分布法渗透压力计算图

渗透压力强度系数，可取用 0.25，下游端为零。分布图形见图 5-12(b)。

依据渗透压强分布图形，可计算出作用在闸底板底面上的渗透压力值。

(二)改进阻力系数法

土基上水闸基底渗透压力计算可采用改进阻力系数法和流网法。改进阻力系数法是在独立函数法、分段法和阻力系数法等的基础上发展起来的，此法计算精度高，是目前应用较多的一种方法。

1. 基本原理

如图 5-13(a)所示，由水闸的地下轮廓线上各角隅点 2、3、4、…等引出等水头线，将地基渗流区划分成十个等效渗流段。取各渗流段长度为 L_i，透水层厚度为 T_i，两断面间的水头差为 h_i，根据达西定律，单宽流量 q 为

微课 5-15　改进阻力系数法渗流计算

$$q = K\frac{h_i}{L_i}T_i \quad 或 \quad h_i = \frac{L_i}{T_i}\frac{q}{K} \tag{5-21}$$

令 $L_i/T_i = \xi_i$，则

$$h_i = \xi_i q/K \tag{5-22}$$

式中　ξ_i——渗流段阻力系数，与渗流段的几何形状有关；

K——地基土的渗透系数，m/s。

总水头 H 应为各段水头损失的总和，即

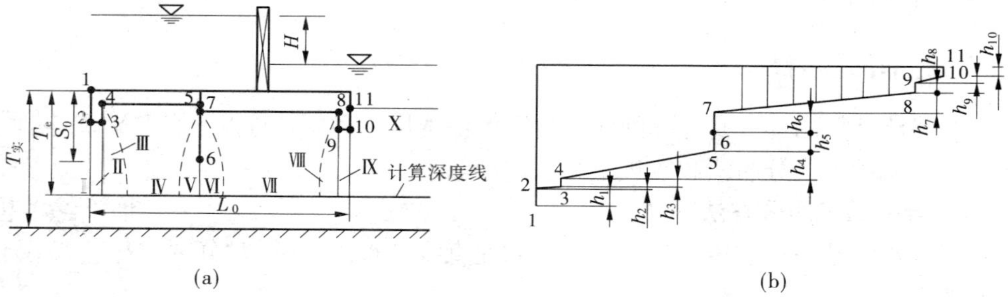

图 5-13　改进阻力系数法渗透压力计算图

$$H = \sum_{i=1}^{n} h_i = \sum_{i=1}^{n}\xi_i\frac{q}{K} = \frac{q}{K}\sum_{i=1}^{n}\xi_i$$

$$q = \frac{KH}{\sum_{i=1}^{n}\xi_i} \tag{5-23}$$

将式(5-23)代入式(5-22)得各段的水头损失为

$$h_i = \frac{\xi_i H}{\sum_{i=1}^{n}\xi_i} \tag{5-24}$$

将各段的水头损失由出口向上游方向依次叠加，即得各段分界点的渗压水头及其他渗流要素。以直线连接各分段计算点的水头值，即得渗透压力分布图，见图 5-13(b)。

2. 计算步骤

(1)确定地基有效深度 T_e(从各等效渗流段地下轮廓最高点垂直向下算起的地基透水层有效深度)。可按下列公式计算：

当 $L_0/S_0 \geq 5$ 时

$$T_e = 0.5L_0 \tag{5-25}$$

当 $L_0/S_0 < 5$ 时

$$T_e = \frac{5L_0}{1.6\frac{L_0}{S_0} + 2} \tag{5-26}$$

式中　L_0、S_0——地下轮廓的水平投影长度、垂直投影长度，m。

当计算的 T_e 大于地基实际深度时，T_e 值应按地基实际深度采用。

(2)典型流段阻力系数的计算。一般水闸地基渗流段可归纳为三种典型流段，即进出口段，图5-13中的Ⅰ、Ⅹ段；内部垂直段，图5-13中的Ⅲ、Ⅴ、Ⅵ、Ⅷ段；内部水平段，图5-13中的Ⅱ、Ⅳ、Ⅶ、Ⅸ段。每段的阻力系数 ξ_i，可按表5-5中的计算公式确定。

(3)对进、出口段水头损失值和渗透压力分布图进行局部修正，进、出口段修正后的水头损失值可按下列公式计算[如图5-14(a)所示]：

$$h'_0 = \beta' h_0 \qquad h_0 = \sum_{i=1}^{n} h_i \tag{5-27}$$

$$\beta' = 1.21 - \frac{1}{\left[12\left(\frac{T'}{T}\right)^2 + 2\right]\left(\frac{S'}{T} + 0.059\right)} \tag{5-28}$$

式中　h'_0——进、出口段修正后的水头损失值，m；

h_0——进、出口段水头损失值，m；

β'——阻力修正系数，当计算的 $\beta' \geq 1.0$ 时，采用 $\beta' = 1.0$；

S'——底板埋深与板桩入土深度之和，m；

T'——板桩另一侧地基透水层深度，m。

修正后的水头损失的减小值 Δh 可按下式计算：

$$\Delta h = (1 - \beta')h_0 \tag{5-29}$$

水力坡降呈急变形式的长度 L'_x 可按下式计算：

$$L'_x = \frac{\Delta h T}{\frac{\Delta H}{\sum_{i=1}^{n} \xi_i}} \tag{5-30}$$

表5-5　典型流段阻力系数计算表

区段名称	典型流段形式	阻力系数 ξ 的计算公式
进口段和出口段	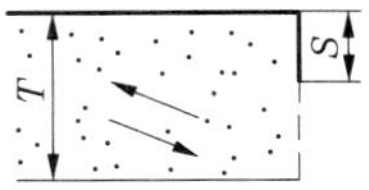	$\xi_0 = 1.5\left(\frac{S}{T}\right)^{3/2} + 0.441$
内部垂直段	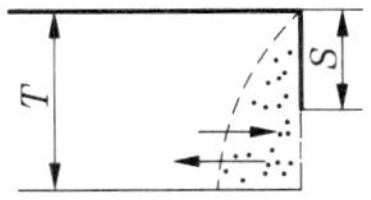	$\xi_y = \left(\frac{2}{\pi}\right)\ln\cot\left[\frac{\pi}{4}\left(1 - \frac{S}{T}\right)\right]$
内部水平段	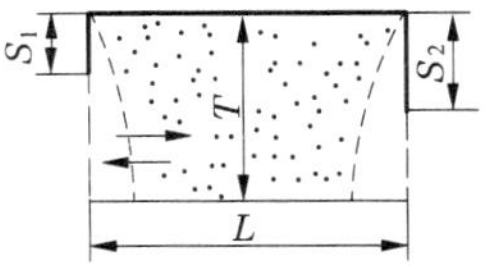	$\xi_x = \frac{L - 0.7(S_1 + S_2)}{T}$

出口段渗透压力分布图可按下列方法进行修正[见图 5-14(b)]。QP' 为原有水力坡降,由计算的 Δh 和 L'_x 值,分别定出 P 点和 O 点,连接 QOP,即为修正后的水力坡降线。

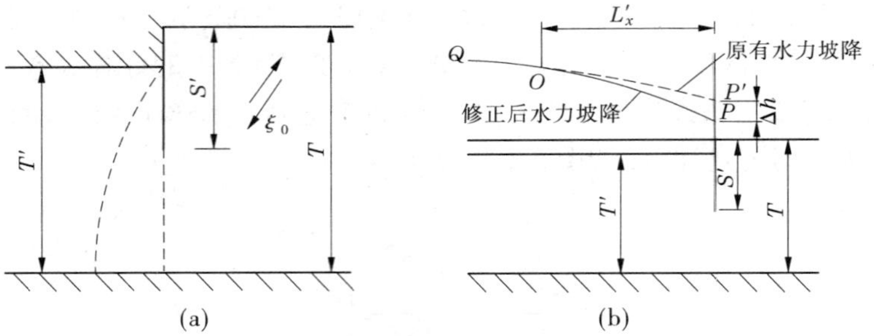

图 5-14 进、出口段渗透压力修正示意图

进、出口段齿墙不规则部位可按下列方法进行修正(见图 5-15):

当 $h_x \geqslant \Delta h$ 时,按下式修正:

$$h'_x = h_x + \Delta h \tag{5-31}$$

式中 h_x、h'_x——水平段的水头损失值、修正后的水平段水头损失值,m。

当 $h_x < \Delta h$ 时,可按下列两种情况分别进行修正:

①若 $h_x + h_y \geqslant \Delta h$,可按下式进行修正:

$$h'_x = 2h_x \tag{5-32}$$

$$h'_y = h_y + \Delta h - h_x \tag{5-33}$$

式中 h_y、h'_y——内部垂直段的水头损失值、修正后的内部垂直段水头损失值,m。

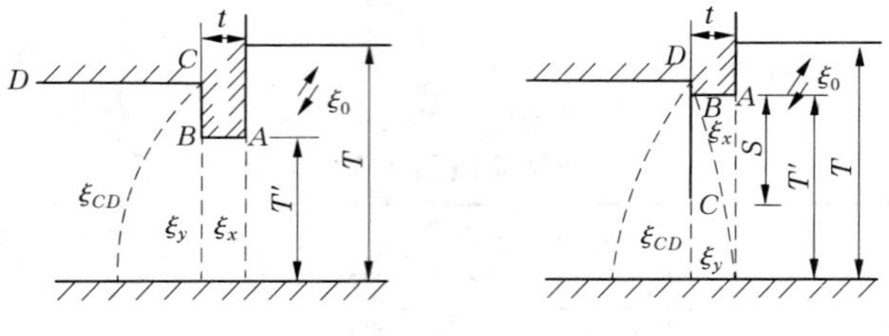

图 5-15 进、出口段齿墙不规则部位修正示意图

②若 $h_x + h_y < \Delta h$,可按下式进行修正:

$$h'_x = 2h_x \quad h'_y = 2h_y \tag{5-34}$$

$$h'_{CD} = h_{CD} + \Delta h - (h_x + h_y) \tag{5-35}$$

式中 h_{CD}、h'_{CD}——图 5-15 中 CD 段的水头损失、值修正后段 CD 的水头损失值,m。

以直线连接修正后的各分段计算点的水头损失值,即得修正后的渗透压力分布图形。

(4)出口段渗流坡降值可按下式计算:

$$J = \frac{h'_0}{S'} \tag{5-36}$$

出口段和水平段的渗流坡降都应满足表 5-6 的允许渗流坡降的要求,防止地下渗流冲蚀地基土并造成渗透变形。

表 5-6 出口段和水平段的允许渗流坡降[J]值

分段	地基类别										
	粉砂	细砂	中砂	粗砂	中砾细砾	粗砾夹砾石	砂壤土	壤土	软黏土	坚硬黏土	极坚硬黏土
水平段	0.05 ~ 0.07	0.07 ~ 0.10	0.10 ~ 0.13	0.13 ~ 0.17	0.17 ~ 0.22	0.22 ~ 0.28	0.15 ~ 0.25	0.25 ~ 0.35	0.30 ~ 0.40	0.40 ~ 0.50	0.50 ~ 0.60
出口段	0.25 ~ 0.30	0.30 ~ 0.35	0.35 ~ 0.40	0.40 ~ 0.45	0.45 ~ 0.50	0.50 ~ 0.55	0.40 ~ 0.50	0.50 ~ 0.60	0.60 ~ 0.70	0.70 ~ 0.80	0.80 ~ 0.90

注:当渗流出口处设反滤层时,表中数值可加大30%。

【例 5-1】 某水闸地下轮廓线如图 5-16(a)所示。根据钻探资料知地面以下 12 m 深处为相对不透水的黏土层。用改进阻力系数法计算渗流要素。

解:(1)简化地下轮廓:简化后地下轮廓如图 5-16(b)所示,划分为 10 个基本段。

(2)确定地基的有效深度:由于 $L_0 = 0.5 + 12.25 + 10.25 + 1.0 = 24(m)$,$S_0 = 25.5 - 20 = 5.5(m)$,$L_0/S_0 = 4.36 < 5$,按公式(5-26)得 $T_e = 13.36 > T_p = 12.0$ m,故按实际透水层深度 $T = T_p = 12.0$ m,进行渗流计算。

(3)计算各典型段阻力系数:按各典型段阻力系数计算公式计算,见表 5-7。

(4)计算各段水头损失:按式(5-24)计算各段水头损失,列于表 5-8。

(5)进、出口段水头损失修正:

表 5-7

分段编号	分段名称	S'(m)	S_1(m)	S_2(m)	T(m)	L(m)	ξ_i
①	进口段	1.0			12		0.477
②	水平段		0	0	11	0.5	0.045
③	内部铅直段	0.6			11.6		0.052
④	水平段		0.6	5.1	11.6	12.25	0.712
⑤	内部铅直段	5.1			11.6		0.479
⑥	内部铅直段	4.5			11.0		0.441
⑦	水平段		4.5	0.5	11.0	10.25	0.614
⑧	内部铅直段	0.5			11.0		0.045
⑨	水平段		0	0	10.5	1.0	0.095
⑩	出口段	0.6			11.1		0.460
Σ	总和						3.420

表 5-8

分段编号	①	②	③	④	⑤	⑥	⑦	⑧	⑨	⑩
h_i	0.628	0.059	0.068	0.937	0.630	0.581	0.808	0.059	0.125	0.605

注:总水头 $H = 30 - 25.5 = 4.5$(m)。

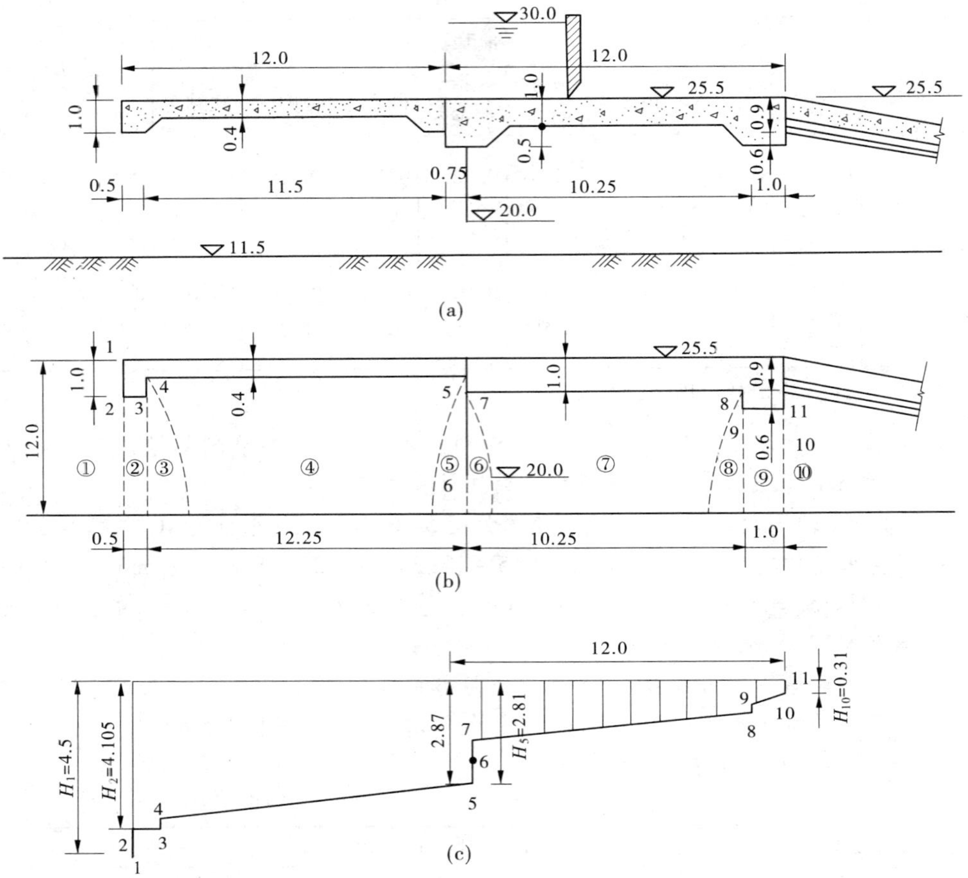

图 5-16　某水闸地下轮廓线布置及渗流计算图　（单位：m）

①进口段水头损失修正：已知 $T'=12-1=11$(m)，$T=12$ m，$S'=1.0$ m，按式(5-28)计算得 $\beta'=0.629<1.0$，则进口段修正为 $h'_{01}=0.628\times0.629=0.395$(m)。水头损失减小值 $\Delta h=0.628-0.395=0.233$(m)，因 $h_{x2}+h_{y3}=0.059+0.068=0.127<\Delta h$，故第②、③、④段分别按式(5-34)、式(5-35)修正：$h'_{x2}=2h_{x2}=2\times0.059=0.118$(m)，$h'_{y3}=2h_{y3}=2\times0.068=0.136$(m)，$h'_{x4}=h_{x4}+\Delta h-(h_{x2}+h_{y3})=0.937+0.233-(0.059+0.068)=1.043$(m)。

②出口段水头损失修正：已知 $T'=10.5$ m，$T=11.1$ m，$S'=0.6$ m，按式(5-28)计算得 $\beta'=0.516<1.0$，则出口段修正为 $h'_{010}=0.605\times0.516=0.312$(m)。水头损失减小值 $\Delta h=0.605-0.312=0.293$(m)，因 $h_{x9}+h_{y8}=0.125+0.059=0.184<\Delta h$，故第⑦、⑧、⑨段分别按式(5-34)、式(5-35)修正：$h'_{x9}=2h_{x9}=2\times0.125=0.250$(m)，$h'_{y8}=2h_{y8}=2\times0.059=0.118$(m)，$h'_{x7}=h_{x7}+\Delta h-(h_{x9}+h_{y8})=0.808+0.293-(0.125+0.059)=0.917$(m)。

验算：$H=0.395+0.118+0.136+1.043+0.630+0.581+0.917+0.118+0.250+0.312=4.5$(m)，计算无误。

(6)计算各角点或尖端渗压水头:由上游进口段开始,逐次向下游从总水头 $H=4.5$ m,减去各分段水头损失值,即可求得各角点或尖端渗压水头值:$H_1=4.5$ m,$H_2=4.5-0.359=4.105$(m),$H_3=4.105-0.118=3.987$(m),$H_4=3.851$ m,$H_5=2.808$ m,$H_6=2.178$ m,$H_7=1.597$ m,$H_8=0.680$ m,$H_9=0.562$ m,$H_{10}=0.312$ m,$H_{11}=0.312-0.312=0$。

(7)绘制渗压水头分布图:如图 5-16(c)所示。

(8)渗流出口段平均坡降:按式(5-36)中 $J=h_0'/S'=0.312/0.6=0.52$。

微课 5-16　排水设施

三、防渗排水设施

水闸的防渗设施包括水平防渗(铺盖)和垂直防渗设施(板桩、齿墙、防渗墙、灌注式水泥砂浆帷幕、高压喷射灌浆帷幕及垂直防渗土工膜等),而排水设施则是指铺设在护坦、浆砌石海漫底部或闸底板下游段起导渗作用的砂砾石层。排水体常与反滤层结合使用。

(一)铺盖

水闸常用黏土、混凝土、钢筋混凝土或土工膜等材料做防渗铺盖等。铺盖长度一般取上下游最大水位差的 3 ~ 5 倍。

微课 5-17　铺盖

1. 黏土铺盖

要求铺盖渗透系数 $K=10^{-6}\sim10^{-8}$ cm/s,且比地基渗透系数至少要小 100 倍。铺盖的厚度应根据铺盖土料的允许水力坡降值计算确定,上游端的最小厚度应不小于 0.6 m,逐渐向闸室方向加厚,且任一截面厚度不应小于 1/4 ~ 1/6该计算断面顶底面的水头差值。为了防止铺盖在施工期被损坏和运用时被水流冲刷,其上面应设置厚 0.3 ~ 0.5 m 的干砌块石或混凝土板保护层,保护层与铺盖间设置一层或两层砂砾石垫层。铺盖与闸室底板连接的地方是薄弱环节,除将铺盖加厚外,还应将底板前端做成倾斜面,使整个末端呈大梯形断面形式,以便黏土靠自重和上部荷重与混凝土底板贴紧,两者之间应铺设油毛毡止水,见图 5-17。

2. 混凝土或钢筋混凝土铺盖

如当地缺乏黏土、黏壤土或要用铺盖兼作阻滑板以提高闸室抗滑稳定性,可采用混凝土或钢筋混凝土铺盖(见图 5-18)。其厚度一般根据构造要求确定,最小厚度不宜小于 0.4 m,在与底板连接处应加厚至 0.8 ~ 1.0 m。为了减小地基不均匀沉降和温度变化的影响,其顺水流方向应设永久缝,缝距可采用 8 ~ 20 m。铺盖与闸底板、翼墙之间也要分缝。缝宽可采用 2 ~ 3 cm,缝内均应设止水。混凝土铺盖中应配置温度构造筋,对于起阻滑作用的钢筋混凝土铺盖则要根据受力情况配置轴向受拉钢筋。受拉钢筋与闸室在接缝处应采用铰接的构造形式。这种铺盖的混凝土强度等级一般不低于 C20。

3. 土工膜防渗铺盖

水闸防渗铺盖也可用土工膜代替传统的弱透水土料。用于防渗的土工合成材料主要有土工膜或复合土工膜,其厚度应根据作用水头、膜下土体可能产生裂隙宽度、膜的应变和强度等因素确定,但不宜小于 0.5 mm。在敷设土工膜时,应排除膜下积水、积气,以防

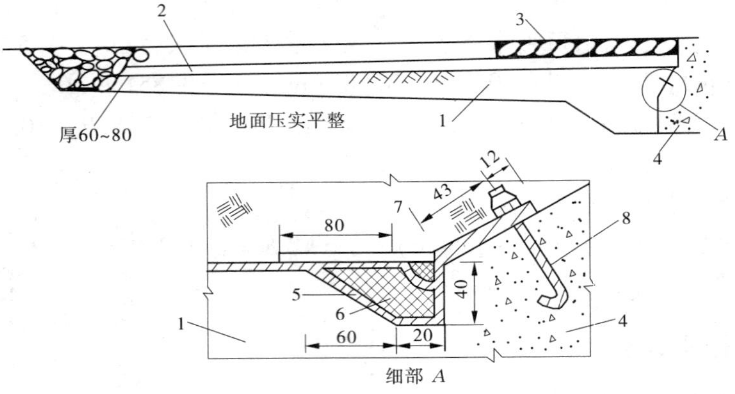

1—黏土铺盖;2—垫层;3—保护层;4—闸室底板;5—沥青麻袋;6—沥青填料;7—木盖板;8—螺栓

图 5-17　黏土铺盖与闸室底板连接构造图　(单位:cm)

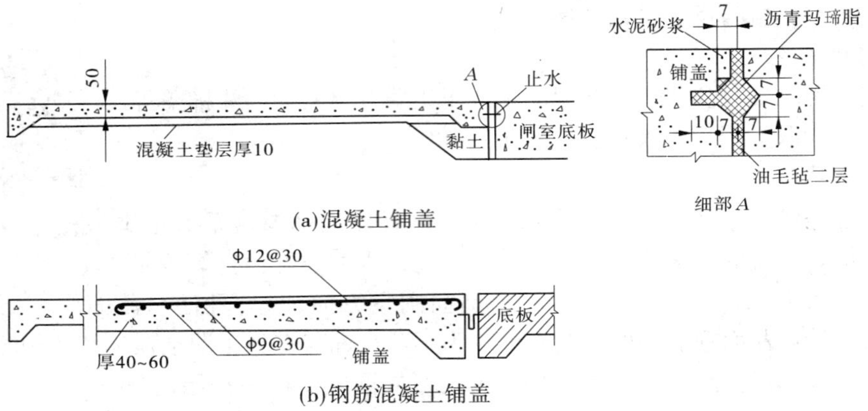

图 5-18　钢筋混凝土铺盖　(单位:cm)

土工膜受水、气顶托而破坏。防渗土工膜上部可采用水泥砂浆、砌石或预制混凝土块做防护层、上垫层,下部应设下垫层。

(二)板桩

板桩(见图 5-19)一般设在闸底板的上游端或铺盖的前端,以增加渗透途径,降低渗透压力;有时也将短板桩设在闸底板的下游侧,以减小渗流出口坡降,防止出口处土壤产生渗透变形。根据所用材料不同,板桩可分为钢筋混凝土板桩、钢板桩及砂浆板桩、木板桩等几种。

微课 5-18　板桩

目前采用最多的是钢筋混凝土板桩,考虑防渗要求、结构刚度要求和打桩设备条件,其最小厚度不宜小于 0.2 m;宽度不宜小于 0.4 m;其入土深度多数采用 3 ~5 m,最长达 8 m。板桩之间应采用梯形榫槽连接,它适合于各种地基。

(三)齿墙及混凝土防渗墙

闸底板的上下游端一般都设有浅齿墙,辅助防渗,并有利于抗滑。齿墙深度一般为 0.5 ~1.5 m,最大不宜超过 2.0 m。当地基为粒径较大的砂砾石、卵石,不宜打板桩时,可

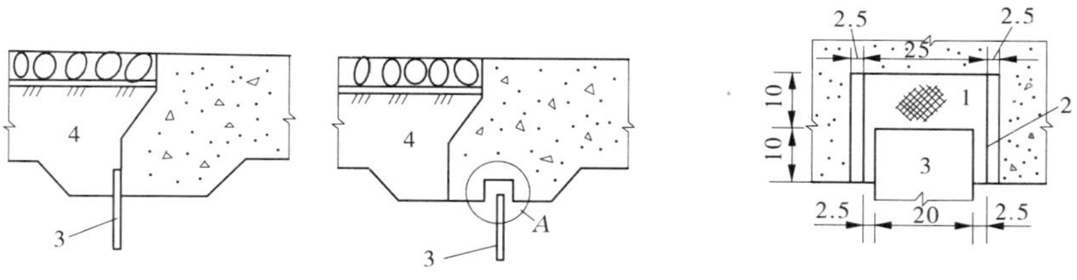

(a)顶部嵌入黏土　(b)顶部嵌入底板凹槽　细部A

1—沥青；2—预制挡板；3—板桩；4—铺盖

图 5-19　板桩与底板的连接　（单位：cm）

采用深齿墙或混凝土防渗墙。混凝土防渗墙的厚度主要根据成槽器开槽尺寸确定，其厚度一般不小于 0.2 m，否则混凝土浇筑较难，影响工程质量。

（四）水泥砂浆帷幕、高压喷射灌浆帷幕及垂直防渗土工膜

近年来，国内逐渐推广使用灌注式水泥砂浆帷幕和高压喷射灌浆帷幕等垂直防渗体形式，根据防渗要求和施工条件，它们的最小厚度一般不宜小于 0.1 m。

当地基内强透水层埋深在开槽机能力范围内（一般在 12 m 内），且透水层中大于 5 cm 的颗粒含量不超过 10%（以重量计）、水位能满足泥浆固壁的要求时，也可考虑采用土工膜垂直防渗方案。地下垂直防渗土工膜可采用聚乙烯土工膜、复合土工膜或防水塑料板等。根据经验，其最小厚度一般不宜小于 0.25 mm，太薄可能产生气孔，且在施工中容易受损，防渗效果不好。重要工程可采用复合土工膜，其厚度不宜小于 0.5 mm。

（五）排水设施

土基水闸一般采用平铺式排水，即在护坦和浆砌石海漫的底部或伸入底板下游齿墙稍前方，平铺粒径为 1～2 cm 的砾石、碎石或卵石等透水材料而成，其厚为 0.2～0.3 m。为防止地基土的细颗粒被渗流带入排水，应在排水和地基土的接触面处设置反滤层。水闸设计多将反滤层中粒径最大的一层适当加厚，构成排水体。

四、水闸的侧向绕渗

微课 5-19　水闸的侧向绕渗

水闸建成挡水后，除闸基有渗流外，水流还从上游经水闸两岸渗向下游，这就是侧向绕渗，如图 5-20、图 5-21 所示。绕渗对岸墙、翼墙产生渗透压力，加大了墙底扬压力和墙身的水平水压力，对翼墙、边墩或岸墙的结构强度和稳定产生影响；并有可能使填土发生危害性的渗透变形，增加渗漏损失。

侧向防渗排水布置（包括刺墙、板桩、排水井等）应根据上下游水位、墙体材料和墙后土质以及地下水位变化等情况综合考虑，并应与闸基的防渗排水布置相适应，在空间上形成一体。布置原则仍是防渗与导渗相结合。由于侧向填土与岸、翼墙的接触条件比闸底板与地基的接触条件差，所以绕渗的防渗长度比闸下防渗长度大。有时为了避免填土与边墩（或岸墙）接触面上产生集中渗流，也可设置短刺墙。排水设施一般设在下游翼墙上，根据墙后回填土的性质不同，可采用排水孔或连续排水垫层等形式。孔口附近应设反滤层以防发生渗透变形。

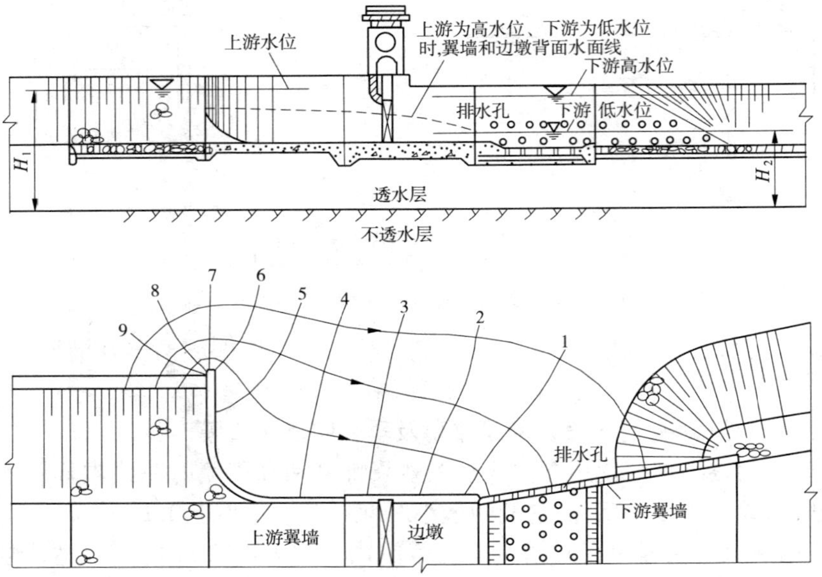

图 5-20 侧向防渗排水布置图

(a)排水孔 (b)连续排水垫层 (c)连续排水垫层

图 5-21 下游翼墙后的排水设施

【单元探索】

查阅工程资料,了解实际水闸工程闸基防渗排水布置的方法。

【单元练习】

一、判断题

1. 防渗排水设计的任务是经济合理地确定水闸地下轮廓线的形式与尺寸,并采取必要、可靠的防渗排水措施,以减小或消除渗流的不利影响,保证水闸安全。(　　)

2. 侧向绕渗对翼墙、边墩或岸墙的结构强度和稳定将产生有利影响;但可能使填土发生危害性的渗透变形,增加渗漏损失。(　　)

二、单项选择题

1. (　　)摩擦系数较大而抗渗能力差,故防渗布置应以减少渗漏和防止渗透变形为主要目的。

A. 黏性土地基　　B. 砂性土地基　　C. 多层土地基　　D. 岩石地基

2. 当地基内强透水层埋深在开槽机能力范围内,且透水层中粒径大于 5 cm 的颗粒含量不超过10%、水位能满足泥浆固壁的要求时,也可考虑采用(　　)防渗设施。

A. 水泥砂浆帷幕　　B. 高压喷射灌浆帷幕　C. 垂直防渗土工膜　　D. 板桩

三、填空题

1. 水闸常用________、________、________、________等材料做防渗铺盖。

2. 采用改进阻力系数法进行渗流计算时,一般水闸地基渗流段可归纳为________、________、________三种典型流段。

单元五　闸室的布置与构造

【单元导航】

问题1:水闸闸室由哪些部分组成?

问题2:水闸闸室各组成部分如何布置?构造要求有哪些?

【单元解析】

一、底板

微课5-20　底板的布置与构造

闸室底板形式通常有平底板、低堰底板及折线底板。其形式可根据地基、泄流等条件进行选用。开敞式闸室结构的底板按照闸墩与底板的连接方式又可分为整体式和分离式两种。涵洞式和双层式闸室结构不宜采用分离式。

(一)整体式底板

当闸墩与底板浇筑或砌筑成整体时,称为整体式底板。对于孔数多、宽度较大的水闸,为了适应地基不均匀沉陷和温度变化需要,在顺水流方向设永久缝将底板分成若干闸段,每个闸段一般由2~4个完整的闸孔组成,靠近岸墙的闸段,考虑到边荷载的影响,宜为单孔。缝距一般不宜超过20 m(岩基)或35 m(土基),缝宽2~3 cm,缝中应设止水。

将缝设在闸墩中间时,为所谓的缝墩式闸室,见图5-22(a)。其优点是闸室结构整体性好,缝间闸段各自独立,各闸段间有不均匀沉陷时,水闸仍能正常工作,且具有较好的抗震性能;缺点是缝墩施工工期较长,且比其他中墩厚,当缝墩较多时,将增加工程量和施工难度。这种底板适用于地质条件较差的地基或地震区。

如果地基条件较好,相邻闸段不致出现不均匀沉降的情况下,也可将缝设在闸孔底板中间,见图5-22(b)。

(二)分离式底板

在闸墩附近设缝,将闸室底板与闸墩断开的,称为分离式底板,见图5-22(c)。缝中设止水。其闸室上部结构的重量将直接由闸墩或连同部分底板传给地基。闸孔部分底板仅起防冲、防渗和稳定的作用,其厚度根据自身稳定的需要确定。分离式底板的优点是可缩短工期,减小闸的总宽度,工程量小;缺点是底板接缝较多,闸室结构的整体性较差,给止水防渗和浇筑分块带来不利和麻烦,且不均匀沉陷将影响闸门启闭,故对地基要求较高。这种底板适用于地质条件较好、承载能力较大的地基。

底板顺水流方向的长度应根据闸室地基条件、上部结构布置、满足闸室整体稳定和地

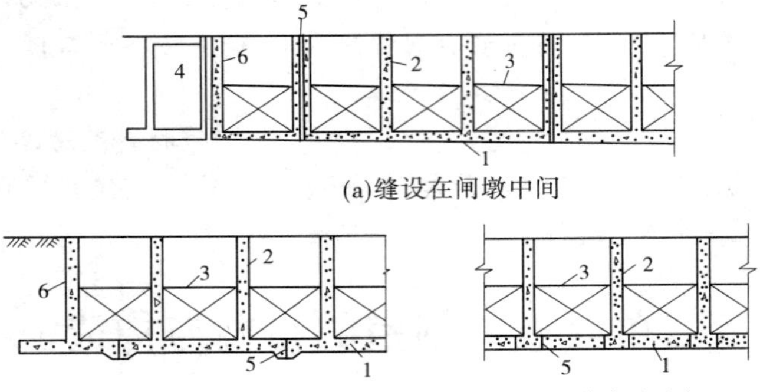

(a)缝设在闸墩中间

(b)缝设在闸孔底板中间

(c)分离式底板

1—底板；2—闸墩；3—闸门；4—空箱式岸墙；5—温度沉陷缝；6—边墩

图 5-22　整体式、分离式底板

基允许承载力等要求来确定。初拟时可参考已建工程的经验数据选定，当地基为碎石土和砾(卵)石时，底板长度取(1.5～2.5)H(H为水闸上下游最大水位差)，砂土和砂壤土取(2.0～3.5)H，粉质壤土和壤土取(2.0～4.0)H，黏土取(2.5～4.5)H。

底板厚度必须满足强度和刚度的要求，大中型水闸平底板厚度可取为闸孔净宽的1/6～1/8，一般为1.0～2.0 m，最薄不小于0.7 m，小型水闸不宜小于0.3 m。闸室底板还应具有足够的整体性、坚固性、抗渗性和耐久性，通常采用钢筋混凝土结构，小型水闸底板也可采用混凝土浇筑。常用的强度等级为C15、C20。

二、闸墩与胸墙

(一)闸墩

闸墩的结构形式应根据闸室结构抗滑稳定性和闸墩纵向刚度要求确定，一般宜采用实体式，常用混凝土、少筋混凝土或浆砌块石。闸墩的外形轮廓设计应满足过闸水流平顺、侧向收缩小、过流能力大的要求。闸墩头部和尾部一般采用半圆形或流线形。

微课 5-21　闸墩的布置与构造

闸墩顶高程一般指闸室胸墙或闸门挡水线上游闸墩和岸墙的顶部高程，应满足挡水和泄水两种运用情况的要求。挡水时，闸顶高程不应低于水闸正常蓄水位(或最高挡水位)加波浪计算高度与相应安全超高值之和；泄水时，不应低于设计洪水位(或校核洪水位)与相应安全超高值之和。水闸安全超高下限值见表5-9。此外，确定闸顶高程时，还应考虑闸室沉降、闸前河渠淤积、潮水位壅高等影响以及在防洪大堤上的水闸闸顶高程应不低于两侧堤顶高程。下游部分的闸顶高程可适当降低，但应保证下游的交通桥底部高出泄洪水位0.5 m以上及桥面能与闸室两岸道路衔接。

闸墩的长度取决于上部结构布置和闸门的形式，一般与底板等长或稍短于底板。通常弧形闸门的闸墩长度比平面闸门的闸墩长。

表 5-9 水闸安全超高下限值 (单位:m)

运用情况		水闸级别			
		1	2	3	4、5
挡水时	正常蓄水位	0.7	0.5	0.4	0.3
	最高挡水位	0.5	0.4	0.3	0.2
泄水时	设计洪水位	1.5	1.0	0.7	0.5
	校核洪水位	1.0	0.7	0.5	0.4

闸墩厚度应满足稳定和强度要求。根据经验,一般混凝土闸墩厚 1.0 ~ 1.6 m,少筋混凝土闸墩厚 0.9 ~ 1.4 m,钢筋混凝土闸墩厚 0.7 ~ 1.2 m,浆砌石闸墩厚 0.8 ~ 1.5 m。平面闸门的闸墩厚度主要受门槽深度控制,闸墩在门槽处的最小厚度主要是根据结构强度和刚度的需要确定,一般不宜小于 0.4 m。弧形闸门的闸墩因没有门槽,可采用较小的厚度。兼作岸墙的边闸墩还应考虑承受侧向土压力的作用,其厚度应根据结构抗滑稳定性能和结构强度的需要计算确定。

平面闸门的门槽尺寸取决于闸门尺寸和支承形式。工作闸门槽深一般不小于 0.3 m,宽 0.5 ~ 1.0 m,最优宽深比宜取 1.6 ~ 1.8;检修门槽深一般为 0.15 ~ 0.25 m,宽 0.15 ~ 0.3 m。为了满足闸门安装与维修的要求,方便启闭机的布置与运行,检修闸门槽与工作闸门槽之间的净距不宜小于 1.5 m。当设有两道检修闸门槽时,闸墩和底板必须满足检修期的结构强度要求。

(二)胸墙

微课 5-22 胸墙的布置与构造

胸墙常用钢筋混凝土结构做成板式或梁板式。当孔径小于或等于 6.0 m 时可采用板式,墙板也可做成上薄下厚的楔形板,见图 5-23(a),其顶部厚度一般不小于 0.2 m。当孔径大于 6.0 m 时,宜采用梁板式,它由墙板、顶梁和底梁组成,见图 5-23(b),其板厚一般不小于 0.12 m;顶梁梁高一般为胸墙跨度的 1/12 ~ 1/15,梁宽常取 0.4 ~ 0.8 m;底梁由于与闸门顶接触,要求有较大的刚度,梁高为胸墙跨度的 1/8 ~ 1/9,梁宽为 0.6 ~ 1.2 m。当胸墙高度大于 5.0 m,且跨度较大时,可增设中梁及竖梁构成肋形结构,见图 5-23(c)。各结构尺寸应根据受力条件和边界支承情况计算确定。

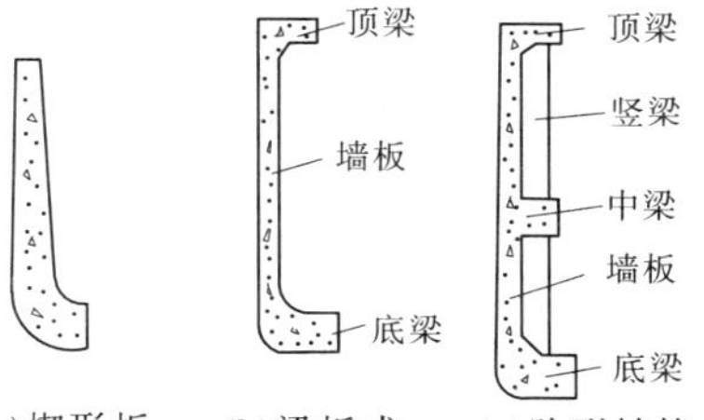

(a)楔形板 (b)梁板式 (c)肋形结构

图 5-23 胸墙结构图

胸墙顶宜与闸顶齐平。胸墙底部高程应根据孔口流量要求计算确定。为使过闸水流平顺,胸墙上游面底部宜做成流线型。对于受风浪冲击力较大的水闸,胸墙上应留有足够的排气孔。

胸墙与闸墩的连接方式有简支式和固接式两种,见图 5-24。简支式胸墙与闸墩分开浇筑,缝间涂沥青;也可将预制墙体插入闸墩预留槽内,成为活动胸墙。其优点是可避免在闸墩附近迎水面出现裂缝,但断面尺寸较大。固接式胸墙与闸墩整浇在一起,胸墙钢筋伸入闸墩内,形成刚性连接。其优点是断面尺寸小,可增强闸室的整体性,但受温度变化和闸墩变位的影响,易在胸墙支点附近的迎水面产生裂缝。整体式底板可用固接式,分离式底板多用简支式。

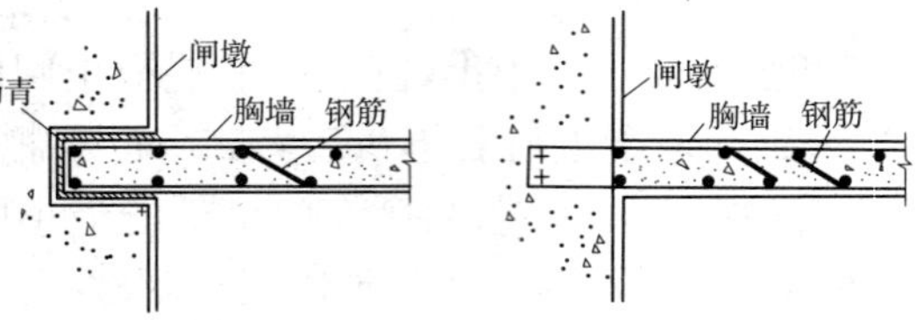

(a)简支式　　(b)固接式

图 5-24　胸墙的支撑形式

胸墙相对于闸门的位置取决于闸门的形式。若采用弧形闸门,胸墙设在闸门上游侧;若采用平面闸门,胸墙可设在闸门上游侧,也可设在闸门下游侧。一般情况下,大中型水闸的胸墙可设在闸门前,因门顶上无水重,可减小启门力;小型水闸的胸墙设在闸门的下游侧,除便于止水外,还可利用门顶上水重增加闸室的稳定。

三、工作桥、交通桥

为了安装启闭设备和便于工作人员操作的需要,通常在闸墩上设置工作桥(见图 5-25、图 5-26)。桥的位置由启闭设备、闸门类型及其布置和启闭方式而定。如桥面很高时也可在闸墩上部另建支柱或排架来支承工作桥,以减小闸墩高度,节省材料。

工作桥的高程与闸门和启闭设备的形式、闸门高度有关,一般应使闸门开启后,门底高于上游最高水位,以免阻碍过闸水流。对于平面直升门,若采用固定启闭设备,桥的高度(即横梁底部高程与底板高程的差值)为门高的 2 倍加上 1.0 ~ 1.5 m 的富余高度;若采用活动式启闭设备,则桥高可以低些,但也应大于 1.7 倍的闸门高度。对于弧形闸门及升卧式平面闸门,工作桥高度可以降低很多,具体应视工作桥的位置及闸门吊点位置等条件而定。工作桥的宽度,小型水闸在 2.0 ~ 2.5 m,大中型水闸在 2.5 ~ 4.5 m。

微课 5-23　工作桥

建闸后,为便于行人或车马通行,通常也在闸墩上设置交通桥。交通桥的位置应根据闸室稳定及两岸交通连接的需要而定,一般布置在闸墩的下游侧。

微课 5-24　交通桥

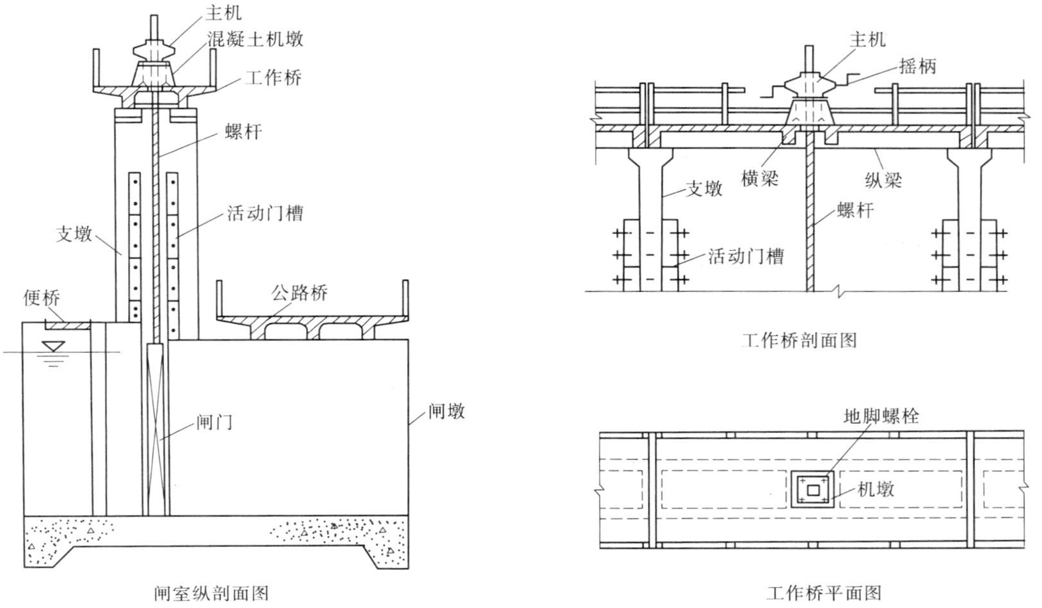

图 5-25 螺杆式启闭机工作桥布置图

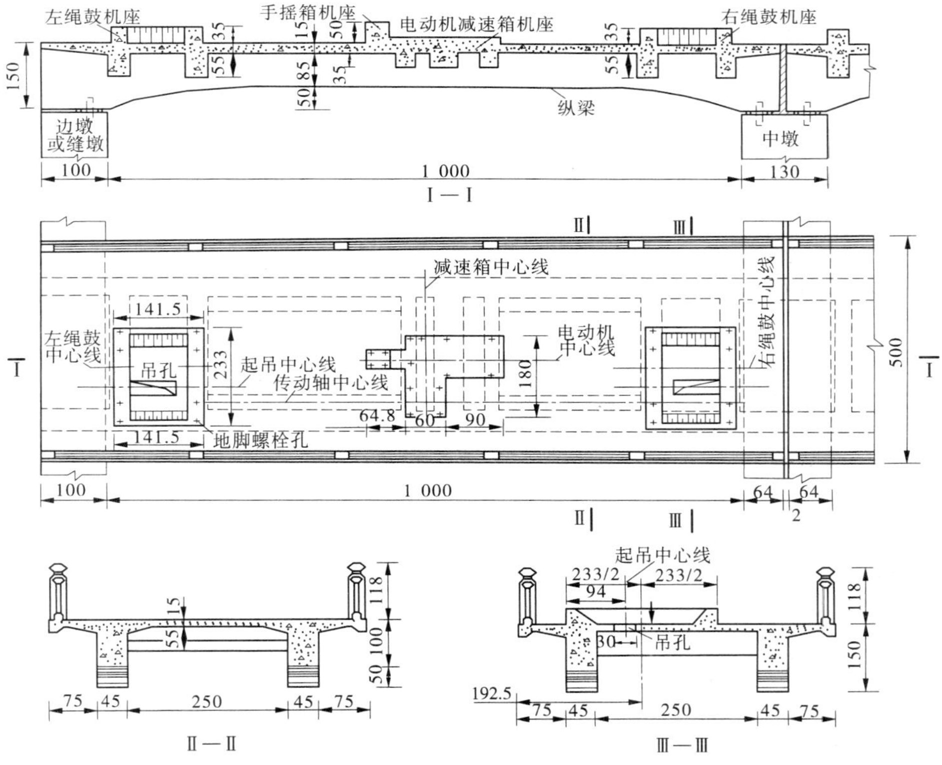

图 5-26 设有 2 × 22.5 kN 绳鼓式启闭机工作桥布置图 (单位：cm)

工作桥、交通桥可根据闸孔孔径、闸门启闭机形式及容量、设计荷载标准等具体条件来选用板式、梁板式或板拱式，其与闸墩的连接形式应与底板分缝位置及胸墙支承形式统一考虑。有条件时，可采用预制构件，现场吊装。工作桥、交通桥的梁（板）底高程均应高出最高洪水位0.5 m以上；如果有流冰，则应高出流冰面0.2 m。

四、分缝与止水

（一）分缝方式与布置

除闸室本身分缝外，凡是相邻结构荷重相差悬殊或结构较长、面积较大的地方也要设缝分开，如铺盖与闸室底板、翼墙的连接处以及消力池与闸室底板、翼墙的连接处要分别设缝。另外，翼墙本身较长，混凝土铺盖、消力池的护坦在面积较大时也需设缝，以防产生不均匀沉陷。

微课5-25 闸室的分缝

（二）止水设备

凡是具有防渗要求的缝中都应设置止水设备。对止水设备的要求是：①应防渗可靠；②应能适应混凝土收缩及地基不均匀沉降的变形；③应结构简单，施工方便。按止水所设置的位置不同可分为水平止水和铅直止水两种。水平止水和铅直止水的构造形式见图5-27、图5-28。两种止水交叉处的构造必须妥善处理，以便形成一个完整的止水体系。交叉连接也有两类，即铅直交叉和水平交叉，见图5-29。

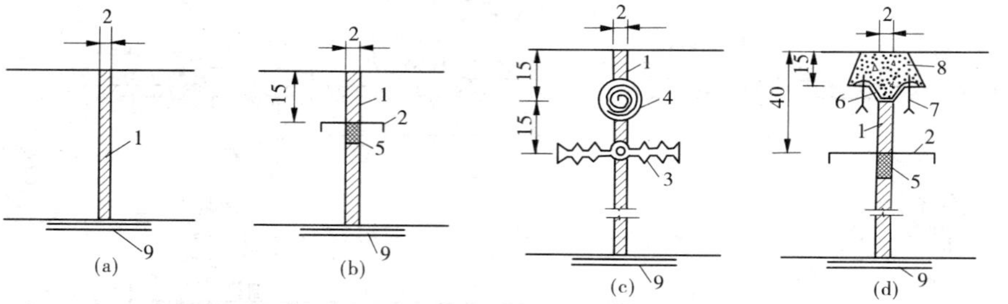

1—沥青油毛毡或沥青砂板填缝；2—紫铜片或镀锌铁片；3—塑料止水片；4—$\phi7\sim\phi10$ cm 沥青油毛毡卷；5—灌沥青或用沥青麻丝填塞；6—橡皮；7—鱼尾螺栓；8—沥青混凝土；9—二至三层沥青油毛毡，宽50～60 cm

图5-27 水平止水构造 （单位：cm）

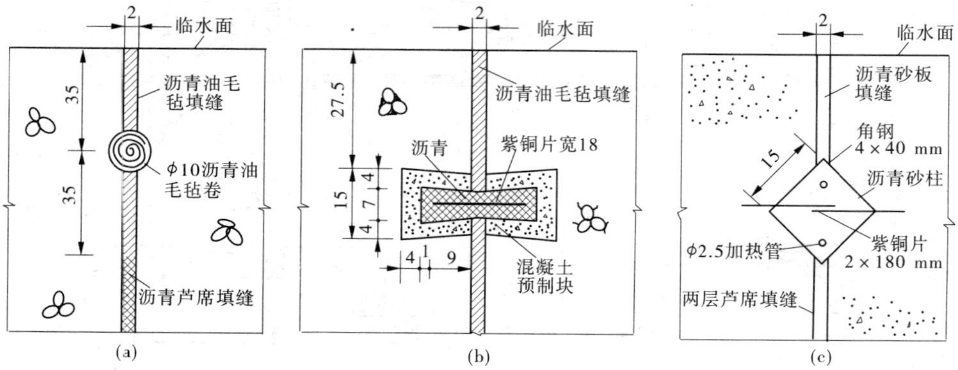

图5-28 铅直止水构造 （单位：cm）

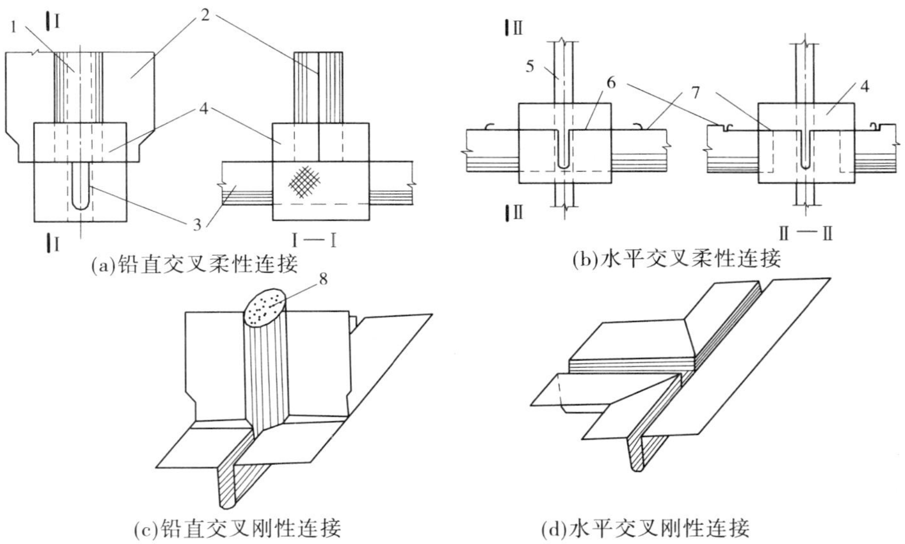

1—铅直缝;2—铅直止水片;3—水平止水片;4—沥青块体;5—接缝;
6—纵向水平止水;7—横向水平止水;8—沥青柱

图 5-29　止水交叉构造

【单元探索】

查阅工程资料或观看水工模型,进一步了解水闸闸室的组成和布置,各组成部分的形式等。

【单元练习】

一、判断题

1. 挡水时,闸顶高程不应低于设计洪水位(或校核洪水位)与相应安全超高值之和。(　　)

2. 工作桥的高程一般应使闸门开启后,门底高于上游最高水位,以免阻碍过闸水流。(　　)

二、单项选择题

1. 如果地基条件较好,相邻闸段不致出现不均匀沉降的情况下,可采用(　　)。

A. 将缝设在闸墩中间的整体式底板

B. 将缝设在闸孔中间的整体式底板

C. 将缝设在闸墩中间的分离式底板

D. 将缝设在闸孔中间的分离式底板

2. 底板顺水流方向长度的确定与下列哪一条无关。(　　)

A. 闸底板形式　　B. 上部结构布置

C. 满足闸室整体稳定　　D. 地基允许承载力

三、填空题

1. 胸墙与闸墩的连接方式有________、________两种。

2. 水闸止水交叉处的连接方式有________、________两类。

单元六　闸室的稳定分析及地基处理

【单元导航】

问题1:作用在水闸上的荷载有哪些?如何计算?

问题2:水闸稳定与应力计算方法如何?

【单元解析】

一、荷载计算及其组合

(一)荷载计算

作用在水闸上的荷载主要有自重、水重、水平水压力、淤沙压力、扬压力、浪压力、土压力等。其中自重、水重、淤沙压力等荷载的计算方法与重力坝基本类似;扬压力中渗透压力的分布规律和计算方法见本项目单元四,闸底板某一点的浮托力强度值等于该点与下游水位间的高差乘以水的重度。以下对水平水压力、浪压力、土压力等的计算进行说明。

1. 水平水压力

作用在铺盖与底板连接处的水平水压力因铺盖所用材料不同而略有差异。对于黏土铺盖,如图5-30(a)所示,a点处按静水压强计算,b点处则取该点的扬压力强度值,两点之间以直线相连并进行计算。当为混凝土或钢筋混凝土铺盖时,如图5-30(b)所示,止水片以上的水平水压力仍按静水压力分布计算,止水片以下按梯形分布计算,c点的水平水压力强度等于该点的浮托力强度加上e点的渗透压力强度,d点则取该点的扬压力强度,c、d点之间按直线连接计算。

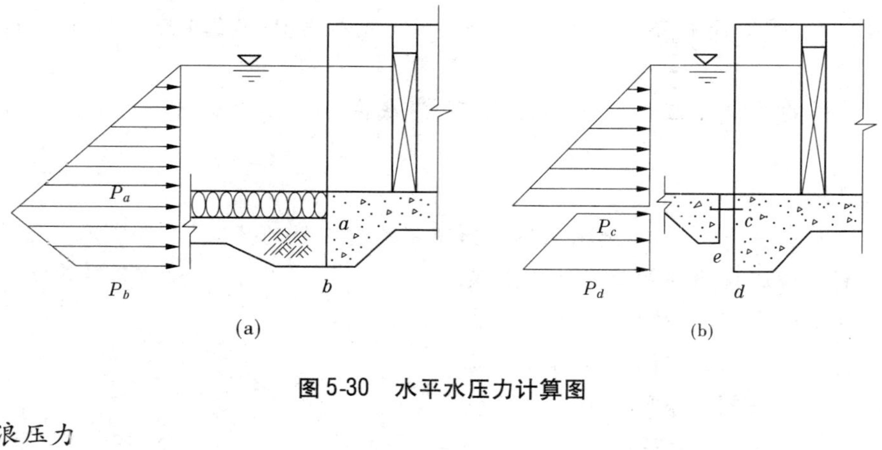

图5-30　水平水压力计算图

2. 浪压力

波长、波高和波浪中心线高出静水位高度等波浪要素的计算按莆田试验站法进行;根据风区范围内平均水深、波浪破碎的临界水深及半波长之间的关系,判别属深水波、浅水波或破碎波,分别用相应公式进行浪压力计算。

3. 土压力

土压力应根据填土性质、挡土高度、填土内的地下水位、填土顶面坡角及超载等计算确定。对于向外侧移动或转动的挡土结构，可按主动土压力计算；对于保持静止不动的挡土结构，可按静止土压力计算。

作用在水闸上的地震荷载、冰压力、土的冻胀力及其他荷载的计算可具体见《水闸设计规范》(SL 265—2001)。施工中各个阶段的临时荷载应根据工程实际情况确定。

(二)荷载组合

水闸在施工、运用及检修过程中，各种作用荷载的大小、分布及出现的概率情况是经常变化的。因此，设计水闸时，应将可能同时作用的各种荷载进行组合。荷载组合分为基本组合与特殊组合两类。基本组合由基本荷载组成，特殊组合由基本荷载和一种或几种特殊荷载组成。但地震荷载只允许与正常蓄水位情况下的相应荷载组合。每种组合中所包含的计算情况及每种情况中所涉及的荷载见表5-10。

二、闸室抗滑稳定计算

闸室抗滑稳定计算应满足的要求是：土基上沿闸室基底面的抗滑稳定安全系数不小于表5-11的[$K_{土}$]值；岩基上沿闸室基底面的抗滑稳定安全系数不小于表5-12的[$K_{岩}$]值。计算时取两相邻顺水流向永久缝之间的闸段作为计算单元。

表5-10 水闸荷载组合表

荷载组合	计算情况	荷载												说明
		自重	水重	静水压力	扬压力	土压力	淤沙压力	风压力	浪压力	冰压力	土的冻胀力	地震荷载	其他	
基本组合	完建情况	√	—	—	—	√	—	—	—	—	—	—	√	必要时，可考虑地下水产生的扬压力
	正常蓄水位情况	√	√	√	√	√	√	√	√	—	—	—	√	按正常蓄水位组合计算水重、静水压力、扬压力及浪压力
	设计洪水位情况	√	√	√	√	√	√	√	√	—	—	—	—	按设计洪水位组合计算水重、静水压力、扬压力及浪压力
	冰冻情况	√	√	√	√	√	√	√	—	√	√	—	√	按正常蓄水位组合计算水重、静水压力、扬压力及浪压力

续表 5-10

荷载组合	计算情况	荷载												说明
		自重	水重	静水压力	扬压力	土压力	淤沙压力	风压力	浪压力	冰压力	土的冻胀力	地震荷载	其他	
特殊组合	校核洪水位情况	√	√	√	√	√	√	√	√	—	—	—	—	按校核洪水位组合计算水重、静水压力、扬压力及浪压力
	施工情况	√	—	—	—	√	—	—	—	—	—	—	√	应考虑施工过程中各个阶段的临时荷载
	检修情况	√	—	√	√	√	√	√	√	—	—	—	√	按正常蓄水位组合(必要时可按设计洪水位组合或冬季低水位条件)计算水重、静水压力、扬压力及浪压力
	地震情况	√	√	√	√	√	√	√	√	—	—	√	—	按正常蓄水位组合计算水重、静水压力、扬压力及浪压力

注:表中"√"号为需要考虑的荷载,"—"号为不考虑的荷载。

表 5-11　[$K_{土}$]值

荷载组合		水闸级别			
		1	2	3	4、5
基本组合		1.35	1.30	1.25	1.20
特殊组合	Ⅰ	1.20	1.15	1.10	1.05
	Ⅱ	1.10	1.05	1.05	1.00

注:1. 特殊组合Ⅰ适用于校核洪水位情况、施工情况及检修情况。
2. 特殊组合Ⅱ适用于地震情况。

表 5-12　[$K_{岩}$]值

荷载组合		按式(5-37)计算时			按式(5-39)计算时
		水闸级别			
		1	2、3	4、5	
基本组合		1.10	1.08	1.05	3.00
特殊组合	Ⅰ	1.05	1.03	1.00	2.50
	Ⅱ	1.00			2.30

(一)计算公式

土基上的水闸闸室沿地基面的抗滑稳定计算公式为

$$K_c = \frac{f\sum G}{\sum H} \tag{5-37}$$

$$K_c = \frac{\tan\varphi_0 \sum G + c_0 A}{\sum H} \tag{5-38}$$

式中　K_c——沿闸室基底面的抗滑稳定安全系数；

f——闸室基底面与地基之间的摩擦系数，查表5-13；

$\sum H$——作用在闸室上的全部水平向荷载，kN；

$\sum G$——作用在闸室上的全部铅直向荷载，kN；

A——闸室基底面的面积，m^2；

φ_0——闸室基础底面与土质地基之间的摩擦角，(°)，查表5-14；

c_0——闸室基础底面与土质地基之间的黏结力，kPa，查表5-14。

表5-13　f值

地基类别		f
黏土	软弱	0.20~0.25
	中等坚硬	0.25~0.35
	坚硬	0.35~0.45
壤土、粉质壤土		0.25~0.40
砂壤土、粉砂土		0.35~0.40
细砂、极细砂		0.40~0.45
中砂、粗砂		0.45~0.50
砂砾石		0.40~0.50
砾石、卵石		0.50~0.55
碎石土		0.40~0.50
软质岩石	极软	0.40~0.45
	软	0.45~0.55
	较软	0.55~0.60
硬质岩石	较坚硬	0.60~0.65
	坚硬	0.65~0.70

表5-14　φ_0、c_0值（土质地基）

地质地基类别	φ_0(°)	c_0(kPa)
黏性土	0.9φ	$(0.2\sim0.3)c$
砂性土	$(0.85\sim0.90)\varphi$	0

注：φ为室内饱和固结快剪（黏性土）或饱和快剪试验测得的内摩擦角；c为室内饱和固结快剪试验测得的黏结力。

由于式(5-37)计算简便，故在水闸设计中，特别是在水闸的初步设计阶段采用较多。对于黏性土地基上的大型水闸宜按式(5-38)进行计算。而对于土基上采用钻孔灌注桩基础的水闸，若采用式(5-38)验算沿闸室底板底面的抗滑稳定性，还应计入桩体材料的抗剪断能力。

岩基上沿闸室基底面的抗滑稳定计算可按式(5-37)或式(5-39)进行。

$$K_c = \frac{f' \sum G + c'A}{\sum H} \tag{5-39}$$

式中 f'——闸室基底面与岩石地基之间的抗剪断摩擦系数,查表5-15;

c'——闸室基底面与岩石地基之间的抗剪断黏结力,kPa,查表5-15。

表 5-15　f'、c'值(岩石地基)

岩石地基类别		f'	c'(MPa)
硬质岩石	坚硬	1.5～1.3	1.5～1.3
	软坚硬	1.3～1.1	1.3～1.1
软质岩石	较软	1.1～0.9	1.1～0.7
	软	0.9～0.7	0.7～0.3
	极软	0.7～0.4	0.3～0.05

注:如岩石地基内存在结构面、软弱层(带)或断层的情况,f'、c'值应按现行的《水利水电工程地质勘察规范》(GB 50287—2008)选用。

式(5-39)中不仅考虑了闸室基底与岩石地基之间的摩阻力,而且也考虑了客观存在于闸室基底与岩石地基之间的黏结力,因此按此公式计算显然更加合理。

当闸室承受双向水平向荷载作用时,应验算其合力方向的抗滑稳定性,其抗滑稳定安全系数应按土基或岩基分别不小于$[K_{土}]$和$[K_{岩}]$值。

(二)提高闸室抗滑稳定性的措施

当沿闸室基底面抗滑稳定安全系数计算值小于允许值时,可采取下列一种或几种抗滑措施:①将闸门位置移向低水位一侧,或将水闸底板向高水位一侧加长,以增加水重;②适当增大闸室结构尺寸;③增加闸室底板的齿墙深度;④增加铺盖长度或帷幕灌浆深度,或在不影响防渗安全的条件下将排水设施向水闸底板靠近;⑤利用钢筋混凝土铺盖作为阻滑板,但闸室自身的抗滑稳定安全系数不应小于1.0(计算由阻滑板增加的抗滑力时,阻滑板效果的折减系数可采用0.80),阻滑板应满足抗裂要求;⑥增设钢筋混凝土抗滑桩或预应力锚固结构。

三、闸室基底应力计算

闸室基底应力应满足:在各种计算情况下,土基上闸室的平均基底应力不大于地基容许承载力,最大基底应力不大于地基容许承载力的1.2倍;闸室基底应力的最大值与最小值之比η不大于容许值,见表5-16。岩基上,闸室最大基底应力不大于地基容许承载力;在非地震情况下,闸室基底不出现拉应力;在地震情况下,闸室基底拉应力不大于100 kPa。

表 5-16 土基上的[η]值

地基土质	荷载组合	
	基本组合	特殊组合
松软	1.50	2.00
中等坚实	2.00	2.50
坚实	2.50	3.00

(1)对于结构布置及受力情况对称的闸孔,如多孔水闸的中间孔或左右对称的单闸孔,按式(5-40)计算。

$$p_{\min}^{\max} = \frac{\sum G}{A} \pm \frac{\sum M}{W} \tag{5-40}$$

式中 $p_{\max}$、$p_{\min}$——闸室基底应力的最大值和最小值,kPa;

$\sum G$——作用在闸室上的所有竖向荷载(包括闸室基础底面上的扬压力在内),kN;

A——闸室基底面的面积,m^2;

$\sum M$——作用在闸室上的所有竖向和水平向荷载对基础底面垂直水流方向形心轴的力矩和,kN · m;

W——闸室基底面对该底面垂直水流方向的形心轴的截面矩,m^3。

(2)对于结构布置及受力情况不对称的闸孔,如多孔闸的边闸孔或左右不对称的单闸孔,按双向偏心受压公式(5-41)计算:

$$p_{\min}^{\max} = \frac{\sum G}{A} \pm \frac{\sum M_x}{W_x} \pm \frac{\sum M_y}{W_y} \tag{5-41}$$

式中 $\sum M_x$、$\sum M_y$——作用在闸室上的所有竖向和水平向荷载对于基础底面垂直水流方向形心轴 x 轴、顺水流方向形心轴 y 轴的力矩和,kN · m;

W_x、W_y——闸室基底面对该底面形心轴 x、y 轴的截面矩,m^3。

【例 5-2】 某水闸为 3 级建筑物,边闸室段底板宽 $B=10$ m,顺水流方向长 $L=10.5$ m,闸基由砂壤土构成,河岸土质密实。闸室及其上部结构自重为 7 180.3 kN,垂直水流方向形心轴的力矩 $\sum M_x$ 为 2 500.0 kN·m,顺水流方向形心轴的力矩 $\sum M_y$ 为 1 500.0 kN·m,垂直流方向水平力 $\sum H_x$ 为 2 000.0 kN·m,顺水流方向水平力 $\sum H_y$ 为 2 500.0 kN·m。基础底面与地基土间的摩擦系数 0.4,地基上的允许承载力[R]=150 kN/m^2。试计算在正常挡水位、基本组合情况下,闸室的抗滑稳定性和闸基应力是否满足要求?

解:(1)参数计算:

①闸底板面积 $A=BL=10\times10.5=105(m^2)$。

②闸室基底面对该底面形心轴 x、y 轴的截面矩:

$$W_x = BL^2/6 = 10\times10.5^2/6 = 183.75(m^3)$$

$$W_y = LB^2/6 = 10.5\times10^2/6 = 175.00(m^3)$$

③作用在闸室上的全部水平向荷载 $\sum H$ 为

$$\sum H = \sqrt{\sum H_x^2 + \sum H_y^2} = \sqrt{2\,000^2 + 2\,500^2} = 3\,201.56(kN)$$

(2)水闸闸室沿地基面的抗滑稳定计算：

$$K_c = \frac{f\sum G}{\sum H} = \frac{0.4 \times 7\ 180.3}{3\ 201.56} = 0.90 < 1.25$$

抗滑稳定安全系数小于允许值，不满足要求。

(3)闸室基底应力计算：

$$p_{\min}^{\max} = \frac{\sum G}{A} \pm \frac{\sum M_x}{W_x} \pm \frac{\sum M_y}{W_y} = \frac{7\ 180.3}{105} \pm \frac{2\ 500.0}{183.75} \pm \frac{1\ 500.0}{175.00} = 90.56(46.21)(\mathrm{kN/m^2})$$

最大(最小)应力均小于地基上的允许承载力[R] = 150 kN/m²，闸基应力满足要求。

四、地基沉降校核

由于土基压缩变形大，容易引起较大的地基沉降。较大的均匀沉降可能会使闸顶部高程不足；过大的不均匀沉降，将导致闸室倾斜、产生裂缝、止水破坏，甚至断裂等。因此，在研究地基稳定时，应进行地基的沉降校核，以保证水闸的安全和正常运用。

目前我国水利系统多数是根据土工试验提供的压缩曲线(如 $e—p$ 压缩曲线或 $e—p$ 回弹压缩曲线)采用分层总和法计算地基沉降。

根据工程实践，天然土质地基上水闸地基的允许最大沉降量为 15 cm，相邻部位的允许最大沉降差为 5 cm。当软土地基上的水闸地基沉降计算不满足上述要求时，可以考虑采取以下一种或几种措施：①采用沉降缝隔开；②改变基础形式或刚度；③调整基础尺寸与埋置深度；④必要时对地基进行人工加固；⑤安排合适的施工程序，严格控制施工进度；⑥变更结构(采用轻型结构或静定结构等)或加强结构刚度。

五、地基处理

水闸地基处理的目的是：提高地基的承载能力和稳定性；减小或消除地基的有害沉陷，防止地基渗透变形。当天然地基承载能力、稳定和变形任何一方面不能满足要求时，就应根据工程具体情况进行地基处理。对于软弱地基，常用的地基处理方法有：

(1)强力夯实法。通过夯实机械对天然地基土进行强力夯实，以增加地基承载力，减小沉降量，提高抗震动液化的能力。该法适用于透水性较好的松软地基，尤其是稍密的碎石土或松砂地基。

(2)换土垫层法。是将基底附近一定深度的软土挖除，换以砂土或紧密黏土，分层夯实而成。其主要作用是改善地基应力分布，减少沉降量。该方法适用于厚度不大的软土地基。

(3)桩基础。当闸室结构重量较大、软土层较厚、基底压力较大时，可采用桩基础。水闸桩基通常采用端承桩和端承摩擦桩两种形式。桩的根数和尺寸宜按承担底板底面以上的全部荷载确定。

(4)高速旋喷法。是用钻机钻孔至设计高层，然后以“射水法”用安装在钻杆下端的特殊喷嘴把高压水、压缩空气和水泥浆液或其他化学浆液高速喷出，搅动土体，同时钻杆边旋转边提升，使土体与浆液混合，形成柱桩，以达到加固地基的目的。

【单元探索】

试比较水闸与重力坝稳定、应力计算的异同点。

【单元练习】

一、判断题

1. 当沿闸室基底面抗滑稳定安全系数计算值小于允许值时，可利用钢筋混凝土铺盖作为阻滑板，但闸室自身的抗滑稳定安全系数不应小于0.8。(　　)

2. 我国水利系统多数是根据土工试验提供的压缩曲线采用分层总和法计算地基沉降。(　　)

二、单项选择题

1. 下列关于土基上闸室基底应力应满足的要求，叙述不正确的是(　　)。

A. 各种计算情况下，上闸室的平均基底应力不大于地基容许承载力

B. 最大基底应力不大于地基容许承载力的1.2倍

C. 闸室基底应力的最大值与最小值之比 η 不大于容许值

D. 在地震情况下，闸室基底拉应力不大于100 kPa

2. (　　)适用于透水性较好的松软地基，尤其是稍密的碎石土或松砂地基加固。

A. 强力夯实法　　B. 换土垫层法　　C. 桩基础　　D. 高速旋喷法

三、填空题

1. 水闸荷载的基本组合情况有________、________、________、________。

2. 作用在水闸上的荷载中与重力坝计算方法不同的主要有________、________、________、________。

单元七　闸室的结构设计

【单元导航】

问题1:水闸闸室结构计算的内容和方法有哪些?

问题2:水闸底板的结构计算方法和各种方法的适用情况各是什么?

【单元解析】

闸室是一空间结构，受力比较复杂，可用三维弹性力学有限元法对一段闸室进行整体分析。但为简化计算，一般都将其分解成底板、闸墩、胸墙、工作桥、交通桥等若干构件分别计算，并在单独计算时，考虑它们之间的相互作用。

一、底板

闸底板是整个闸室结构的基础，是全面支承在地基上的一块受力条件复杂的弹性基础板。实际工程中，一般近似地将其简化成平面问题，采用"截板成梁"的方法进行计算。因底板在顺水流方向的弯曲变形远较垂直水流方向小，故一般沿垂直水流方向截取单位宽度的板条作为梁来进行计算。由于闸门前后水重相差悬殊，底板所受荷载不同，常以闸门为界，分别在闸门上下游段的中间处截取单宽板条及墩条。

土基上的闸底板按照不同的地基情况可以采用不同的计算方法：对黏性土地基或相

对密实度 $D_r > 0.5$ 的非黏性土地基，采用弹性地基梁法；对 $D_r \leq 0.5$ 的非黏性土地基，采用反力直线分布法；对小型水闸，常采用倒置梁法。根据经验，重要的大型水闸宜按弹性地基梁法设计，反力直线分布法校核。

岩基上闸底板的应力分析，可按弹性地基梁法中的基床系数法计算。因为岩基弹性模量较大，其单位面积上的沉降变形与所受压力之间的关系比较符合文克尔假定。

（一）倒置梁法

该法假定闸室地基反力沿顺水流方向呈直线分布，垂直水流方向为均匀分布，并把地基反力当作荷载，底板当作梁，闸墩当作支座，按倒置的连续梁计算底板内力。作用在梁上的荷载有底板自重 q_1、水重 q_2、扬压力 q_3 及地基反力 σ。把上述铅直荷载进行叠加，便得到倒置梁上的均布荷载 $q = q_3 + \sigma - q_1 - q_2$。最后按图 5-31 所示的计算图，用结构力学法计算连续梁的内力，进而进行配筋。

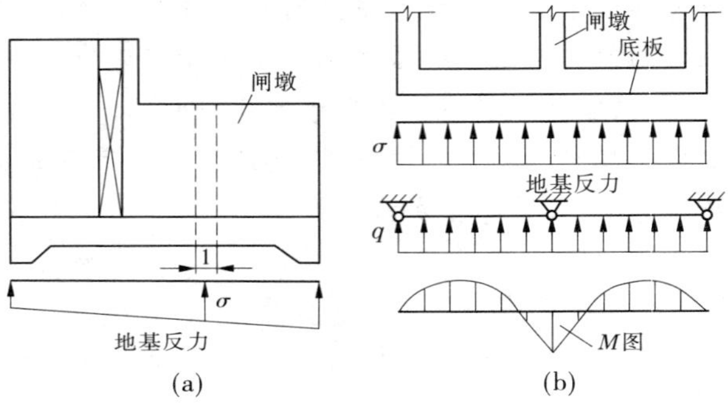

图 5-31　倒置梁法底板结构计算简图

该法的优点是计算简便。缺点是：①没有考虑底板与地基变形的协调作用；②假定底板在垂直水流方向的地基反力为均匀分布，有时与实际情况出入较大；③支座反力与闸墩铅直荷载不相等。因此，该法计算成果的误差较大，只在小型水闸设计中使用。

（二）弹性地基梁法

该法认为在顺水流方向的地基反力仍是直线变化，但在垂直水流方向不再假定地基反力呈均匀分布，认为底板和地基都是弹性体，由于两者紧密接触，故变形是相同的，即地基反力在垂直水流方向按曲线形（或弹性）分布。同时梁在荷载及地基反力作用下，仍保持平衡。根据变形协调一致和静力平衡条件，求解地基反力和梁的内力，并且还计及底板范围以外的边荷载对梁的影响。

采用弹性地基梁法分析闸底板的应力时，还应考虑可压缩土层厚度 T 与弹性地基梁半长 $L/2$ 比值的影响。当 $2T/L < 0.25$ 时，可按基床系数法（文克尔假定）计算；当 $2T/L > 2.0$ 时，可按半无限深的弹性地基梁法计算；当 $2T/L = 0.25 \sim 2.0$ 时，可按有限深的弹性地基梁法计算。其具体计算方法和步骤如下：

（1）用偏心受压公式计算闸底在顺水流向的地基反力。

（2）计算单宽板条上的不平衡剪力。由于顺水流向闸室所受的荷载是不均匀的，特别是闸门前后水重相差悬殊，而地基反力是连续变化的。所以，计算时应以闸门门槛作为上下游的分界，将闸室分为上、下游两段脱离体，脱离体截面上必然产生剪力 Q 来维持平衡,该剪力称为不平衡剪力。其值由脱离体平衡条件求得,即 $Q_{上} = -Q_{下}$,而 $Q_{下} = -\sum W_{下}$($\sum W_{下}$为下游段脱离体上全部竖向荷载)。

(3)不平衡剪力 Q 的分配。不平衡剪力的分配可采用作图法或数值法求得。一般情况下,闸底板分担不平衡剪力的10% ~15%,闸墩分担不平衡剪力的85% ~90%。

(4)计算作用在弹性地基梁(单宽板条)上的荷载。

集中荷载:将闸墩上的不平衡剪力与闸墩及其上部结构的重量作为梁的集中力;

均布荷载:将分配给底板上的不平衡剪力化为均布荷载,并与底板自重、水重及扬压力等代数和相加,作为梁的均布荷载。

(5)考虑边荷载对地基梁影响。边荷载是指计算闸段底板两侧的闸室或边闸墩后回填土以及岸墙作用于地基上的荷载。《水闸设计规范》(SL 265—2001)提出:由于实际工程中水闸各单项工程基本上是同时施工的,因此无须考虑边荷载是在计算闸段底板浇筑之前还是之后施加的问题。①当地基为砂性土,且边荷载使计算闸段底板内力减少时,计算百分数为50%;边荷载使计算闸段底板内力增加时,计算百分数为100%。②当地基为黏性土,且边荷载使计算闸段底板内力减少时,计算百分数为0;边荷载使计算闸段底板内力增加时,计算百分数为100%。

(6)计算地基反力及梁的内力。根据 $2T/L$ 判别所需采用的计算方法,然后利用已编制好的数表计算地基反力和梁的内力,进而验算强度并进行配筋。

二、闸墩

闸墩结构计算主要包括闸墩水平截面上的正应力和剪应力、平面闸门门槽或弧形闸门支座的应力计算。闸墩计算情况有运用期和检修期两种:

(1)运用期。闸门关闭,闸墩承受最大水头时的水压力(包括闸门传来的水压力)、自重、上部结构及设备重作用,见图5-32(a)、(b)。

(2)检修期。一孔关门检修,相邻闸孔开启时,闸墩承受侧向水压力及自重、上部结构及设备重作用、交通桥上车辆刹车制动力等荷载,见图5-32(c)。

(一)闸墩水平截面上的正应力和剪应力

闸墩水平截面上的正应力和剪应力,主要包括纵向(顺水流方向)和横向(垂直水流方向)两个方向。闸墩每个高程的应力都不同,而最危险的断面则是闸墩与底板的接触面。因此,主要以墩底截面为控制应力截面,将闸墩视为固结于闸底板上的悬臂结构,近似按材料力学中的偏心受压公式进行应力分析。

(1)闸墩水平截面上的正应力计算

运用期
$$\sigma_{\substack{\max\\\min}} = \frac{\sum G}{A} \pm \frac{\sum M_{\mathrm{I}}}{I_{\mathrm{I}}}\frac{L}{2} \tag{5-42}$$

检修期
$$\sigma_{\substack{\max\\\min}} = \frac{\sum G}{A} \pm \frac{\sum M_{\mathrm{II}}}{I_{\mathrm{II}}}\frac{d}{2} \tag{5-43}$$

式中　$\sum G$——计算截面以上全部竖向力的总和,kN;

A——计算截面的面积,m^2;

$\sum M_{\mathrm{I}}$、$\sum M_{\mathrm{II}}$——计算截面以上各力对截面垂直水流和顺水流方向形心轴 x、y 轴

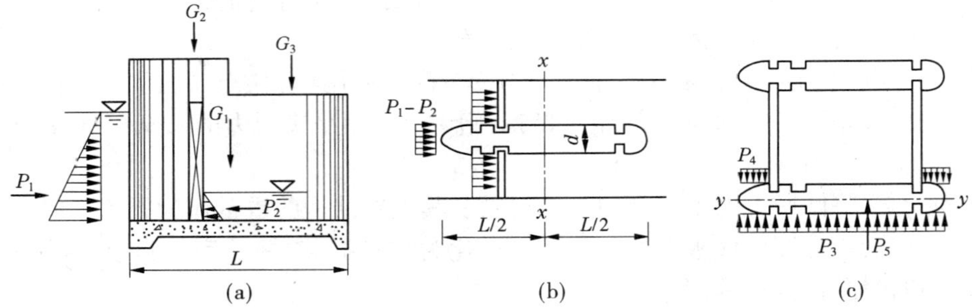

P_1、P_2—上、下游水平水压力；P_3、P_4—闸墩两侧横向水压力；P_5—交通桥上车辆刹车制动力；

G_1—闸墩自重；G_2—工作桥及闸门重；G_3—交通桥重

图 5-32 闸墩结构计算示意图

的力矩总和，kN/m；

I_{I}、I_{II}——计算截面对其形心轴 x、y 轴的惯性矩，m^4；

d——墩厚，m；

L——闸墩长度，m。

(2)闸墩水平截面上的剪应力计算

$$\tau = \frac{QS}{Ib} \tag{5-44}$$

式中 Q——作用在墩底计算截面上顺水流方向和垂直水流方向的剪力，kN；

S——计算截面以外的面积对形心轴 x、y 轴的面积矩（方向与 Q 垂直），m^3；

b——计算截面处的墩厚，m。

(3)边墩(包括缝墩)墩底主拉应力计算。闸门关闭时，由于受力不对称(见图 5-33)，墩底受纵向剪力和扭矩的共同作用，产生较大的主拉应力。由于扭矩 M_n 的作用，在

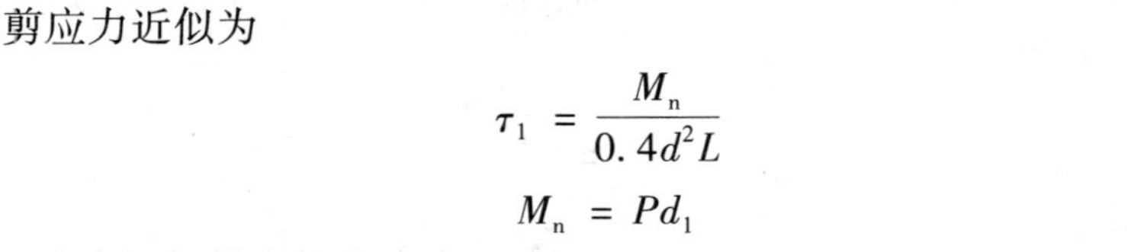

图 5-33 边墩墩底主拉应力计算

A 点产生的剪应力近似为

$$\tau_1 = \frac{M_n}{0.4d^2L} \tag{5-45}$$

$$M_n = Pd_1 \tag{5-46}$$

式中 P——半扇闸门传来的水压力，kN；

d_1——P 至形心轴的距离，m；

d、L——墩宽与墩长，m。

纵向剪应力的近似值为

$$\tau_2 = \frac{3P}{2dL} \tag{5-47}$$

A 点的主拉应力为

$$\sigma_{z1} = \frac{\sigma}{2} \pm \frac{1}{2}\sqrt{\sigma^2 + 4(\tau_1 + \tau_2)^2} \tag{5-48}$$

式中 σ——边墩(或缝墩)的墩底正应力(以压应力为负)。

σ_{z1}不得大于混凝土的允许拉应力,否则应配受力钢筋。

(二)平面闸门闸墩的门槽应力计算

平面闸门门槽颈部因受闸门传来的水压力而产生拉应力,过去常假定该拉应力完全由钢筋承担,以致造成浪费。实际上应该考虑闸墩水平截面上的剪应力影响,它承担着一部分拉应力,这样可以减少钢筋用量。计算步骤如下:

(1)取 1 m 高的闸墩作为计算单元。由左、右侧闸门传来的水压力为 P,在计算单元上、下水平截面上将产生剪力 $Q_{上}$和 $Q_{下}$,剪力差 $Q_{下} - Q_{上}$应等于 P。

(2)假设剪应力在上、下水平截面上呈均匀分布,并取门槽前的闸墩作为脱离体,由力的平衡条件可求得此 1 m 高门槽颈部所受的拉力 P_1 为

$$P_1 = P\frac{A_1}{A} \tag{5-49}$$

式中 A_1——门槽颈部以前闸墩的水平截面面积, m^2;

A——闸墩的水平截面面积, m^2。

(3)计算 1 m 高闸墩在门槽颈部所产生的拉应力

$$\sigma = \frac{P_1}{b} \tag{5-50}$$

式中 b——门槽颈部厚度, m。

(4)闸墩配筋。当拉应力小于混凝土的容许拉应力时,可按构造要求进行配筋,否则,应按实际受力情况配筋。一般情况下,实体闸墩的应力不会超过墩体材料的容许应力,只需在闸墩底部及门槽配置构造钢筋。闸墩底部一般配Φ10 ~ 14 mm,间距 25 ~ 30 cm 的垂直钢筋,下端深入底板 25 ~30 倍的钢筋直径,上端伸至墩顶或底板以上 2 ~3 m 处截断。水平分布钢筋一般采用Φ8 ~12 mm,每米 3 ~4 根。

由于水压力是沿闸墩高度变化的,因此应在高度方向分段进行上述计算。此外,由于门槽承受的荷载是由滚轮或滑块传来的集中力,故还应验算混凝土的局部承压强度或配以一定数量的构造钢筋。门槽配筋见图 5-34。

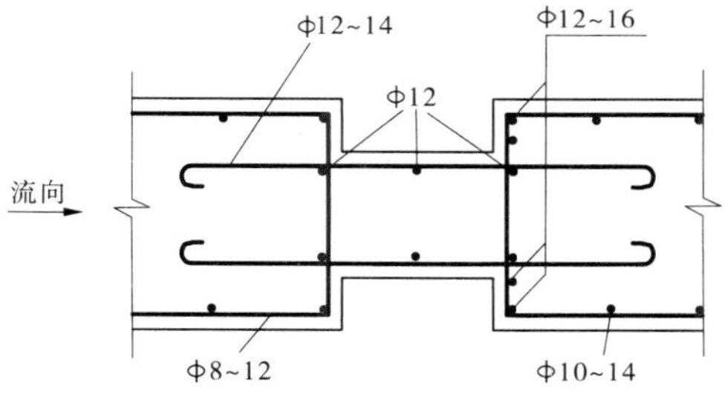

图 5-34 门槽配筋图

(三)弧形闸门支座处应力计算

弧形闸门闸墩,除应计算底部应力外,还应验算牛腿及其附近的应力。

当闸门关闭挡水时,由弧形闸门门轴传给牛腿的作用力 R 为闸门全部水压力合力的一半,该力可分为法向力 N 和切向力 T(见图 5-35)。分析时可将牛腿视为短悬臂梁,计算它在 N 与 T 二力作用下的受力钢筋,并验算牛腿与闸墩相连处的面积是否满足要求。分力 N 对牛腿引起弯矩和剪力,分力 T 则使牛腿产生扭矩和剪力。有关牛腿配筋计算可参阅《水工钢筋混凝土结构学》等有关书籍。

作用在弧形闸门上的水压力通过牛腿传递给闸墩,远离牛腿部位的闸墩应力仍可用前述方法进行计算,但牛腿附近的应力集中现象则需采用弹性理论进行分析。现介绍偏光弹性试验法。

分力 N 会使闸墩产生相当大的拉应力。三向偏光弹性试验结果表明:仅在牛腿前(靠闸门一边)的约 2 倍牛腿宽、1.5 ~2.5 倍牛腿高范围内(见图 5-36 虚线范围)的主拉应力大于混凝土的容许应力,需要配置受力钢筋,其余部位的拉应力较小,一般小于混凝土的容许拉应力,可按构造配筋或不配筋。在牛腿附近闸墩需配置的受力钢筋面积 A_s 可近似地按式(5-51)计算:

$$A_s = \frac{\gamma_d N'}{f_y} \tag{5-51}$$

式中 N'——大于混凝土容许拉应力范围内的拉应力总和(即图 5-36 虚线范围内的总拉力),该值为 70% ~80% N,kN;

γ_d——结构系数,取 1.2;

f_y——钢筋受拉强度设计值,MPa。

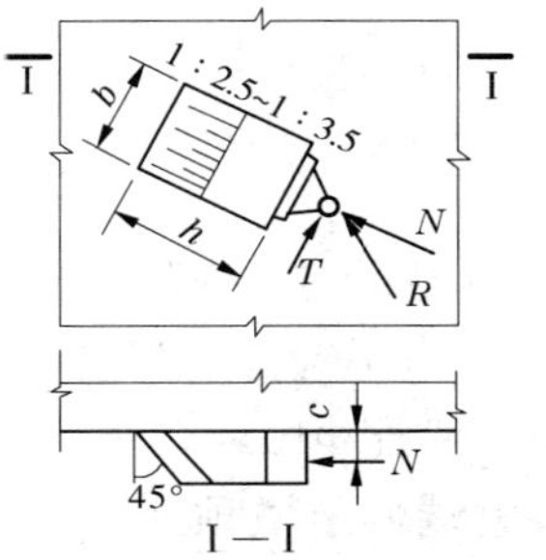

图 5-35　牛腿计算图

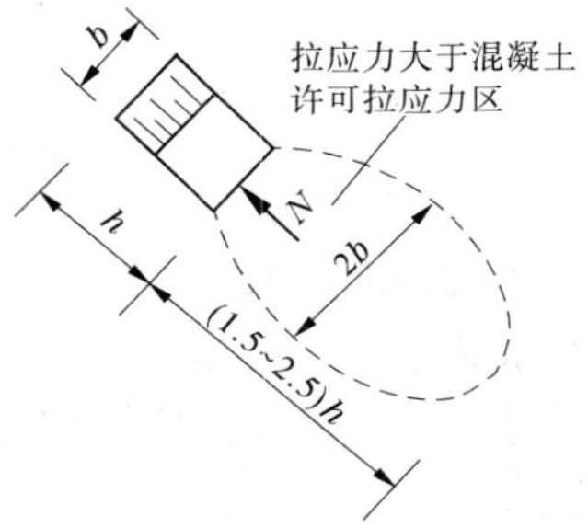

图 5-36　牛腿附近的闸墩拉应力

上述成果,只能作为中、小型弧形闸门闸墩牛腿附近的配筋依据,对于重要及大型水闸,需要直接通过模型试验确定支座及支座附近闸墩内的应力状态,并依此配置钢筋。

三、胸墙、工作桥、检修便桥及交通桥等

可根据各自的支承情况、结构布置形式按板或板梁系统采用结构力学的方法进行结构计算,具体计算可参考有关文献。

【单元探索】

比较闸室结构分析与其他水工结构计算的异同点。

【单元练习】

一、判断题

1. 闸室结构分析一般采用将其分解成底板、闸墩、胸墙、工作桥、交通桥等若干构件分别计算,并在单独计算时,考虑它们之间的相互作用。( )

2. 三向偏光弹性试验结果表明:仅在牛腿前的约 2 倍牛腿宽、1.5 ~2.5 倍牛腿高范围内的主拉应力大于混凝土的容许应力,需要配置受力钢筋。( )

二、单项选择题

1. 对黏性土地基或相对密实度 $D_r > 0.5$ 的非黏性土地基闸底板结构计算,采用( )。

A. 弹性地基梁法 B. 反力直线分布法 C. 倒置梁法 D. 有限元法

2. 采用弹性地基梁法分析闸底板的应力时,当 $2T$(可压缩土层厚度)/L(弹性地基梁长)<0.25 时,可按( )计算。

A. 半无限深的弹性地基梁法 B. 无限深的弹性地基梁法

C. 基床系数法 D. 有限深的弹性地基梁法

三、填空题

1. 一般情况下,闸底板分担不平衡剪力的________,闸墩分担不平衡剪力的________。

2. 闸墩结构计算有________、________两种。

单元八 水闸的两岸连接建筑物

【单元导航】

问题 1:两岸连接建筑物包括哪些? 其作用如何?

问题 2:两岸连接建筑物的结构形式和构造要求如何?

【单元解析】

一、连接建筑物的作用

水闸两端与河岸或堤、坝等建筑物的连接处,需设置连接建筑物,它们包括上、下游翼墙,边墩或岸墙、刺墙和导流墙等。其作用是:①挡住两侧填土,维持土坝及两岸的稳定,防止过闸水流的冲刷;②引导水流平顺进闸,并使出闸水流均匀扩散;③阻止侧向绕渗,防止与其相连的岸坡或土坝产生渗透变形。

两岸连接建筑物的工程量占水闸总工程量的 15% ~40%,闸孔愈少,所占比重愈大。因此,应十分重视其形式选择和布置。

二、连接建筑物的布置形式

(一)上、下游翼墙

边墩或岸墙向上、下游延伸,便形成了上、下游翼墙。上、下游翼墙在顺水流方向上的投影长度,应分别等于或大于铺盖及消力池的长度。在有侧向防渗要求的条件下,上、下游翼墙的墙顶高程应分别高于上、下游最不利运用水位。上、下游翼墙宜与闸室及两岸岸坡平顺连接,其平面布置形式通常有以下几种。

1. 圆弧或椭圆弧形翼墙

圆弧或椭圆弧形翼墙见图 5-37(a),从边墩两端开始,用圆弧或 1/4 椭圆弧形直墙插入两岸。一般上游圆弧半径为 20 ~50 m,下游圆弧半径为 30 ~50 m。其优点是水流条件好;缺点是施工复杂,工程量大。适用于水位差及单宽流量大、闸身高、地基承载力较低的大中型水闸。

2. 反翼墙

反翼墙见图 5-37(b),翼墙向上、下游延伸一定距离后,转 90°插入两岸,转弯半径一般采用2 ~5 m。上游翼墙的收缩角不宜大于 12° ~18°,下游翼墙的平均扩散角一般采用 7° ~12°,以免出闸水流脱离边壁,产生回流,挤压主流,冲刷下游河道。其优点是水流条件较好,防渗效果好;缺点是工程量大,造价较高。适用于大中型水闸。小型水闸也可采用一字形布置形式。

3. 扭曲面翼墙

扭曲面翼墙见图 5-37(c),翼墙的迎水面自闸室连接处开始,由垂直面逐渐变化为倾斜面,直至与河岸同坡度相接。其优点是水流条件好,工程量较小;缺点是施工较麻烦,当墙后填土质量不好时,易产生不均匀沉降,使翼墙产生裂缝,甚至断裂。一般在渠系工程中采用较多。

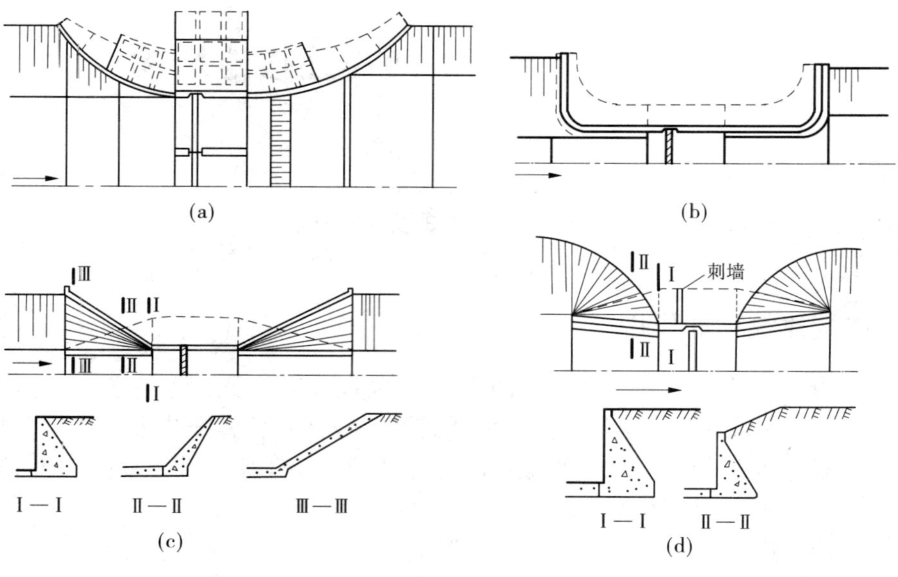

图 5-37 翼墙平面布置形式

4. 斜降翼墙

斜降翼墙见图 5-37(d),翼墙在平面上呈八字形,翼墙的高度随着其向上、下游方向延伸而逐渐降低,直至与河底相接。其优点是工程量少,施工方便;缺点是防渗效果差,水流易在闸孔附近产生立轴漩涡,冲刷堤岸。常用于小型水闸。

(二)边墩和岸墙

边墩是闸室靠近两岸的闸墩,而岸墙则是设在边墩后面的一种挡土结构。其布置形式与闸室结构情况及地基条件等因素有关,通常有以下几种:

(1)边墩与岸墙结合。当闸室不太高,地基承载力较大时,一般不另修岸墙,利用边墩直接与两岸或土坝连接。边墩与闸室连成整体或用缝分开,见图5-38。此时,边墩除起支承闸门及上部结构、防冲、防渗、导水作用外,还要起挡土作用。

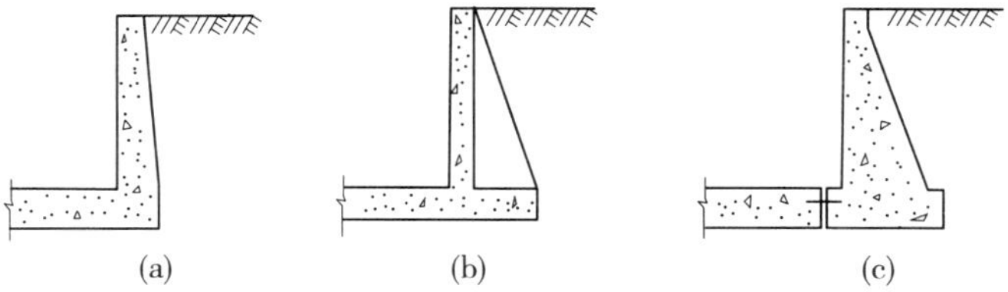

图5-38 边墩与岸墙结合布置示意图

(2)边墩与岸墙分开。当闸室较高、孔数较多及地基软弱时,可在边墩后面另设岸墙,起挡土作用,岸墙与边墩之间设有沉降缝,见图5-39。其优点是可大大减轻边墩负担,改善闸室受力条件。

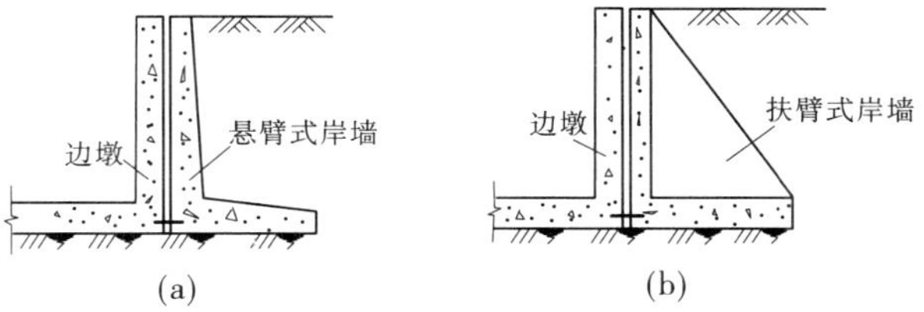

图5-39 边墩与岸墙分开布置示意图

(3)边墩或岸墙部分挡土。当地基承载力过低时,可利用边墩或岸墙的下部挡土,并在边墩或岸墙的后面设置与其垂直的刺墙进行挡水。墙(墩)后填土至一定高度,再以一定的坡度到达堤顶,见图5-40。

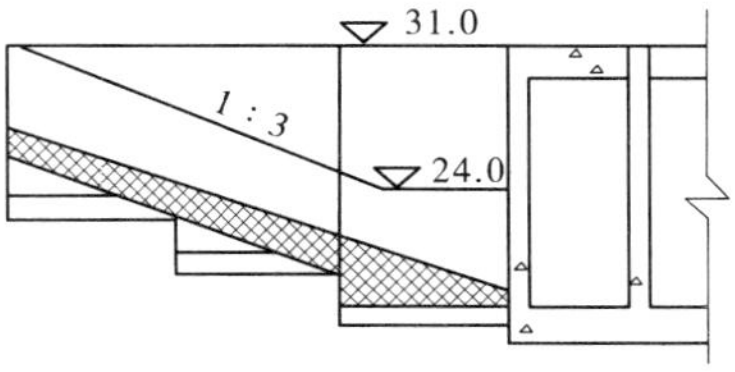

图5-40 边墩或岸墙部分挡土形式 (单位:m)

三、连接建筑物的结构形式和构造

两岸连接建筑物的受力状态和结构形式与一般挡土墙基本相同,常用的结构形式有重力式、悬臂式、扶壁式、空箱式、半重力式、衡重式和连拱空箱式等,但在水闸工程中应用最多的是重力式、扶壁式和空箱式三种。

（一）重力式

重力式挡土墙是用混凝土或浆砌石等材料筑成，主要依靠自重来维持稳定的一种结构形式，见图 5-41。其特点是可就地取材，结构简单，施工方便，材料用量大。适用于地基较好，墙高为 6 m 以下的挡土墙。

（二）悬臂式

悬臂式挡土墙是由直墙和底板组成的主要利用底板上填土维持稳定的一种钢筋混凝土轻型挡土结构。其断面用作翼墙时为倒 T 形，用作岸墙时则为 L 形，见图 5-42。其优点是结构尺寸小，自重轻，构造简单，挡土墙适宜高度为 6 ~ 10 m。

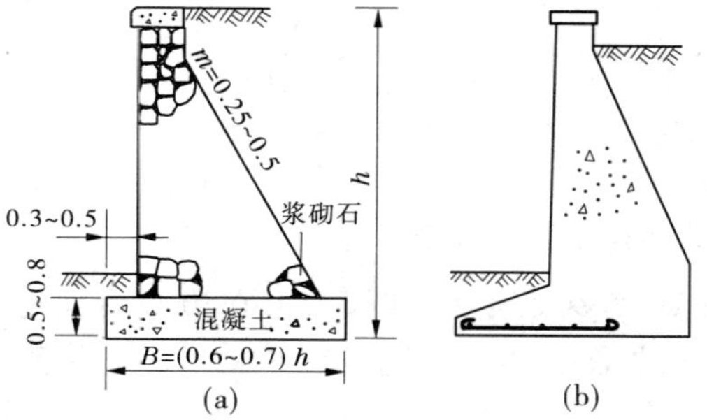

图 5-41　重力式挡土墙　（单位：m）

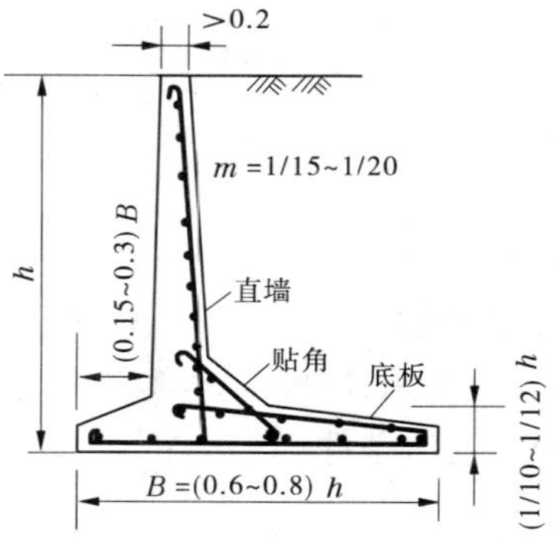

图 5-42　悬臂式挡土墙　（单位：m）

（三）扶壁式

扶壁式挡土墙通常采用钢筋混凝土修建，也是一种轻型结构，它由直墙、扶壁及底板三部分组成，利用扶壁和直墙共同挡土，并可利用底板上的填土维持稳定，适用于墙高大于 10 m 的坚实或中等坚实的地基上的情况，见图 5-43。当直墙高度在 6.5 m 以内时，直墙和扶壁可采用浆砌石结构。

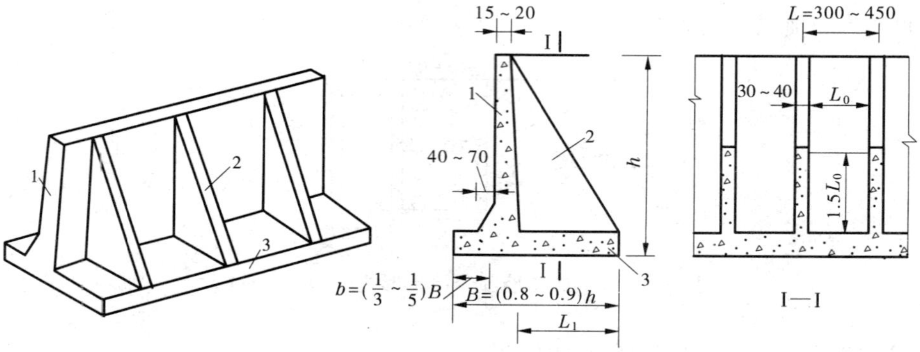

1—直墙；2—扶壁；3—底板

图 5-43　扶壁式挡土墙　（单位：cm）

(四)空箱式

空箱式挡土墙也是一种轻型结构,由顶板、底板、前墙、后墙、扶壁和隔墙等组成,底板宽度一般为墙高的(0.8~1.2)倍,箱内不填土或填少量的土,但可以进水,主要依靠墙体本身的重量和箱内部分土重或水重维持其稳定性。其特点是作用于地基上的单位压力较小,且分布均匀,故适用于墙的高度很大且地基允许承载力较低的情况。但其结构复杂,需用较多的钢筋和木材,施工麻烦,造价较高。因此,在某些较差的松软地基上采用扶壁式挡土墙还不能满足设计要求的情况下,宜采用空箱式挡土墙。

【单元探索】

试列举几个两岸连接建筑物应用的典型案例。

【单元练习】

一、判断题

1. 两岸连接建筑物的工程量占水闸总工程量的比重大。因此,应十分重视其形式选择和布置。(　　)

2. 上、下游翼墙在顺水流方向上的投影长度,应分别等于或小于铺盖及消力池的长度。(　　)

二、单项选择题

1. (　　)适用于水位差及单宽流量大、闸身高、地基承载力较低的大中型水闸。

A. 圆弧或椭圆弧形翼墙　　B. 反翼墙

C. 扭曲面翼墙　　D. 斜降翼墙

2. 当闸室较高、孔数较多及地基软弱时,可采用(　　)的布置方式。

A. 边墩与岸墙结合　　B. 边墩与岸墙分开

C. 岸墙部分挡土　　D. 边墩部分挡土

三、填空题

1. 两岸连接建筑物包括上、下游翼墙、________、________、________等。

2. 应用最多的两岸连接建筑物结构形式是________、________、________三种。

单元九　闸门与启闭机

【单元导航】

问题1:闸门有哪些类型?闸门由哪些部分组成?如何选择闸门?

问题2:启闭机有哪些类型?如何选择启闭机?

【单元解析】

一、闸门

闸门是水闸的一个重要组成部分,其作用是控制水位、调节流量以及通航、过木、排砂等。闸门设计应满足安全经济、操作灵活、止水可靠及过水平顺等性能,并且应尽量避免闸门产生空蚀和振动现象。

微课5-26　闸门的构造

（一）闸门的组成

闸门结构一般由活动部分、埋固构件和悬吊设备三部分组成。活动部分主要是由面板、梁格系统组成的门体结构；埋固构件是预埋在闸墩和胸墙等结构内部的固定构件；悬吊设备是指连接闸门和启闭设备的拉杆或牵引索等。

（二）闸门的分类与选型

微课 5-27　闸门的分类

（1）闸门按结构形式可分为平面闸门、弧形闸门。

平面闸门按提升方式不同可分为直升式和升卧式两种。直升式平面闸门（见图 5-44），其门体结构简单，可吊出孔口进行检修，所用闸墩长度较短，也便于采用移动式启闭机；缺点是闸门的启闭力较大，工作桥较高，门槽处也易发生空蚀现象。这种闸门形式应用很普遍。升卧式平面闸门提升时，先沿铅垂轨道直升，再在自重和吊绳组成的倾翻力矩作用下继续沿弧形轨和斜轨逐步向下游或上游倾翻，最后全开时闸门平卧在闸墩顶部。其优点是工作桥高度小，可以降低造价，提高抗震性能；缺点是由于闸门的吊点一般设在闸门底部的上游一侧，长期浸入水中，易于锈蚀，且闸门除锈涂漆也较困难。

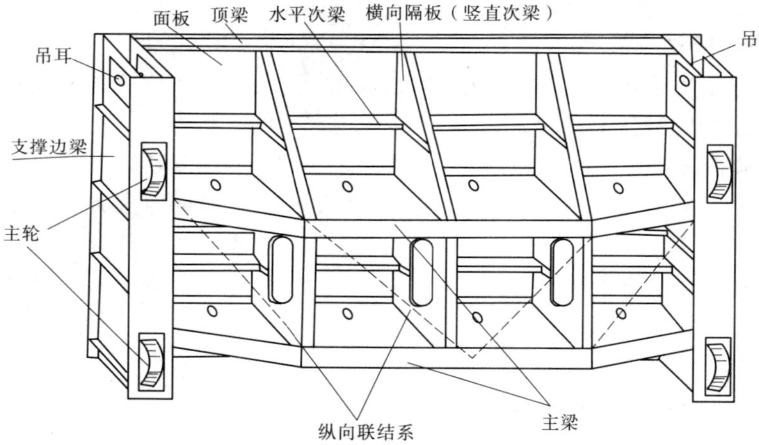

图 5-44　直升式平面闸门门叶结构布置图

弧形闸门（见图 5-45）的挡水面板是圆弧面，启闭时绕位于弧形挡水面圆心处的支承铰转动。闸门上的总水压力通过转动中心，对闸门的启闭不产生阻力矩，故启门力小，应用较广。同时，由于弧形闸门不设门槽，不影响孔口水流状态，所需闸墩厚度也较小，但闸墩较长，且受到侧向推力的作用。

（2）闸门按工作性质可分为工作闸门、检修闸门和事故闸门。水闸一般只设工作闸门和检修闸门。工作闸门用以控制孔口、调节水位和流量，要求其在动水中启闭；检修闸门是当工作闸门、门槽或门坎等检修时，临时挡水的闸门，通常在平压静水中启闭。

（3）闸门按所用材料可分为钢闸门、钢筋混凝土及钢丝网水泥闸门、钢木混合结构闸门、木闸门和铸铁闸门等。钢闸门具有自重轻、工作可靠的优点，在大中型水闸中应用广泛。钢筋混凝土及钢丝网水泥闸门和铸铁闸门可节约钢材，但自重较大，增加了启闭设备

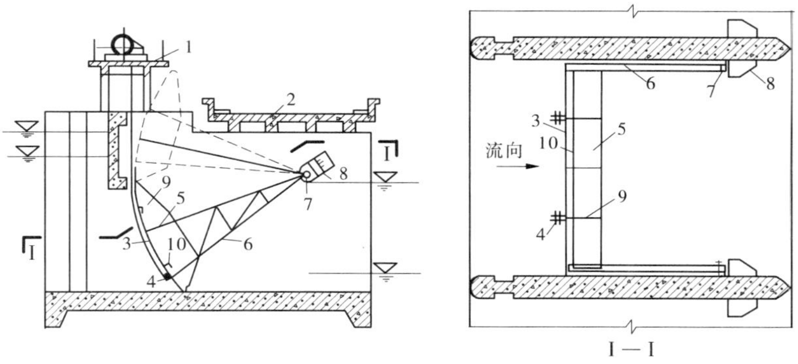

1—工作桥；2—公路桥；3—面板；4—吊耳；5—主梁；
6—支臂；7—支铰；8—牛腿；9—竖隔板；10—水平次梁

图 5-45 卷扬式启闭机的弧形闸门结构布置图

的造价，且耐久性或韧性较差，一般只用于小型水闸。木闸门和钢木混合闸门因其寿命短，并需要经常维护检修，目前已很少采用。

另外，当闸门关闭，闸门顶高于上游水位时，称其为露顶闸门，否则称其为潜孔闸门。露顶式闸门顶部应在可能出现的最高挡水位以上有 0.3 ~ 0.5 m 的超高。对胸墙式水闸，闸门高度根据构造要求稍高于孔口即可。闸门的结构选型应根据其受力情况、控制运用要求、制作、运输、安装、维修条件等，结合闸室结构布置等合理选定。《水闸设计规范》(SL 265—2016)推荐，挡水高度和闸孔孔径均较大的水闸宜采用弧形闸门。当永久缝设置在闸室底板上时，宜采用平面闸门；如采用弧形闸门，必须考虑闸墩间可能产生的不均匀沉降对闸门强度、止水和启闭的影响。受风浪或风浪冲击力较大的挡潮闸，宜采用平面闸门，且闸门面板宜布置在迎潮侧。有排冰或过木要求的水闸宜采用平面闸门或下卧式弧形闸门；多泥沙河流上的水闸，不宜采用下卧式弧形闸门。有通航或抗震要求的水闸，宜采用升卧式平面闸门或双扉式平面闸门。检修闸门应采用平面闸门或叠梁式闸门。

二、启闭机

微课 5-28 启闭机的类型

闸门启闭机可分为固定式和移动式两种。常用的固定式启闭机有卷扬式、螺杆式和油压式三种。移动式一般有门架式和桥式两种。启闭机的形式应根据门型、尺寸及其运用条件等因素选定。所选用启闭机的启闭力应不小于计算的启闭力，同时应符合相关规范所规定的启闭机系列标准。若要求短时间内全部均匀开启或多孔闸门启闭频繁，每孔应设一台固定式启闭机。

固定卷扬式启闭机，主要由电动机、减速箱、传动轴和绳鼓所组成。启闭闸门时，通过电动机、减速箱和传动轴使绳鼓转动，进而钢丝绳牵引闸门升降，并通过滑轮组的作用，使用较小的钢丝绳拉力，便可获得较大启门力。固定卷扬式启闭机适用于闭门时不需施加压力，且要求在短时间内全部开启的闸门。一般每孔布置一台。

固定螺杆式启闭机主要由摇柄、主机和螺杆组成。利用机械或人力转动主机,使螺杆连同闸门上下移动,从而启闭闸门。其优点是结构简单、使用方便,价格较低且易于制造;缺点是启闭速度慢,启闭力小,一般用于小型水闸。当水压力较大,门重不足时,可通过螺杆对闸门施加压力,以便使闸门关闭到底。当螺杆长度较大(如大于3 m)时,可在胸墙上每隔一定距离设支承套环,以防止螺杆受压失稳。

固定油压式启闭机主体由油缸和活塞两部分组成。活塞经活塞杆或连杆和闸门连接,改变油管中的压力即可使活塞带动闸门升降。固定油压式启闭机的优点是利用液压原理,可以用较小的动力获得很大的启门力;液压传动比较平稳和安全(有溢流阀,超载时起自动保护作用);机体体积小,重量轻,当闸孔较多时,可以降低机房、管路及工作桥的工程造价;较易实现遥测、遥控和自动化。其主要缺点是对金属加工条件要求较高,质量不易保证,造价较高。同时设计选用时要注意解决闸门起吊同步的问题,否则会发生闸门歪斜卡阻的现象。

【单元探索】

查阅相关资料,了解闸门和启闭机发展的状况与趋势如何?

【单元练习】

一、判断题

1. 闸门设计应满足安全经济、操作灵活、止水可靠及过水平顺等性能,并且应尽量避免闸门产生空蚀和振动现象。(　　)

2. 平面闸门不设门槽,所需闸墩厚度较小,不影响孔口水流状态,但闸墩较长,且受到侧向推力的作用。(　　)

二、单项选择题

1. 露顶式闸门顶部应在可能出现的最高挡水位以上有(　　)的超高。

A. 0.1 ~ 0.2 m　　B. 0.2 ~ 0.3 m　　C. 0.3 ~ 0.5 m　　D. 0.5 ~ 0.7 m

2. 常用的固定式启闭机不包括(　　)启闭机。

A. 卷扬式　　B. 螺杆式　　C. 门架式　　D. 油压式

三、填空题

1. 闸门结构一般由________、________、________三部分组成。

2. 闸门启闭机可分为________、________两种。

项目六　河岸溢洪道

【学习目标】

学习单元	能力目标	知识点
单元一	掌握河岸溢洪道的概念、类型和位置选择	河岸溢洪道； 正常溢洪道，非常溢洪道
单元二	掌握正槽式溢洪道的组成及各部分的作用，掌握正槽式溢洪道构造要求，掌握正槽式溢洪道结构尺寸、水力计算要点	泄槽； 侧向水面壅高； 掺气水深
单元三	掌握侧槽式溢洪道的组成及每部分的作用，了解侧槽式溢洪道的布置、设计及构造要求，了解侧槽式溢洪道的水力计算	侧槽式溢洪道； 侧槽
单元四	掌握非常溢洪道的概念、作用，了解非常溢洪道的类型、特点	漫流式溢洪道； 自溃式溢洪道； 爆破引溃式溢洪道

单元一　概　述

微课 6-1　河岸溢洪道实训案例

【单元导航】

问题 1：河岸溢洪道的概念？有哪些类型？

问题 2：如何进行河岸溢洪道的位置选择？

【单元解析】

在水利枢纽中，为了防止洪水漫过坝顶，危及大坝和枢纽的安全，必须布置泄水建筑物，以宣泄水库按运行要求不能容纳的多余来水量。常用的泄水建筑物有河床式溢洪道、河岸溢洪道。对于土石坝及某些轻型坝等水利枢纽，常在坝体以外的岸边或天然垭口布置溢洪道，称河岸溢洪道。

微课 6-2　河岸溢洪道的作用

一、河岸溢洪道的类型与特点

河岸溢洪道分为正常溢洪道和非常溢洪道两大类，正常溢洪道常用的形式主要有正槽式、侧槽式、井式和虹吸式四种。

（1）正槽式溢洪道，如图 6-1 所示。这种溢洪道的泄槽轴线与溢流堰轴线正交，过堰水流与泄槽轴线方向一致，其水流平顺，超泄能力大，并且结构简单，运用安全可靠，是一种采用最多的河岸溢洪道形式。

（2）侧槽式溢洪道，如图6-2所示。这种溢洪道的溢流堰与泄槽的轴线接近平行，过堰水流在侧槽内转弯约90°，再经泄槽泄入下游，因而水流在侧槽中的紊动和撞击都很强烈，且距坝头较近，直接关系到大坝的安全。它适宜坝肩山体高，岸坡较陡的中小型水库。

微课6-3 河岸溢洪道的概念

（3）井式溢洪道，如图6-3所示。其组成主要有溢流喇叭口段、渐变段、竖井段、弯道段和水平泄洪洞段。它适用于岸坡陡峻、地质条件良好，又有适宜地形的情况。可避免大量的土石方开挖，但水流条件复杂，超泄能力小，容易产生空蚀和振动。因此，我国目前较少采用。

（4）虹吸式溢洪道，如图6-4所示。其工作原理是利用虹吸的作用泄水。当库水位达到一定高程时，淹没了通气孔，水流将流过堰顶并逐渐将曲管内的空气带出，使曲管内产生真空，形成虹吸作用自动泄水。这种溢洪道的优点是能自动调节上游水位，不需设置闸门。其缺点是超

微课6-4 河岸溢洪道的分类

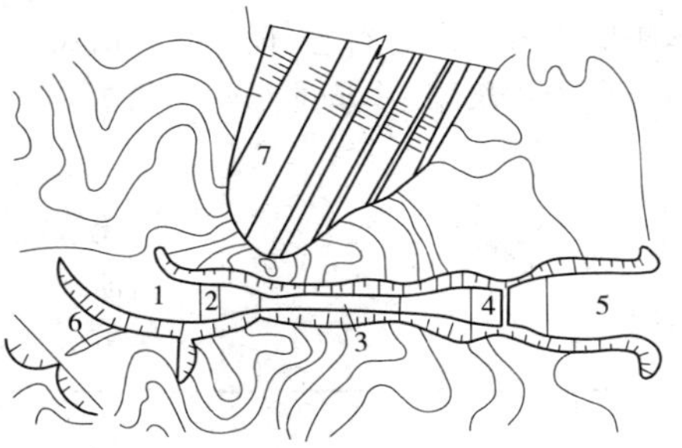

1—溢流堰；2—侧槽；3—泄水槽；4—出口消能段；5—出水渠；6—非常溢洪道；7—土石坝

图6-1 正槽式溢洪道

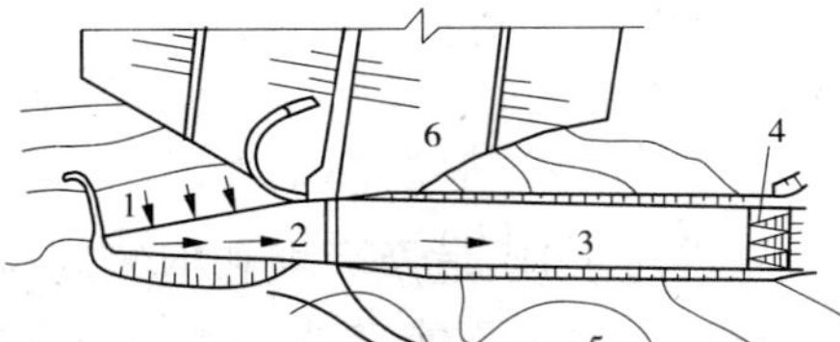

1—进水段；2—控制段；3—泄槽；4—消能防冲段；5—上坝公路；6—土石坝

图6-2 侧槽式溢洪道

泄能力较小，构造复杂，且进口易堵塞，管内易空蚀，适用于上游淹没高程有严格限制的中小型水库。

以上四种类型的泄洪设施，前两种整个流程是完全敞开的，故又称为开敞式溢洪道，而后两种又称为封闭式溢洪道。

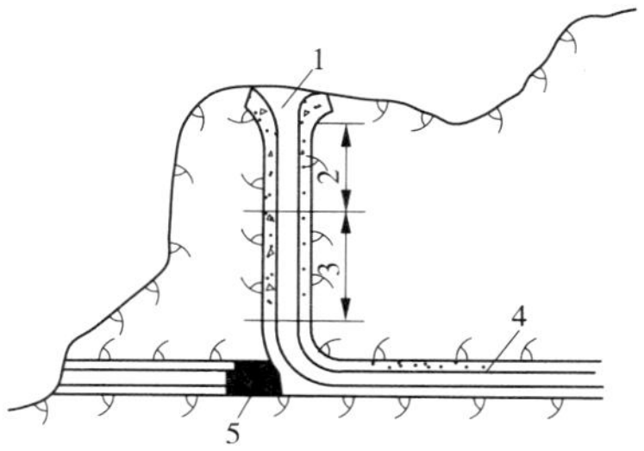

1—井口;2—渐变坡;3—竖井;4—隧洞;5—堵头

图 6-3 井式溢洪道

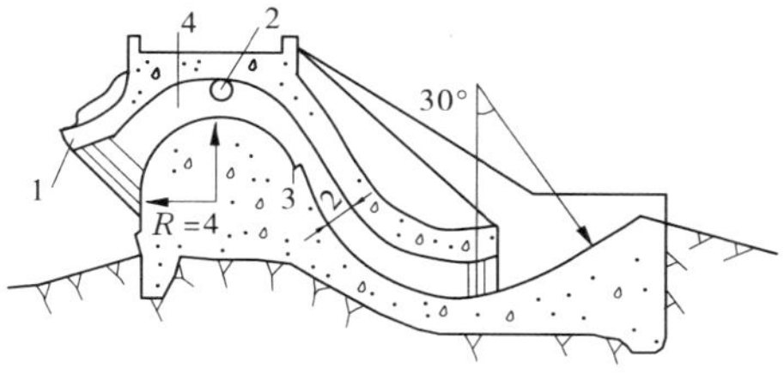

1—遮檐;2—通气孔;3—挑流坎;4—曲管

图 6-4 虹吸式溢洪道

二、河岸溢洪道的位置选择

微课 6-5 河岸溢洪道的位置选择

溢洪道位置选择是否得当,对水库工程的安全和造价有很大影响。溢洪道位置选择,主要应考虑以下条件:

(1)地形条件。是决定溢洪道形式和布置的主要因素。较理想的地形条件是,离大坝不远的库岸有通向下游的马鞍形山垭口,其高程在正常蓄水位附近,垭口后面有长度不大的冲沟直通原河道,出口离下游坝脚较远,这对工程的经济、安全及管理运用均有利,且易于解决下泄水流的归河问题。

如果坝肩具有有利的地形条件,且高程适宜,可将溢洪道布置在坝肩上。这种布置形式工程量小,对于土石坝枢纽还具有利用其开挖料作为筑坝材料的优点,是较常见的布置形式。

当两岸山坡陡峻时,可将溢流堰沿岸坡等高线方向布置,即采用侧槽式溢洪道,以减小开挖工程量。

(2)地质条件。是影响溢洪道安全的关键因素。溢洪道应尽量布置在坚固、完整、稳定的岩石地基上,以减小砌护工程量并有利于工程的安全。溢洪道两侧山坡也必须稳定,以防止泄洪时山坡崩塌堵塞或摧毁溢洪道,危及大坝安全,产生严重后果。

(3)水流条件。溢洪道的轴线一般宜取直线,力求水流顺畅,流态稳定。如因地形或地质条件的限制而需转弯,应尽量将弯道设置在进水渠段或出水渠段。为避免冲刷坝体,溢洪道进口距坝端不宜太近,一般最小要在 20 m 以上。溢洪道出口距坝脚不应小于

50 ~ 60 m，以免水流冲刷坝脚或其他建筑物。但为了管理方便，溢洪道也不宜距离大坝太远。

(4)施工条件。应避免溢洪道开挖与其他建筑物施工相互干扰，选择出渣路线及堆渣场所便于布置，并尽量利用开挖土石料填筑坝体。

【单元探索】

了解河岸溢洪道和河床溢洪道的区别，了解河岸溢洪道各种类型在水利工程中的应用情况。

【单元练习】

一、填空题

1. 河岸溢洪道的主要类型有________、________、________和________四种类型。

2. 选择河岸溢洪道位置时，主要考虑的因素是________、________、________、________和________。

二、单项选择题

1. 当离大坝不远的库岸有通向下游的马鞍形山垭口，其高程在正常蓄水位附近，垭口后面有长度不大的冲沟直通原河道时，宜采用(　　)。

A. 正槽式　　B. 侧槽式　　C. 井式　　D. 虹吸式

2. 溢洪道出口距坝脚不应小于(　　)，以免水流冲刷坝脚或其他建筑物。

A. 150 ~ 160 m　　B. 100 ~ 120 m　　C. 70 ~ 80 m　　D. 50 ~ 60 m

单元二　正槽式溢洪道

【单元导航】

问题 1：正槽式溢洪道由哪几部分组成？各组成部分的作用是什么？

问题 2：正槽式溢洪道的水力计算内容是什么？

微课 6-6　案例实训

【单元解析】

正槽式溢洪道一般由进水渠、控制段(溢流堰)、泄槽、消能防冲设施及出水渠五部分组成(见图 6-5)。

一、进水渠

微课 6-7　进水渠

进水渠的作用是将水库的水平顺地引至溢流堰前。其设计原则是在合理的开挖方量下尽量减小水头损失，以增加溢洪道的泄洪能力。为此，进水渠布置时应注意以下几点：

(1)平面布置。进水渠在平面上宜布置成直线。若受地形或地质条件限制，进水渠必须转弯，应使弯曲半径不小于 4 倍的渠底宽度，并力求在控制段前有一直线段，直线段的长度不小于 2 倍堰上水头，以保证控制段为正向进水。

进水渠长度应尽量短，在不引起其他组成部分工程量增加过多的情况下，应尽量使溢流堰直接面临水库，这样就不需要进水渠，只在堰前做一个喇叭形进水口即可，如图 6-5

所示。

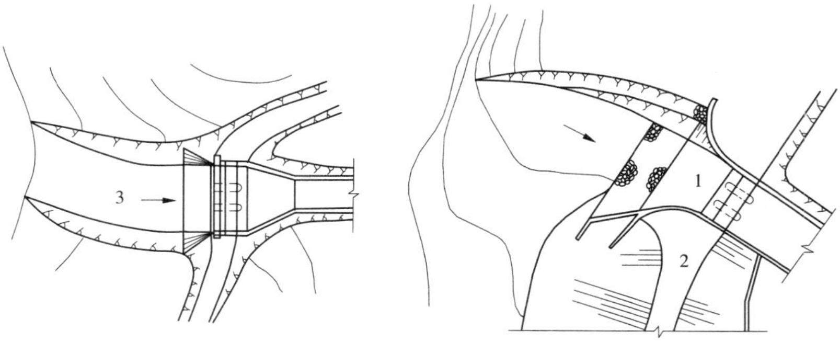

(a) (b)

1—喇叭口;2—土坝;3—引水渠

图 6-5 溢洪道引水渠形式

(2)横断面。进水渠的横断面尺寸应足够大,以降低渠内流速,减小水头损失。渠内设计流速应大于悬移质不淤流速,小于渠道不冲流速,且水头损失较小,一般采用 3 ~ 5 m/s。进水渠的边坡根据稳定要求确定。为了减小糙率和防止冲刷,进水渠应做衬砌。

(3)纵断面。应做成平底或底坡较小的反坡。当溢流堰为实用堰时,渠底在溢流堰处宜低于堰顶至少 $0.5H_d$(H_d 为堰面定型设计水头),但对于宽顶堰则无此要求。

二、控制段

溢洪道的控制段包括溢流堰及两侧连接建筑物,是控制溢洪道泄流能力的关键部位。

微课 6-8 控制段

(一)溢流堰的形式

溢流堰通常选用宽顶堰、实用堰,有时也采用驼峰堰、折线形堰。溢流堰的体形应尽量满足增大流量系数,在泄流时不产生空穴水流或诱发振动的负压等。

(1)宽顶堰。宽顶堰的特点是结构简单,施工方便,但流量系数较低。由于宽顶堰荷载小,对承载力较差的土基适应能力较强,因此在泄量不大或附近地形较平缓的中、小型工程中应用较广,如图 6-6 所示。

(2)实用堰。实用堰与宽顶堰相比较,实用堰的流量系数比较大,在泄量相同的条件下需要的溢流前缘较短,工程量相对较小,但施工较复杂。大、中型水库,特别是岸坡较陡时,多采用这种形式,如图 6-7 所示。

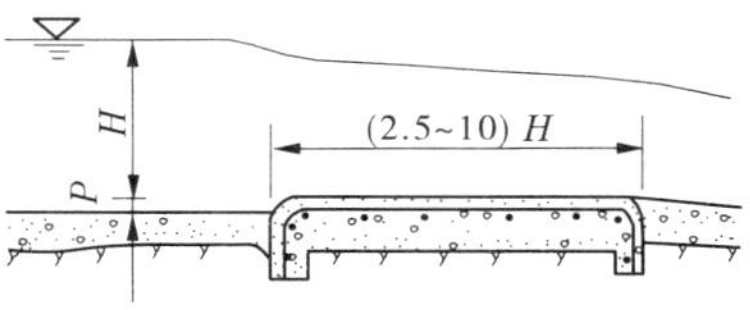

图 6-6 宽顶堰

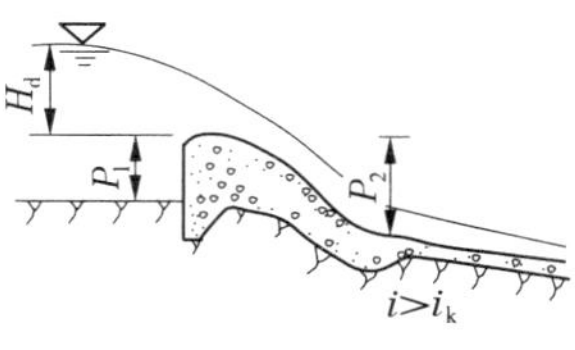

图 6-7 实用堰

溢洪道中的实用堰一般都比较低矮，其流量系数介于溢流重力坝和宽顶堰之间。实用堰的泄流能力与其上下游堰高、定型设计水头、堰面曲线形式等因素有关。

实用堰的断面形式很多，在溢洪道设计规范中建议优先采用 WES 型堰。溢流堰按上游堰高 P_1 和定型设计水头 H_d 的比值分为高堰（$P_1/H_d > 1.33$）和低堰（$P_1/H_d \leqslant 1.33$）。高堰的流量系数接近一个常数，一般不随 P_1/H_d 的变化而受影响；低堰的流量系数则随 P_1/H_d 的减小而降低。这是因为进水渠中流速加大，水头损失加大，同时过堰水舌下缘垂直收缩不完全，压能增大，动能减小。为了获得较大的流量系数，一般上游堰高 $P_1 \geqslant 0.3H_d$。低堰的流量系数还与下游堰高 P_2 有关。当堰顶水头较大，下游堰高 P_2 不足，堰后水流不能保证自由泄流时，将会出现流量系数随水头增加而降低的现象。为了消除这种现象，一般要求下游堰高 $P_2 \geqslant 0.6H_d$。

低堰泄流时由于下游堰面水深比较大，堰面一般不会出现过大的负压，不致发生破坏性的空蚀和振动，因此在设计溢洪道的低堰时，可选择较小的定型设计水头，使高水位时的流量系数加大。根据试验研究，堰面定型设计水头 H_d 可采用（0.6～0.75）倍的堰顶最大水头。

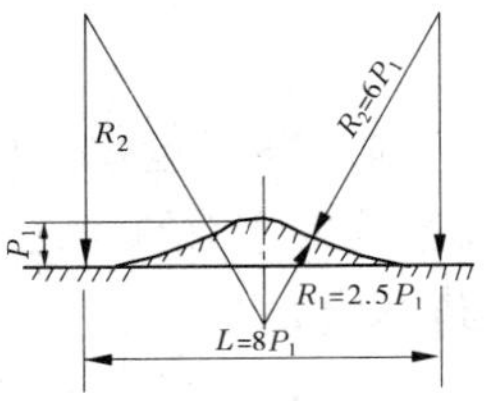

图 6-8　驼峰堰

（3）驼峰堰。为一种复合圆弧的溢流低堰，堰面由不同半径的圆弧组成，如图 6-8 所示。其流量系数可达 0.42 以上，设计与施工简便，对地基的要求低，适用于软弱地基。

（4）折线形堰。为获得较长的溢流前沿，在剖面上将溢流堰做成折线形。

（二）溢流孔口尺寸的拟定

溢洪道的溢流孔口尺寸，主要是溢流堰堰顶高程和溢流前缘长度的确定。中、小型水库溢洪道，特别是小型水库溢洪道常不设闸门，堰顶高程就是水库的正常蓄水位；溢洪道设闸门时，堰顶高程低于水库的正常蓄水位。堰顶是否设置闸门，应从工程安全、洪水调度、水库运行、工程投资等方面论证确定。侧槽式溢洪道的溢流堰一般不设闸门。

溢流堰前缘长度和孔口尺寸的拟定以及单宽流量的选择，与溢流重力坝基本相同。但由于溢洪道出口一般离坝脚较远，其单宽流量可以比溢流重力坝所采用数值大一些。

三、泄槽

微课 6-9　泄槽

正槽式溢洪道在溢流堰后多用泄槽与消能防冲设施相连，以便将过堰洪水安全地泄向下游河道。河岸溢洪道的落差主要集中在该段。泄槽的底坡常大于水流的临界坡，所以又称陡槽。槽内水流处于急流状态、紊动剧烈，由急流产生的高速水流对边界条件的变化非常敏感。当边墙有转折时就会产生冲击波，并可能向下游移动；如槽壁不平整，极易产生掺气、空蚀等问题。

（一）泄槽的平面布置

泄槽在平面上应尽可能采用直线、等宽、对称布置，力求使水流平顺、结构简单、施工方便。当泄槽的长度较大，地形、地质条件不允许做成直线，或为了减少开挖工程量、便于洪水归河和有利于消能等原因,常设置收缩段、扩散段或弯道段。

(1)收缩角与扩散角。泄槽段水流属于急流,当泄槽的边墙向内收缩时,将使槽内水流产生陡冲击波。冲击波的波高取决于边墙的偏转角 θ,其值越大,波高则越大。当边墙向外扩散时,水流将产生缓冲击波。若扩散角 θ 过大,水流将产生脱离边墙的现象。因此,应严格控制其边墙的收缩角和扩散角。一般不宜大于6°~8°,也可按下式确定:

$$\tan\theta = \frac{1}{kFr} = \frac{\sqrt{gh}}{kv} \tag{6-1}$$

式中　θ——边墙与泄槽中心线夹角,(°);

k——经验系数,一般取3.0;

Fr——扩散段或收缩段的起、止断面的平均弗劳德数;

h——扩散段或收缩段的起、止断面的平均水深,m;

v——扩散段或收缩段的起、止断面的平均流速,m/s。

(2)弯曲段。泄槽在平面上需要设置弯道时,弯道段宜设置在流速小、水流比较平稳、底坡较缓且无变化部位。在直线段和弯曲段之间,可设置缓和过渡段。为降低边墙高度和调整水流,宜在弯道及缓和过渡段渠底设置横向坡。弯道的转弯半径可采用6~10倍泄槽底宽,如图6-9所示。

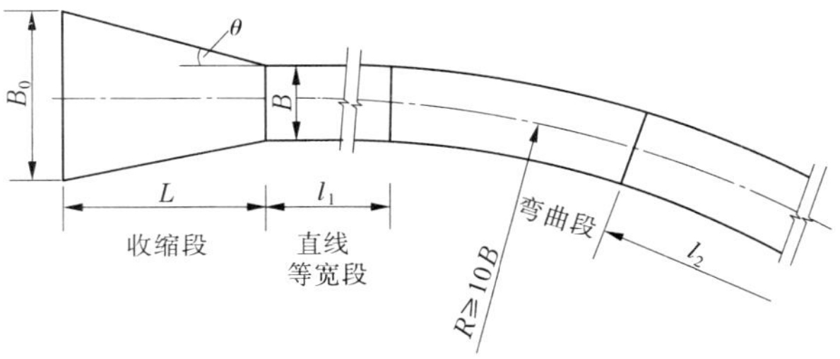

图6-9　泄槽的平面布置

(二)泄槽的纵剖面

泄槽的纵剖面应尽量按地形、地质以及工程量少、结构安全稳定、水流流态良好的原则进行布置。泄槽纵坡必须保证槽中的水位不影响溢流堰自由泄流,使水流处于急流状态。因此,泄槽纵坡必须大于水流临界坡度。常用的纵坡为1%~5%,有时可达10%~15%,在坚硬的岩石上可以更大,实践中有用到1:1的。

为了节省开挖方量,泄槽的纵坡通常是随地形、地质条件而改变,但变坡次数不宜过多,而且在不同坡度连接处要用平滑曲面相连接,以免高速水流在变坡处发生脱离槽底引起负压或槽底遭到动水压力的破坏。

当坡度由陡变缓时,可采用半径为(6~12)h 的反向弧段连接(h 为反弧段水深),流速大者宜选用大值;当底坡由缓变陡时,可采用竖向射流抛物线连接,如图6-10所示。其抛物线方程可按下式计算:

$$y = x\tan\theta + \frac{x^2}{K(4H_0\cos^2\theta)} \tag{6-2}$$

$$H_0 = h + \frac{\alpha v^2}{2g} \tag{6-3}$$

式中 x、y——以缓坡泄槽末端为原点的抛物线横、纵坐标，m；

θ——缓坡泄槽底坡坡角，(°)；

H_0——抛物线起始断面比能，m；

h——抛物线起始断面水深，m；

v——抛物线起始断面流速，m/s；

α——流速分布不均匀系数，通常取 $\alpha = 1.0$；

K——系数，落差较大的重要工程取 1.5，落差较小者取 1.1 ~ 1.3。

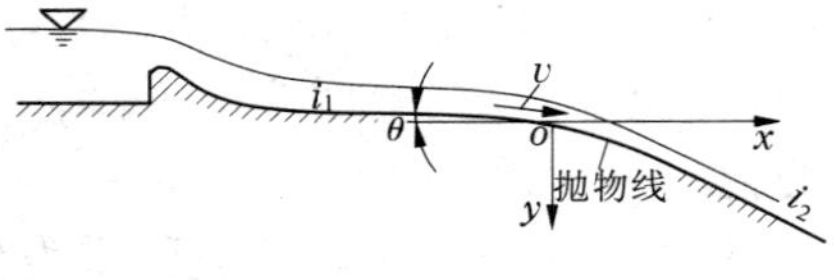

图 6-10 变坡处抛物线连接

【例 6-1】 某河岸溢洪道泄槽底坡由陡变缓，之间采用抛物线连接，泄槽段底宽为 24.00 m，变坡点前泄槽底坡坡度为 $i = 0.15$，校核洪水位时最大泄量为 $Q = 2\ 250\ m^3/s$，抛物线起点处泄槽段断面垂直水深 $h = 5.50$ m，重力加速度取 9.81 m/s^2，$K = 1.5$。试确定该抛物线方程。

解：$\tan\theta = i = 0.15$，$\theta = 8.53°$。

抛物线起始断面处流速 $v = Q/(hB) = 2\ 250/(5.50 \times 24.00) = 17.05(m/s)$。

抛物线起始断面处比能 $H_0 = 5.50 + 1.0 \times 17.05^2/(2 \times 9.81) = 20.31(m)$。

则抛物线方程为

$$y = x\tan\theta + \frac{x^2}{K(4H_0\cos^2\theta)} = 0.15x + \frac{x^2}{1.5 \times 4 \times 20.31 \times \cos^2 8.53°} = 0.15x + 0.008\ 39x^2$$

（三）泄槽的横剖面

泄槽横剖面形状在岩基上多做成矩形或近似于矩形，以使水流均匀分布，有利于下游消能，边坡坡比为 1∶0.1 ~ 1∶0.3；在土基上则采用梯形，但边坡不宜太缓，以防止水流外溢和影响流态，为 1∶1 ~ 1∶2。

泄槽边墙顶高程，应根据波动和掺气后的水面线，加上 0.5 ~ 1.5 m 的超高来确定。对非直线段、过渡段、弯道等水力条件比较复杂的部位，超高应适当增加。掺气程度与流速、水深、边界糙率及进口形状等因素有关。

掺气水深可用下式估算：

$$h_b = (1 + \frac{\zeta v}{100})h \tag{6-4}$$

式中 h、h_b——泄槽计算断面不掺气水深及掺气后水深，m；

v——不掺气情况下计算断面的平均流速，m/s；

ζ——修正系数，一般为 1.0 ~ 1.4 s/m，当流速大时宜取大值。

在泄槽转弯处的横剖面，弯道处水流流态复杂，由弯道离心力及冲击波共同作用下形成的外墙水面与中心线水面的高差 Δz 如图 6-11(a)所示。Δz 可按下式计算：

$$\Delta z = K\frac{v^2 b}{gR_0} \tag{6-5}$$

式中 Δz——横向水面差，m；

R_0——弯道段中心线曲率半径，m；

b——按直线段计算所得水面宽度，m；

v——计算断面平均流速，m/s；

K——超高系数，其值可按表 6-1 查取。

表 6-1 不同断面形状泄槽的超高系数 K 值

泄槽断面形状	弯道曲线的几何形状	K 值
矩形	简单圆曲线	1.0
梯形	简单圆曲线	1.0
矩形	带有缓和曲线过渡段的复曲线	0.5
梯形	带有缓和曲线过渡段的复曲线	1.0
矩形	既有缓和曲线的过渡段，槽底又横向倾斜	0.5

为消除弯道段的水面干扰，保持泄槽轴线的原底部高程、边墙高程等不变，以利施工，常将内侧渠底较轴线高程下降 Δz，而外侧渠底则抬高 Δz，如图 6-11 所示。

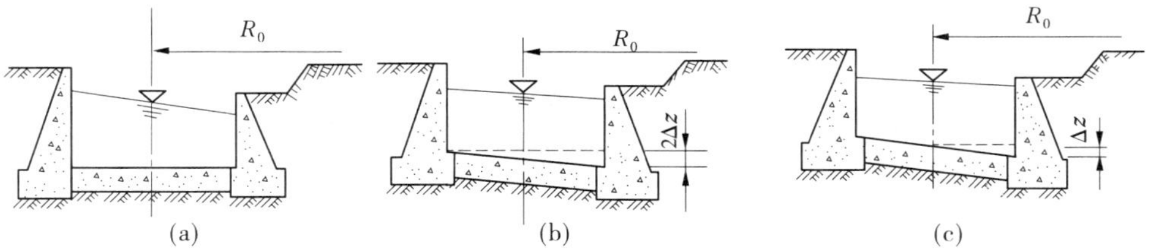

图 6-11 弯道横向水面超高

【例 6-2】 某河岸溢洪道由于地形地质统计限制，泄槽段需设置矩形急流转弯段(简单圆曲线)。已知：弯道处泄槽宽度为 48.00 m，弯道中心线曲率半径取规范的中值，弯道处流速为 10.00 m/s，重力加速度取 9.81 m/s^2。试采用经验公式估算弯道段外侧水面与中心线最大横向水面差为多少？

解：根据《溢洪道设计规范》(SL 253—2000)规定，矩形断面弯道中心线曲率半径宜采用 6～10 倍泄槽宽度，取中值 $R_0 = 8.0 \times 48.00 = 384.00$(m)。

查表 6-1，超高系数为 1.0，则弯道段外侧水面与中心线最大横向水面差为

$$\Delta z = K\frac{v^2 b}{gR_0} = 1.0 \times \frac{10.00^2 \times 48.00}{9.81 \times 384.00} = 1.274(\text{m})$$

(四)泄槽的构造

1. 泄槽的衬砌

泄槽通常均需衬砌。为了保证泄槽安全泄水,衬砌必须做到光滑平整、止水可靠、排水通畅、坚固耐用。衬砌表面光滑平整可以防止引起不利的负压和空蚀;衬砌接缝处的止水可靠,可以避免高速水流钻入底板以下,因脉动压力引起破坏;底板下的排水系统通畅,可以减小作用于底板上的扬压力以增加衬砌的稳定性;衬砌材料应能抵抗水流冲刷、适应温度变化、抵御风化剥蚀和冻融循环的作用以延长使用寿命。

如岩基很好,在离开溢流堰较远的地方也可不衬砌,只需将岩石加以平整即可。

泄槽一般采用混凝土衬砌,流速不大的中小型工程也可以采用水泥砂浆或细石混凝土砌石衬砌,但应适当控制砌体表面的平整度。

衬砌的厚度应满足其稳定、不漏水,以及在气温变化下不裂缝,或当水流挟沙时不致被磨损破坏等要求。由于作用在衬砌上的各种力难以准确计算,目前尚未形成成熟的计算方法和公式,设计中一般是参照条件类似的已建工程拟定,一般取 0.4 ~ 0.5 m,不应小于 0.3 m。当单宽流量或流速较大时,衬砌厚度应适当加厚,甚至可达 0.8 m。

为了防止温度变化引起温度裂缝,重要的工程常在衬砌临水面配置适量的钢筋网,每个方向的含钢率为 0.1% ~0.2%。岩基上的衬砌,在必要的情况下可布置锚筋插入新鲜岩层,以增加衬砌的稳定性。锚筋的直径为 25 mm 以上,间距 1.5 ~ 3.0 m,插入基岩 1.0 ~ 1.5 m。在土基上,由于衬砌与地基之间基本无黏着力,又不能采用锚筋,为增加衬砌的稳定性,可适当增加衬砌厚度或增设上下游齿墙。

2. 衬砌的分缝、止水和排水

为防止产生温度裂缝,除配置温度钢筋外,在衬砌上还应设置横缝和纵缝,并与堰体及边墙贯通。衬砌分缝的缝宽一般多采用 1 ~ 2 cm。由于岩基对衬砌的约束力大,所以岩基上的混凝土衬砌分缝的间距不宜太大,一般采用 10 ~ 15 m,衬砌较薄时对温度影响较敏感,应取小值。衬砌的接缝有平接、搭接和键槽等多种形式,如图 6-12 所示。垂直于流向的横缝比纵缝要求高,宜采用搭接式,岩基较坚硬且衬砌较厚时也可采用键槽缝;纵缝可采用平接的形式。

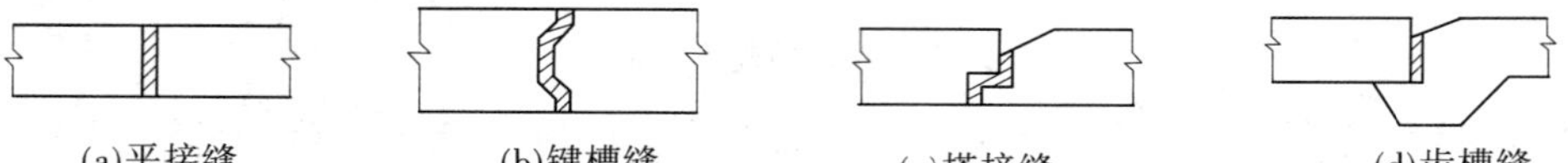

(a)平接缝 (b)键槽缝 (c)搭接缝 (d)齿槽缝

图 6-12 衬砌接缝的形式

为防止高速水流通过缝口钻入衬砌底面,将衬砌掀动,所有的伸缩缝都应布置止水,其布置要求与水闸底板基本相同。

衬砌的纵缝和横缝下面应设置排水设施,且互相连通,渗水集中到纵向排水管内排向下游。岩基上的横向排水通常是在岩石上开挖沟槽并回填不易风化的碎石,沟槽尺寸一般采用 0.3 m×0.3 m,顶面盖上木板或沥青油毛毡,防止浇筑衬砌时砂浆进入而影响排水效果。纵向排水通常是在沟槽内放置透水的混凝土管,管径一般采用 10 ~ 20 cm。管与横向排水沟的接口不封闭,以便收集渗水,管周围用不易风化的卵石或碎石填满。为了防止排水管有可能被堵塞而影响排水，纵向排水管至少应有两排，以确保排水通畅。

土基或破碎软弱的岩基，常在衬砌底板下面设置厚约 30 cm 的碎石垫层，形成平面排水，以减小底板承受的渗透压力，如图 6-13 所示。如果地基为黏性土，先铺一层厚 0.2 ~ 0.5 cm 的砂砾垫层，垫层以上再铺卵石或碎石排水层，或直接在砂砾垫层中做纵、横排水管，管周围做反滤层。如果地基为细砂，应先铺一层 0.2 ~ 0.4 m 的粗砂，再做碎石排水层，以防止渗透破坏。

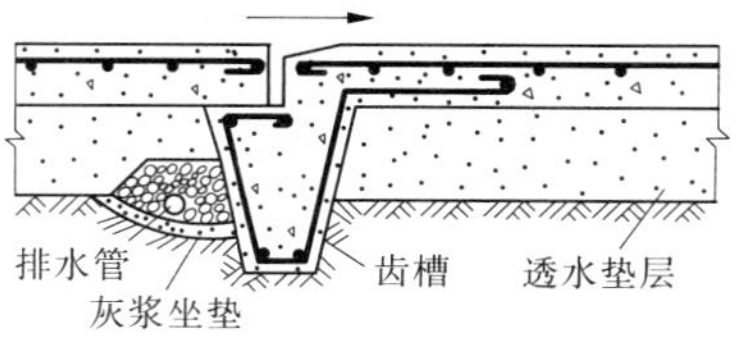

图 6-13　衬砌接缝与排水构造

泄槽边墙的构造基本上与底板相同。边墙的横缝间距与底板一致，缝内设止水，其后设排水并与底板下的排水管连通。在排水管靠近边墙顶部的一端设通气孔以便排水通畅。边墙的断面形式，根据地基条件和泄槽断面形状而定，岩石良好，可采用衬砌式，厚度一般不小于 30 cm，当岩石较弱时，需将边墙做成重力式挡土墙。混凝土边墙顶宽应不小于 0.5 m，以利通行。

四、消能防冲设施

溢洪道宣泄的洪水，单宽流量大，流速高，能量集中。因此，消能防冲设施应根据地形、地质条件、泄流条件、运行方式、下游水深及河床抗冲能力、消能防冲要求、下游水流衔接及对其他建筑物的影响等因素，通过技术经济比较后选定。

微课 6-10　消能防冲设施

河岸溢洪道一般采用挑流消能或底流消能。挑流消能一般适用于较好岩石地基的高、中水头枢纽，有关计算内容和方法与重力坝类似。挑流坎的结构形式一般有重力式和衬砌式两种，如图 6-14 所示。前者适用于较软弱的岩基，后者适用于坚实完整岩基。挑流坎下游常做一段短护坦以防止小流量时产生贴流而冲刷齿墙底脚。挑流坎上还常设置通气孔和排水孔，如图 6-15 所示。通气孔的作用是从边墙顶部孔口向水舌补充空气，避免形成真空影响挑距或造成结构空蚀。坎上排水孔用来排除反弧段积水；坎底排水孔则用来排放地基渗水，降低扬压力。

底流消能一般适用于土基或破碎软弱的岩基，其消能原理和布置与水闸相应内容基本相同。

五、出水渠

溢洪道下泄水流经消能后，不能直接泄入河道而造成危害时，应设置出水渠。选择出水渠线路应经济合理，其轴线方向应尽量顺应河势，利用天然冲沟或河沟。

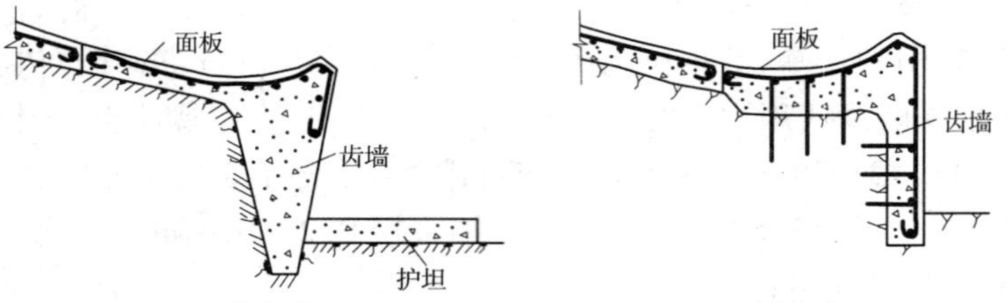

(a)重力式　　(b)衬砌式

图 6-14　挑流坎结构形式

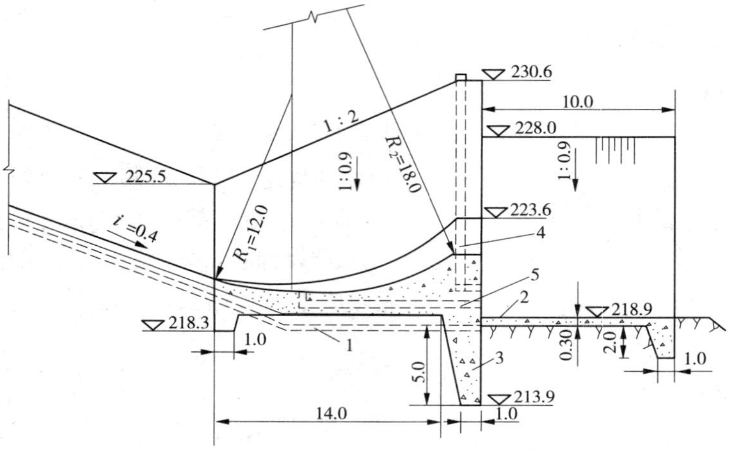

1—纵向排水；2—护坦；3—混凝土齿墙；4—ϕ50 cm 通气孔；5—ϕ10 cm 排水管

图 6-15　挑流坎构造（单位：m）

六、正槽式溢洪道的水力计算

微课 6-11　出水渠

溢洪道各部分的形状和尺寸拟定以后，应验算其泄流能力和进行水面线及消能计算，以判断方案布置是否合理。其计算步骤如下：

（1）进水渠的水力计算。根据渠内流速的大小，求库水位与下泄流量关系曲线，校核泄流能力；求渠内水面曲线，确定进水渠边墙高。

（2）控制段水力计算。主要用公式（6-6）验算溢流堰过流能力。

$$Q = \varepsilon\sigma_s mB\sqrt{2g}H_0^{3/2} \tag{6-6}$$

当宽顶堰顺水流方向的长度 $\delta > 10H$ 时，水流流态已不属于宽顶堰流，而是明渠非均匀流，它的沿程水头损失不能忽略。

（3）过渡段水力计算。过渡段的水力设计应考虑不能影响控制段的设计过流能力；不能因收缩或改变流向而引起水流扰动（如冲击波等）传向下游泄槽和消能防冲设施；在满足前两点的情况下，尽可能简化过渡段形式，减小长度、宽度和深度。

（4）泄槽水力计算。在确定了泄槽的纵向坡度及断面尺寸后，根据溢洪道的设计与校核流量，计算泄槽内水深和流速的沿程变化，即进行水面线计算，以便确定边墙高度，为边墙及衬砌的结构设计和下游消能计算提供依据。

(5)消能设计水力计算。可参考重力坝挑流消能设计内容及水闸底流消能设计内容进行计算。

【单元探索】

了解正槽式溢洪道在我国水利工程中的应用,了解正槽式溢洪道水力计算软件应用情况,设计方案优化选择。

【单元练习】

一、填空题

1. 正槽式溢洪道一般由________、________、________、________和________组成。

2. 正槽式溢洪道的溢流堰常用形式有________、________,也可以采用________。

3. 泄槽衬砌的接缝形式有________、________、________。

二、单项选择题

1. 关于实用溢流堰上游堰高 P 和定型设计水头 H_d 的比值 P/H_d 与流量系数 m 的关系正确的是(　　)。

A. 高堰的流量系数 m 随 P/H_d 减小而降低

B. 高堰的流量系数 m 接近一个常数

C. 低堰的流量系数 m 随 P/H_d 减小而升高

D. 低堰的流量系数 m 接近一个常数

2. 对于正槽式溢洪道的弯道泄槽,为了保持泄槽轴线的原底部高程及边墙高不变,以利施工,则应采取下列措施(　　)。

A. 外侧渠底抬高 Δh,内侧渠底降低 Δh

B. 外侧渠底降低 Δh,内侧渠底抬高 Δh

C. 外侧渠底抬高 Δh,内侧渠底抬高 Δh

D. 外侧渠底降低 Δh,内侧渠底降低 Δh

($\triangle h$ 为外墙水面与中心线水面高差)

3. 陡坡泄槽 $i>i_k$,当水深 $h_0<h<h_k$,h_0 为正常水深,h_k 为临界水深,泄槽水面曲线为(　　)。

A. a 型壅水曲线　　B. b 型降水曲线

C. c 型壅水曲线　　D. 均可发生

三、简答题

1. 泄槽的水力特征是什么?

2. 如何选择河岸溢洪道的消能方式?

3. 正槽式溢洪道的水力计算内容是什么?

单元三　侧槽式溢洪道

【单元导航】

问题1:侧槽式溢洪道的布置特点如何?

问题 2:侧槽设计及水力计算要点有哪些?

【单元解析】

一、侧槽式溢洪道的布置特点

微课 6-12　侧槽式溢洪道的布置特点

侧槽式溢洪道通常由控制段、侧槽、泄槽、消能防冲设施和出水渠等部分组成。

侧槽式溢洪道的特点是溢流堰轴线大致顺着河岸等高线布置,水流过堰后即进入一条与堰轴线平行的侧槽内,然后再通过侧槽末所接的泄水道泄往下游。其泄水道可以是开敞明槽,也可以是泄水隧洞,如图 6-16 所示。其主要优点是溢流堰的布置受地形限制小,可大致沿等高线向上游库岸延伸,以减少开挖工程量。其主要缺点是进堰水流首先冲向对面的槽壁,再向上翻腾产生漩涡,逐渐转向再泄往下游,形成一种不规则的复杂流态,与下游水面衔接难以控制,给侧槽的布置造成困难。侧槽式溢洪道一般适用于坝址山头较高、岸坡较陡,不利于布置正槽式溢洪道且岩石坚固、泄量较小的情况。

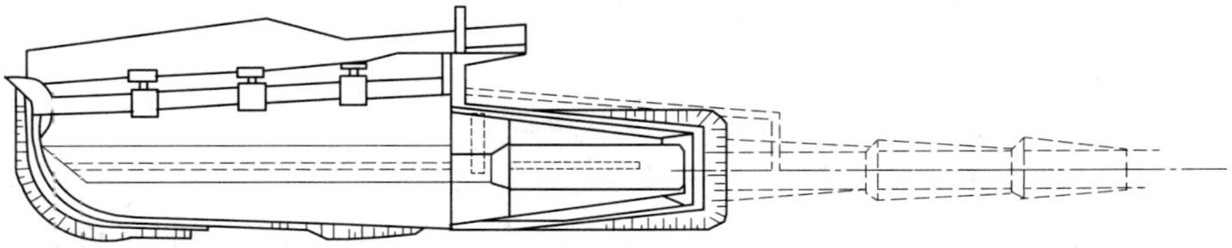

(a)平面图

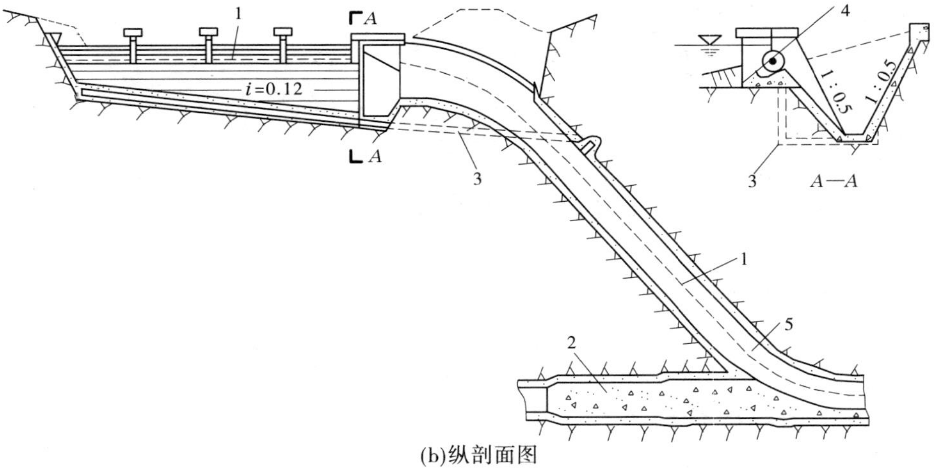

(b)纵剖面图

1—水面线;2—混凝土塞;3—排水管;4—闸门;5—泄水隧洞

图 6-16　隧洞泄水的侧槽式溢洪道

侧槽式溢洪道的溢流堰可采用实用堰、宽顶堰和梯形堰,但采用实用堰较多,堰顶一般不设闸门。

二、侧槽尺寸设计

侧槽设计的要求是满足泄洪条件，保持槽内流态良好，造价低廉和施工管理方便。设计的任务是确定侧槽的槽长（堰长）、断面形式、起始断面高程、槽底纵坡和断面宽度，有关尺寸参数如图6-17所示。

微课6-13　侧槽式溢洪道的设计

（一）堰长

侧槽堰长L（即溢流前缘长度）与堰型、堰顶高程、堰顶水头和溢洪道的最大设计流量有关。堰型应根据工程规模、流量大小选择，对于大、中型工程一般选择实用堰。溢流堰长度可按下式计算：

微课6-14　侧槽式溢洪道的水力计算要点

$$L = \frac{Q}{m\sqrt{2g}H^{3/2}} \tag{6-7}$$

式中　Q——溢洪道的最大泄流量，m^3/s；

H——堰顶水头，m，行近流速水头可忽略不计；

m——流速系数，与堰型有关。

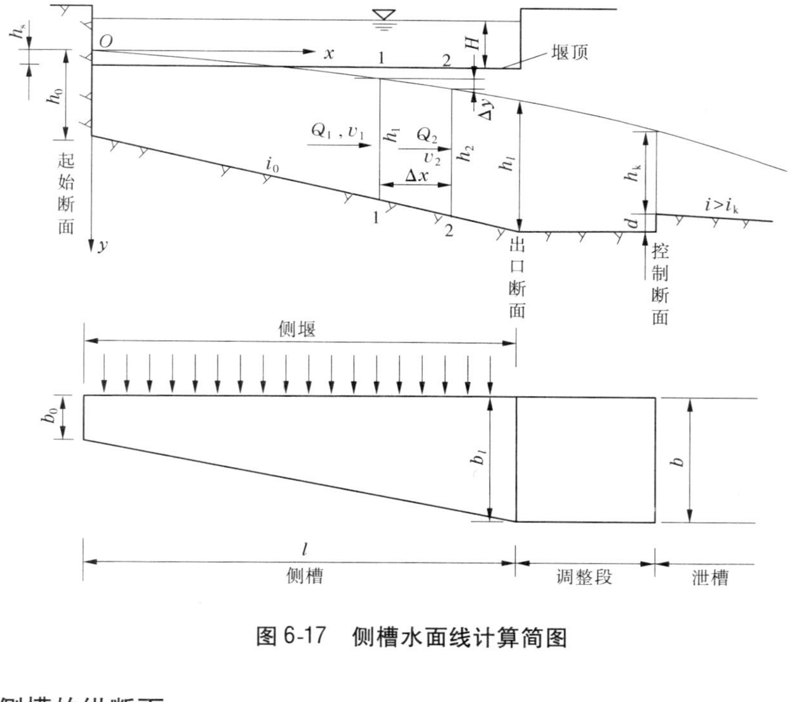

图6-17　侧槽水面线计算简图

（二）侧槽的纵断面

1. 槽底纵坡

侧槽应有适宜的纵坡以满足泄水能力的要求。由于水流经过溢流堰泄入侧槽时，水股冲向对面槽壁，水流能量大部分消耗于水体间的掺混撞击，对沿侧槽方向的流动并无帮助，完全依靠重力作用向下游流动，所以槽底必须有一定的坡度。槽底坡度的大小，既影响水流状态又影响开挖方量。当纵坡较陡时，槽内水流为急流，水流不能充分掺混消能，并且槽中水深很不均匀，最大水深可高于平均水深的 5% ~20%。因此，槽底纵坡应取单一纵坡，且小于槽末断面水流的临界坡。当槽底纵坡较缓时，槽内水流为缓流，水流流态平衡均匀，并可较好地掺混消能。但如果槽底纵坡过缓，将使侧槽上游段水面壅高过多而影响过堰流量。如能使槽底纵坡近似平行于水面线，可使槽内流速变化不大，水流平稳。初步拟定时，可采用底坡为 0.01 ~0.05。具体数值可根据地形和泄量大小选定。

2. 槽底高程

为了减小开挖工程量，槽底高程不宜过低，但也不宜过高，必须保证溢流堰为自由出流，以确保溢洪道的泄洪能力。侧槽的底部高程，根据侧槽最高水面线的计算成果，使槽内水面高程满足溢流堰为自由出流和减小开挖量的要求确定。

根据试验，若槽内水面线在侧槽始端最高点超出溢流堰顶的高度 h_s（如图 6-18 所示）不超过堰顶水头 H 的 0.5 倍时，可以认为对整个溢流堰来说是非淹没的。为了减少挖方，常以 $h_s = 0.5H$ 确定侧槽始端的水位。根据该水位减去水深可得槽首底部高程。槽内各断面水深则根据侧槽末端的水深 h_l 向上游逐段推算而得。根据江西水利科学研究院的分析，建议采用 $h_l = (1.2 \sim 1.5)h_k$ 较为适宜，h_k 为该断面的临界水深，当 $b_l/b_0 = 5$ 时，可取 $h_l = 1.5h_k$；当 $b_l/b_0 = 1.0$ 时，可取 $h_l = 1.2h_k$；当 $b_l/b_0 = 1.2 \sim 1.5$ 时，可按比例选用。

为了控制侧槽末端水深，进一步改善侧槽流态，避免槽内的波动水流直接进入泄槽，保证泄槽和消能设施有较好的水力条件，常在侧槽与泄槽之间设水平调整段，如图 6-18 所示。调整段一般采用平底梯形断面，长度取 2 ~3 倍的临界水深。

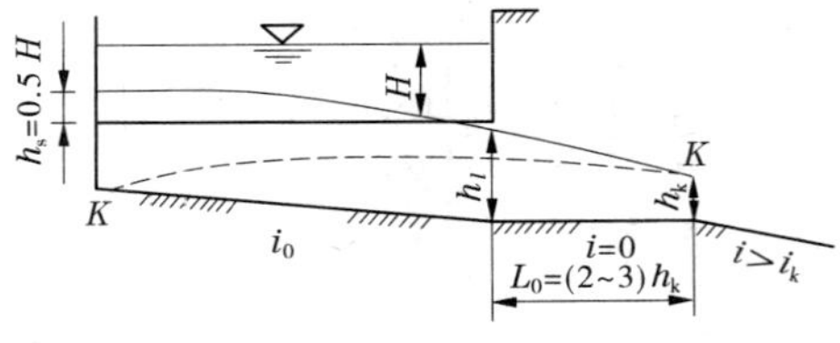

(a)

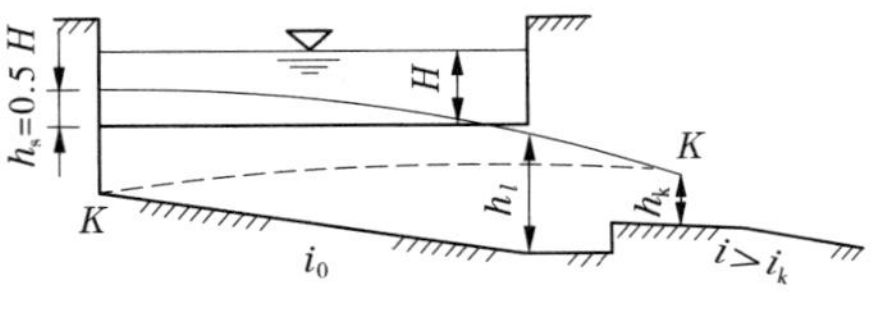

(b)

图 6-18 侧槽与泄水槽的连接形式

（三）侧槽的横断面

1. 形状

由于岸坡较陡，侧槽的横断面宜按窄深式布置，以有利于增加槽内水深，并容易使侧向进流与槽内水流混合，水面较为平稳。而且在陡峭的山坡上，窄深断面要比宽浅断面节省开挖量。以图 6-19 为例，如窄深断面过水面积为 ω_1，宽浅断面过水面积为 ω_2，当 $\omega_1 = \omega_2$ 时，窄深断面可节省开挖面积 ω_3。

2. 边坡

侧槽横断面的侧向边坡越陡越节省开挖量，故在满足水流和边坡稳定的条件下，宜采用较陡边坡。根据模型试验，在溢流堰一侧的边坡可采用 1:0.5 ~1:0.9；另一侧可根据

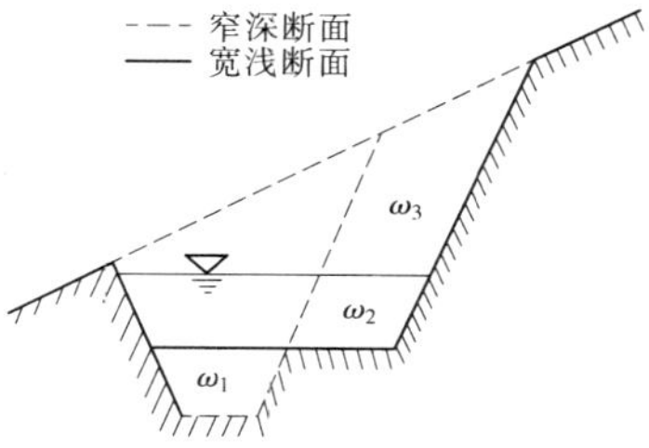

（虚线为窄深断面；实线为宽浅断面）

图 6-19　侧槽挖方量比较图

岩石的稳定边坡选定，一般取 1∶0.3 ~1∶0.5。

3. 断面尺寸

侧槽的横断面大小应根据流量经过计算确定。由于侧槽内的流量是沿流向不断增加的，所以侧槽底宽亦应沿水流方向逐渐增加。起始断面底宽 b_0 与末端断面底宽 b_l 的比值对侧槽的工程量影响很大。一般 b_0/b_l 越小，则侧槽的开挖量越省，但槽底挖得较深，调整段的工程量也相应增加。所以，应根据地形、地质条件确定比较经济的 b_0/b_l 值，通常 b_0/b_l 采用 0.5 ~1.0，其中 b_0 的最小值应满足开挖设备和施工要求，b_l 一般选用与泄槽底宽相同。

【单元探索】

了解侧槽式溢洪道在我国水利工程中的应用情况。

【单元练习】

一、判断题

1. 侧槽式溢洪道的主要优点是溢流堰的布置受地形限制小，可大致沿等高线向上游库岸延伸，以减少开挖工程量。（　　）

2. 侧槽式溢洪道一般适用于坝址山头较高、岸坡较陡，不利于布置正槽式溢洪道且岩石坚固、泄量较小的情况。（　　）

二、单项选择题

1. 侧槽式溢洪道的溢流堰可采用（　　），且堰顶一般不设闸门。

A. 上拦下排　　B. 两岸分滞

C. 加强防洪执法力度　　D. 加强洪水预报工程建设

2. 下列不是侧槽设计需要满足的要求是（　　）。

A. 泄洪能力　　B. 水流流态良好　　C. 造价低廉　　D. 消能防冲

三、填空题

1. 侧槽式溢洪道通常由________、________、________、消能防冲设施和出水渠等部分组成。

2. 侧槽设计的任务是确定________、________、________、槽底纵坡和断面宽度。

单元四　非常溢洪道

【单元导航】

问题1:非常溢洪道的作用是什么?

问题2:非常溢洪道有哪几种形式?

【单元解析】

在建筑物运行期间可能出现超过设计标准的洪水,由于这种洪水出现的机会极少,泄流时间也不长,所以在枢纽中可以用结构简单的非常溢洪道来宣泄。其启用标准应根据工程等级、枢纽布置、坝型、洪水特性及标准、库容特性及对下游的影响等因素确定。非常溢洪道是一种保坝的重要措施,仅在发生特大洪水,正常溢洪道宣泄不及致使水库水位将要漫顶时才启用。

微课6-15　非常溢洪道概念

非常溢洪道一般分为漫流式、自溃式、爆破引溃式三种。

一、漫流式非常溢洪道

这种溢洪道与正槽式溢洪道类似,将堰顶建在准备开始溢流的水位附近,而且任其自由漫流。溢流水深一般较小,因而堰长较大,多设于垭口或地势平坦之处,以减少土石方开挖量。

微课6-16　非常溢洪道分类

二、自溃式非常溢洪道

自溃式非常溢洪道按溃决方式可分为漫顶自溃式和引冲自溃式两种形式,如图6-20、图6-21所示。这种形式的溢洪道是在非常溢洪道的底板上加设自溃堤,堤体可根据实际情况采用非黏性的砂料、砂砾或碎石填筑,平时可以挡水,当水位达到一定高程时自行溃决,以宣泄特大洪水。

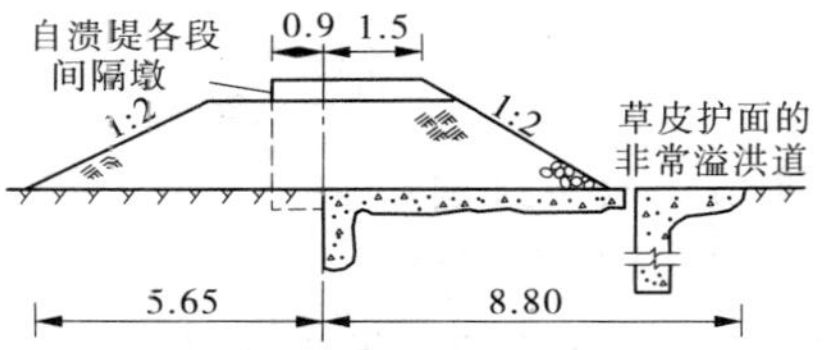

图6-20　漫顶自溃式非常溢洪道　(单位:m)

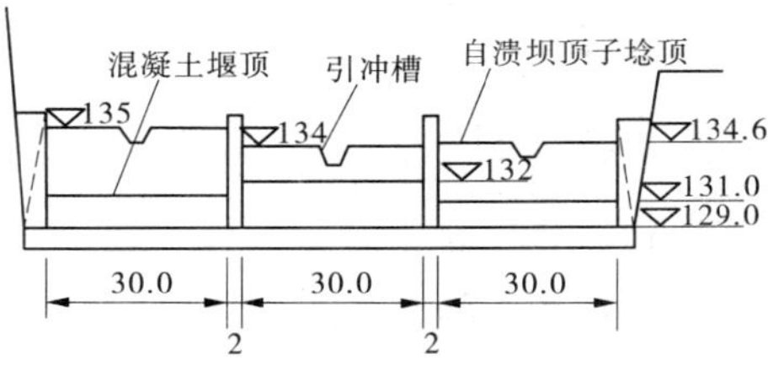

图6-21　引冲自溃式非常溢洪道　(单位:m)

漫顶自溃式构造简单、管理方便,但溢流缺口的位置和自溃时间无法进行人工控制,有可能溃坝提前或滞后。一般用于自溃坝高度较低,分担洪水比重不大的情况。当漫顶自溃坝较长时,可用隔墙将其分成若干段,各段采用不同的坝高,满足不同水位的特大洪水下泄,避免当泄量突然加大时给下游造成损失。

引冲自溃式是在自溃坝的适当位置加引冲槽，当库水位达到启溃水位后，水流即漫过引冲槽，冲刷下游坝坡形成口门并向两侧发展，使之在较短时间内溃决。在工程中应用较广泛。

三、爆坡引溃式非常溢洪道

如图 6-22 所示。爆破引溃式非常溢洪道是当需要泄洪时引爆预埋的炸药，使非常溢洪道的坝体形成一定尺寸的爆破漏斗，形成引冲槽，通过坝体引冲作用使其在短时间内迅速溃决，达到泄洪目的。

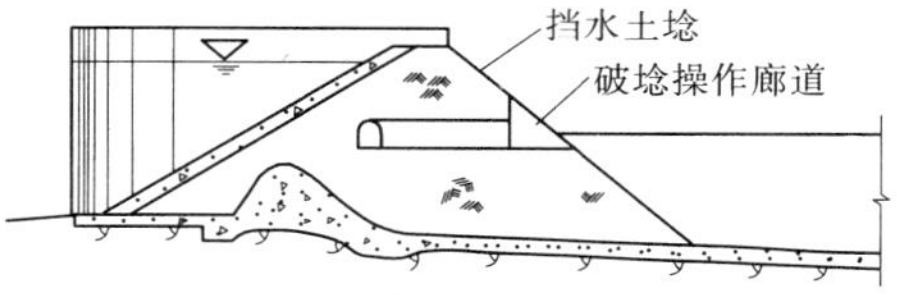

图 6-22 爆坡引溃式非常溢洪道

由于非常溢洪道的运用概率很小，实践经验还不多，目前在设计中如何确定合理的洪水标准、非常泄洪设施的启用条件及各种设施的可靠性等，尚待进一步研究解决。

【单元探索】

了解非常溢洪道在国内外应用的情况。

【单元练习】

一、判断题

1. 非常溢洪道是一种保坝的重要措施，仅在发生特大洪水，正常溢洪道宣泄不及致使水库水位将要漫顶时才启用。(　　)

2. 引冲自溃式非常溢洪道一般用于自溃坝高度较低，分担洪水比重不大的情况。(　　)

二、填空题

1. 非常溢洪道一般分为________、________、________三种。

2. 自溃式非常溢洪道按溃决方式可分为________、________两种形式。

项目七　水工隧洞与坝下涵管

【学习目标】

学习单元	能力目标	知识点
单元一	掌握水工隧洞的概念、类型及特点	水工隧洞； “龙抬头”
单元二	掌握水工隧洞线路选择的基本原则和影响因素，掌握水工隧洞的工程布置要求，掌握水工隧洞的各组成部分的形式和构造	竖井式、塔式、岸塔式、斜坡式、组合式； 衬砌（平整衬砌、钢筋混凝土衬砌、喷锚衬砌、组合式衬砌、预应力衬砌）； 回填灌浆
单元三	掌握作用在水工隧洞衬砌上荷载的概念和计算方法，能够按规范对作用在水工隧洞衬砌上的荷载进行组合	山岩压力、内水压力、外水压力、弹性抗力； 荷载组合
单元四	理解水工隧洞衬砌结构计算的内容；了解水工隧洞衬砌结构计算步骤；掌握在均匀内水压力作用下隧洞衬砌结构的设计方法，包括混凝土衬砌和钢筋混凝土衬砌	抗裂设计； 限裂设计； 不限裂设计
单元五	理解坝下涵管的概念；掌握坝下涵管的总体布置，包括坝下涵管的特点、位置选择、进出口建筑物、管身形式及构造	坝下涵管； 涵衣、截渗环； 管座

单元一　概　述

【单元导航】

问题1：什么是水工隧洞？有何特点？

问题2：水工隧洞有哪些类型？

【单元解析】

一、水工隧洞的特点

在山体中或地下开挖的、具有封闭断面的过水通道，称为水工隧洞，见图7-1。

微课7-1　水工隧洞的特点

(一)水工隧洞的作用

(1)配合溢洪道宣泄洪水,有时也作为主要泄洪建筑物之用。

(2)引水发电,或为灌溉、供水和航运输水。

(3)排放水库泥沙,延长使用年限,有利于水电站等的正常运行。

(4)放空水库,用于人防或检修建筑物。

(5)在水利枢纽施工期用作导流建筑物。

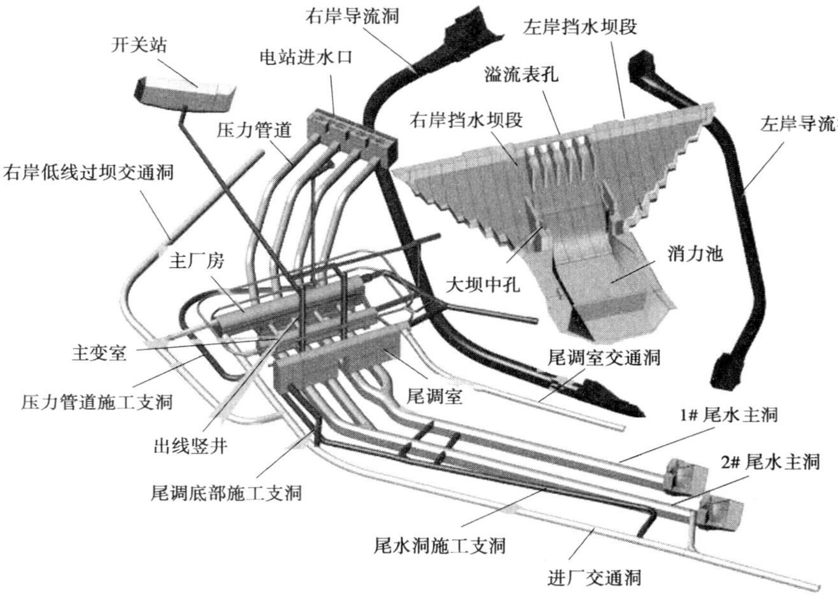

图 7-1 官厅水利枢纽地下洞室分布示意图

(二)水工隧洞的工作特点

1. 结构特点

山体内部岩石自然保持着应力的平衡,如果在岩层中开挖隧洞,就会破坏应力平衡,引起岩石应力重新分布,产生新的变形和位移,严重时会崩塌。开挖隧洞时一般要采取支护和衬砌等相应的工程措施,用以承受、抵抗围岩压力和内水压力。衬砌承受的荷载大小与地质条件密切相关,因此应做好隧洞的工程地质勘探工作,使隧洞尽量避开不利的地质构造。

2. 水力特点

隧洞位置一般较低,作用在隧洞上的水头较高,流速较大,若体型设计不当或衬砌表面不平整,都可能出现气蚀破坏。同时,泄水隧洞的水流流速高、单宽流量大、能量集中、在出口处有较强的冲刷能力,必须采取有效的消能防冲措施。

3. 施工特点

隧洞一般断面小、洞线长,从开挖、衬砌到灌浆,工序多,干扰大,施工条件较差,工期一般较长。施工导流隧洞或兼有导流任务的隧洞,其施工进度往往影响并制约整个工程的工期。

二、水工隧洞的类型

微课 7-2　水工隧洞的类型

（一）按作用分类

水工隧洞按作用分为泄洪隧洞、引水发电和尾水隧洞、灌溉和供水隧洞、放空和排沙隧洞、施工导流隧洞等。

（二）按隧洞内的水流状态分类

水工隧洞按隧洞的水流状态可分为有压隧洞和无压隧洞。

有压隧洞和无压隧洞在工程布置、水力计算、受力情况及运行条件等方面差别较大，具体到某一个工程，究竟采用有压或无压，应通过技术经济比较确定。对于从水库引水发电的隧洞，一般是有压的，而以泄洪、供水、排沙、导流等为目的而设置的隧洞可以是有压的，也可以是无压的。

在同一条隧洞中，可以做成前段是有压的，而后段是无压的。但在同一段内，应避免出现时而有压、时而无压的明满流交替流态，因为明满流交替容易引起振动和空蚀，使门槽及其下游部分遭受破坏，对泄流能力也有不利影响。

在实际工程中，为简化工程布置、减少隧洞数量、降低工程造价、方便后期运行管理，应尽量考虑一洞多用。例如：小浪底 3 条孔板泄洪洞就是由导流洞采用“龙抬头”（如图 7-2 所示）的方式改造成的。

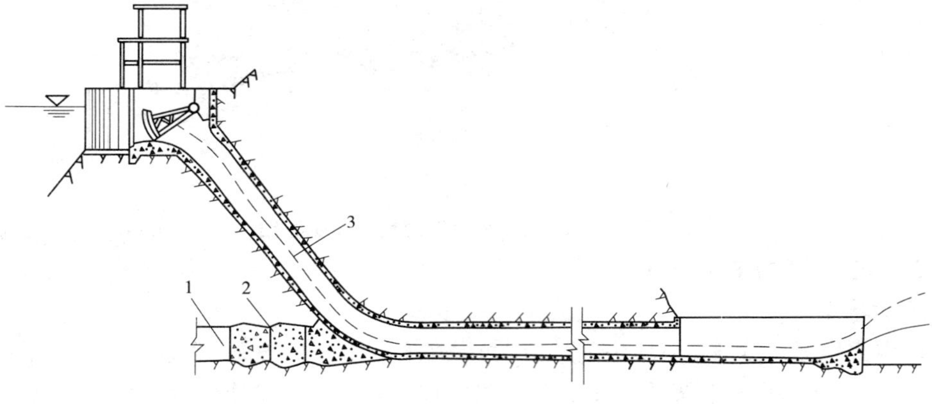

1—导流洞；2—混凝土堵头；3—水面线

图 7-2　“龙抬头”式泄洪隧洞布置图

【单元探索】

理解并掌握水工隧洞的概念、特点、类型，了解隧洞的应用及发展。

【单元练习】

一、填空题

1. 水工隧洞按水流状态可分为__________、__________两种形式。

2. 水工隧洞按用途可分为__________、__________、__________、__________、__________等。

二、判断题

1. 引水发电隧洞一般是无压隧洞。(　　)

2. 灌溉渠道上的隧洞一般是无压隧洞。(　　)

3. 水工隧洞在同一洞段内应避免出现明满流交替现象。(　　)

4. 隧洞根据需要可以设计成有压的,也可设计成无压的。(　　)

5. 隧洞根据需要可设计成前段是有压的而后段是无压的。(　　)

三、单项选择题

1. 以下哪些用途的隧洞不适合采用圆形断面隧洞?(　　)

A. 泄洪隧洞　B. 排沙隧洞

C. 放空隧洞　D. 断面小于施工断面的无压引水隧洞

单元二　水工隧洞的布置与构造

【单元导航】

问题1:水工隧洞线路选择主要考虑哪些因素?

问题2:选择隧洞断面形式主要考虑哪些因素?

问题3:选择隧洞衬砌形式主要考虑哪些因素?

问题4:隧洞进出口布置主要考虑哪些因素?

【单元解析】

一、水工隧洞的布置

(一)水工隧洞的线路选择

水工隧洞的线路选择是隧洞设计的关键问题之一,它关系到工程造价、施工难易、工程进度、运行可靠性等方面问题。影响隧洞线路选择的因素很多,选择时应综合地形、地质、生态环境、水土保持、枢纽和隧洞沿线建筑物布置、水力学、施工及交通、运行等因素,通过技术经济方案比较后确定。

1. 地质条件

隧洞线路应选择在地质构造简单、岩体坚硬且完整的地段,尽量避开不利地质构造,如裂缝、断层、碎破带和地下水位高、渗水严重的地段。洞线和岩层、构造断裂面、主要软弱带走向的夹角,整体块状结构的岩体,其夹角不宜小于30°;层状岩体中,其夹角不宜小于45°。隧洞应有足够的覆盖厚度,一般有压隧洞围岩的最小覆盖厚度不小于3倍开挖洞径;若围岩坚固完整,无不利构造,当衬砌时最小覆盖厚度不小于$0.4H$,若不加衬砌,最小覆盖层厚度不小于$0.1H$(H为压力水头)。

一般情况下,隧洞进出口顶部岩体厚度不宜小于1倍的开挖洞径或洞宽。

2. 地形条件

洞线在平面上应力求短直,以减少工程造价和水头损失。若因地形、地质、枢纽布置等原因必须转弯,应以曲线相连。对于低流速的有压隧洞,其曲率半径R不宜小于5倍的开挖洞径或洞宽,转角不宜大于60°,弯段上下游设长度不小于5倍开挖洞径或洞宽的直线段。对于高流速的有压隧洞，以上数值应加大，并通过水工模型试验确定；对于高流速的无压隧洞，避免在平面上设置曲线段。

3. 水流条件

选择洞线尽量要求水流顺畅，出口处的水流应与下游河道平顺衔接，并尽量与其他建筑物保持一定的安全距离，防止产生不利的冲刷及危害。

4. 施工条件

隧洞选线应考虑施工场地布置、出渣、通风等问题，对于长隧洞应注意利用地形地质条件布置施工支洞、竖井和斜井，以增加工作面，改善施工条件，加快施工进度（见图 7-3）。

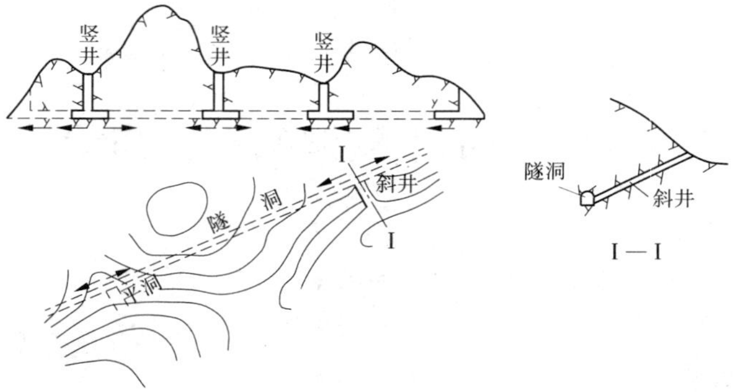

图 7-3 施工支洞、斜井、竖井的布置图

（二）水工隧洞的工程布置

水工隧洞的布置包括进口段、出口段、洞身段及闸门段的布置等。

1. 进出口布置

布置基本要求：运行安全；水流顺畅、进流均匀、出流平稳；满足防淤、防冰、防冲、防污要求；考虑闸门等设备布置和对外交通要求（见图 7-2）。

微课 7-3 水工隧洞的进出口布置

（1）隧洞进口高程。应根据实际运用情况来确定，可参见项目二中“单元七 重力坝的深式泄水孔”布置的内容。

（2）进水方式。隧洞进水方式有表孔溢流式和深水式进水口两种。前者主要用于泄水隧洞，其布置方式与河岸溢洪道相似，只是进口后用隧洞代替了泄槽，泄水时，洞内为无压流，其泄流能力主要受到隧洞断面的限制；后者是较常用的进水方式，其布置方式与重力坝的深式泄水孔相似，隧洞类型分为有压洞或无压洞（见图 7-4）。

（3）出口布置。为保证水流下泄安全，出流平稳，对于有压隧洞的出口断面面积应小于洞身断面面积，以保持洞壁有较大的正压。当隧洞沿程体形无急剧变化时，出口断面面积宜收缩为洞身断面面积的（85% ~90%）；当隧洞沿程体形变化较大时，出口断面面积宜收缩为洞身断面面积的（80% ~85%），收缩方式宜采用洞顶压坡式。

隧洞出口应根据地形地质条件、水流条件、下游河床抗冲能力等选择适宜的消能防冲方式，隧洞出口消能方式主要有挑流式和底流式两种。

2. 隧洞的纵坡选择

隧洞的纵坡主要涉及泄流能力、压力分布、过水断面大小、工程量、空蚀特性及工程安

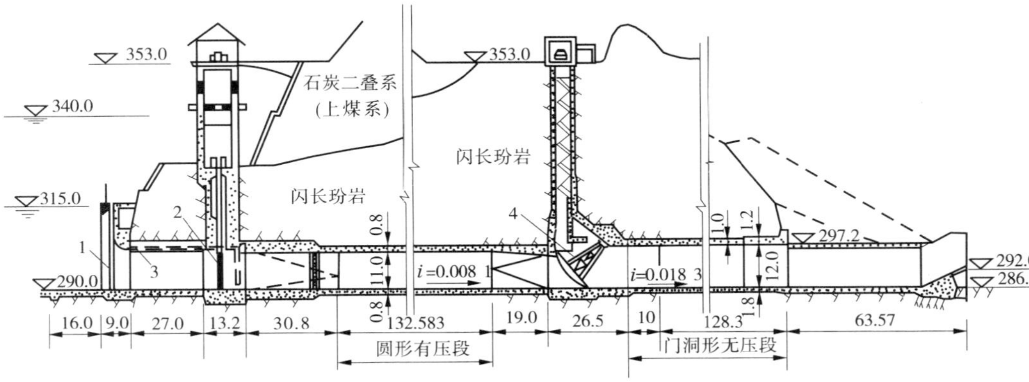

1—叠梁门槽;2—事故检修闸门;3—平压管;4—弧形工作闸门

图 7-4　三门峡 1[#] 泄洪排沙洞布置图　(单位:m)

全,应根据运用要求及上下游的水位衔接在总体布置中综合比较确定。

有压隧洞的纵坡主要考虑进出口高程、施工方便和检修排水等因素。一般采用顺坡,坡度为 3‰～10‰。无压洞的纵坡一般要求在任何运用情况下,纵坡均大于临界坡度。泄洪洞纵坡为 1% 左右,如果洞线短,可采用更小的坡;与渠道相连的隧洞纵坡应大于渠道纵坡,防止洞内淤积泥沙。下游水位较高时,要防止洞内产生水跃。

3. 闸门的位置

(1)检修闸门。设置于进口段,用来挡水或检修工作闸门,要求静水中启闭。大型水闸可要求动水中关闭,静水中开启。

(2)事故闸门。一般设置于进口段,洞后有水工机械的隧洞,如隧洞连接水轮机、泵站等设施的事故闸门,要求动水中关闭,静水中开启。

(3)工作闸门。用于调节流量,封闭孔口,要求在动水中启闭。可设置于进口段、中间任意部位、出口段 3 个位置。工作闸门在进口段,一般多用于无压洞,工作闸门后洞顶抬高,门后设通气孔,如图 7-5 所示;工作闸门在出口段,一般用于有压洞,洞内始终为满流状态,要保持较大的内水压力,如图 7-6 所示;工作闸门在洞身段,用于门前为有压流、门后为无压流的情况,采用这种布置方式主要是受到施工、地质、弯道等情况限制(如图 7-3 所示)。

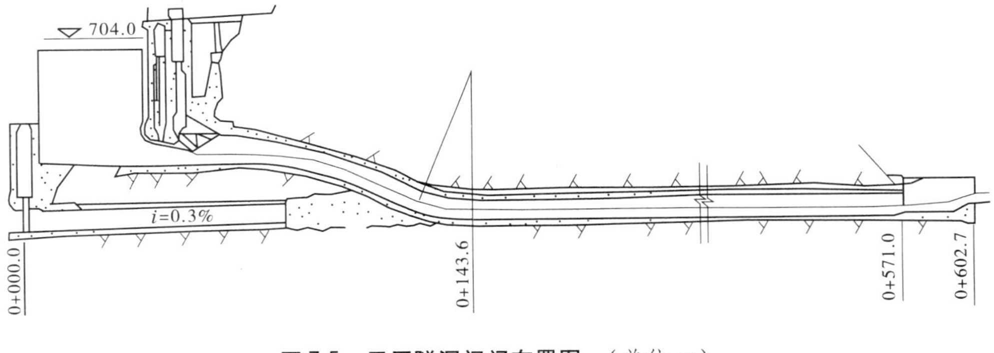

图 7-5　无压隧洞闸门布置图　(单位:m)

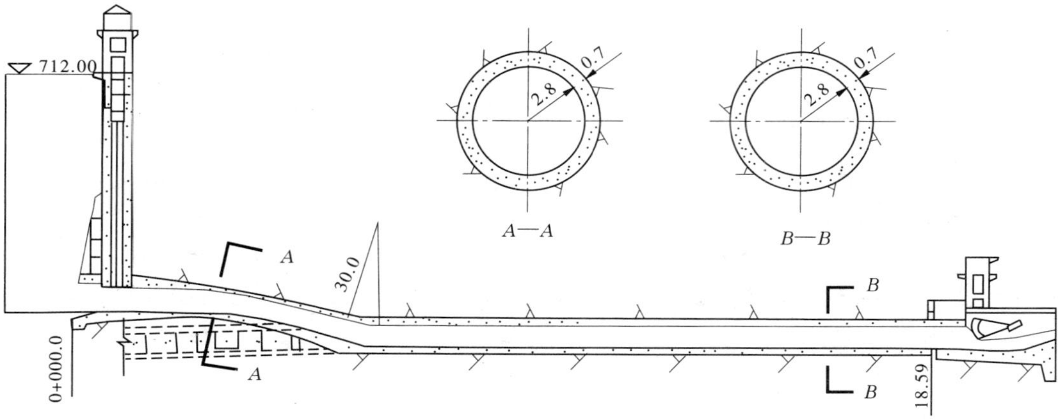

图 7-6 有压隧洞闸门布置图 （单位：m）

4. 多用途隧洞的布置

(1)导流洞与泄洪洞相结合。导流洞进口前段堵塞，上方设泄洪洞进口，抛物线反弧段相连接，因高程的差别修建成“龙抬头”的结构形式。

(2)泄洪洞与发电洞相结合。有两种布置形式：一是主洞泄洪，支洞发电；二是主洞发电，支洞泄洪。前者洞内流态较好，岔尖附件负压较小；后者主要用于以发电为主、泄洪量不大和不经常泄洪的隧洞。

二、水工隧洞的构造

(一)进口段的形式和构造

1. 进口建筑物的形式

进口建筑物按其布置及结构形式不同可分为：竖井式、塔式、岸塔式和斜坡式等。

微课 7-4 水工隧洞进口建筑物的形式

(1)竖井式进水口。在进水口附近的岩体中开挖竖井，闸门安装在井底中，井上设置启闭设备，拦污栅设于洞外，如图 7-7 所示。这种进口形式构造简单，不受风浪、冰冻影响，抗震性能好，安全可靠。缺点是施工开挖困难，门前洞段不易检修。适于岩体完整、稳定、坚固的岸坡。

(2)塔式进水口。当进水口处岸坡较缓或地质情况较差，且闸门前淤积不严重时，可采用塔式。塔的形式有框架式和封闭式(见图 7-8)，塔独立于岸坡用钢筋混凝土建造，顶部设操作平台和启闭机室，并通过工作桥与岸边或坝顶相联系。封闭式塔的水平截面可为圆形、矩形或多角形，可在不同高程设进水口，根据库水位的变化启用不同的进水口，以引取表层温度较高的库水，以利于灌溉。塔式进水口的优点是，可在任何水位下检修，方便可靠，但造价较高。当在工作水头较低或根据运用条件只需在进口处设置一道闸门，可采用框架式塔。这种形式构造简单，施工方便，但只能在低水位时检修。

(3)岸塔式及斜坡式进水口。岸塔式是将控制塔斜靠在洞口岩坡上的建筑物(见图 7-9)。由于塔身斜靠岩坡，故易满足稳定要求，对岸坡也起到一定的支撑作用，施工、安装及维修均较方便。岸塔式进水口的结构可以是封闭式和框架式的。这种形式适用于

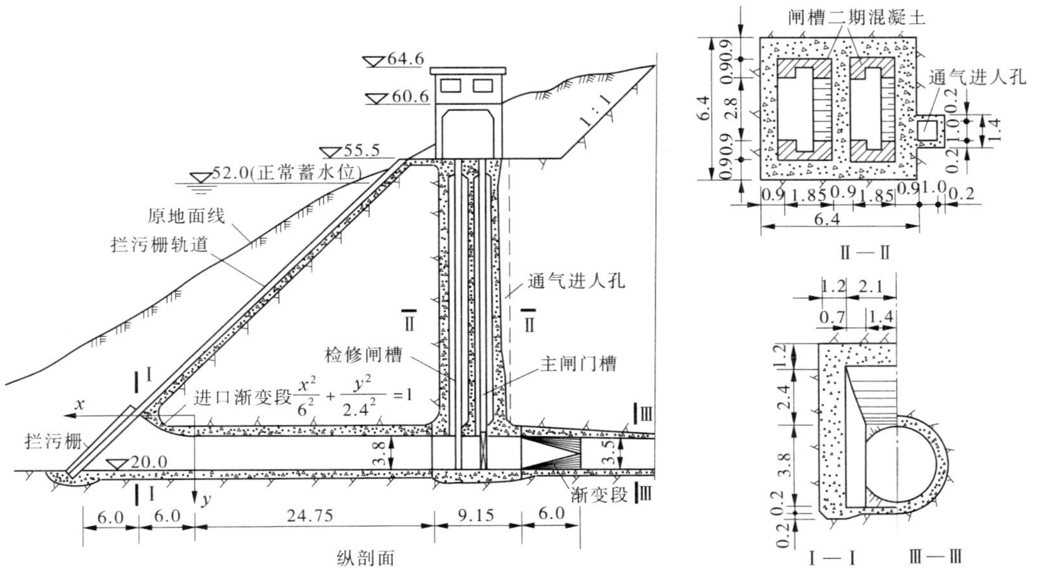

图 7-7　竖井式进水口　（单位：m）

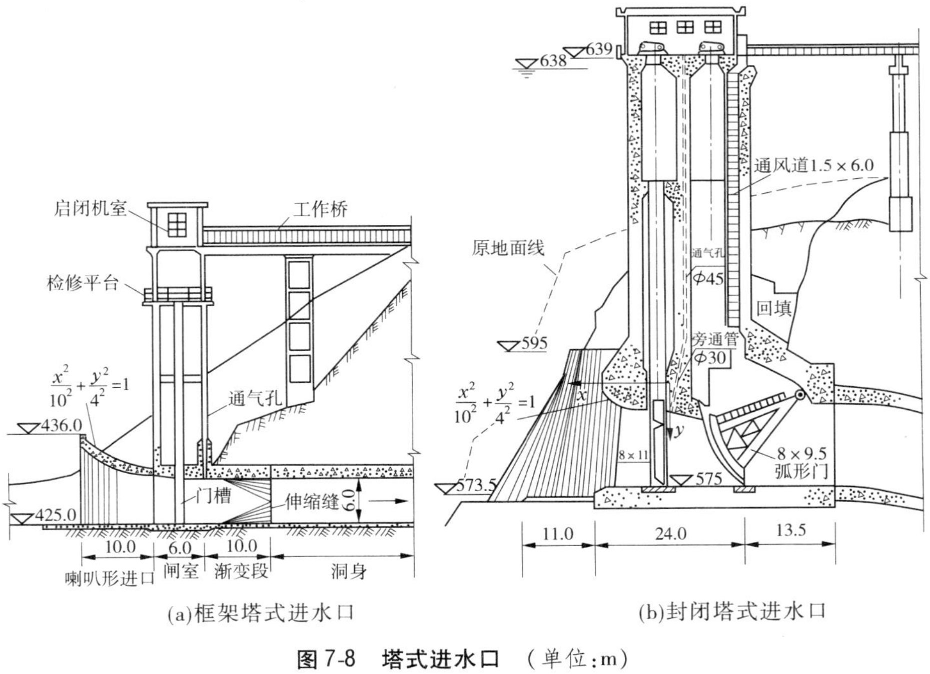

(a)框架塔式进水口　　(b)封闭塔式进水口

图 7-8　塔式进水口　（单位：m）

岸坡较陡、岩石坚固的情况。如果岸坡的岩石完整、稳定，则可稍加开挖平整并进行衬砌后，直接将闸门及拦污栅轨道安置在斜坡上而不设置控制塔，这种布置的形式称为斜坡式（见图 7-10）。其优点是工程量小、造价较低、施工安装方便。适用于岸坡地形地质条件适合的中小型工程或仅安装检修闸门的进水口。岸塔式及斜坡式进口的闸门是斜放的，故面积较大，不仅启门力较大，而且难于靠自重下降。

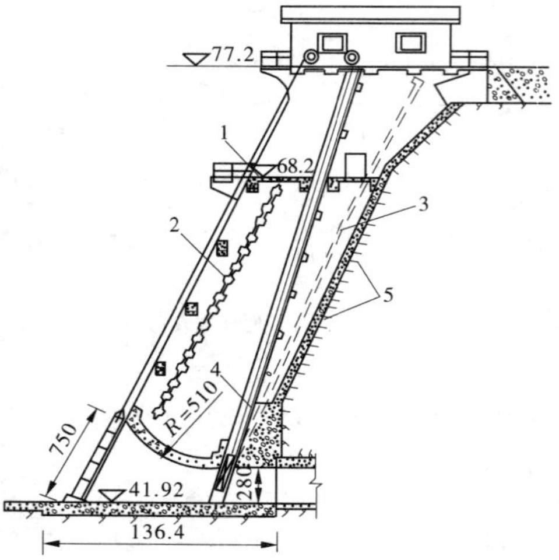

1—清污台;2—固定拦污格栅;3—通气孔;4—闸门轨道;5—锚筋

图 7-9　岸塔式进水口　(高程单位:m;尺寸:cm)

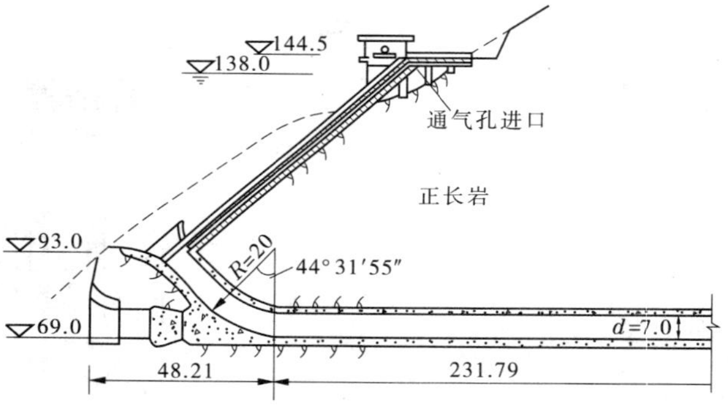

图 7-10　斜坡式进水口　(单位:m)

2. 进口段的组成及构造

进口建筑物包括:进水喇叭口、闸室段、渐变段、通气孔、平压管和拦污栅等几个部分,其构造方法基本上与项目二中"单元七 重力坝的深式泄水孔"相同。

微课 7-5　水工隧洞进口段的组成及构造

【例 7-1】　碧口水电站位于甘肃省文县、嘉陵江支流白龙江上,大坝为壤土心墙土石混合坝,最大坝高 101.8 m。工程以发电为主,兼有防洪、灌溉、过木等效益,主要建筑物有拦河坝、泄洪隧洞、排沙洞、过木道,灌溉引水隧洞及发电厂房等。试对枢纽中的水工隧洞布置进行说明。

解:(1)泄洪隧洞:泄水建筑包括右岸溢洪道和左、右岸泄洪洞,如图 7-11 所示。

右岸泄洪洞由导流洞改建而成,由进水塔、斜井段、反弧段、缓平段和消能挑流鼻坎组成,全长 602.741 m。上游段为改建的"龙抬头"式,断面尺寸 10.0 m×11.5 m;下游缓平段是与导流洞的结合段,断面尺寸 13.0 m×11.5 m,水流为明流,最大平均流速 35.7 m/s;出口为倾斜式扩散扭曲斜鼻坎,由原导流洞水平段改建而成。最大泄洪流量 2 290 m^3/s。

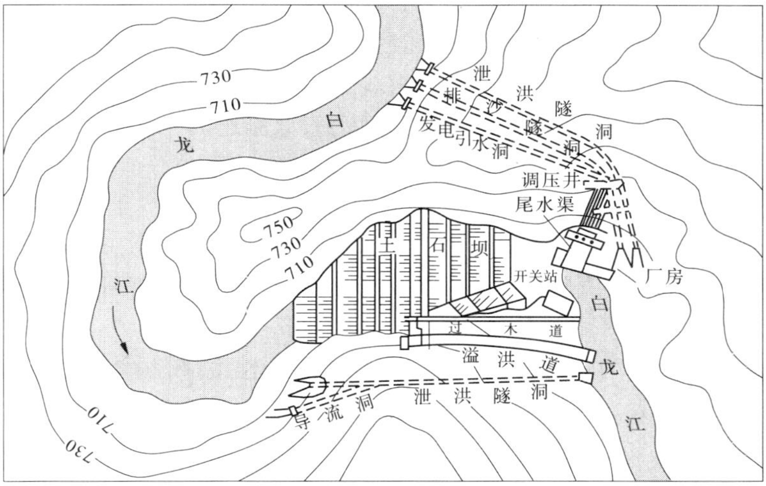

图 7-11 碧口水电站隧洞布置图 (单位:m)

左岸泄洪洞全长 856.671 m,由进水塔、有压段、无压段和消能挑流鼻坎组成。有压段为圆形断面,洞径 10.5 m;无压段为城门洞形,断面尺寸 10 m×12 m。最大泄洪流量 1 710 m^3/s,最大流速 34 m/s。

(2)排沙隧洞:位于左岸,进口紧靠电站进水口左侧,进水口底板高程 636.152 m,比电站进水口底板低 25 m。全长 685 m,由进口段、检修闸门井、有压段、工作闸门室、明流段和消能挑流鼻坎组成。弧形工作闸门尺寸 4.0 m×3.15 m,工作水头 70 m。有压段为圆形断面,洞径 4.4 m;明流段的前部为城门洞形,断面尺寸 5.0 m×4.8 m,后部为渠槽式。最大泄洪量 300 m^3/s。排沙洞对排除进水口前泥沙和异重流排沙效果均很明显。

(3)发电引水隧洞:位于左岸,隧洞进水口为岸塔式,底板高程 661 m,由拦污栅段、检修闸门井及其连通段组成。引水隧洞全长 444.2 m,由渐变段、主洞、叉管和 3 条支洞组成。主洞长 356.1 m,洞径 10.5 m,最大引水流量 480 m^3/s,最大流速 5.6 m/s。

(二)洞身的形式与构造

1. 洞身断面形式和尺寸

隧洞洞身断面形式选择涉及的因素很多,就水力条件而言,要求洞身断面具有平顺的轮廓,力求减小水头损失,能以最经济的断面通过设计流量;就静力条件而言,应根据围岩特性和地应力的分布特点,选择合理的断面形状和几何尺寸,以改善围岩受力条件,保持围岩稳定;同时还应照顾到施工方便等诸方面的要求。

微课 7-6 水工隧洞洞身断面形式及尺寸确定

1)无压隧洞的断面形式和尺寸

无压隧洞的断面形式和尺寸在很大程度上取决于围岩特性和地应力情况,常用的断面形式有:圆拱直墙形(城门洞形)断面[见图 7-12(a)],马蹄形及蛋形[见图 7-12(b)]。圆拱直墙形适用于地质条件较好,垂直山岩压力较小而无侧向山岩压力的情况;断面的高宽比一般为 1.0~1.5,洞内水位变化较大时取大值;顶部为平拱或半圆拱,圆拱的中心角在 90°~180°,圆拱的中心角越小,产生的拱端推力就越大。此外,圆拱中心角的选择还应与地应力条件相适应，垂直山岩压力大于水平地应力时，宜采用较大的高宽比；反之，取用小值。当地质条件较差，侧向山岩压力较大时，宜采用马蹄形或蛋形断面。当地质条件差或地下水压力很大时，也可采用圆形断面。

无压隧洞的断面尺寸，应根据水力计算确定。低流速的无压洞，若通气条件良好，水面线以上的空间不宜小于隧洞断面面积的 15%，其净空高度不小于 40 cm。高流速的无压洞，在掺气水面以上的空间，一般为断面面积的 15% ~ 25%。当采用圆拱直墙形断面时，水面线（高速水流含掺气）不得超过直墙范围。无压隧洞考虑施工要求的最小断面尺寸为：高度不小于 1.8 m，宽度不小于 1.5 m；圆形断面的内径亦不小于 1.8 m。

2）有压隧洞的断面形式和尺寸

有压隧洞的断面多为圆形，其水力条件好，水力特性也最佳，与其他形式断面相比，面积一定时过水能力最大。当围岩坚硬且内水压力不大时，也可采用更便于施工的非圆形断面。

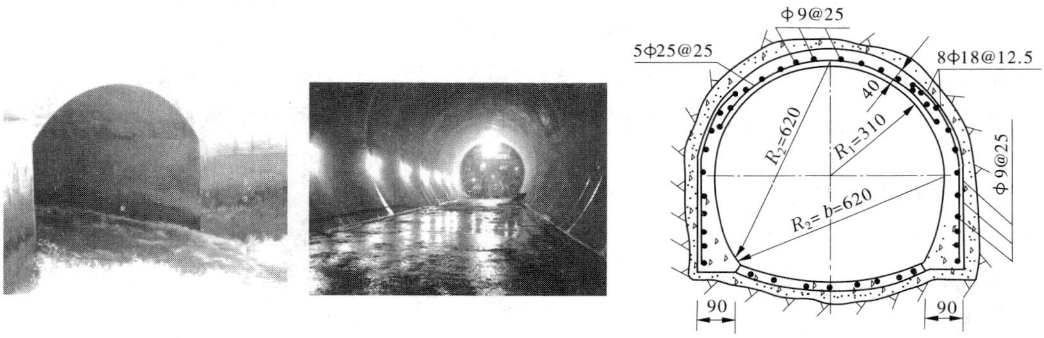

（a）圆拱直墙形　　（b）马蹄形及蛋形

图 7-12　无压隧洞的横断面形状　（单位：cm）

有压隧洞的断面尺寸，应根据水力计算确定，主要核算其泄流能力和沿程压坡线，并考虑水头损失对工程效益的影响，通过技术经济比较后确定。泄流能力按管流计算，压坡线水头应高于洞顶 2 m 以上。其最小断面尺寸应同时满足施工和检修要求。

2. 隧洞衬砌

1）衬砌的作用

为了保证水工隧洞安全有效地运行，通常需要对隧洞进行衬砌。衬砌的作用是：承受围岩压力和其他各种荷载；加固和保护围岩，使围岩长期保持稳定，免受破坏；减小隧洞表面糙率，减小水头损失；防止渗漏。

微课 7-7　水工隧洞洞身衬砌类型

2）衬砌的类型

衬砌的类型按设置衬砌的目的可分为平整衬砌和受力衬砌两类。按衬砌所用的材料分为混凝土衬砌、钢筋混凝土衬砌和浆砌石衬砌等。除此以外，还有预应力衬砌、装配式衬砌和喷锚衬砌、限裂衬砌和非限裂衬砌等。衬砌类型如图 7-13 所示。

（1）平整衬砌。当围岩坚固、内水压力不大时，用混凝土、喷浆、砌石等做成平整的护面。它不承受荷载，只起减小糙率、防止渗水、抵抗冲蚀、防止风化等作用。无压隧洞的平

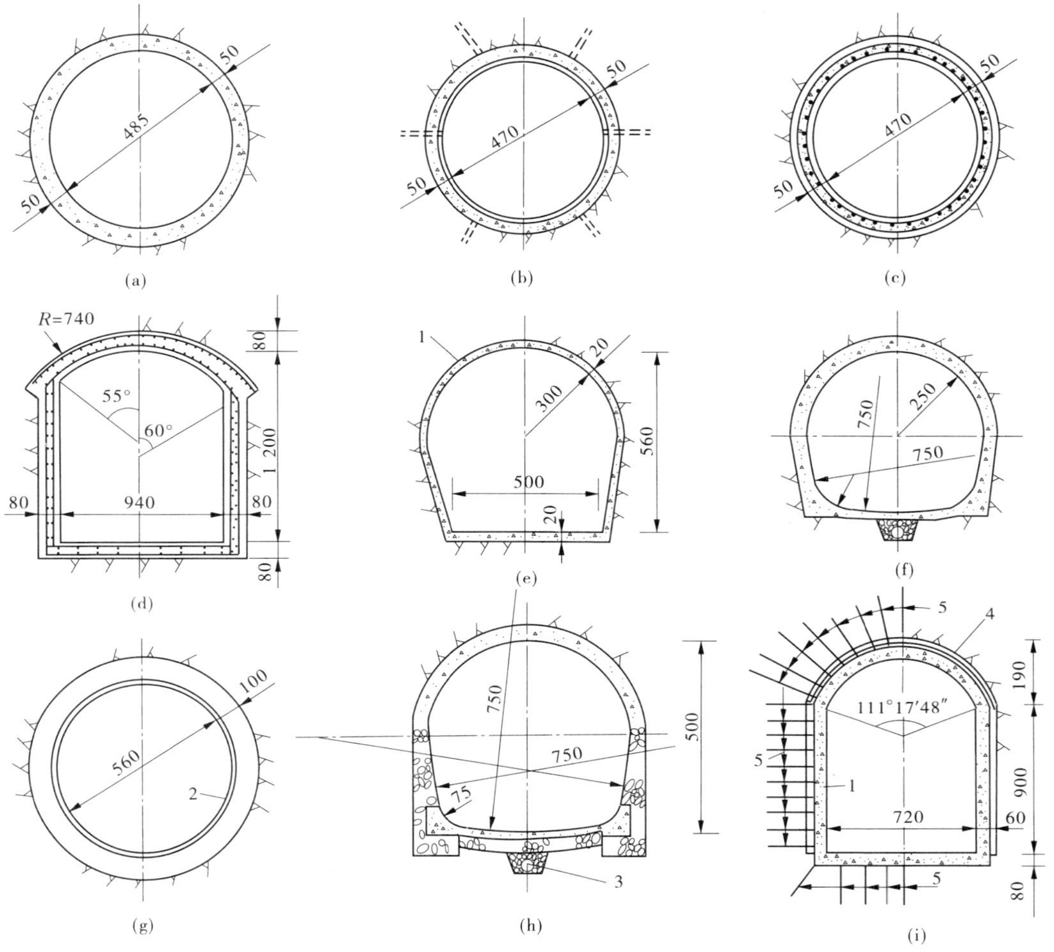

(a)、(e)、(f)混凝土衬砌;(c)、(d)钢筋混凝土衬砌;

(b)、(g)混凝土加钢板衬砌;(h)浆砌石衬砌;(i)喷锚衬砌

图7-13 隧洞断面形式及衬砌类型 (单位:cm)

整衬砌可以只在水流湿周范围内衬砌。只为降低糙率的衬砌,平均厚度约为15 cm即可;若有防冲、抗渗要求时,则衬砌厚度应为20~30 cm。

为了使衬砌表面尽量光滑,最好用金属模板浇筑混凝土,但比较费工,用模板也较多。用喷混凝土的方法进行平整衬砌不需模板,施工进度快,透水性小,其主要缺点是平整度差。为改进这一缺点,可在喷混凝土之后,再喷一层水泥砂浆抹光。

(2)混凝土、钢筋混凝土衬砌。当围岩坚硬、内水压力不大时,可采用混凝土衬砌。当承受较大荷载或围岩条件较差时,则应采用钢筋混凝土衬砌。衬砌的厚度(不包括围岩超挖部分)应根据计算和构造要求确定其最小厚度。但为了保证施工质量,从施工要求出发混凝土和单层钢筋混凝土衬砌不小于25 cm,双层钢筋混凝土衬砌不小于30 cm,强度等级不宜低于C15。

(3)预应力衬砌。预应力衬砌是对混凝土或钢筋混凝土衬砌施加预压应力，以抵消内水压力产生的拉应力，克服混凝土抗拉强度低的缺点，可使衬砌厚度减薄，节约材料和开挖量。其缺点是施工复杂，工期较长。适用于作用高水头的圆形隧洞。

最简单的预加应力方法是向衬砌与围岩之间进行压力灌浆，使衬砌产生预压应力。为了保证灌浆效果，围岩表面应用混凝土进行修整，并与衬砌之间留有 2 ~ 3 cm 的空隙，以便灌浆。浆液应采用膨胀性水泥，以防干缩时预压应力降低。这种预加应力方法要求围岩比较坚硬完整，必要时可先对围岩进行固结灌浆。

(4)喷锚衬砌。喷锚衬砌是指利用锚杆和喷混凝土进行围岩加固的总称。由于喷射混凝土能紧跟掘进工作面施工，缩短了围岩的暴露时间，使围岩的风化、潮解和应力松弛等不致有大的发展。所以，喷混凝土施工给围岩的稳定创造了有利条件。

锚杆支护是用特定形式的锚杆锚固于岩石内部，把原来不够完整的围岩固结起来，从而增加围岩的整体性和稳定性。其对围岩的加固原理可归结为三个方面：一是悬吊作用，如图 7-14(a)所示，用锚杆将可能塌落的不稳定岩体悬吊在稳定岩体上；二是组合作用，如图 7-14(b)所示，用锚杆将层状岩体结合在一起，形成类似的组合梁，增加其抗弯和抗剪能力；三是固结作用，如图 7-14(c)所示，不稳定的断裂岩块在许多锚杆作用下固结起来，形成一叫“有支撑能力的岩石拱”。对一具体隧洞而言，这三种作用往往是综合发生的。

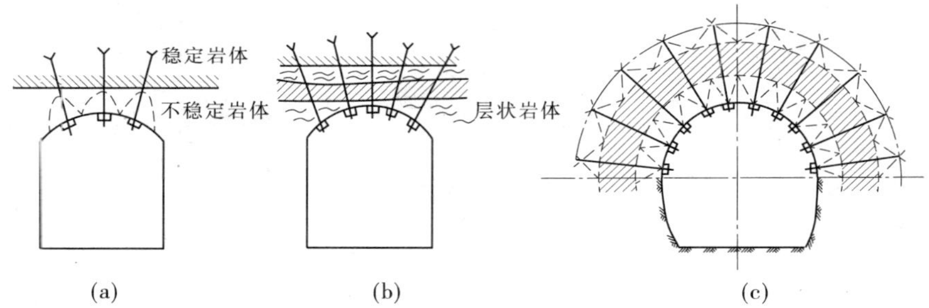

图 7-14　锚杆的支护作用

锚杆本身有各种形式，较常用的是楔缝式钢锚杆(即锚杆的嵌入端开有长为 160 ~ 200 mm，宽为 3 ~ 5 mm 的缝)。施工时先按预定位置进行钻孔，孔径略大于锚杆直径；然后在孔中插入锚杆和楔子。当楔子顶部触及孔底岩石时，在外端撞击锚杆，楔子即逐渐挤入杆端楔缝中而使端部张开。通过风钻对锚杆外端螺帽的不断冲击，就使楔缝更加被挤张而嵌入孔壁岩石中，而杆端即已牢牢锚着。最后通过拧紧螺母，对锚杆张拉，施加一定的预压应力。为防锚杆锈蚀，通常还在锚杆锚定后，通过预留灌浆管向孔内灌注水泥砂浆。灌浆时孔内空气经排气管排出。为减少浆液凝固时的收缩，可掺入微量铅粉。钢锚杆一般直径 16 ~ 28 mm，长 2 ~ 4 m，钢楔子长 15 ~ 23 cm。

喷混凝土支护的主要作用是：充填岩体表面张开的裂隙，使围岩结成整体；填补不平整表面，缓和应力集中；保护岩体表面，阻止岩块松动。喷混凝土施工时，应先撬除危石，清洗岩面，然后喷一层厚约 1 cm 的小水灰比的水泥砂浆或厚 2 ~ 3 cm 的富水泥混凝土。喷完上述底层后，即可分次喷混凝土，每次厚 3 ~ 8 cm。如同时采用锚杆，则可在第一层混凝土喷完后设置,必要时还可加设钢筋网,然后再喷第二、三层,直至达到预定设计厚度。喷混凝土衬砌的厚度一般不小于 5 cm,最大不宜超过 20 cm。

锚喷支护是 20 世纪 50 年代配合新奥法(新奥地利隧洞工程施工方法的简称)逐渐发展起来的一项新技术。它的基本概念是将隧洞四周的围岩作为承载结构的主要部分来考虑,而不是把围岩单纯作为荷载考虑。新奥法的基本原理是:①支护要适时,即在支护受力最小的时候进行支护;②支护刚度要适中,使围岩与支护在共同变形过程中取得稳定,刚柔度适宜;③支护应与围岩紧贴,以保证支护与围岩共同工作。

工程实践证明,采用新奥法施工可以减少混凝土衬砌量,不用模板,施工安全,造价降低,是一种多、快、好、省的施工方法。但需注意研究内外水压力、抗渗、允许流速以及糙率等问题。

3)衬砌的构造

(1)衬砌的分缝和止水。在混凝土及钢筋混凝土衬砌中,一般设有永久性的横向变形缝(垂直水流方向)和施工工作缝。

微课 7-8 水工隧洞洞身衬砌构造和灌浆

变形缝是为防止不均匀沉陷而设置,其位置应设于荷载大小、断面尺寸和地质条件发生变化之处。如洞身与进口或渐变段接头处以及断层破碎带的变化处,均需设置变形缝,缝内贴沥青油毡并做好止水。在断层破碎带处,还应增加衬砌厚度并配置钢筋,其构造如图 7-15 所示。

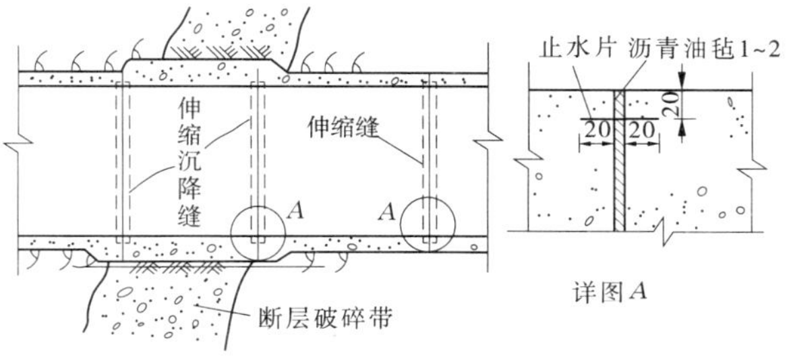

图 7-15 隧洞衬砌伸缩变形缝与止水构造 (单位:cm)

围岩地质条件比较均一的洞身段,可只设置施工缝,施工缝有纵向与横向两种。横向施工缝间距一般为 6 ~ 12 m,底板和边墙、顶拱的缝面不得错开,如图 7-16(a)所示。无压隧洞的横向施工缝,一般可不做特殊处理;对有压隧洞和有防渗要求的无压隧洞,应根据具体情况采取必要的接缝处理措施。

纵向施工缝的位置及数目则应根据结构形式及施工条件决定,一般应设在内力较小的部位,见图 7-16(b)(图中 1、2、3、4 为分块浇筑的顺序编号)。无论是无压隧洞还是有压隧洞,其纵向施工缝均须凿毛处理,并可设一些插筋以加强其整体性,必要时还可设置止水片(如图 7-17 所示)。

(2)灌浆、防渗与排水。为了充填衬砌与围岩之间的缝隙,改善衬砌结构传力条件和减少渗漏,常进行衬砌的回填灌浆。一般是在衬砌施工时顶拱部分预留灌浆管,待衬砌完成后,通过预埋管进行灌浆。如图 7-18 所示,回填灌浆的范围一般在顶拱中心角 90° ~ 120°以内,孔距和排距一般为 4 ~ 6 m ,灌浆压力为 200 ~ 300 kPa。

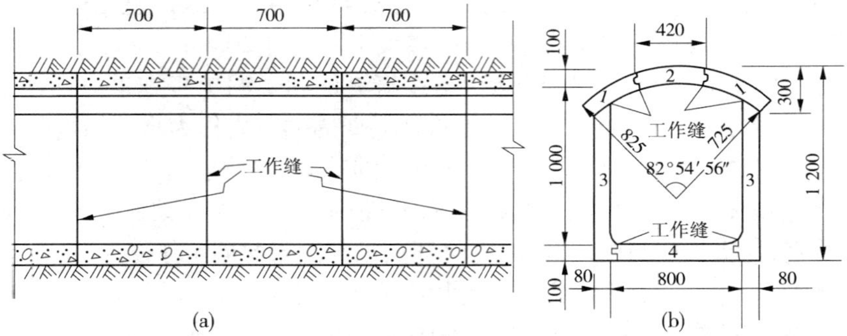

图 7-16　陆浑水库泄洪洞衬砌施工缝　(单位:cm)

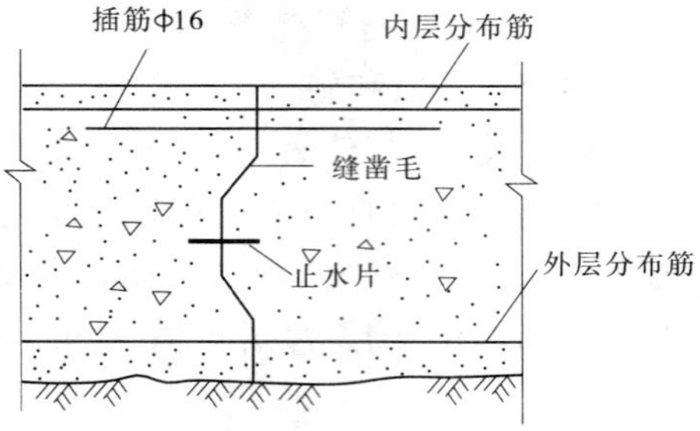

图 7-17　纵向工作缝构造

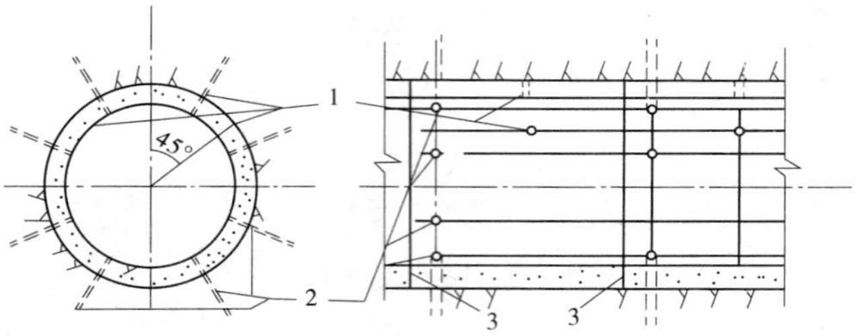

1—回填灌浆孔;2—固结灌浆孔;3—伸缩缝

图 7-18　灌浆孔布置图

为了提高围岩的强度和整体性,改善衬砌结构受力条件,减少渗漏,隧洞衬砌后还常对围岩进行固结灌浆。固结灌浆孔通常对称布置,排距 2 ~4 m,每排不少于 6 孔。孔深一般约为 1.0 倍的隧洞半径,灌浆压力为内水压力的 1.5 ~2.0 倍。回填灌浆孔与固结灌浆孔通常分排间隔排列,灌浆时应加强观测,防止洞壁变形破坏。

当地下水位较高时,外水压力可能成为无压隧洞的主要荷载之一,为此可采取排水措施以降低外水压力。

无压隧洞的排水,可在洞内水面高程以上设置排水孔来实现(见图 7-19)。孔距和排距 2 ~4 m,孔深 2 ~4 m。应注意排水钻孔应在灌浆之后进行,以防堵塞。当无压隧洞边墙很高时,也可在边墙背后水面高程以下设置暗的环向及纵向排水系统。

有压隧洞一般不设排水。确有必要设置排水时,也只能采用环向、纵向排水暗管,环向暗排水可用砾石铺成,每隔 6 ~8 m 设一道,收集的渗水汇集后由衬砌下部的纵向排水暗管(例如无砂混凝土管)排向下游(见图7-20)。

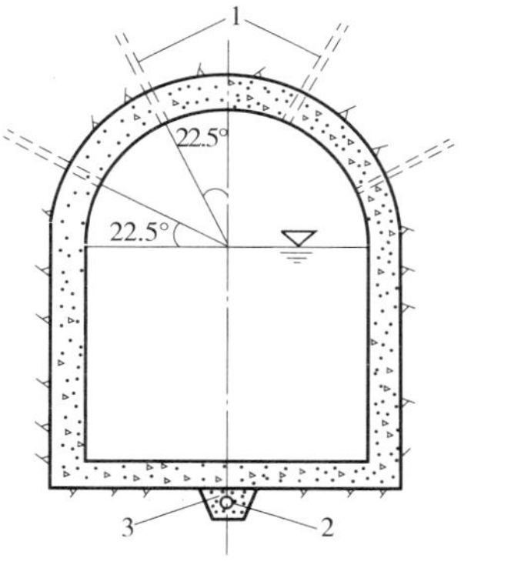

1—径向排水孔;2—纵向排水管;3—小石子

图7-19　无压隧洞排水布置图

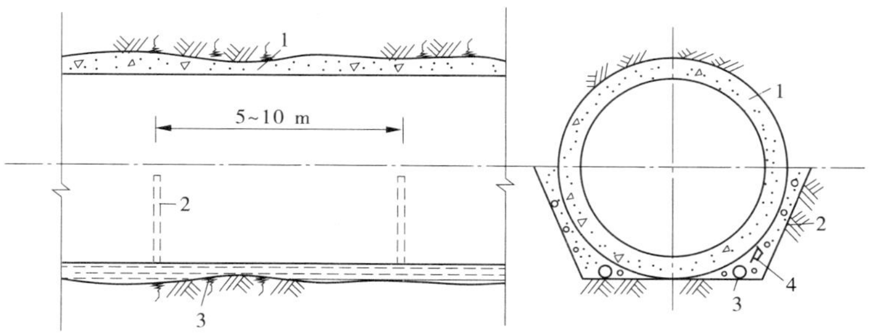

1—衬砌;2—横向排水槽;3—纵向排水管;4—卵石

图7-20　有压隧洞排水布置图

(三)出口段及消能设施

有压隧洞的出口设有工作闸门及启闭机室,门前有渐变段,出口之后即为消能设施。无压隧洞出口仅设有门框,其作用是防止洞脸及以上岩石崩塌,并与扩散消能设施的两侧边墙相衔接(见图7-21)。

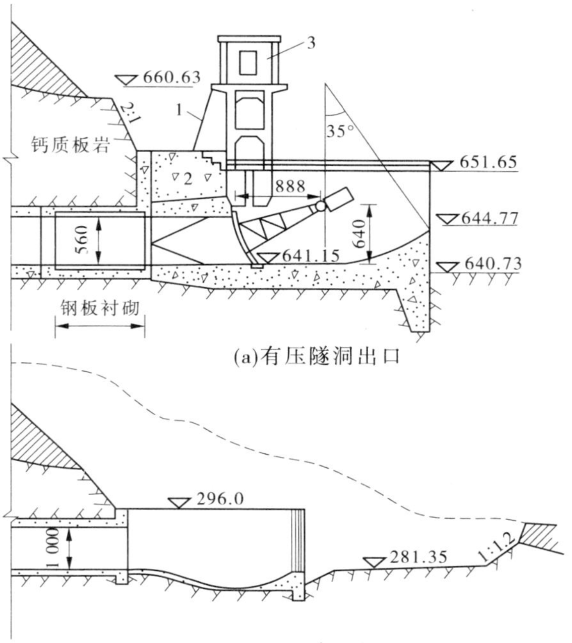

(a)有压隧洞出口

(b)无压隧洞出口

1—钢梯;2—混凝土压重;3—启闭机室

图7-21　隧洞出口段结构图　(高程单位:m;尺寸单位:cm)

泄水隧洞出口水流的特点是出口宽度小、单宽流量大、能量集中,所以常在隧洞出口外设置扩散段,使水流扩散,使得单宽流量减小,然后再以适宜的方式进行消能。

泄水隧洞常用的消能方式有挑流消能和底流消能。当出口高程高于或接近于下游水位,并且下游水深和地质条件适宜时,应优先选用挑流消能。底流消能具有工作可靠、对下游水面波动影响范围小等优点,当出口高程低于或接近于下游水位,地质条件较差时,可采用底流消能。近年来,国内也在研究新的消能方式,如窄缝挑坎消能、孔板消能等。

1. 窄缝挑坎消能

窄缝挑坎消能是在挑坎处采用收缩成窄缝的布置形式(见图 7-22),其与等宽挑坎不同之处在于挑角很小,一般为 0°,在顺水流方向,两侧边墙向中心显著收缩,使出口水流迅速加深,水舌的出射角在底层为 0°,表层为 45°,导致水舌下缘挑距缩短,上缘挑距加大,水流挑射高度增加,纵向扩散面积加大,水流在空中碰撞、掺气消耗了更多的能量,从而减少了对河床的冲刷。

2. 孔板消能

在有压隧洞中设置孔板,利用突然收缩和扩散时的漩滚流态,使水流内部产生摩擦和碰撞,消减大量能量,动能转化成热能,达到消能的目的。

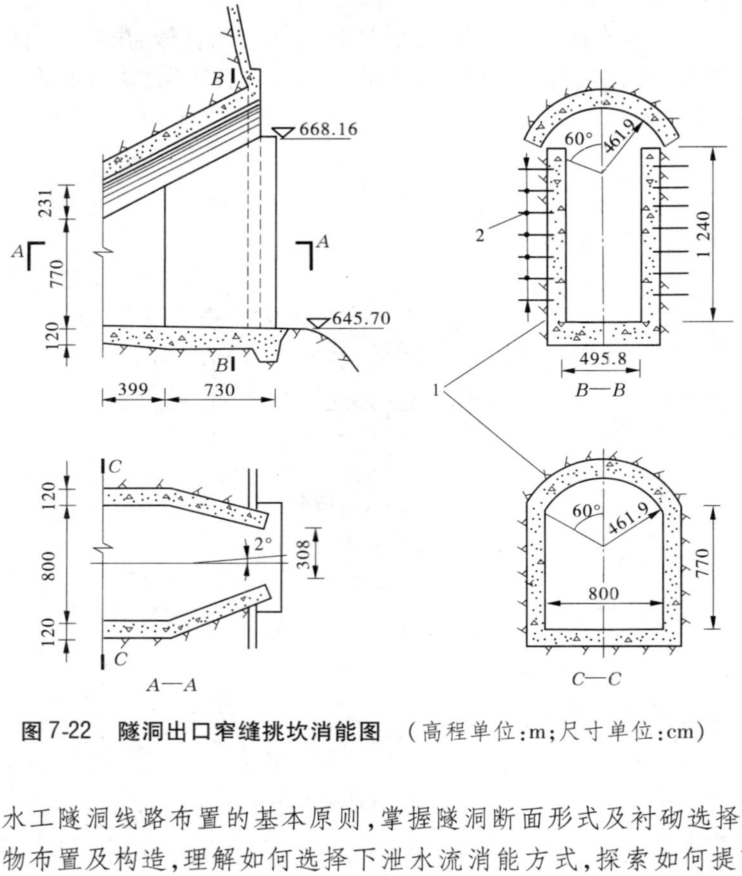

图 7-22 隧洞出口窄缝挑坎消能图 (高程单位:m;尺寸单位:cm)

【单元探索】

理解掌握水工隧洞线路布置的基本原则,掌握隧洞断面形式及衬砌选择的原则,掌握进出口的建筑物布置及构造,理解如何选择下泄水流消能方式,探索如何提高泄流安全、提高效能效果。

续图 7-22

【单元练习】

一、填空题

1. 水工隧洞进口建筑物按其布置及结构形式分为竖井式、________、岸塔式和________。其中________受风浪、冰、地震的影响大，稳定性相对较差，需要较长的工作桥。

2. 回填灌浆是填充________与________之间的空隙，使之结合紧密，共同受力，以改善________条件和减少________。

3. 无压隧洞多采用________断面。

4. 有压隧洞多采用________断面。

5. 有压隧洞的工作闸门通常布置在隧洞的________，工作闸门要求常在________中启闭，检修闸门常在________中启闭 。

6. 水工隧洞出口消能方式有________、________、________、________。

7. 隧洞进口段包括________、________、________、平压管和渐变段等几部分。

8. 衬砌的类型有________、________、________、组合式衬砌、预应力衬砌。

二、判断题

1. 平压管主要用于平衡检修门两侧的水压力。(　　)

2. 平压管主要用于平衡工作门两侧的水压力。(　　)

3. 无压隧洞多采用圆拱直墙形断面。(　　)

4. 有压隧洞一般均采用圆形断面。(　　)

5. 有压隧洞多采用圆拱直墙形断面。(　　)

6. 混凝土和单层钢筋混凝土衬砌的厚度不小于 10 cm。(　　)

7. 无压隧洞断面尺寸的确定，主要是满足泄流能力和洞内水面线的要求。(　　)

8. 泄水隧洞的线路选择是确定一条隧洞长度最小的路线。(　　)

9. 隧洞和深孔中的工作闸门，用来调节流量和封闭孔口，能在动水中启闭。(　　)

三、单项选择题

1. 水工隧洞回填灌浆的目的是(　　)。

A. 加固围岩，提高围岩的整体性

B. 充填衬砌与围岩之间的空隙,使之结合紧密

C. 保证围岩的弹性抗力

D. 减小渗漏,减小外水压力

2. 工作闸门布置在(　　)的为有压隧洞。

A. 进口　B. 洞身

C. 中部　D. 出口

3. 隧洞洞身的(　　)为不受力衬砌。

A. 喷锚衬砌　B. 预应力衬砌

C. 平整衬砌　D. 单层衬砌

4. 有压隧洞的出口断面面积应(　　)洞身断面面积。

A. 大于　B. 等于

C. 小于　D. 无法确定

5. 适用于洞口附近地质条件较差因而不宜采用竖井式进水口的是(　　)。

A. 岸塔式进水口　B. 竖井式进水口

C. 塔式进水口　D. 斜坡式进水口

6. 有压隧洞常用的断面形式有(　　)。

A. 圆拱直墙形　B. 圆形

C. 马蹄形　D. 圆拱斜墙形

单元三　作用在隧洞衬砌上的荷载及组合

【单元导航】

问题 1:作用在隧洞衬砌上的荷载有哪些?

问题 2:荷载如何组合?

【单元解析】

一、隧洞衬砌的荷载

微课 7-9　作用在水工隧洞衬砌上的荷载计算

隧洞是地下结构,衬砌与围岩有相互的作用,作用于衬砌的荷载种类与大小既取决于隧洞的工作条件,同时也取决于围岩地质条件及施工情况。作用于衬砌的荷载有自重、围岩压力、内水压力、外水压力、温度荷载、灌浆压力、地震荷载等。另外,当与围岩紧密接触的衬砌受荷载后有趋向围岩变形时,围岩可施加反作用于衬砌的荷载,即为弹性抗力。它是能协助衬砌抵抗其他荷载的有利的作用力,但它不是独立存在的荷载,只是被动地有条件地依附于其他荷载的存在。

荷载计算对象与结构计算相同,为单位洞长。

(一)围岩压力

围岩压力也称山岩压力。隧洞开挖后由于围岩变形(隧洞开挖破坏了岩体原来的平衡,从而引起围岩应力重分布,引起变形)或塌落而作用在衬砌上的压力,称为围岩压力。

按作用的方向，山岩压力主要有两种：作用于衬砌顶部的垂直山岩压力；作用于衬砌两侧的侧向山岩压力。一般岩体中，作用在衬砌上的主要是垂直向下的围岩压力，对软弱破碎岩层，还需考虑侧向山岩压力。

《水工隧洞设计规范》(SL 279—2016)规定，围岩作用在衬砌上的荷载，应根据围岩条件、横断面形状和尺寸、施工方法以及支护效果确定，围岩压力的计取应符合下列规定：

(1)自稳条件好，开挖后变形很快稳定的围岩，可不计围岩压力。

(2)薄层状及碎裂散体结构的围岩，作用在衬砌上的围岩压力：

垂直方向
$$q_v = (0.2 \sim 0.3)\gamma_1 B \tag{7-1}$$

水平方向
$$q_h = (0.05 \sim 0.1)\gamma_1 H \tag{7-2}$$

式中 q_v——垂直均布围岩压力，kN/m^2；

q_h——水平均布围岩压力，kN/m^2；

γ_1——岩石的容重，kN/m^3；

B——隧洞开挖宽度，m；

H——隧洞开挖高度，m。

(3)不能形成稳定拱的浅埋隧洞，宜按洞室顶拱的上覆盖层岩体重力作用计算围岩压力，再根据施工所采取的支护措施予以修正。

(4)块状、中厚层至厚层状结构的围岩，可根据围岩中不稳定块体的作用力来确定围岩压力。

(5)采取了支护或加固措施的围岩，根据其稳定状况，可不计或少计围岩压力。

(6)采用掘进机开挖的围岩，可适当少计围岩压力。

(7)具有流变或膨胀等特殊性质的围岩，可能对衬砌结构产生变形压力时，应对这种作用进行专门研究，并宜采取措施减小其对衬砌的不利作用。

(二)弹性抗力

在荷载作用下，衬砌向外变形时受到围岩的抵抗，这种围岩抵抗衬砌向外变形的而作用在衬砌外壁的作用力，称为弹性抗力。弹性抗力是一种被动力。它与地基反力不同，后者是由力的平衡决定的，其数值与围岩的性质无关；而前者的产生是有条件的。围岩考虑弹性抗力的重要条件是岩石本身的承载能力，而充分发挥弹性抗力作用的主要条件是围岩与衬砌接触程度。当岩石比较坚硬，且有一定的厚度(一般要求大于3倍的洞径)，无不利的滑动面，围岩与衬砌紧密接触时，才可考虑弹性抗力的作用，否则不考虑围岩的弹性抗力，只考虑衬砌底部的地基反力。

岩石的弹性抗力可以近似地认为符合文克尔假定，由下式计算：

$$p_0 = k\delta \tag{7-3}$$

式中 p_0——岩石弹性抗力，N/cm^2；

δ——衬砌表面法线方向位移，cm；

k——与岩石情况及隧洞开挖尺寸有关的弹性抗力系数，N/cm^3。

弹性抗力系数是与围岩性质和隧洞直径有关的比例常数。实践中，常以隧洞半径为1 m时的单位弹性抗力系数k_0表示围岩的抗力特性，对开挖半径为r时的弹性抗力系数为：

$$k = 100k_0/r \tag{7-4}$$

式中　r——隧洞开挖半径，cm，对非圆形隧洞，$r = B/2$（B 为开挖洞宽）。

弹性抗力系数常用类比法和现场试验方法来确定。弹性抗力估计过高，则会使衬砌结构不安全，估计过低则造成不经济。因此，必须对其进行认真分析和估算。

（三）内、外水压力

内水压力是有压隧洞衬砌上的主要荷载。当围岩坚硬完整，洞径小于6 m时，可只按内水压力进行衬砌的结构设计。内水压力可根据隧洞压力线或洞内水面线确定。在有压隧洞的衬砌计算中，常将内水压力分为均匀内水压力和非均匀内水压力两部分。均匀内水压力是洞顶内壁以上水头 h 产生的，其值为 γh；非均匀内水压力是指洞内充满水、洞顶水压力为零时的洞壁压力，洞壁各点的压强值为 $\gamma d(1-\cos\theta)/2$（θ 为计算点半径与洞顶半径的夹角，d 为隧洞内直径）。非均匀内水压力的合力方向向下，数值等于单位洞长内的水重（见图 7-23）。

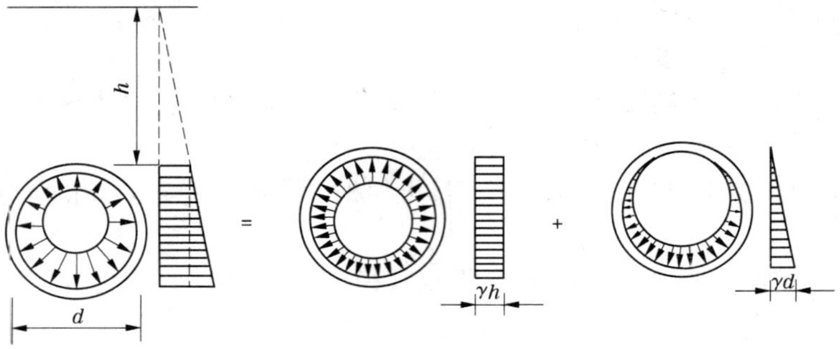

图 7-23　有压隧洞内水压力计算图

对有压发电引水隧洞，还应考虑机组甩负荷时引起的水击压力，对于无压隧洞的内水压力则由洞内的水面线来计算。

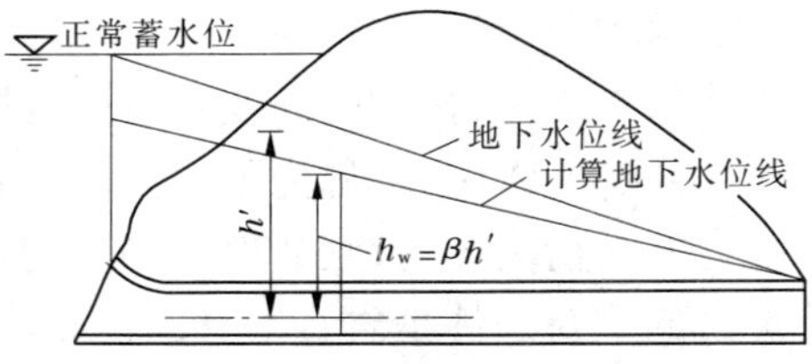

图 7-24　外水压力计算图

外水压力的大小取决于水库蓄水后形成的地下水位线，由于地质条件的复杂性，很难准确计算，一般来说，常假设隧洞进口处的地下水位线与水库正常蓄水位相同，在隧洞出口处与下游水位或洞顶齐平，中间按直线变化（见图 7-24）。考虑到地下水渗流过程的水头损失，工程中取用外水压力的数值应等于地下水的水头乘以折减系数 β_e（见表 7-1）。设计中，当与内水压力组合时，外水压力常用偏小值；当隧洞放空时，采用偏大值。其计算公式为

$$p_e = \beta_e \gamma_w h' \tag{7-5}$$

式中　p_e——外水压力强度，kN/m^2；

β_e——外水压力折减系数，见表 7-1；

h'——隧洞中心至地下水位线的作用水头，m；

γ_w——水的容重，kN/m^3。

（四）衬砌自重

沿隧洞轴线 1 m 长的衬砌重量。一般根据衬砌厚度的不同，沿洞线分段进行计算，认为自重是均匀作用在衬砌厚度的平均线上，衬砌单位面积上的自重强度 g 为

$$g = \gamma_c h \tag{7-6}$$

式中 γ_c——衬砌材料的容重，kN/m^3；

H——衬砌厚度，m，应考虑平均超挖回填的部分。

表 7-1 外水压力折减系数 β_e 值选用表

级别	地下水活动状况	地下水对围岩稳定的影响	β_e值
1	洞壁干燥或潮湿	无影响	0
2	沿结构面有渗水或滴水	风化结构面填充物质，降低结构面的抗剪强度，对软弱岩体有软化作用	0～0.4
3	沿裂隙或软弱结构面有大量滴水，线状流水或喷水	泥化软弱结构面填充物质，降低结构面的抗剪强度，对中硬岩体有软化作用	0.25～0.6
4	严重股状流水，沿软弱结构面有小量涌水	地下水冲刷结构面中填充物质，加速岩体风化，对断层等软弱带软化泥化，并使其膨胀崩解，以及产生机械管涌。有渗透压力，能鼓出较薄的软弱层	0.4～0.8
5	严重滴水或流水，断层等软弱带有大量涌水	地下水冲刷携带结构面中填充物质，分离岩体，有渗透压力，能鼓出一定厚度的断层等软弱带，能导致围岩塌方	0.65～1.0

除上述主要荷载外，隧洞衬砌上还作用有灌浆压力、温度荷载和地震荷载等。由于对衬砌影响较小，荷载组合时均不予考虑。

二、荷载组合

微课 7-10 作用在水工隧洞衬砌上的荷载种类和荷载组合

衬砌计算时，应根据荷载特点及同时作用的可能性，按不同情况进行组合。设计中常用的组合有：

（1）正常运用情况：山岩压力 + 衬砌自重 + 宣泄设计洪水时的内水压力 + 外水压力。

（2）施工、检修情况：山岩压力 + 衬砌自重 + 可能出现的最大外水压力。

（3）非常运用情况：山岩压力 + 衬砌自重 + 宣泄校核洪水时的内水压力 + 外水压力。

正常运用情况属于基本组合，用以设计衬砌的厚度、配筋量和强度校校，其他情况用作校核。工程中视隧洞的具体运用情况还应考虑其他荷载组合。

【单元探索】

理解各种荷载的概念及计算方法，理解荷载组合及计算目的。探索如何有效利用弹性抗力减小衬砌厚度。

【单元练习】

一、单项选择题

1. 弹性抗力的分布范围为（　　）（考虑洞身的对称性）。

A. 0 ~ π　　B. π/4 ~ π　　C. π/2 ~ π　　D. 3π/4 ~ π

2. 以下哪项荷载不属于作用在隧洞上的特殊荷载？（　　）

A. 温度荷载　　B. 山岩压力　　C. 施工荷载　　D. 地震荷载

二、判断题

1. 当围岩厚度超过 1.5 倍开挖洞径时，才考虑弹性抗力。（　　）
2. 在均匀内水压力作用下，隧洞衬砌的外边缘应力是衬砌设计控制。（　　）
3. 围岩压力是隧洞开挖后因围岩变形或塌落作用在支护上的压力。（　　）
4. 当围岩完好，有压隧洞的洞径小于 6 m 时，可只考虑内水压力。（　　）

三、名词解释

1. 单位弹性抗力系数　　2. 弹性抗力　　3. 围岩压力

单元四　圆形有压隧洞的结构计算

【单元导航】

问题 1：隧洞衬砌结构计算的内容有哪些？

问题 2：如何选取计算单元？

问题 3：衬砌结构计算的基本步骤是什么？

【单元解析】

隧洞衬砌结构计算的内容包括：确定衬砌厚度、配置钢筋数量、校核衬砌强度。

隧洞衬砌结构计算的步骤：根据隧洞沿线荷载及断面形状与尺寸的不同将其分为若干段；每段选取一个有代表性的单位洞长进行计算；初拟衬砌形式及厚度；分别计算单位洞长上各种荷载产生的内力，并按不同的荷载组合叠加；进行强度校核，确定配筋量，判定初拟衬砌厚度是否合理并进行修改。

微课 7-11　水工隧洞衬砌结构计算步骤

隧洞衬砌结构设计原则，根据不同的防渗要求，可分为抗裂设计、限制裂缝开展宽度设计和不限制裂缝开展宽度设计，参见表 7-2。

表 7-2　按防渗要求衬砌结构的设计原则

衬砌的防渗要求	计算控制条件	衬砌的设计原则
严格	衬砌结构中拉应力不应超过混凝土的允许拉应力	抗裂设计
一般	衬砌结构裂缝宽度不应超过允许值	限制裂缝开展宽度设计
无	不计算裂缝宽度和间距，钢筋应力不应超过钢筋允许拉应力	不限制裂缝开展宽度设计

有压隧洞多采用圆形断面，均匀内水压力是控制衬砌断面的主要荷载。为充分利用围岩的弹性抗力，应使衬砌与围岩紧密贴接，并要求围岩厚度大于 3 倍开挖洞径。

一、均匀内水压力作用下的内力计算

当有压隧洞直径 $D \leqslant 6$ m，围岩为Ⅰ、Ⅱ类时，衬砌只按内水压力作用的公式计算即可，不需考虑其他荷载的影响（应考虑围岩的弹性抗力，弹性抗力不是外荷载，而是一种反作用力。将衬砌视为厚壁圆筒，位于无限弹性介质之中，根据衬砌和围岩接触面的径向变位相容条件，用弹性理论的方法计算）。

（一）混凝土衬砌（按混凝土未开裂考虑）

当混凝土衬砌厚度为 h 时，以在均匀内水压力 p 作用下，衬砌内侧边缘切向拉应力不超过混凝土的允许轴向抗拉强度 $[\sigma_{hl}]$ 为限，计算公式如下：

$$h = r_i\left[\sqrt{A\frac{[\sigma_{hl}]+p}{[\sigma_{hl}]-p}}-1\right] \tag{7-7}$$

$$[\sigma_{hl}] = \frac{R_l}{K_l} \tag{7-8}$$

$$A = \frac{E-K_0(1+\mu)}{E+K_0(1+\mu)(1-2\mu)} \tag{7-9}$$

式中　R_l——混凝土的设计抗拉强度，kPa；

K_l——混凝土抗拉安全系数，按表7-3选用；

K_0——单位弹性抗力系数，kN/m^3；

E——衬砌材料的弹性模量，kPa；

μ——衬砌材料的泊松比；

A——弹性特征因素；

r_i——隧洞衬砌内半径，m。

表7-3　混凝土抗拉安全系数

荷载级别	1		2		3	
荷载组合	正常运用	非常运用	正常运用	非常运用	正常运用	非常运用
抗拉安全系数 K_l	2.1	1.8	1.8	1.6	1.7	1.5

（二）钢筋混凝土衬砌（按混凝土未开裂考虑）

当混凝土衬砌厚度为 h 时，以在均匀内水压力 p 作用下，衬砌内侧边缘切向拉应力不超过钢筋混凝土的允许轴向抗拉强度 $[\sigma_{gh}]$ 为限，计算公式如下：

$$h = r_i\left[\sqrt{\frac{[\sigma_{gh}]+p}{[\sigma_{gh}]-p}}-1\right] \tag{7-10}$$

隧洞衬砌内边缘应力，可按下式进行校核：

$$\sigma_i = \frac{F}{F_n}\frac{t^2+A}{t^2-A}p \leqslant [\sigma_{gh}] \tag{7-11}$$

$$[\sigma_{gh}] = \frac{R_f}{K_f} \tag{7-12}$$

$$F_n = F + \frac{E_g}{E_h}(f_i + f_e) \tag{7-13}$$

式中 R_f——混凝土的设计抗裂强度,kPa;

K_f——钢筋混凝土的抗裂安全系数;

F——沿洞线 1 m 长衬砌混凝土的纵断面面积,m^2;

F_n——F 中包括钢筋在内的折算面积,m^2;

E_g——钢筋的弹性模量,kPa;

E_h——混凝土的弹性模量,kPa;

f_i——衬砌的内层钢筋截面面积,mm^2;

f_e——衬砌的外层钢筋截面面积,mm^2;

t——衬砌外半径 r_e 与内半径 r_i 的比值。

若求出的 h 值小于零或小于衬砌构造要求的最小厚度,应采用构造要求的最小厚度(单层钢筋混凝土衬砌厚度不小于 25 cm,双层钢筋混凝土衬砌厚度不小于 30 cm)。内外层的钢筋可对称布置,钢筋面积可按最小配筋率配置。混凝土强度等级不低于 R150。

当围岩条件较差或隧洞直径 $D>6$ m 时,不能只按内水压力作用进行衬砌设计。此时,需考虑与其他荷载共同作用下的内力组合,进行结构计算。

【例 7-2】 某圆形有压隧洞地质条件良好,采用钢筋混凝土衬砌,内半径 $r_i=2.5$ m,衬砌厚度为 60 cm,衬砌采用双层配筋,$f_i=f_e=3\ 200\ mm^2$,混凝土为 R250,钢筋为Ⅱ级钢,钢筋的弹性模量为 2×10^8 kPa,混凝土的弹性模量为 2.6×10^7 kPa,混凝土设计抗裂强度为 1.9×10^3 kPa,钢筋混凝土抗裂安全系数为 1.1,围岩的单位弹性抗力系数 $K_0=2.4\times10^6$ kPa,泊松比 $\mu=0.167$。试校核隧洞在内水压力 $p=2.5\times10^3$ kPa 作用下衬砌结构的强度。

解:由公式计算得:$[\sigma_{gh}]=\dfrac{R_f}{K_f}=1.9\times10^3/1.1=1.73\times10^3$(kPa)

$$F_n=F+\frac{E_g}{E_h}(f_i+f_e)=0.6\times1.0+(2\times10^8\times2\times3.2\times10^{-3})/2.6\times10^7=0.65(m^2)$$

$$t=r_e/r_i=3.1/2.5=1.24$$

$$A=\frac{E-K_0(1+\mu)}{E+K_0(1+\mu)(1-2\mu)}=\frac{2.6\times10^7-2.4\times10^6\times(1+0.167)}{2.6\times10^7+2.4\times10^6\times(1+0.167)\times(1-2\times0.167)}$$

$$=0.832$$

则隧洞衬砌内边缘应力

$$\sigma_i=\frac{F}{F_n}\times\frac{t^2+A}{t^2-A}\times p=\frac{0.6}{0.65}\times\frac{1.24^2+0.832}{1.24^2-0.832}\times2.5\times10^3$$

$$=7.75\times10^3(kPa)>1.73\times10^3\ kPa$$

所以,混凝土会出现开裂。

二、强度校核及钢筋配置

当隧洞衬砌厚度由内水压力和其他荷载共同作用来确定时,则衬砌的内、外边缘切向应力应按下式来进行强度校核。

$$\sigma_i = \frac{t^2 + A}{t^2 - A}p + \frac{\sum M}{W} - \frac{\sum N}{F} \leqslant [\sigma_{hl}] \tag{7-14}$$

$$\sigma_e = \frac{1 + A}{t^2 - A}p - \frac{\sum M}{W} - \frac{\sum N}{F} \leqslant [\sigma_{hl}] \tag{7-15}$$

式中 $\sum M$、$\sum N$——除内水压力以外的其他荷载使衬砌某截面产生的弯矩和轴向力代数和,弯矩以使衬砌内表面受拉为正,轴力以使衬砌断面受压为正;

W——衬砌的抗弯截面模量,m^3;

F——沿洞线1 m长衬砌混凝土的纵断面面积,m^2。

【单元探索】

理解掌握水工隧洞衬砌结构计算的内容;掌握水工隧洞衬砌结构计算的步骤;掌握均匀内水压力作用下的内力计算,包括混凝土衬砌和钢筋混凝土衬砌;能够正确使用设计规范、设计标准和设计软件。

【单元练习】

一、单项选择题

1.衬砌结构计算的内容不包括(　　)。

A.确定衬砌厚度　　B.校核衬砌强度

C.选择隧洞断面形式　　D.配置钢筋数量

2.隧洞结构计算正常运用荷载组合不包括(　　)。

A.衬砌自重　　B.围岩压力

C.宣泄设计洪水时的外水压力　　D.宣泄校核洪水时的内水压力

二、判断题

1.正常运用情况属于荷载组合的特殊组合。(　　)

2.内水压力是指作用在隧洞外壁上的水压力。(　　)

3.圆形有压隧洞内力计算不需要考虑弹性抗力。(　　)

4.根据研究,在隧洞顶拱中心约135°范围内作用有弹性抗力。(　　)

5.在围岩地质条件较好的情况下,才需要考虑弹性抗力。(　　)

单元五　坝下涵管

【单元导航】

问题1:什么是坝下涵管?

问题2:哪种条件下可采用坝下涵管?

问题3:坝下涵管有何特点?

问题4:如何进行坝下涵管的布置?

【单元解析】

一、坝下涵管的特点

埋设在土石坝坝体与坝基之间,用于引水、泄洪、冲沙、放空水库或施工导流的输、泄水管道称为坝下涵洞。其由进口、管身和出口三部分组成。

坝下涵管相对于其他输水或泄水建筑物具有结构简单、施工方便、工期较短、造价低等优点。但如果设计、运用、使用不当,会引起涵管周围填土的渗透变形破坏,严重时导致沿管壁产生集中漏水、涵管塌陷断裂、土坝失事等灾害。因此,多用于中小型工程。

微课 7-12　坝下涵管的构造

二、坝下涵管的位置选择

(1)地质条件:当坝高在 10 m 以上时,一般设于岩基上。当坝高在 10 m 以下时,也可设于压缩性小,均匀而密实的土基上。坝下涵管在土基和岩基交替的情况下不适用,容易因地基沉降不均匀导致管身断裂。

(2)地形条件:坝下涵管与进口高程相适应,以免过多的开挖量。

微课 7-13　坝下涵管的位置选择

(3)运用条件:坝下涵管与灌区布置在同一侧,以免修建交叉建筑物,不宜离溢洪道过近,以免泄水干扰。

(4)水流条件:坝下涵管中心线与坝轴线垂直,以使水流顺畅,缩短管线,其转弯半径应大于管径的 5 倍。

三、坝下涵管的进出口建筑物

(一)进口建筑物

1. 分级卧管式

分级卧管式进口由斜卧于坝前岸坡上的进水卧管和卧管下部的消力井两部分组成。卧管设有多级台阶,每个台阶设有进水口,孔径 10～50 cm,用木板或木塞控制流量。卧管顶部布置有通气孔,保证卧管内是无压流状态(见图 7-25)。

微课 7-14　坝下涵管的进出口建筑物

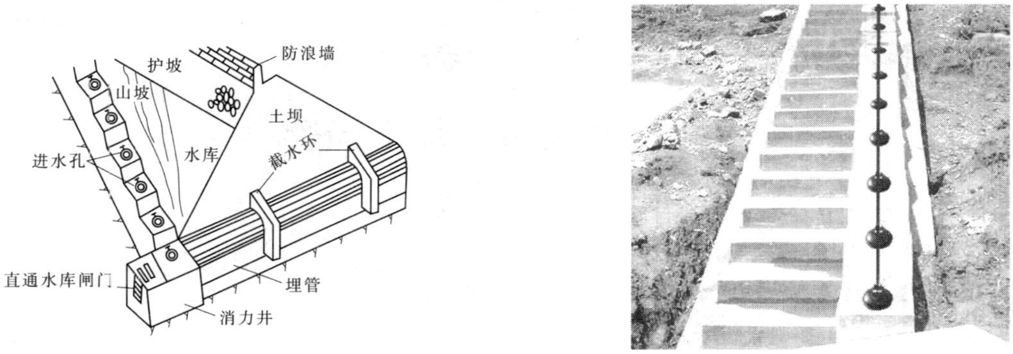

图 7-25　分级卧管式进口

分级卧管式进口结构简单,施工方便,引取水库表层水,水的温度与地表温度接近,对农作物生长有利。但孔口较多,易漏水,闸门管理不便,对引水流量不易控制。

2. 塔式

塔式进口形式与隧洞的塔式进口基本相同。考虑到引水灌溉的要求,大多做成分层取水的封闭塔(见图 7-26、图 7-27)。

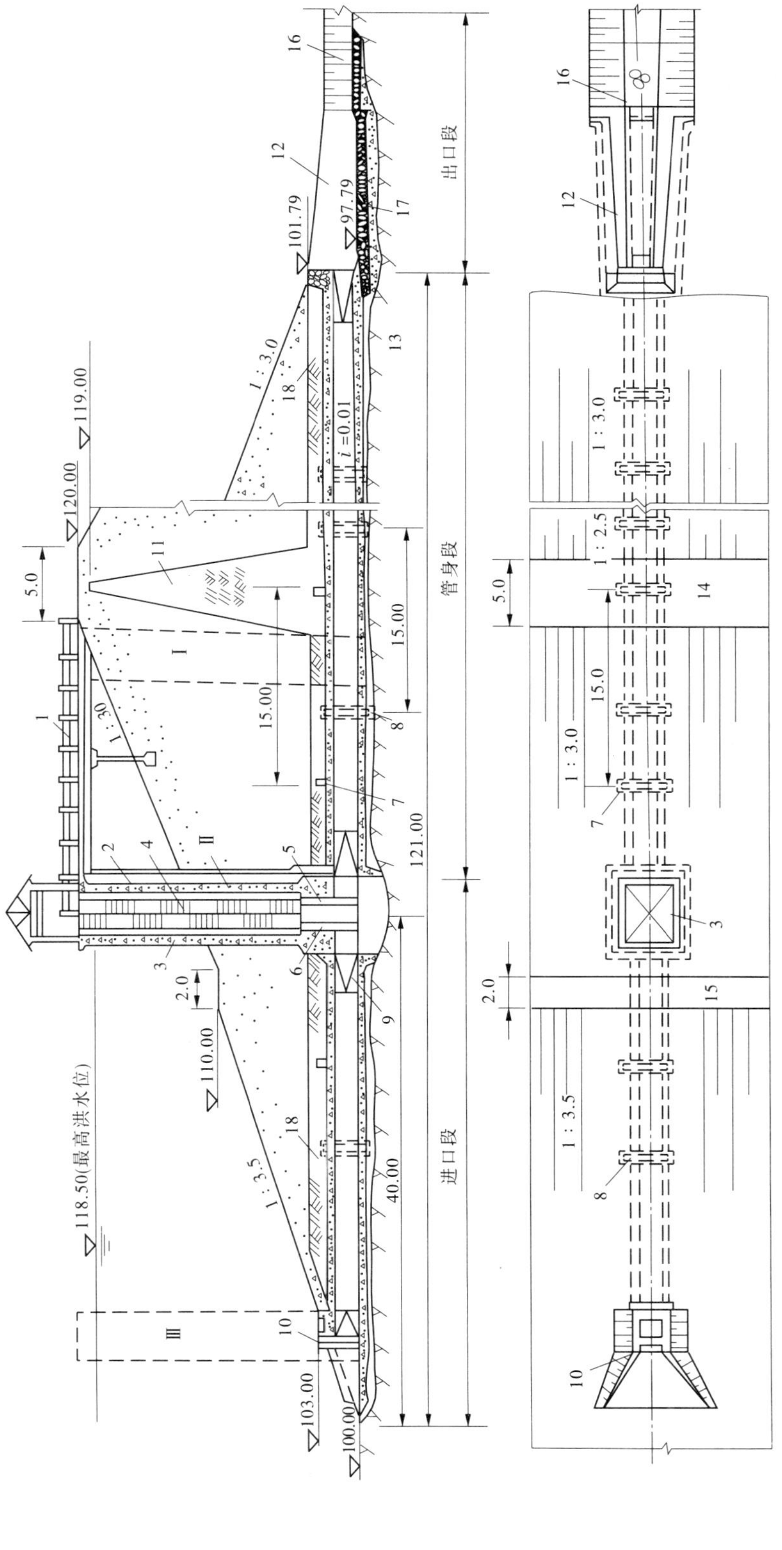

1—工作桥;2—通气孔;3—控制塔;4—爬梯;5—主闸门槽;6—检修门槽;7—截水环;8—伸缩缝;9—渐变段;10—拦污栅;
11—黏土心墙;12—消力池;13—岩基;14—坝顶;15—马道;16—干砌石;17—浆砌石;18—黏土

图 7-26　塔式进口布置图　（单位:m）

塔的位置可有三种布置方式：

(1)靠近坝顶。这种布置的优点是塔身受风浪、冰冻等影响小，稳定性好，产生不均匀沉陷和断裂的可能性小，交通桥短。但是塔身与涵管的结合处易漏水，将会引起坝体的渗透变形，而且塔的上游侧涵管检修不便，塔的下游侧涵管较短，可能会出现渗径不足。

(2)坝体中部。这种布置方式容易造成塔身与斜墙防渗体结合部的漏水，因此这种方式不适用于斜心墙坝。

(3)坝的上游坝脚。这种布置方式的特点是工作桥长，塔身易受风浪、冰冻的影响，稳定性差。但塔身与涵管的结合处不易引起渗漏，一般不会发生渗透变形。

3. 斜拉闸门式

沿库区山坡或上游坝面布置斜坡，在斜坡上设置闸门轨道，进水口在斜坡底部，启闭机安装在坝顶或变坡平台上。其构造与隧洞斜坡式进口类似，见图 7-28。

斜拉闸门式结构构造简单，操作方便，造价低，启闭力小。但不易利用自重来关闭闸门，检修困难。对于多泥沙河流及水头较高时不宜采用。

图 7-27 坝下涵管塔式进口

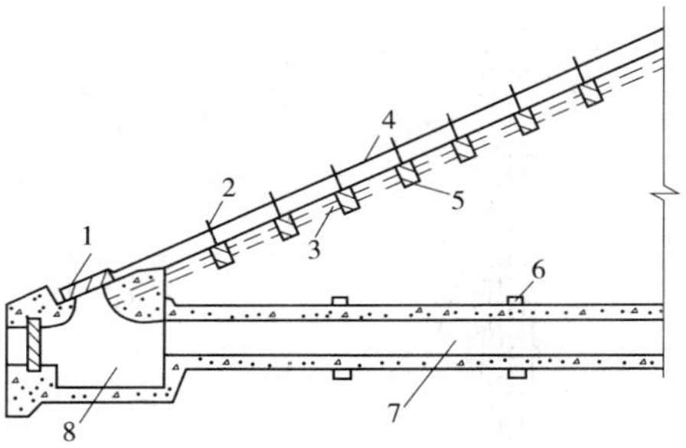

1—斜拉闸门；2—支柱；3—通气孔；4—拉杆；
5—混凝土块体；6—截水环；7—涵管；8—消能井

图 7-28 斜拉闸门式进口

(二)出口建筑物

坝下涵管的出口建筑物包括渐变段和消能设施两部分。由于涵管的流量不大，水头较低，涵管出口的消能大多采用底流消能方式。

四、坝下涵管的管身形式及构造

(一)管身形式

(1)有压涵管：有压的涵管多用圆形管，大多为现浇和预制，但接缝难处理。为防止管身漏水，影响土石坝安全，不宜采用此种。

(2)无压涵管：可采用圆形管、矩形管及拱形管。

(3)断面形式：

①矩形：现浇的混凝土箱形结构，具有结构简单、施工方便、整体性好的优点。

②浆砌块石与混凝土盖板结合：节省材料、造价低，但透水性较大。

③圆拱直墙式：增加施工难度，透水性大。

（二）构造

1. 管座

设置管座可以增加管身的纵向刚度，改善管身的受力条件，并使地基受力均匀，所以管座是防止管身断裂的主要结构措施之一。管座可以用浆砌石或低强度等级混凝土做成，厚度一般为 30～50 cm。管座和管身的接触面成 90°～180°包角，接触面上涂以沥青或设油毛毡垫层，以减少管身受管座的约束，避免因纵向收缩而裂缝。

2. 伸缩缝

土基上的涵管，应设置沉陷缝，以适应地基变形。良好的岩基，不均匀沉陷很小，可设温度伸缩缝。一般将温度伸缩缝与沉陷缝统一考虑。对于现浇钢筋混凝土涵管，伸缩缝的间距一般为 3～4 倍的管径，且不大于 15 m。当管壁较薄设置止水有困难时，可将接头处的管壁加厚。对于预制涵管，其接头即为伸缩缝，多用套管接头，如图 7-29 所示。

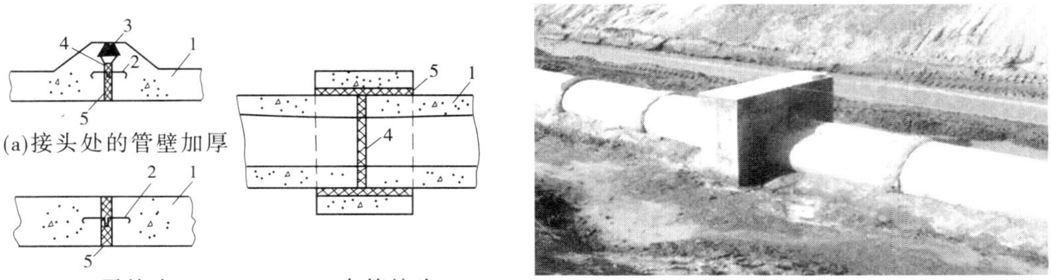

(a)接头处的管壁加厚

(b)平接头

(c)套管接头

1—管壁；2—止水片；3—二期混凝土；4—沥青材料；5—二层油毡三层沥青

图 7-29 伸缩缝的构造图

3. 截渗环

为防止沿涵管外壁产生集中渗流，加长管壁的渗径，降低渗流的坡降和减小流速，避免填土产生渗透变形，通常在涵管外侧每隔 10～20 m 设置一道截渗环。土基上的截渗环不宜设在两节管的接缝处，而应尽量靠近每节管的中间位置，以避免不均匀沉降引起破坏。岩基上的截渗环可设在管节间的接缝处。截渗环常用混凝土建造。

4. 涵衣

为了更有效地防止集中渗流，通常沿管线在涵管周围铺一层 1～2 m 厚的黏土作为防渗层，该防渗层称为涵衣。对于浆砌石涵管，设置涵衣不仅能够防止集中渗流，还能增强管壁的横向防渗能力。

【单元探索】

掌握坝下涵管的概念、适用条件，总体布置一般要求，理解并掌握涵管的类型及结构基本构造，探索如何消除涵管的缺点。

【单元练习】

一、填空题

1. 坝下涵管为了有效地防止集中渗流，在涵管__________的范围内用回填黏土做防渗层，这个防渗层称为________。

2. 坝下涵管的进口建筑物形式有______、______、______式。

3. 为防止坝下涵管产生集中渗流,常将涵管的管壁外围局部加厚,称为________。

二、判断题

1. 坝下涵管位置选择和工程布置的一般原则是:经济合理,安全可靠,运行方便。( )

2. 土石坝塔式进口的最理想位置是布置在坝体上游独立于坝体之外。( )

3. 坝下涵管一般采用有压涵管,有利于坝体安全。( )

4. 一般应将管座直接坐落在土基上,有利于变形及稳定。( )

5. 对于多泥沙河流及水头较高的水库坝下涵管,不适合采用斜拉闸门式进口。( )

三、单项选择题

1. 与在山岩中开挖隧洞相比较,坝下涵管的主要优点不包括( )。

A. 结构简单　　B. 工期较长

C. 施工方便　　D. 造价较低

2. 分级卧管式进口的主要优点不包括( )。

A. 造价较低　　B. 结构简单

C. 施工方便　　D. 管理方便

项目八　渠道与渠系建筑物

【学习目标】

学习单元	能力目标	知识点
单元一	理解渠系建筑物的概念，掌握渠系建筑物种类、作用及布置原则	渠道； 渠系建筑物
单元二	了解渠道设计的内容，能进行渠道选线及断面设计，能绘制渠道断面设计图	渠道设计流量； 边坡系数、糙率、渠底比降、断面宽深比及渠道的不冲、不淤流速
单元三	掌握渡槽的分类及应用，能进行渡槽的总体布置和水力计算，能识读渡槽设计图	渡槽； 槽身、支承结构、基础、进出口建筑物形式与选型
单元四	掌握倒虹吸组成、布置，能识读倒虹吸设计图	倒虹吸
单元五	掌握跌水、陡坡分类、组成、布置，能识读跌水与陡坡设计图	跌水； 陡坡

单元一　渠道与渠系建筑物认知

【单元导航】

问题1：什么是渠道？什么是渠系建筑物？其种类和作用如何？

问题2：渠道与渠系建筑物的布置原则及特点各是什么？

【单元解析】

一、渠道

渠道是在河、湖或水库周围开挖的、用于向外输排水的建筑物。渠道根据其用途可分为灌溉、发电、航运、给水、排水渠道等类型。灌溉渠系一般分为干、支、斗、农、毛五级渠道，构成灌溉系统，如图8-1所示。其中，前四级为固定渠道，最后一级多为临时性渠道。一般干、支渠主要起输水作用，称为输水渠道；斗、农渠主要起配水作用，称为配水渠道。

渠道遍布整个灌区，线长面广，其规划和设计是否合理，将直接关系到土方量的大小、渠系建筑物的多少、施工和管理的难易及工程效益的大小。

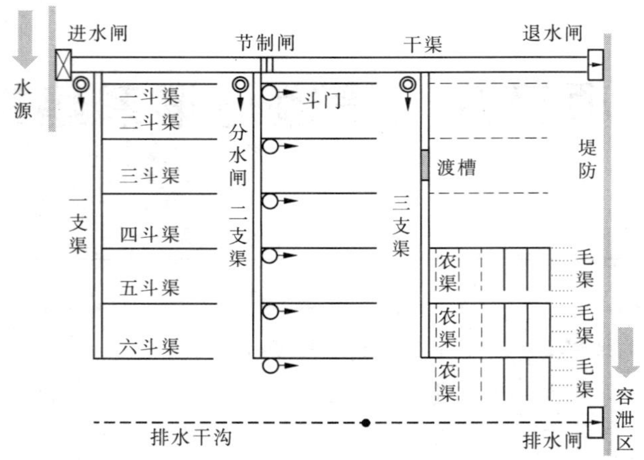

图 8-1　灌区渠系布置示意

二、渠系建筑物

在利用渠道进行输水过程中，为了准确调节水位、控制流量、分配水量、穿越各种障碍，满足灌溉、水力发电、工业及生活用水的需要，在渠道上兴建的各类建筑物统称为渠系建筑物。

微课 8-1　渠系的组成与布置

（一）渠系建筑物的种类和作用

渠系建筑物的种类较多，按其主要作用可分为以下几种：

（1）控制建筑物。主要作用是调节各级渠道的水位和流量，以满足各级渠道的输水、配水和灌水要求，如进水闸、节制闸、分水闸等。

（2）泄水建筑物。主要作用是保护渠道及建筑物安全，用以排放渠中余水、入渠的洪水或发生事故时的渠水，如退水闸、溢流堰、泄水闸等。

（3）交叉建筑物。渠道经过河谷、洼地、道路、山丘等障碍时所修建的建筑物，主要作用是跨越障碍、输送水流。如渡槽、倒虹吸管、桥梁、涵洞、隧洞等。常根据建筑物运用要求、交叉处的相对高程，以及地形、地质、水文等条件，经比较后合理选用。

（4）落差建筑物。渠道通过地面坡度较大的地段时，为使渠底纵坡符合设计要求，避免深挖高填，调整渠底比降，将渠道落差集中所修建的建筑物，如跌水、陡坡等。

（5）量水建筑物。为了测定渠道流量，达到计划用水、科学用水而修建的专门设施，如量水堰、量水槽、量水喷嘴等。工程中，常利用符合水力计算要求的渠道断面或渠系建筑物进行量水，如水闸、渡槽、陡坡、跌水、倒虹吸等。

（6）防沙建筑物。为了防止和减少渠道的淤积，在渠首或渠系中设置冲沙和沉沙设施，如冲沙闸、沉沙池等。

（7）专门建筑物。方便船只通航的船闸、利用落差发电的水电站和水力加工站等。

（8）利民建筑物。根据群众需要，结合渠系布局，修建方便群众出行、生产的建筑物，如行人桥、踏步、码头、船坞等。

（二）渠系建筑物的布置原则

在渠系建筑物的布置工作中，一般应当遵循以下原则：

（1）布局合理，效益最佳。渠系建筑物的位置和形式，应根据渠系平面布置图、渠道纵横断面图及当地的具体情况，合理布局，使建筑物的位置和数量恰当，水流条件好，工程效益最大。

（2）运行安全，保证需求。满足渠道输水、配水、量水、泄水和防洪等要求，保证渠道安全运行，提高灌溉效率和灌水质量，最大限度地满足作物需水要求。

（3）联合修建，形成枢纽。渠系建筑物尽可能集中布置，联合修建，形成枢纽，降低造价，便于管理。

（4）独立取水，便于管理。结合用水要求，最好做到各用水单位有独立的取水口，减少取水矛盾，便于用水管理。

（5）方便交通，便于生产。在满足灌溉要求的同时，应考虑交通、航运和群众的生产、生活的需要，为提高劳动效率和建设新农村创造条件。

（三）渠系建筑物的特点

在灌区工程中，渠系建筑物是重要组成部分，其主要特点如下：

（1）量大面广、总投资多。渠系建筑物的分布面广，数量较大，总工程量和投资往往很大。如韶山灌区的总干渠和北干渠上，渠系建筑物的造价为枢纽工程造价的6.3倍。所以，应对渠系建筑物的布局、选型和构造设计进行深入研究与决策，降低工程总造价。

（2）同类建筑物较为相似。渠系建筑物一般规模较小、数量较多，同一类型的建筑物工作条件、结构形式、构造尺寸较为相近。因此，在同一个灌区，应尽量利用同类建筑物的相似性，采用定型设计和预制装配式结构，简化设计和施工程序，确保工程质量，加快施工进度和便于维修运用。对于规模较大、技术复杂的建筑物，应进行专门的设计。

（3）受地形环境影响较大。渠系建筑物的布置，主要取决于地形条件，与群众的生产、生活环境密切相关。例如，渡槽的布置既要考虑长度最短，又要考虑与进出口渠道平顺连接，这样将会增加填方渠道与两岸连接的长度，多占用农田及多拆迁房屋，影响群众的切身利益。所以，进行渠系建筑物布置时，必须深入实地进行调查研究。

（四）渠系建筑物的定型设计

渠系建筑物一般为小型建筑物，在其设计过程中，建筑物轮廓和控制性尺寸的确定，常以简单的水力计算为主进行验算；对一般构件的结构设计、构造和尺寸，可采用定型设计的方法，这样不仅可以缩短设计时间，而且可以保证工程质量。

为了总结灌区渠系建筑物的建设经验，提高工程设计质量，促进水利建设，更好地发挥工程效益，我国已经出版了多种渠系建筑物设计图册。这些图册中的设计图件，都经过实践的检验，它们技术先进，经济合理，运行安全可靠，在同类建筑物中具有一定典型性和代表性。在使用定型设计图件时，一定要根据各地区的具体条件，因地制宜实施。

【单元探索】

了解渠道与渠系建筑物工程建设的新技术、新材料、新工艺应用情况。

【单元练习】

一、判断题

1. 用于发电的渠道称为动力渠道。(　　)

2. 一般干、支渠主要起配水作用,称为配水渠道。(　　)

3. 在渠道上兴建的各类建筑物统称为渠系建筑物。(　　)

4. 渠系建筑物一般为小型建筑物,在其设计过程中,可以直接使用定型设计图集中的尺寸和结构,不再进行复杂的水力和结构计算。(　　)

二、单项选择题

1. 在渠系建筑物的布置工作中,以下原则错误的是(　　)。

A. 布局合理,效益最佳　　B. 运行安全,保证需求

C. 独立修建,形成枢纽　　D. 方便交通,便于生产

2. 在灌区工程中,渠系建筑物是重要组成部分,其主要特点不包括(　　)。

A. 量大面广、总投资多　　B. 同类建筑物较为相似

C. 受地形环境影响较大　　D. 设计建造难度大

三、填空题

1. 灌溉渠系一般分为__________、__________、__________、农、毛五级渠道,构成灌溉系统。

2. 渠系建筑物的种类较多,按其主要作用可分为__________、__________、__________、落差建筑物、量水建筑物、防沙建筑物、专门建筑物、利民建筑物等。

单元二　渠道设计

【单元导航】

问题1:渠道选线应考虑哪些因素?

问题2:渠道横断面设计的参数有哪些?

【单元解析】

渠道设计的任务是在完成渠系布置之后,推算各级渠道的设计流量,确定渠道的纵横断面形状、尺寸、结构和空间位置等。

一、渠道的选线

渠道的路线选择,关系到灌区合理开发、渠道安全输水及降低工程造价等关键问题,应综合考虑地形、地质、施工条件及挖填平衡、便于管理养护等各因素。

(1)地形条件。渠道顺直,尽量应与道路、河流正交,减少工程量。在平原地区,渠道路线最好选为直线,并力求使挖方与填方相差不大;渠道转弯不应过急,对于有衬砌的渠道,转弯半径应不小于2.5B(B为渠道水面宽度);对于不衬砌的渠道,转弯半径应不小于5B。在山区,渠道路线应尽量沿等高线方向布置,当渠道通过山谷、山脊时,应对高填、深挖、绕线、渡槽、穿洞等方案进行比较,从中选出最优方案。

(2)地质条件。渠道路线应尽量避开渗漏严重、流沙、泥泽、滑坡及开挖困难的岩层地带,必须通过时,应比较确定。如采取防渗措施以减少渗漏,采用外绕回填或内移深挖以避开滑坡地段,采用混凝土或钢筋混凝土衬砌以保证渠道安全运行等方案。

(3)施工条件。应全面考虑施工时的交通运输、水和动力供应、机械施工场地、取土和弃土的位置等条件,改善施工条件,确保施工质量。

(4)管理要求。渠道的路线选择要和行政区划与土地利用规划相结合,确保每个用水单位均有独立的用水渠道,以便于运用和管理维护。

二、渠道的纵、横断面设计

渠道的断面设计包括横断面设计和纵断面设计,二者是互相联系、互为条件的。在实际设计中,纵、横断面设计应交替,并且反复进行,最后经过分析比较确定。

合理的渠道断面设计,应满足以下几方面的具体要求:①有足够的输水能力,以满足灌区用水需要;②有足够的水位,以满足自流灌溉的要求;③有适宜的流速,以满足渠道不冲、不淤或周期性冲淤平衡;④有稳定的边坡,以保证渠道不坍塌、不滑坡,以满足纵向稳定要求;⑤有合理的断面结构形式,以减少渗透损失,提高灌溉水利用系数;⑥尽可能在满足输水的前提下,兼顾蓄水、养殖、通航、发电等综合利用要求;⑦尽量做到工程量最小,以有效地降低工程总投资;⑧施工容易,管理方便。

(一)渠道横断面设计

1. 渠道横断面的形状

渠道横断面形状常见的有梯形、矩形、U 形等。一般采用梯形,它便于施工,并能保持渠道边坡的稳定;在坚固的岩石中开挖渠道时,宜采用矩形断面。

微课 8-2　渠道横断面设计

为了提高渠道的稳定性、提高水的利用率、减少渗漏损失、缩小渠道断面,一般采取各种防渗措施,如混凝土、沥青混凝土、土工材料等。

2. 渠道横断面结构

渠道横断面结构有挖方断面、填方断面和半挖半填断面三种形式(见图 8-2),主要是渠道过水断面和渠道沿线地面的相对位置不同造成的。规划设计中,常采用半挖半填的结构形式,或尽量做到挖填平衡,避免深挖、高填,以减少工程量,降低工程费用。

3. 渠道横断面设计

渠道横断面设计的主要内容是确定渠道设计参数,通过水力计算确定横断面尺寸。对于梯形渠道,横断面设计参数主要包括渠道流量 Q、边坡系数 m、糙率 n、渠底比降 i、断面宽深比 β 及渠道的不冲流速 $v_{不冲}$、不淤流速 $v_{不淤}$ 等。当渠道的设计参数已确定时,即可根据明渠均匀流公式:$Q=\omega C\sqrt{Ri}$,确定渠道横断面面积 ω。

1)渠道流量

渠道流量是渠道和渠系建筑物设计的基本依据。设计渠道时,需要设计流量、最小流量和加大流量,分别作为设计和校核之用。

渠道设计流量是指设计年内作物灌水时期渠道需要通过的最大流量,是渠道正常工作条件下需要通过的流量。渠道设计流量是设计渠道纵横断面的主要依据,与渠道的灌

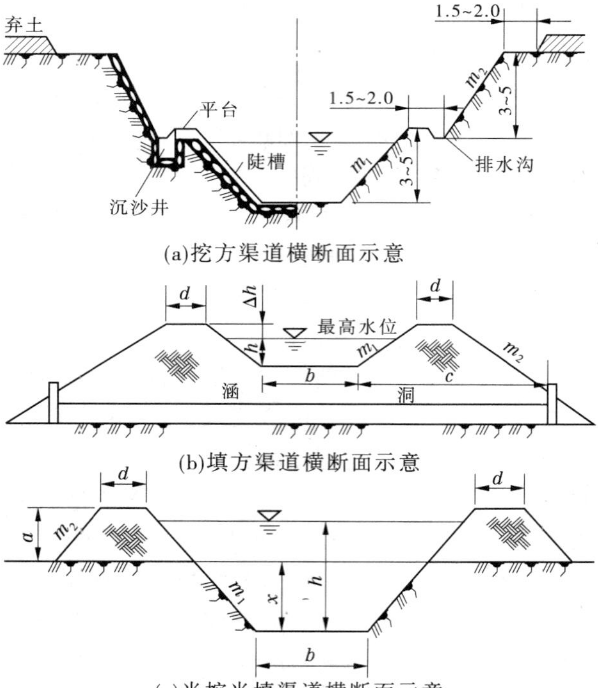

图 8-2　渠道横断面结构示意　（单位：m）

溉面积、作物组成、灌溉制度、渠道的工作制度及渠道的输水损失等因素有关。

渠道最小流量是在设计标准条件下，渠道正常工作中输送的最小流量。渠道最小流量用于校核下一级渠道的水位控制条件，确定节制闸的修建位置。对于同一条渠道而言，其设计流量与最小流量相差不要过大，以免下级渠道因水位不足而造成引水困难。一般渠道最小流量≥渠道设计流量的 40%，相应的渠道最小水深≥设计水深的 70%。

渠道加大流量。灌溉工程运行期，可能出现规划设计之外的情况，如作物种植比例变更、灌溉面积扩大、气候特别干旱、渠道发生事故后需要短时间加大输水量等，都需要渠道通过比设计流量更大的流量。通常把短时期内渠道需要通过的最大灌溉流量称为渠道加大流量，它是确定渠道堤顶高程、校核渠道输水能力和不冲流速的依据。一般干、支渠需要考虑加大流量，而斗、农渠多因实行轮灌无须考虑加大流量。

渠道加大流量等于加大系数（见表 8-1）乘以设计流量，即 $Q_{加大}$ = 加大系数 × $Q_{设计}$。

2）边坡系数

梯形土渠两侧边坡系数，一般取 1 ~ 2，应根据土质情况和开挖深度或填土高度确定。对于挖深大于 5 m 或填高超过 3 m 的土坡，必须根据稳定条件确定。计算方法同土石坝的稳定计算。为使边坡稳定和管理方便，每隔 4 ~ 6 m 深应设一平台，平台宽 1.5 ~ 2 m，并在平台内侧设置排水沟。

3）渠道的糙率

反映渠床粗糙程度的指标，影响因素主要有渠床状况、渠道流量、渠水含沙量、渠道弯曲状况、施工质量、养护情况。一般情况下，渠床糙率参考水力计算相应的糙率表选用，大型渠道的糙率最好通过试验确定。

表 8-1　渠道流量加大系数

设计流量（m^3/s）	<1	1 ~ 5	5 ~ 20	20 ~ 50	50 ~ 100	100 ~ 300	>300
加大系数	1.30 ~ 1.35	1.25 ~ 1.30	1.20 ~ 1.25	1.15 ~ 1.20	1.15 ~ 1.20	1.10 ~ 1.15	<1.10

注：1. 表中加大系数，湿润地区可取小值，干旱地区可取大值；

2. 泵站供水的续灌渠道加大流量应为包括备用机组在内的全部装机流量。

4）渠道断面宽深比

渠道断面的宽深比是指底宽 b 和水深 h 的比值。宽深比对渠道工程量和渠床稳定等有较大影响，过于宽浅容易淤积，过于窄深又容易产生冲刷。宽深比与渠道流量、水流含沙情况、渠道比降等因素有关，比降小的渠道应选较小的宽深比，以增大水力半径，加快水流速度；比降大的渠道应选较大的宽深比，以减小流速，防止渠床冲刷。为了节省输水渠道土石方及衬砌工程量，尽量少占地，一般采用窄深式断面；而配水渠道为使水流较为稳定，不易产生冲刷和淤积，多采用宽浅式断面。一般情况下，流量大，含沙量小，渠床土质较差时多用宽浅式渠道；反之，宜采用窄深式渠道。对于中小型渠道，可以根据渠道流量，参照表 8-2 所列经验数据选定。

表 8-2　渠道断面宽深比

设计流量（m^3/s）	<1	1 ~ 3	3 ~ 5	5 ~ 10	10 ~ 30	30 ~ 60
宽深比 β	1 ~ 2	1 ~ 3	2 ~ 4	3 ~ 5	5 ~ 7	6 ~ 10

有通航要求的渠道，应根据船舶吃水深度、错船所需的水面宽度及通航的流速要求等确定。渠道水面宽度应大于船舶宽度的 2.6 倍，船底以下水深应不小于 15 ~ 30 cm。

5）渠道的不冲不淤流速

在稳定渠道中，允许的最大平均流速称为临界不冲流速，简称不冲流速，用 $v_{不冲}$ 表示；允许的最小平均流速称为临界不淤流速，简称不淤流速，用 $v_{不淤}$ 表示。为了维持渠床稳定，渠道通过设计流量时的平均流速（设计流速）$v_{设计}$ 应满足以下条件：

$$v_{不淤} < v_{设计} < v_{不冲} \tag{8-1}$$

渠道不冲流速：水在渠道中流动时，具有一定的能量，这种能量随水流速度的增加而增加，当流速增加到一定程度时，渠床上的土粒就会随水流移动，土粒将要移动而尚未移动时的水流速度就是临界不冲流速或简称不冲流速。一般渠道可按表 8-3 的数值选用，渠水含沙量越大，且渠床有薄层淤泥时，可将表 8-3 中所列数值适当提高后选用。

渠道的不淤流速：渠道水流的挟沙能力随流速减小而减少，当流速小到一定程度时，部分泥沙就开始在渠道内淤积。泥沙将要沉积而尚未沉积时的流速就是临界不淤流速或简称不淤流速。渠道不淤流速主要取决于渠道含沙情况和断面水力要素。含沙量很小的清水渠道虽无泥沙淤积威胁，但为了防止渠道杂草滋生，影响输水能力，要求大型渠道的平均流速不小于 0.5 m/s，中小型渠道的平均流速不小于 0.3～0.4 m/s。

表 8-3　渠道允许不冲流速　（单位：m/s）

防渗衬砌结构类别			$v_{不冲}$	防渗衬砌结构类别		$v_{不冲}$
土料	黏土、黏砂混合土		0.75～1.00	膜料（土料保护层）	砂壤土、轻壤土	<1.45
	灰土、三合土、四合土		<1.00		中壤土	<0.60
水泥土	现场填筑		<2.50		重壤土	<0.65
	预制铺砌		<2.00		黏土	<0.70
					砂砾料	<0.90
砌石	干砌卵石（挂淤）		2.50～4.00	沥青混凝土	现场浇筑	<3.00
	浆砌块石	单层	2.50～4.00		预制铺砌	<2.00
		双层	3.50～5.00	混凝土	现场浇筑	<8.00
	浆砌料石		4.00～6.00		预制铺砌	<5.00
	浆砌石板		<2.50		喷射法施工	<10.00

（二）渠道纵断面设计

灌溉渠道不仅要满足输送设计流量的要求，而且要满足水位控制的要求。渠道纵断面设计的任务是根据灌溉水位要求确定渠道的空间位置。一般纵断面设计主要内容包括确定渠道纵坡比降、设计水位线、最低水位线、最高水位线、渠底高程线、渠道沿程地面高程线和堤顶高程线，绘制渠道纵断面图。渠道纵断面如图 8-3 所示。

微课 8-3　渠道纵断面设计

渠底纵坡比降是指单位渠长的渠底降落值。渠底比降不仅决

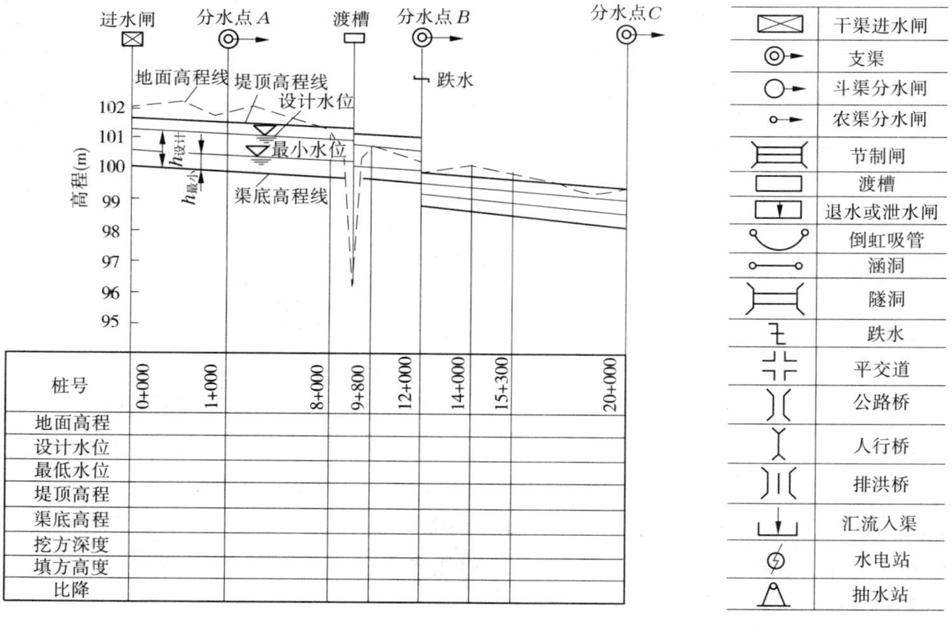

图 8-3　渠道纵断面示意图与渠系建筑物图例

定着渠道输水能力的大小、控制灌溉面积的多少和工程量的大小，而且关系着渠道的冲淤、稳定和安全，必须慎重选择确定。在规划设计中，可参照相似灌区的经验数值（见表8-4），初选一个渠底比降，进行水力计算和流速校核，若满足水位和不冲不淤要求，便可采用。否则，应重新选择比降，再计算校核，直到满足要求为止。

表8-4　渠道比降的经验数值

渠道级别	干渠	支渠	斗渠	农渠
丘陵灌区	1/2 000～1/5 000	1/1 000～1/3 000	土渠1/2 000，石渠1/500	土渠1/1 000，石渠1/300
平原灌区	1/5 000～1/10 000	1/3 000～1/7 000	1/2 000～1/5 000	1/1 000～1/3 000
滨湖灌区	1/8 000～1/15 000	1/6 000～1/8 000	1/4 000～1/5 000	1/2 000～1/3 000

渠道纵坡选择时应注意以下几项原则：①地面坡度。渠道纵坡应尽量接近地面坡度，以避免深挖高填。②地质情况。易冲刷的渠道，纵坡宜缓，地质条件较好的渠道，纵坡可适当陡一些。③流量大小。流量大时纵坡宜缓些，流量小时可陡些。④含沙量。水流含沙量小时，应注意防冲，纵坡宜缓；含沙量大时，应注意防淤，纵坡宜陡。⑤水头损失大小。提水灌区水头宝贵，纵坡宜缓；自流灌区水头较富裕，纵坡可以陡些。

干渠及较大支渠，上、下游渠段流量变化较大时，可分段选择比降，而且下游段的比降应大些。支渠以下的渠道一般一条渠道只采用一个比降。

为了便于渠道的运用管理和保证渠道的安全，应设置一定的堤顶宽度和安全超高，参考表8-5选定。若渠道的堤顶有交通要求，则堤顶宽度应根据交通要求确定。

表8-5　堤顶宽度和安全超高数值　（单位：m）

项目	田间毛渠	固定渠道流量（m^3/s）						
		<0.5	0.5～1	1～5	5～10	10～30	30～50	>50
超高	0.1～0.2	0.2～0.3	0.2～0.3	0.3～0.4	0.4	0.5	0.6	0.8
宽度	0.2～0.5	0.5～0.8	0.8～1.0	1.0～1.5	1.5～2.0	2.0～2.5	2.5～3.0	3.0～3.5

【例8-1】　某灌区支渠入口处设计流量 $Q_{设}=7.17\ m^3/s$，采用梯形断面，渠底宽度2.4 m，边坡系数 $m=1.5$，渠道比降 $i=1/5\ 000$，渠床糙率 $n=0.025$，渠道不冲流速为0.80 m/s，为防止渠床杂草滋生，最小允许流速为0.4 m/s，试设计该渠道过水断面尺寸。

解：采用试算法，计算过程如下。

（1）初拟渠底宽度 $b=2.4$ m，假设水深 $h=2.0$ m，作为第一次试算。

（2）计算渠道横断面的水力要素：

$$\omega=(b+mh)h=(2.4+1.5\times2)\times2=10.8(m^2)$$

$$\chi=b+2h\sqrt{1+m^2}=2.4+2\times2\times\sqrt{1+1.5^2}=9.61(m)$$

$$R = \frac{\omega}{\chi} = \frac{10.8}{9.61} = 1.12(\text{m})$$

$$C = \frac{1}{n}R^{1/6} = \frac{1}{0.025} \times 1.12^{1/6} = 40.76(\text{m}^{1/2}/\text{s})$$

(3)计算渠道设计流量：

$$Q = \omega C\sqrt{Ri} = 10.8 \times 40.76 \times \sqrt{1.12 \times 0.0002} = 6.59(\text{m}^3/\text{s})$$

(4)校核渠道设计流量：

$$\Delta Q = \left|\frac{Q_{设计} - Q_{试算}}{Q_{设计}}\right| \times 100\% = \left|\frac{7.17 - 6.59}{7.17}\right| \times 100\% = 8.09\% > 5\%$$

因为计算结果,经校核不符合设计要求,需要重新试算。我们分别假设水深 $h=2.05$ m,$h=2.06$ m,$h=2.08$ m,按照上述步骤重复计算,将计算结果列入表 8-6。

根据表 8-6 可以看出,$h=2.08$ m,符合设计流量要求。

该渠道的设计底宽为 2.4 m 时,设计水深对应的准确值为 2.08 m。

表 8-6　渠道横断面尺寸计算表

h(m)	ω(m^2)	χ(m)	R(m)	C($\text{m}^{1/2}$/s)	Q(m^3/s)	流量校核 ΔQ
2.05	11.22	9.79	1.15	40.94	6.97	2.79%
2.06	11.31	9.83	1.15	40.94	7.02	2.00%
2.08	11.48	9.90	1.16	41.00	7.17	0

(5)校核渠道流速：

$$v = \frac{Q_{设计}}{\omega} = \frac{7.17}{11.48} = 0.62(\text{m/s})$$

设计流速满足校核条件,即 0.4 m/s < 0.62 m/s < 0.80 m/s。

【单元探索】

了解渠道设计新技术应用情况。

【单元练习】

一、判断题

1. 比降小的渠道应选较大的宽深比,以增大水力半径,加快水流速度。(　　)
2. 流量大时渠道纵坡宜缓些,流量小时可陡些。(　　)

二、单项选择题

1. 渠道转弯不应过急,对于有衬砌的渠道,转弯半径应(　　)倍渠道水面宽度。

A. 不小于 2.5　　B. 不大于 2.5

C. 不小于 5.0　　D. 不大于 5.0

2. 渠道纵坡选择时应注意以下哪项原则(　　)。

A. 地面坡度　　B. 地质情况

C. 流量大小　　D. 含沙量

三、填空题

1. 渠道横断面结构有＿＿＿＿＿＿、＿＿＿＿＿＿、＿＿＿＿＿＿三种形式。

2. 渠道的路线选择，应综合考虑＿＿＿＿＿＿、＿＿＿＿＿＿、＿＿＿＿＿＿、＿＿＿＿＿＿等因素。

单元三　渡槽设计

【单元导航】

问题1：渡槽的类型及应用？

问题2：渡槽总体布置应考虑哪些因素？

问题3：渡槽水力计算的内容有哪些？

【单元解析】

一、渡槽的作用及组成

渡槽是渠道跨越山谷、河流、道路等的架空输水建筑物，其主要作用是输送水流。根据水利工程的不同需要，渡槽还可以用于排洪、排沙、导流和通航等。

渡槽主要由槽身、支承结构、基础及进出口建筑物等部分组成。渠道通过进出口建筑物与槽身相连接，槽身置于支承结构上，槽中水重及槽身重通过支承结构传给基础，再传至地基。为确保运行安全，渡槽进口处可设置闸门，在上游一侧配置泄水闸；为方便群众生产生活，可以在有拉杆渡槽的顶端设置栏杆、铺设人行道板，方便群众出行。

渡槽一般适用于跨越河谷、宽阔滩地或洼地等情况。它与倒虹吸管相比具有水头损失小、便于管理运用及可通航等优点，是交叉建筑物中采用最多的一种形式。与桥梁相比，渡槽以恒载为主，不承受桥梁那样复杂的活载，故结构设计相对简单，但对防渗和止水构造要求较高，以免影响运行管理和结构安全。

二、渡槽的类型

微课8-4　渡槽的类型

渡槽按槽身断面形式分为U形、矩形、梯形、椭圆形和圆形等；按支承结构分为梁式（见图8-4）、拱式（见图8-5）、桁架式、悬吊式、斜拉式等；按所用材料分为木制渡槽、砖石渡槽、混凝土渡槽、钢筋混凝土渡槽、钢丝网水泥渡槽等；按施工方法不同分为现浇整体式渡槽、预制装配式渡槽及预应力渡槽。

三、渡槽的总体布置

渡槽的总体布置，主要包括槽址选择、渡槽选型、进出口布置等内容。一般是根据规划确定的任务和要求，进行勘探调查，取得较为全面的地形、地质、水文、建材、交通、施工和管理等方面的基本资料，通过经济技术分析，选出最优的布置方案。

渡槽总体布置的基本要求是：流量、水位满足灌区规划需要；槽身长度短，基础、岸坡稳定，结构选型合理；进出口与渠道连接顺直通畅，避免填方接头；少占农田，交通方便，就

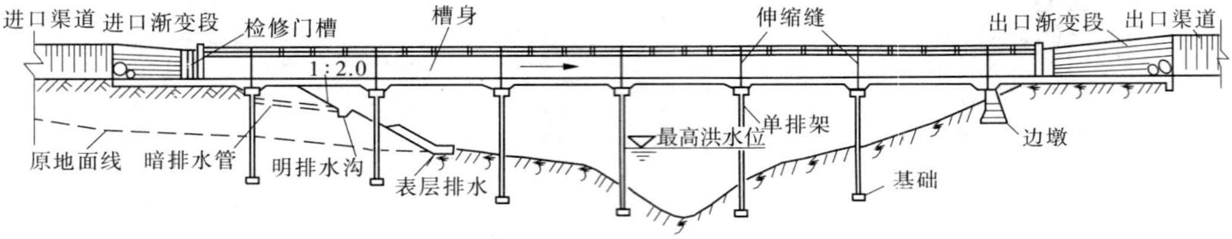

图 8-4 梁式渡槽纵剖面

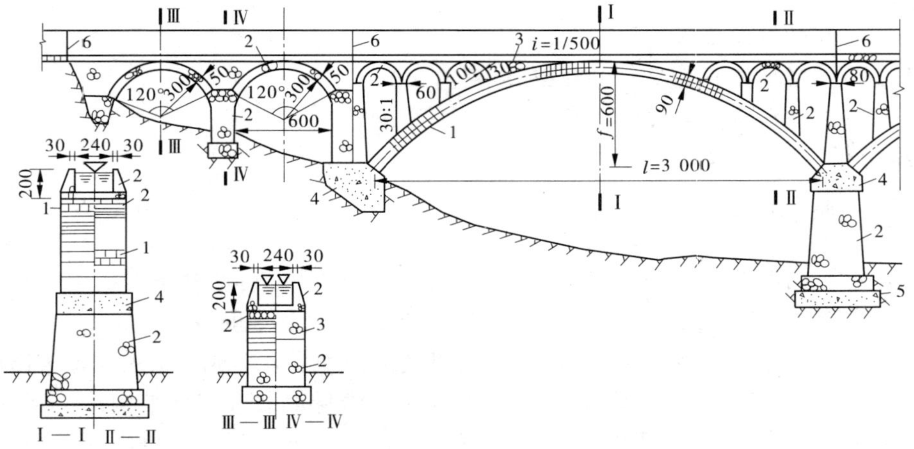

1—水泥砂浆砌条石;2—水泥砂浆砌块;3—水泥砂浆砌块石;4—C20 混凝土;5—C10 混凝土;6—伸缩缝

图 8-5 空腹石拱渡槽 (单位:cm)

地取材等。

(一)基本资料

基本资料是渡槽设计的依据和基础,主要包括以下几个方面的内容:

(1)灌区规划要求。在灌区规划阶段,渠道的纵横断面及建筑物的位置已基本确定,可据此得到渡槽上下游渠道的各级流量和相应水位、断面尺寸、渠底高程及预留的渠道水流通过渡槽的允许水头损失值等。

(2)设计标准。根据渡槽所属工程等别及其在工程中的作用和重要性确定。对于跨越铁路、重要公路及墩架很高或跨度很大的渡槽,应采用较高的级别。对于跨越河道、山溪的渡槽,应根据其级别、地区的经验,并参考有关规定选择洪水标准计算决定相应的槽址洪水位、流量及流速等。凡能直接应用于渡槽设计的规范,如《水工混凝土结构设计规范》(SL 191—2008)等的规定必须遵守。

(3)地形资料。应有 1/200 ~ 1/2 000 的地形图。测绘范围应满足渡槽轴线的修正和施工场地布置需要,在渡槽进出口及有关附属建筑物布置范围外,至少应有 50 m 的富裕。对小型渡槽,也可只测绘渡槽轴线的纵剖面及若干横剖面图。跨越河道的渡槽,应加测槽址河床纵、横断面图。

(4)地质资料。通过挖探及钻探等方法,探明地基岩土的性质、厚度、有无软弱层及不良地质隐患，观察河道及沟谷两岸是否稳定，并绘制沿渡槽轴线的地质剖面图；通过必要的土工试验，测定基础处岩土的物理力学指标，确定地基承载力等。

(5)水文气象等资料。调查槽址区的最大风力等级及风向，最大风速及其发生频率；多年平均气温，月平均气温，冬夏季最高、最低气温，最大温差及冰冻情况等。渡槽跨越河流时，应收集河流的水文资料及漂浮物情况等。

(6)建筑材料。砂料、石料、混凝土骨料的储量、质量、位置与开采、运输条件，以及木材、水泥、钢材的供应情况等。

(7)交通要求。槽下为通航河道或铁路、公路时，应了解船只、车辆所要求的净宽、净空高度；槽上有行人及交通要求时，要了解荷载情况及今后发展要求等。

(8)施工条件。施工设备、施工技术力量、水电供应条件及对外交通条件等。

(9)运用管理要求。如运用中可能出现的问题及对整个渠系的影响等。

以上各项资料并非每一渡槽设计全需具备。每项资料调查、收集的深度和广度，随工程规模的大小、重要性及设计阶段的不同逐步深入。

(二)槽址选择

渡槽轴线及槽身起止点位置选择的基本要求是：渠线及渡槽长度较短，地质条件较好，工程量最省；槽身起止点尽可能选在挖方渠道上；进出口水流顺畅，运用管理方便；满足所选的槽跨结构和进出口建筑物的结构布置要求等。对地形、地质条件复杂，长度较大的渡槽，应通过方案比较，择优选用。

(三)渡槽选型

渡槽选型，应根据地形、地质、水流条件、建筑材料和施工技术等因素，综合研究决定。一般中小型渡槽，可采用一种类型的单跨渡槽或等跨渡槽。对于地形、地质条件复杂而长度较大的大中型渡槽，可选用一种或两种类型和不同跨度的布置方式，但变化不宜过多，以免影响槽墩受力状况和增加施工难度。具体选择时，应考虑以下几方面：

(1)地形、地质条件。当地形平坦、槽高不大时，宜采用梁式渡槽。窄深的山谷地形，当两岸地质条件较好，且有足够强度与稳定性时，宜建大跨度单跨拱式渡槽；当地形、地质条件比较复杂时，应进行具体分析。如跨越河道的渡槽，若河道水深流急、水下施工较难，而且滩地高大时，在河床部分可采用大跨度的拱式渡槽，在滩地则宜采用梁式或中小跨度的拱式渡槽。当地基承载能力较低时，可采用轻型结构或适当减小跨度。

(2)建筑材料。当槽址附近石料丰富且质量符合要求时，应就地取材，优先采用石拱渡槽。由于这种渡槽对地基条件要求高，需要较多的人力，因此应综合分析各种条件，采用经济合理的结构形式。

(3)施工条件。如具备吊装设备和吊装技术，应尽可能采用预制构件装配的结构形式，以加快施工速度，节省劳力。同一渠系布置有多个渡槽时，应尽量采用同一种结构形式，以便利用同一套吊装设备，使设计和施工定型化。

(四)进出口段布置

为了减小渡槽过水断面，降低工程造价，一般槽身纵坡较渠底坡度陡。为使渠道水流平顺地进入渡槽，避免冲刷和减小水头损失，渡槽进出口段布置应注意以下几方面：

(1)与渠道直线连接。渡槽进出口前后的渠道上应有一定长度的直线段，与槽身平顺连接,在平面布置上要避免急转弯,防止水流条件恶化,影响正常输水,造成冲刷现象。对于流量较大、坡度较陡的渡槽,尤其要注意这一问题。

(2)设置渐变段。为使水流平顺衔接,适应过水断面的变化,渡槽进出口均需设置渐变段。渐变段的形式,主要有扭曲面式、反翼墙式、八字墙式等。扭曲面式水流条件较好,应用也较多;八字墙式施工简单,小型渡槽使用较多。渐变段的长度 L_j 通常采用下列经验公式计算:

$$L_j = C(B_1 - B_2) \tag{8-2}$$

式中　B_1——渠道水面宽度,m;

B_2——渡槽水面宽度,m;

C——系数,进口取 $C=1.5 \sim 2.0$,出口取 $C=2.5 \sim 3.0$。

对于中小型渡槽,进口渐变段长度可取 $L_1 \geqslant 4h_1$(h_1 为上游渠道水深);出口渐变段长度可取为 $L_2 \geqslant 6h_3$(h_3 为出口渠道水深)。渡槽水力计算示意,如图 8-6 所示。

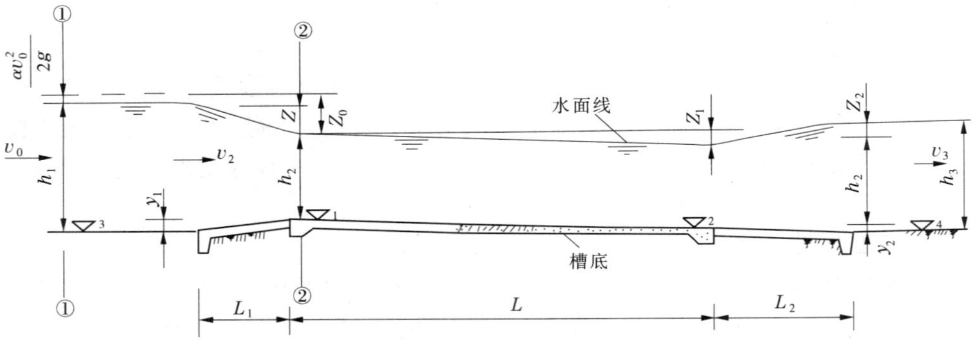

图 8-6　渡槽水力计算示意

四、渡槽的水力计算

渡槽水力计算的目的,就是确定渡槽过水断面形状和尺寸、槽底纵坡、进出口高程,校核水头损失是否满足渠系规划要求。

微课 8-5　渡槽的水力计算

渡槽的水力计算,是在槽址中心线及槽身起止点位置已选择的基础上进行的,所以上下游渠道的断面尺寸、水深、渠底高程和允许水头损失均要为已知。

(一)槽身断面尺寸的确定

槽身的过水断面尺寸,一般按设计流量设计,按最大流量校核,通过水力学公式进行计算。当槽身长度 $L \geqslant (15 \sim 20)h_2$($h_2$ 为槽内水深)时,按明渠均匀流公式计算;当 $L < (15 \sim 20)h_2$ 时,可按淹没宽顶堰公式进行计算。

微课 8-6　梁式渡槽槽身横向结构分析

槽身过水断面的深宽比选择,工程中多采用窄深式断面,一般矩形槽取 0.6 ~ 0.8,U 形槽取 0.7 ~ 0.8。为防止风浪或其他原因而引起侧墙顶溢流现象,侧墙应有一定的超高 Δh,一般选用 0.2 ~ 0.6 m,对于有通航要求的渡槽，超高值应根据通航要求确定。

（二）渡槽纵坡 i 的确定

进行渡槽的水力计算，首先要确定渡槽纵坡。在相同的流量下，纵坡的选择对渡槽过水断面大小、工程造价高低、水头损失多少、通航要求、水流冲刷及下游自流灌溉面积等有直接影响。因此，确定一个适宜的底坡，使其既能满足渠系规划允许的水头损失，又能降低工程造价，常常需要试算。一般初拟时，常采用 $i = 1/500 \sim 1/1\,500$，槽内流速 $1 \sim 2$ m/s；对于通航的渡槽，要求流速在 1.5 m/s 以内，底坡 $i = 1/3\,000 \sim 1/10\,000$。

微课 8-7　梁式渡槽槽身纵向结构分析

（三）水头损失与水面衔接计算

水流通过渡槽时，由于克服局部阻力、沿程阻力及水流能量的转换，都会产生水头损失，水流进出渡槽产生变化，这种水流现象可分为三段分析计算。

水流经过进口段时，随着过水断面的减小，流速逐渐加大，水流的位能一部分转化为动能，另一部分消耗于因水流收缩而产生的水头损失，因此形成进口段水面降落 Z；槽中基本保持均匀明流，水面坡等于槽底坡，产生沿程水头损失 Z_1；水流经过出口段时，随着过水断面的扩大，流速逐渐减小，水流的动能一部分消耗于因水流扩散而产生的水头损失，另一部分转化为位能，因此形成出口段水面回升 Z_2。水流经过渡槽的总水头损失，要求满足规划设计所允许的水头损失，其水头损失与水面衔接计算见表 8-7、表 8-8。

表 8-7　渡槽水头损失与水面衔接计算

序号	项目名称	计算公式	说明
1	进口段水面降落值 Z	$Z = \dfrac{Q^2}{(\sigma\varphi\omega\sqrt{2g})^2} - \dfrac{v_0^2}{2g}$ 或 $Z = \dfrac{1+K_1}{2g}(v^2 - v_0^2)$	σ、φ——侧收缩系数、流速系数，均可取 0.9～0.95； v_0、v——上游渠道、槽身的平均流速，m/s； ω——渡槽过水断面面积，m^2； K_1——进口段局部水头损失系数，与渐变段形式有关，见表 8-8
2	槽身段沿程水面降落值 Z_1	$Z_1 = iL$	i——槽底比降； L——槽身长度
3	出口段水面回升值 Z_2	$Z_2 = \dfrac{1-K_2}{2g}(v^2 - v_1^2)$ $Z_2 = \dfrac{1-K_2}{1+K_1}Z \approx \dfrac{1}{3}Z$	v_1——下游渠道的平均流速，m/s； K_2——出口段局部水头损失系数，常取 0.2。 当上下游渠道断面相等时，也可以按第二个式子计算
4	渡槽总水面降落值 ΔZ	$\Delta Z = Z + Z_1 - Z_2 \leqslant [\Delta Z]$	$[\Delta Z]$——规划设计所允许的水头损失
5	进口槽底高程	$\nabla_1 = \nabla_3 + y_1$	抬高值：$y_1 = h_1 - Z - h_2$
6	出口槽底高程	$\nabla_2 = \nabla_1 - Z_1$	
7	出口渠底高程	$\nabla_4 = \nabla_2 - y_2$	降低值：$y_2 = h_3 - Z_2 - h_2$

表 8-8　进口段局部水头损失系数 K_1 值

渐变段形式	长扭曲面	八字斜墙	圆弧直墙	急变形式
渐变段示意图（渠道→渡槽）	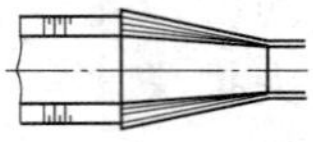	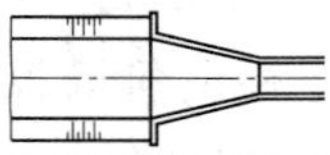	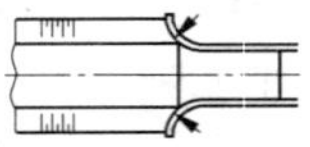	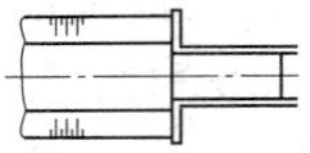
K_1	0.1	0.2	0.2	0.4

【例 8-2】　某渡槽为 4 级建筑物，单排架矩形钢筋混凝土结构，总长 130 m，设计流量为 2.5 m^3/s，相应水深为 1.41 m，流速为 0.85 m/s；加大流量为 3.4 m^3/s，相应水深为 1.61 m，流速为 0.914 m/s。渠道底宽 $b=0.7$ m，边坡系数 $m=1.0$。渠系规划允许水头损失为 0.30 m。试对该渡槽进行水力计算。

解：(1)过水断面计算：选取纵坡 $i=1/700$，底宽 $B=1.60$ m，糙率 $n=0.014$，按明渠均匀流公式 $Q=\omega C\sqrt{Ri}$ 进行试算，求水深 h，计算结果为：

$Q=2.5\ m^3/s$ 时，$h=1.00$ m，$B/h=1.60$；

$Q=3.4\ m^3/s$ 时，$h=1.27$ m，$B/h=1.26$。

计算结果均符合 $B/h=1.25\sim1.67$ 的要求。

(2)进口水面降落计算：按淹没宽顶堰流量公式计算。已知 $Q=2.5\ m^3/s$，渠道行近流速 $v_0=0.85$ m/s，并设 $\sigma=0.9$，$\varphi=0.95$，则

$$Z = Z_0 - \frac{\alpha v_0^2}{2g} = 0.17 - \frac{0.95\times0.85^2}{2\times9.8} = 0.135(\text{m})$$

(3)出口水面回升计算：采用 $Z_2\approx Z/3=0.045$ m。

(4)渡槽沿程水头损失：$Z_1=L\cdot i=130\times1/700=0.186(\text{m})$。

(5)总水头损失：$\Delta Z=Z+Z_1-Z_2=0.135+0.186-0.045=0.276(\text{m})<0.30$ m

故所拟定的槽身总坡和过水断面是适宜的。

(6)进出口高程确定：已知渠内水深 $h_1=h_3=1.41$ m，槽内水深 $h_2=1.00$ m，则

进口抬高值：$y_1=h_1-Z-h_2=1.41-0.135-1.00=0.275(\text{m})$

出口降低值：$y_2=h_3-Z_2-h_2=1.41-0.045-1.00=0.365(\text{m})$

进口渠底高程：已知 $\nabla_3=765.556$ m

进口槽底高程：$\nabla_1=\nabla_3+y_1=765.556+0.275=765.831(\text{m})$

出口槽底高程：$\nabla_2=\nabla_1-z_1=765.831-0.186=765.645(\text{m})$

出口渠底高程：$\nabla_4=\nabla_2-y_2=765.645-0.365=765.280(\text{m})$

校核：$\nabla_3-\nabla_4=765.556-765.280=0.276(\text{m})=\Delta Z$ 无误

(7)进出口渐变段长度确定：按中小型渡槽设计。

进口渐变段长度：$L_1=4h_1=4\times1.41=5.64(\text{m})$，取 $L_1=6.0$ m

出口渐变段长度：$L_2=6h_3=6\times1.41=8.46(\text{m})$，取 $L_2=8.5$ m

五、渡槽结构设计

渡槽结构设计包括槽身、支承结构、基础的结构设计和构造，实际工作中多采用定型

设计的方法进行。

【单元探索】

了解渡槽设计和施工的新技术、新材料、新工艺应用情况。

【单元练习】

一、判断题

1. 渡槽是跨越河谷、宽阔滩地或洼地等地形的一种渠系建筑物，它与倒虹吸管相比具有水头损失大、不便于管理运用及可通航等特点。(　　)

2. 渡槽测绘范围应满足渡槽轴线的修正和施工场地布置需要，在渡槽进出口及有关附属建筑物布置范围外，至少应有 30 m 的富裕。(　　)

二、单项选择题

1. 渡槽总体布置的基本要求不包括(　　)。

A. 流量、水位满足灌区规划需要　　B. 槽身长度短，基础、岸坡稳定

C. 进出口与渠道宜采用填方接头　　D. 结构选型合理

2. 渡槽进出口均需设置渐变段，应用最多的是(　　)。

A. 扭曲面式　　B. 反翼墙式　　C. 八字墙式　　D. 圆弧式

三、填空题

1. 渡槽主要由__________、__________、__________及进出口建筑物等部分组成。

2. 渡槽的总体布置，主要包括__________、__________、__________等内容。

单元四　倒虹吸管

【单元导航】

问题 1：倒虹吸管的类型有哪些？其布置原则是什么？

问题 2：倒虹吸管的构造有哪些？

微课 8-8　倒虹吸管

【单元解析】

一、倒虹吸管的特点和适用条件

倒虹吸管属于交叉建筑物，是指设置在渠道与河流、山沟、谷地、道路等相交叉处的压力输水管道。其管道的特点是两端与渠道相接，而中间向下弯曲。与渡槽相比，具有结构简单、造价较低、施工方便等优点，水头损失较大、运行管理不便等缺点。

倒虹吸管的适用条件：①渠道跨越宽深河谷，修建渡槽、填方渠道或绕线方案困难或造价较高时；②渠道与原有渠、路相交，因高差较小不能修建渡槽、涵洞时；③修建填方渠道，影响原有河道泄流时；④修建渡槽，影响原有交通时等。

微课 8-9　倒虹吸的布置及构造

二、倒虹吸管的组成和类型

倒虹吸管的组成，一般分为进口段、管身段和出口段三大部分。

倒虹吸管的类型，根据管路埋设情况及高差的大小，倒虹吸管通常可分为竖井式、斜管式、曲线式和桥式四种类型。

（一）竖井式

竖井式倒虹吸管由进出口竖井和中间平硐所组成，如图 8-7 所示。竖井式倒虹吸管构造简单、管路较短、占地较少、施工较容易，但水力条件较差。一般适用于流量不大、压力水头小于 3 ~5 m 的穿越道路倒虹吸。

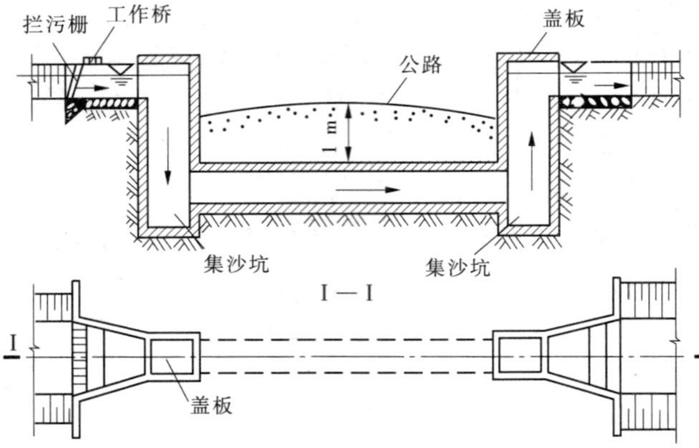

图 8-7　竖井式倒虹吸管

竖井断面为矩形或圆形，一般采用砖、石或混凝土砌筑，其尺寸稍大于平硐，竖井底部设置深约 0.5 m 的集沙坑，以便于清除泥沙及检修管路时排水。

平硐的断面一般为矩形、圆形或城门洞形。为了改善平硐的受力条件，管顶应埋设在路面以下 1.0 m 左右。

（二）斜管式

斜管式倒虹吸管，进出口为斜卧段，中间为平直段，如图 8-8 所示。一般用于穿越渠道、河流而两者高差不大，且压力水头较小、两岸坡度较平缓的情况。

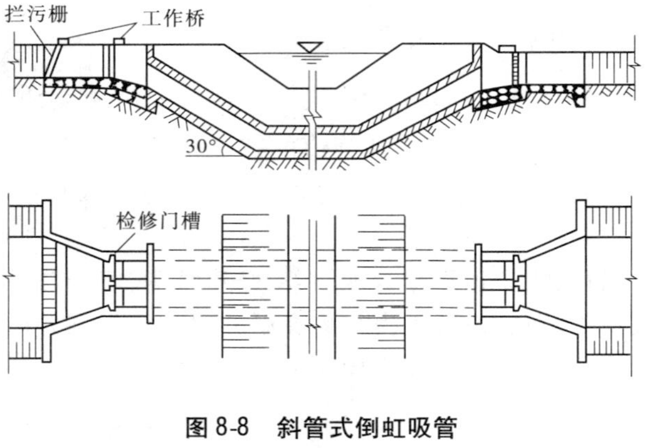

图 8-8　斜管式倒虹吸管

斜管式倒虹吸管，与竖井式相比，水流畅通，水头损失较小，构造简单，实际工程中采用较多。但是，斜管的施工较为不便。

（三）曲线式

曲线式倒虹吸管，一般是沿坡面的起伏爬行曲线铺设，如图 8-9 所示。其主要适用于跨越河谷或山沟，且两者高差较大的情况。为了保证管道的稳定性，减少施工的开挖量，铺设管道的岸坡应比较平缓，对于土坡 $m \geq 1.5 \sim 2.0$，岩石坡 $m \geq 1.0$。

管身的断面一般为圆形。管身的材料为混凝土或钢筋混凝土，可现浇也可预制安装。管身一般设置管座，当管径较小且土基很坚实时，也可直接设在土基上。在管道转弯处，应设置镇墩，并将圆管接头包在镇墩之内。

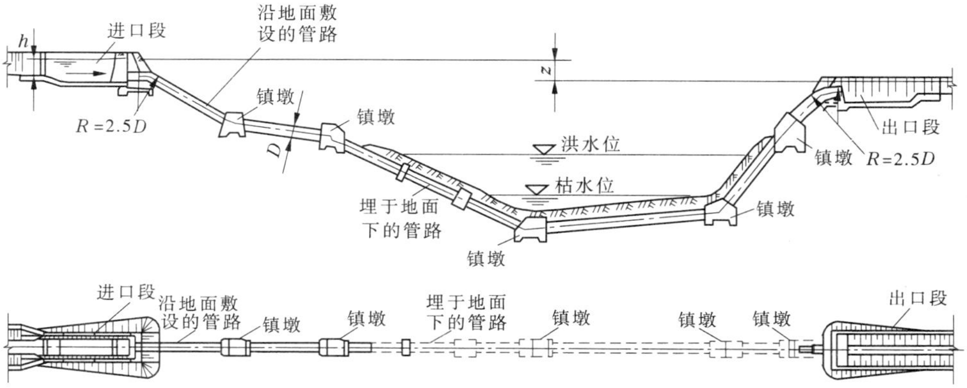

图 8-9　曲线式倒虹吸管

为了防止温度变化而引起管道产生过大的温度应力，管身顶部应埋置于地面以下 0.5 ~ 0.8 m，为减小工程量，埋置深度也不宜过大。在寒冷地区，管道应埋置于冻土层以下 0.5 m。通过河道水流冲刷部位的管道，管顶应埋设在冲刷线以下 0.5 m。

（四）桥式

与曲线式倒虹吸管相似，在沿坡面爬行铺设曲线形的基础上，在深槽部位建桥，管道铺设在桥面上或支承在桥墩等支承结构上，如图 8-10 所示。桥式多用于渠道与较深的复式断面或窄深河谷交叉的情况，主要特点是可以降低管道承受的压力水头，减小水头损失，缩短管身长度，并可避免在深槽中进行管道施工的困难。

桥下应有足够的净空高度，以满足泄洪要求，通航的河道，还应满足通航要求。

三、倒虹吸管的布置要求

倒虹吸管的总体布置应根据地形、地质、施工、水流条件，以及所通过的道路、河道洪水等具体情况经过综合分析比较确定。一般要求如下：

（1）管身长度最短。管路力争与河道、山谷和道路正交，以缩短倒虹吸管道的总长度。还应避免转弯过多，以减少水头损失和镇墩的数量。

（2）岸坡稳定性好。进、出口及管身应尽量布置在地质稳定的挖方地段，避免建在高填方地段，并且地形应平缓，以便于施工。

（3）开挖工程量少。管身沿地形坡度布置，以减少开挖的工程量，降低工程造价。

（4）进、出口平顺。为了改善水流条件，虹吸管进、出口与渠道的连接应当平顺。

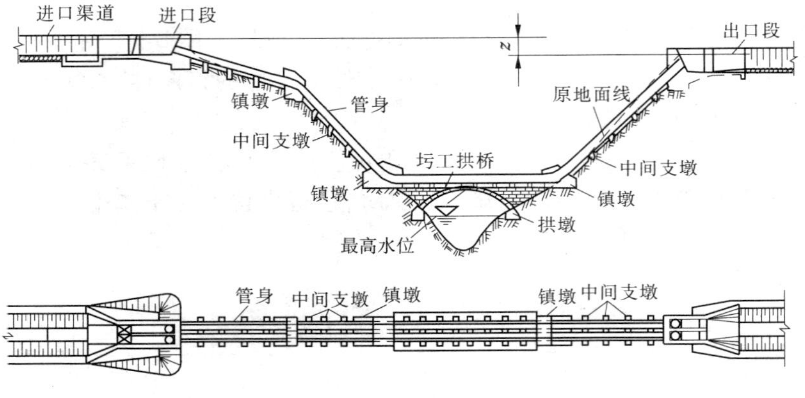

图 8-10　桥式倒虹吸管

(5)管理运用方便。结构的布置应安全、合理,以便于管理运用。

四、进口段布置和构造

(一)进口段的组成

进口段主要由渐变段、进水口、拦污栅、闸门、工作桥、沉沙池及退水闸等部分组成,如图 8-11(a)所示。

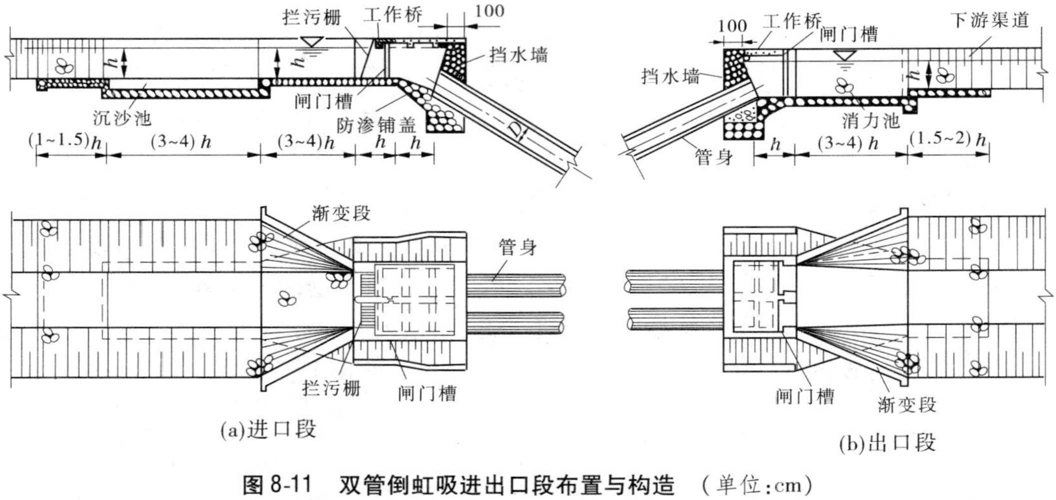

图 8-11　双管倒虹吸进出口段布置与构造　(单位:cm)

进口段的结构形式,应保证通过不同流量时管道进口处于淹没状态,以防止水流在进口段发生跌落、产生水跃而使管身引起振动。

进口段的轮廓应当平顺,以减小水头损失,并应满足稳定、防冲和防渗等要求。

进口段应修建在地基较好、透水性小的地基上。当地基较差、透水性大时应做防渗处理。通常做 30 ~ 50 cm 厚的浆砌石或做 15 ~ 20 cm 厚的混凝土铺盖,其长度为渠道设计水深的 3 ~ 5 倍。

(二)进口段的布置和构造

(1)进口渐变段。倒虹吸管的进口,一般设有渐变段,主要作用是使其进口与渠道平顺连接,以减少水头损失。渐变段长度一般采用3~5倍的渠道设计水深。

(2)进水口。倒虹吸的进水口是通过挡水墙与管身相连接而成的。挡水墙可常用混凝土浇筑或圬工材料砌筑,砌筑时应与管身妥善衔接好。

(3)闸门。对于单管倒虹吸,其进口一般可不设置闸门,有时仅在侧墙留闸门槽,以便在检修和清淤时使用,需要时临时安装插板挡水。双管或多管倒虹吸,在其进口应设置闸门。当过流量较小时,可用一管或几根管道输水,以防止进口水位跌落,同时可增加管内流速,防止管道淤积。闸门的形式,可用平板闸门或叠梁闸门。

(4)拦污栅。为了防止漂浮物或人畜落入渠内被吸入倒虹吸管道内,在闸门前需设置拦污栅。栅条可用扁钢做成,其间距一般为20~25 cm。

(5)工作桥。为了启闭闸门或进行清污,在有条件的情况下,可设置工作桥或启闭台。为了便于运用和检修,工作桥或启闭台面应高出闸墩顶足够的高度,通常为闸门高加1.0~1.5 m。

(6)沉沙池。对于多泥沙的渠道,在进水口之前,一般应设置沉沙池。主要作用是拦截渠道水流挟带的粗颗粒泥沙和杂物进入倒虹吸管内,以防止造成管壁磨损、淤积堵塞,甚至影响到倒虹吸管道的输水能力。对于以悬移质为主的平原区渠道,也可不设沉沙池。

(7)进口退水闸。大型或较为重要的倒虹吸管,应在进口设置退水闸。当倒虹吸管发生事故时,为确保工程的安全,可关闭倒虹吸管前的闸门,将渠水从退水闸安全泄出。

五、出口段的布置和构造

出口段包括出水口、闸门、消力池、渐变段等,如图8-11(b)所示。

(1)闸门。为了便于管理,双管或多管倒虹吸的出口应设置闸门或预留检修门槽。

(2)消力池。一般设置在渐变段的底部,主要用于调整出口流速分布,以使水流平稳地进入下游渠道,防止造成下游渠道的冲刷。

(3)渐变段。出口一般设有渐变段,以使出口与下游渠道平顺连接,其长度一般为4~6倍的渠道设计水深。为了防止水流对下游渠道的冲刷现象,应在渐变段下游3~5 m内进行渠道的护砌保护。

六、管路布置和构造

管路的布置和构造,主要内容包括管身断面、材料选择,管壁厚度、管段长度确定,分缝止水,泄水冲沙孔,进人孔及支承结构等。应根据流量大小、水头高低、运用要求、管路埋设情况、高差的大小及经济效益等因素,综合进行考虑。

(一)管身断面

倒虹吸的管身断面,一般为圆形,因其水力条件和受力条件较好,对于低水头的管道,也可使用矩形或城门洞形断面。

（二）管身材料

倒虹吸管的材料应根据压力大小及流量的多少、就地取材、施工方便、经久耐用等原则综合分析选择。常用的材料主要有混凝土、钢筋混凝土、预应力钢筋混凝土、铸铁和钢材等。对于水头小于3 m的矩形或城门洞形小型管道，也可采用砖、石等材料砌筑。

微课 8-10　倒虹吸管管身及镇墩的形式与构造

（三）管段长度和分缝止水

为防止管道因地基不均匀沉陷、温度变化及混凝土的干缩而产生过大的纵向应力，使管身发生横向裂缝，应将管身进行分段，设置沉陷缝或伸缩缝，并在缝内设置止水。

（1）缝的间距。管段长度，即为横缝的间距，应根据地基、管材、施工、气温等条件确定。现浇钢筋混凝土管缝的间距，土基上一般为15～20 m；岩基上一般为10～15 m。预制钢筋混凝土管及预应力钢筋混凝土管，管节长度可达5～8 m。

（2）伸缩缝的形式。主要有平接、套接、企口接以及预制管的承插式接头等。缝的宽度一般为1～2 cm，缝中堵塞沥青麻绒、沥青麻绳、柏油杉板或胶泥等。

（四）泄水冲沙孔、进人孔

为了泄空管内积水、清除管内淤积泥沙以及便于检查维护，一般要在管身设置泄水冲沙孔，其底部标高应与河道枯水位齐平。对于桥式倒虹吸管道，泄水冲沙孔可设在管道的最低部位。对于大型倒虹吸管，为了便于观察检修，应设置进人孔。通常进人孔与泄水冲沙孔结合布置，并尽可能布置在镇墩上，进人孔的孔径不应小于60 cm。

（五）支撑结构

倒虹吸管的支撑结构，按其构造和受力特征，分为管床、管座、支墩及镇墩等形式。

（1）管床和管座。对于小型钢筋混凝土倒虹吸管，若地基条件较好，可采用弧形土基管床、三合土管床或分层夯实的碎石管床。对于大中型的倒虹吸管，应采用砌石或混凝土刚性管座，以增加管身的抗滑稳定性，并改善地基的受力条件。在岩石地基上修建倒虹吸管时，可以在岩石中直接开槽，将管身直接浇筑在岩基上，也可在槽内浇混凝土垫层，然后敷设管道，如图8-12所示。

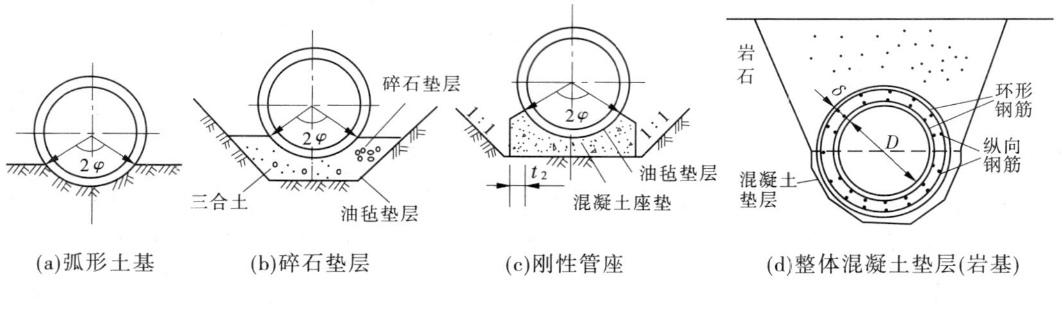

图8-12　管床、管座示意

（2）支墩。在承载力较大的地基上敷设中小型倒虹吸管道时，可以不设连续式的管座，而采用设置中间支墩的形式。支墩的构造，应保证管道轴向位移的可能性，一般采用摆动或滑动的形式，管径小于100 cm时，也可采用鞍形支墩。支墩的间距，可根据地基、管径大小、管节的长度等情况而定，一般采用2～8 m。包角2φ一般为90°～135°，管身与支墩间铺沥青油毛毡。支墩的建造材料，一般采用浆砌石、混凝土等。

(3)镇墩。镇墩是为了连接和固定管道而专门设置的支承结构。设置镇墩的位置，一般在倒虹吸管的变坡处、转弯处、不同管壁厚度的连接处、管身分段分缝处或管坡较陡、长度较大的斜管中部。设置个数应结合地形、地质条件而定。

【单元探索】

了解倒虹吸设计和施工的新技术、新材料、新工艺应用情况。

【单元练习】

一、判断题

1. 倒虹吸与渡槽相比，具有结构简单、造价较低、施工方便等优点。(　　)

2. 倒虹吸的管身断面，一般为圆形，因其水力条件和受力条件较好。(　　)

二、单项选择题

1. (　　)倒虹吸多用于渠道与较深的复式断面或窄深河谷交叉的情况。

A. 竖井式　　B. 斜管式　　C. 曲线式　　D. 桥式

2. 倒虹吸管的总体布置要求不包括(　　)。

A. 管身长度最短　　B. 基础稳定性好

C. 开挖工程量少　　D. 进、出口平顺

三、填空题

1. 倒虹吸管的组成，一般分为________、________、________三大部分。

2. 倒虹吸管进口段主要由________、________、________、闸门、工作桥、沉沙池及退水闸等部分组成。

3. 倒虹吸管出口段包括出水口、________、________、________等部分。

单元五　跌水与陡坡

【单元导航】

问题1：跌水与陡坡构造有哪些？

问题2：跌水与陡坡布置应考虑哪些因素？

微课8-11　落差建筑物的认知

【单元解析】

一、跌水

当渠线通过陡坎或坡度较陡的地段时，为防止渠道受冲，在陡坎处或适宜地点将渠道底突然降低，利用消力池来消除水流的多余能量，这种建筑物称为跌水。

(一)作用与类型

跌水的作用是将上游渠道或水域的水安全地自由跌落入下游渠道或水域，将天然地形的落差适当集中修筑，从而调整引水渠道的底坡，克服过大的地面高差引起的大量挖方或填方。跌水多设置于落差集中处，用于渠道的泄洪、排水和退水。

跌水可分为单级跌水和多级跌水，如图 8-13、图 8-14 所示。

（二）组成与布置

跌水应根据工程需要进行布置，既可以单独设置，也可以与其他建筑物结合布置，一般情况下，跌水应尽量与节制闸、分水闸或泄水闸布置在一起，方便运行管理。

微课 8-12　跌水的构成

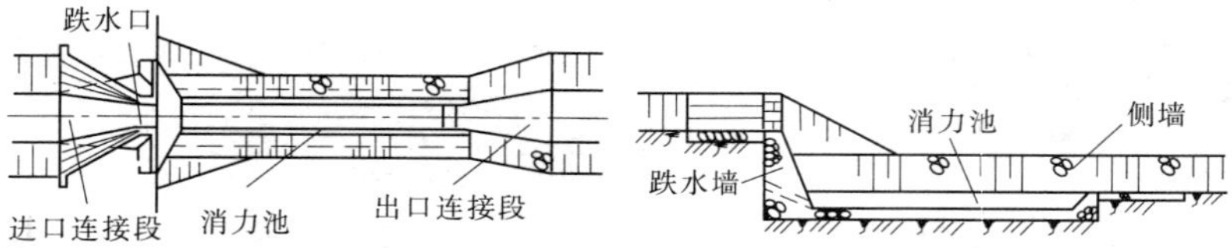

图 8-13　单级跌水

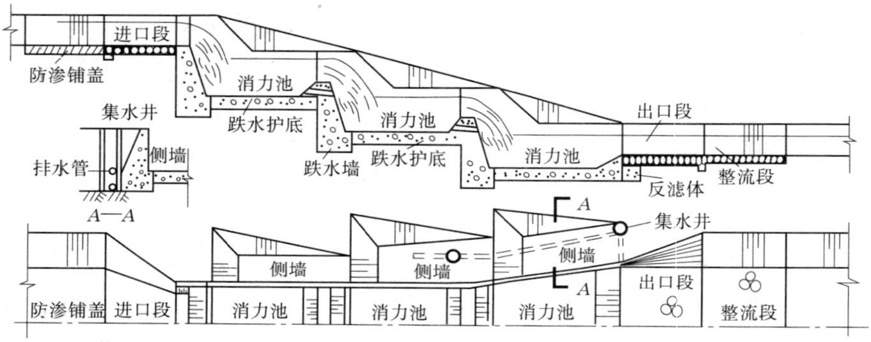

图 8-14　多级跌水

在跌差较小处选用单级跌水，在跌差较大处（跌差大于 5 m）选用多级跌水。

跌水常用的建筑材料多为砖、砌石、混凝土和钢筋混凝土。

跌水主要由进口、跌水口、跌水墙、消力池、海漫、出口等部分组成。

（1）进、出口。进、出口连接段须以渐变段连接，以保持良好的水力条件，如扭曲面、八字墙、圆锥形等。连接段常用片石和混凝土组砌。

（2）跌水口。由底板和边墙组成，构造与闸室相似，一般不设闸门，是一个自由泄流的堰。跌水口是设计跌水的关键，形式有矩形、梯形和底部抬堰式，如图 8-15 所示。

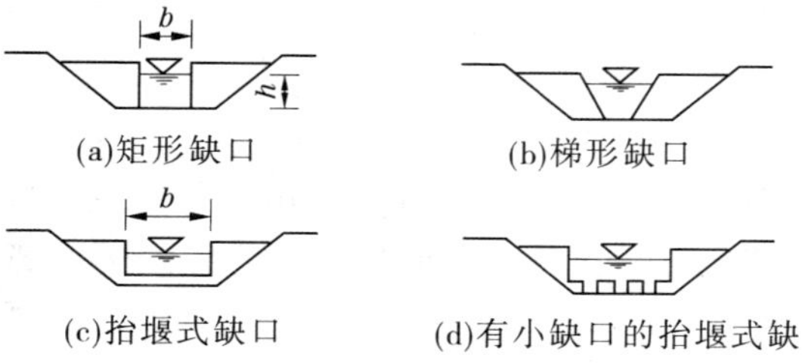

图 8-15　跌水口形式

（3）跌水墙。是跌水口和消力池间的连接。属挡土墙形式，但断面比一般挡土墙小。

有直立式和倾斜式，一般多采用重力式挡土墙。侧墙间常设沉降缝，并设排水设施。

(4)消力池。通常宽度比跌水口宽一些，但不宜宽太多，以免引起回流，降低消能效果。横断面一般为矩形、梯形和折线形，底板厚可取0.4~0.8 m。

(5)海漫。起着消除消力池出口余能和使断面流速分布均匀的作用。一般用干砌石做成。其护砌长度不小于3倍下游水深。

(6)分缝与排水。为避免跌水各部分不均匀沉降而产生裂缝，在各部分之间应设沉陷缝，缝内填塞沥青、油毡或沥青麻丝止水。当跌水下游水位高于消力池底板时，应在侧墙背面设排水措施。如埋管、反滤层等。

(7)多级跌水的组成和构造与单级跌水相同。只是将消力池做成若干个阶梯，多级落差和消力池长度均相同。池长不大于20 m，可设消力槛或不设。多级跌水的分级数目和多级落差大小，应根据地形、地质、工程量等具体情况综合分析确定。

二、陡坡

陡坡是建在地形过陡的地段，用于连接上下游渠道的倾斜渠槽，由于该渠槽的坡度一般陡于临界坡度而得名。

(一)作用与类型

陡坡的作用与跌水相同，主要是调整渠底比降，满足渠道流速要求，避免深挖高填，减小挖填方工程量，降低工程投资。

根据地形条件和落差的大小，陡坡的形式分为单级陡坡和多级陡坡两种。对于多级陡坡，往往建在落差较大且有变坡或有台阶地形的渠段上。

(二)组成与布置

陡坡由进口连接段、控制堰口、陡坡段、消力池和出口连接段五部分组成。陡坡的构造与跌水类似，所不同的是以陡坡段代替跌水墙，水流不是自由跌落而是沿斜坡下泄。

微课8-13　单级陡坡的构成与设计要点

陡坡的落差、比降，应根据地形、地质及沿渠调节分水需要等进行确定。一般陡坡的落差比跌水大，陡坡的比降不陡于1∶1.5。

在陡坡段水流速度较高，因此应做好进口和陡坡段的布置，以使下泄水流平稳、对称且均匀地扩散，以利于下游的消能和防冲。

陡坡段的横断面形式，主要有矩形和梯形，梯形断面的边墙可以做成护坡式。

在平面布置上，陡坡可做成等宽度、扩散形(变宽度)和菱形三种。

(1)等宽度陡坡。布置形式较为简单，水流集中，不利于下游的消能，所以对于小型渠道和跌差小的情况较为常用。

(2)扩散形陡坡。扩散形陡坡是指在陡坡段采用扩散形布置，如图8-16所示，这种形式可以使水流在陡坡上发生扩散，单宽流量逐渐减小，因此对下游消能防冲较为有利。陡坡的比降，应根据地形地质情况、跌差及流量的大小等条件进行确定。对于流量较小、跌差小且地质条件较好的情况，其比降可陡一些。在土基上陡坡比降一般可取1∶2.5~1∶5。对于土基上的陡坡，单宽流量不能太大，当落差不大时，多从进口后开始采用扩散形陡坡。陡坡平面扩散角，一般为5°~7°。

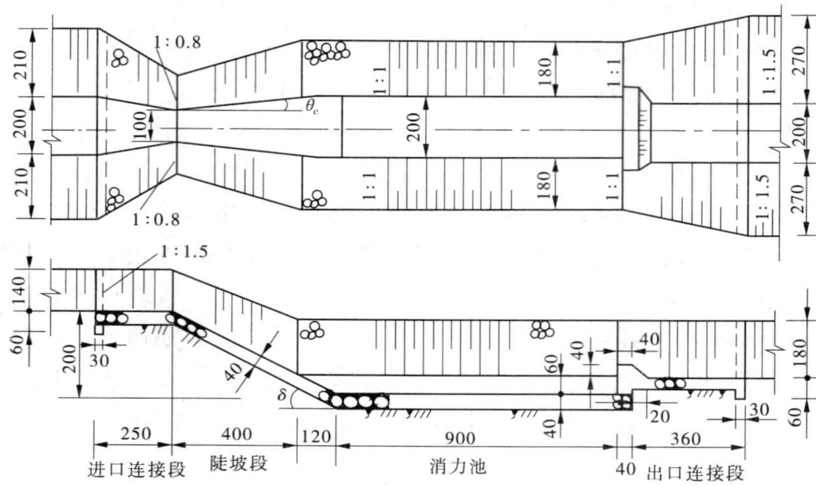

图 8-16　扩散形陡坡　（单位:cm）

（3）菱形陡坡。菱形陡坡是指在平面布置上呈菱形，即上部扩散而下部收缩，如图 8-17 所示。这种布置一般用于跌差 2.5～5.0 m 的情况。为了改变水流条件，一般在收缩段的边坡上设置导流肋，并使消力池段的边墙边坡向陡槽段延伸，使其成为陡坡边坡的一部分，确保水跃前后的水面宽度相同，两侧不产生平面回流漩涡，使消力池平面上的单宽流量和流速分布均匀，从而减轻了对下游的冲刷。

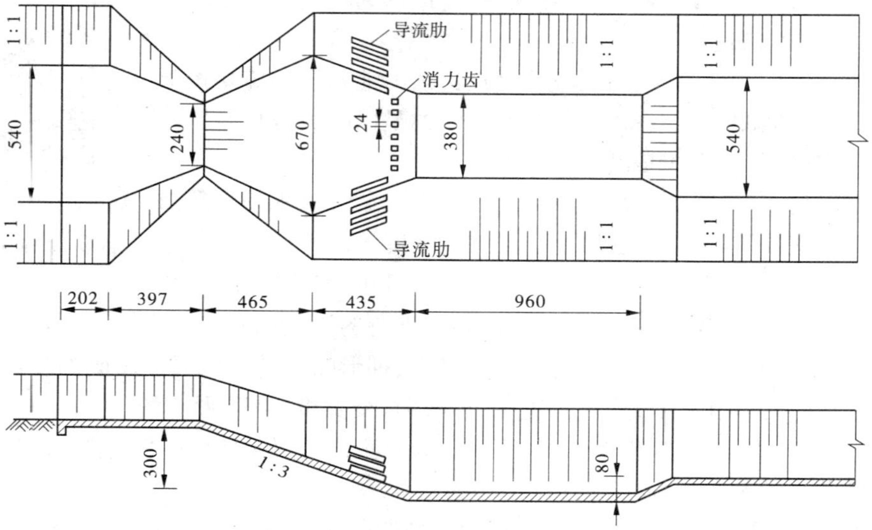

图 8-17　菱形陡坡　（单位:cm）

（4）人工加糙陡坡。为了促使水流紊动扩散、降低流速、改善下游流态及利于防冲消能，可在陡坡段上进行人工加糙。常见的加糙形式有双人字形槛、单人字形槛、交错式矩形糙条、棋盘形方墩等，如图 8-18 所示。

人工加糙的糙条间距不宜过密，否则，将使急流脱离底板而产生低压，影响陡坡的安

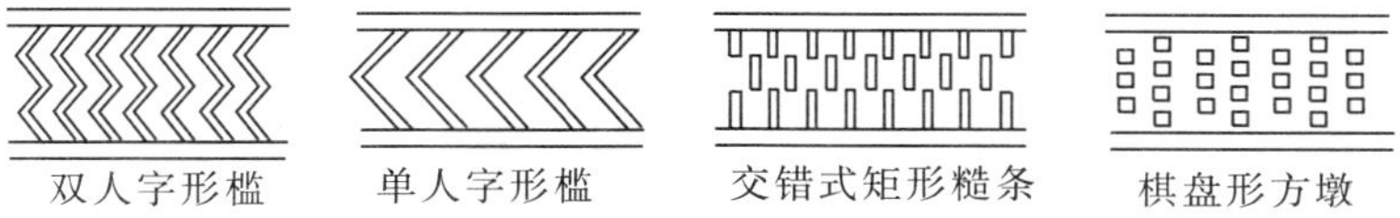

图 8-18　人工糙面的形式

全和消能效果。对于重要工程,其布置形式、条槛尺寸大小等应通过模型试验确定。

【单元探索】

了解跌水、陡坡设计和施工的新技术、新材料、新工艺应用情况。

【单元练习】

一、判断题

1. 当渠线通过陡坎或坡度较陡的地段时,在陡坎处或适宜地点将渠道底突然降低,利用消力池来消除水流能量的建筑物称为陡坡。(　　)

2. 一般陡坡的落差比跌水大,陡坡的比降不陡于 1∶1.5。(　　)

二、单项选择题

1. 在跌差较小处选用单级跌水,在跌差大于(　　)处选用多级跌水。

A. 3 m　　B. 5 m　　C. 10 m　　D. 15 m

2. (　　)布置形式较为简单,水流集中,不利于下游的消能,所以对于小型渠道和跌差小的情况较为常用。

A. 等宽度陡坡　　B. 扩散形陡坡

C. 变宽度陡坡　　D. 菱形陡坡

三、填空题

1. 跌水可分为__________、__________两种。

2. 根据地形条件和落差的大小,陡坡的形式分为__________、__________两种。

项目九 其他水工建筑物

【学习目标】

学习单元	能力目标	知识点
单元一	了解世界各国橡胶坝的发展及使用情况，掌握橡胶坝的类型、特点、适用条件、组成及构造	橡胶坝； 坝袋及要求； 橡胶坝的锚固与锚固线
单元二	掌握船闸的组成、类型与工作原理，了解船闸在水利枢纽中的位置选择与布置原则	船闸； 闸首； 引航道
单元三	掌握升船机的组成、类型与工作原理，了解升船机的适用条件与布置原则	升船机； 干式升船机和湿式升船机
单元四	掌握过鱼建筑物的类型与工作原理，掌握过鱼建筑物的布置原则及形式选择	过鱼建筑物； 过鱼建筑物在水利枢纽中的布置

单元一 橡胶坝

【单元导航】

问题1：橡胶坝属于哪种类型的水工建筑物？有什么特点？

问题2：橡胶坝由几部分组成？各部分主要发挥什么作用？

问题3：橡胶坝的锚固按结构形式可分为哪几类？

【单元解析】

一、橡胶坝的特点

橡胶坝是由高强度的合成纤维织物受力骨架与橡胶构成的，锚固在基础底板上，形成密封袋形，充入水或气形成的水坝，如图9-1所示。在国外，橡胶坝又被称为尼龙坝、织物坝、可充胀坝等。橡胶坝是20世纪50年代随着高分子合成材料工业的发展而出现的一种新型水工建筑物。世界上首座橡胶坝诞生在美国洛杉矶河道上，坝高1.52 m，坝顶长6.1 m。我国第一座橡胶坝是建成于1966年6月的北京石安门橡胶坝，坝高3.4 m，坝顶长37.6 m。迄今为止，世界上最高的橡胶坝是2003年修建于荷兰的Ramspol（拉姆斯波）橡胶坝，为水气双充式橡胶坝，最大坝高为8 m。与传统的闸坝相比，橡胶坝具有以下优点：

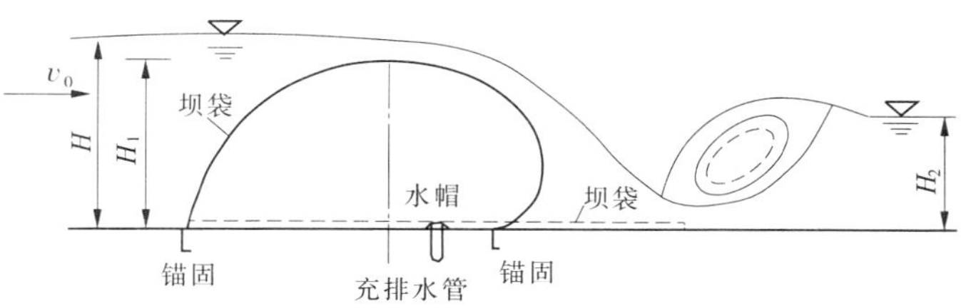

图 9-1　橡胶坝示意

(1)造价低。橡胶坝的造价与同规模的常规水闸相比,一般可以减少投资 30% ~ 70%。

(2)节省三材。橡胶坝袋是以合成纤维织物和橡胶制成的薄柔性结构代替钢木及钢筋混凝土结构,由于不需要修建中间闸墩、工作桥和安装启闭机,并简化了水下结构,因此三材用量显著减少,一般可节省钢材 30% ~50%,节省水泥 50% 左右。

(3)施工期短。橡胶坝袋是先在工厂生产,然后到现场安装,施工速度快,整个工程施工工艺简单,工期一般为 3 ~6 个月,多数橡胶坝工程是当年施工当年受益。

(4)抗震性能好。橡胶坝的坝体为柔性薄壳结构,延伸率达 6 000%,具有以柔克刚的性能,故能抵抗强大地震波和特大洪水的波浪冲击。

(5)不阻水,止水效果好。坝袋锚固于底板和岸墙上,基本能达到不漏水。坝袋内水泄空后,紧贴在底板上,基本上不缩小原有河床断面,故不阻水。

橡胶坝作为一种新型的水工建筑物,除有以上优点外,也有其自身的缺点。

(1)坝袋坚固性较差。坝袋仅为几毫米厚的胶布制品,虽然重量轻,柔韧性好,但它的坚固性与钢材、混凝土等相比要差,在使用中容易受砂石磨损、漂浮物刺破等威胁。

(2)坝袋容易老化,使用寿命比较短。坝袋材料是高分子合成聚合物,在日光、大气、水以及变应力作用下,坝袋会出现老化现象。根据经验,一般坝袋使用寿命约为 20 年。

(3)坝高受到限制。因橡胶坝坝袋材料的特点,橡胶坝坝高受到了限制。我国《橡胶坝技术规范》(SL 227—98)只适用于小于等于 5 m 的袋式橡胶坝工程,如需建造大于 5 m 的橡胶坝,还需进行专题试验研究和技术论证。

二、橡胶坝的适用条件

橡胶坝适用于低水头、大跨度的闸坝工程,橡胶坝的高度一般不高于 6.0 m,单跨长度一般为 50 ~100 m。主要用于灌溉、防洪和改善环境,如:①用作水库溢洪道上的闸门或活动溢流堰,以增加库容及发电水头,工程效益十分显著;②用作河道上的低水头溢流坝或活动溢流堰;③可代替闸门用于渠系进水闸、分水闸、节制闸等工程上;④用于施工围堰或活动围堰;⑤用于海边挡潮闸及城区园林工程。

三、橡胶坝的组成

橡胶坝由上游连接段、橡胶坝段、下游连接段和橡胶坝控制系统等四部分组成,如图 9-2 所示。其中的上、下游连接段的作用和设计方法同水闸的上、下游连接段;橡胶坝段由橡胶坝袋、底垫片、锚固系统、充排

微课 9-1　橡胶坝的组成

水管路和基础底板等组成，其主要作用是控制水位和下泄流量；控制系统由控制室、水泵（鼓风机或空压机）、机电设备、传感器、管道和阀门等组成，水泵（鼓风机或空压机）、机电设备和阀门一般都布置在专门的水泵房内，主要作用是控制橡胶坝的高度。

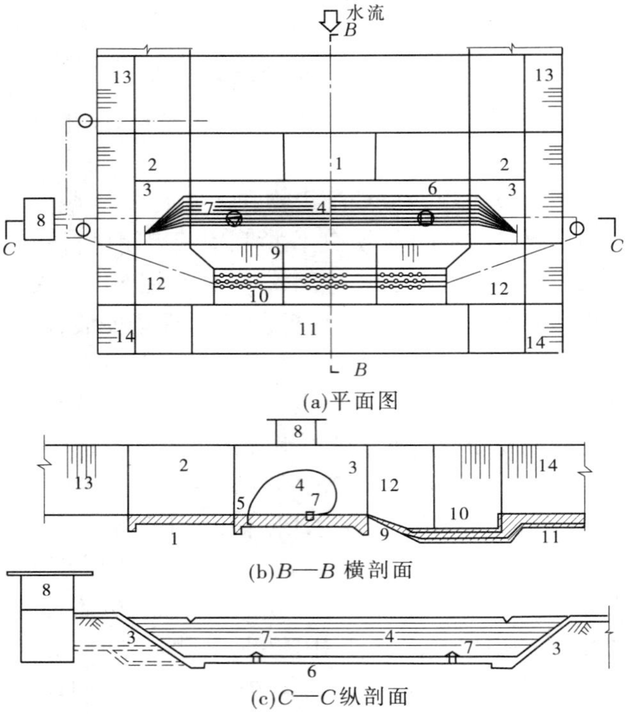

1—铺盖；2—上游翼墙；3—岸堰；4—坝袋；5—锚固；6—基础底板；7—充排水管路；8—操作室；9—陡坡段；10—消力池；11—海漫；12—下游翼墙；13—上游护坡；14—下游护坡

图 9-2　橡胶坝组成示意

四、坝袋的设计

（一）橡胶坝的坝袋

橡胶坝主要依靠坝袋内的胶布来承受拉力，橡胶保护胶布免受外力的损害，根据坝的高度不同，可以选择一布二胶、二布三胶和三布四胶，采用最多的是二布三胶，如图 9-3 所示。一般情况下，夹层胶 0.3 ~ 0.5 mm 厚，内层覆盖胶大于 2.0 mm 厚，外层覆盖胶大于 2.5 mm 厚。

目前，国内坝袋胶布采用锦纶帆布，坝袋用的胶布必须满足如下性能：①有足够的抗拉强度和抗撕裂性能，径向抗拉强度和纬向抗拉强度均必须大于坝袋设计强度；②柔曲性、耐疲劳性、耐水浸泡及耐久性好；③与橡胶具有良好的黏合性能；④质量轻、加工工艺成熟。

坝袋用的胶料必须满足下列基本要求：①耐大气老化、耐腐蚀、耐磨损、耐水性好；

②有足够的强度;③在寒冷地区要有抗冻性等;④坝袋使用的胶料应达到或超过表 9-1 的规定。

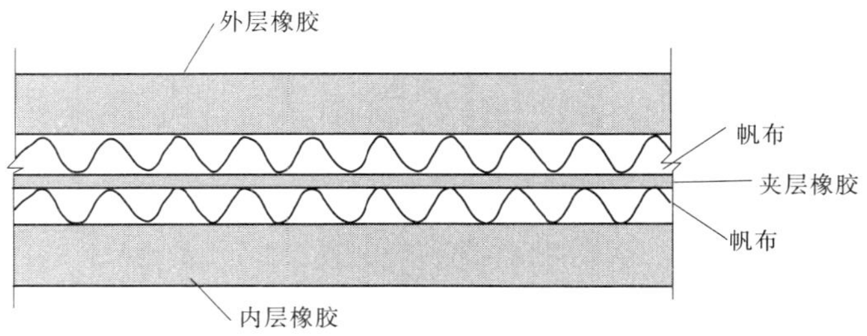

图 9-3　坝袋胶布结构示意

表 9-1　坝袋胶料物理机械性能要求

项目		单位	外层胶	夹层胶、内层胶	底垫片胶
扯断强度		MPa	≥14	≥12	≥6
扯断伸长率		%	≥400	≥400	≥250
扯断永久变形		%	≤30	≤30	≤35
硬度(邵尔 A)		(°)	55～65	50～60	55～65
脆性温度		℃	-30	-30	-30
热空气老化(100 ℃×96 h)	扯断强度	MPa	≥12	≥10	≥5
	扯断伸长率	%	≥300	≥300	≥200
热淡水老化(70 ℃×96 h)	扯断强度	MPa	≥12	≥10	≥5
	扯断伸长率	%	≥300	>300	≥200
	体积膨胀率	%	≤15	≤15	≤15
臭氧老化:质量分数 10 000×10^{-6},温度 40 ℃,拉伸 20%,不龟裂		mm	120	120	100
磨耗量(阿克隆)		cm^3/1.61 km	≤0.8	≤1	≤1.2
屈挠性、不裂		万次	20	20	20

坝袋选择的步骤:首先计算出坝袋的设计强度,然后根据设计强度的要求选择胶布的型号和层数,最后确定各层橡胶的厚度和坝袋的总厚度。

(二)坝袋形式的选择

坝袋按充胀介质可分为充水式、充气式。其剖面对比如图 9-4 所示。在工程实践中,应按运用要求、工作条件等综合分析确定。两种橡胶坝的主要特点对比见表 9-2。

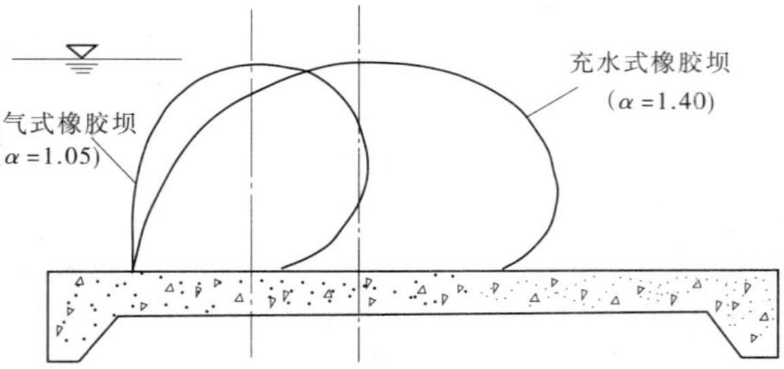

图 9-4 充水(充气)橡胶坝剖面示意

表 9-2 充水式和充气式橡胶坝特点对比

项目	充水式橡胶坝	充气式橡胶坝
充坝介质	需要有水源	充坝气体容易得到
坝袋有效周长	坝体横断面为椭圆曲线,有效周长较长	坝体横断面近似圆形曲线,有效周长较短,一般为充水式的 70% 左右
气温影响	在寒冷地区,坝袋内水有结冰的危险	在温差大的地区,坝袋内压将发生明显变化
基础底板	基础底板比较长;坝体内水重为均布荷载,可以增加基础底板的稳定性	基础底板比较短,坝袋可安装在曲线型堰顶上;因充气式坝袋锚固处的集中荷载,对基础底板要求高,需采取措施来提高底板的稳定性,基础处理费用比较高
锚固结构	坝袋拉力小,气密性要求低,可采用螺栓压板锚固、楔块锚固	坝袋拉力相对充水式大一些,对气密性要求高,宜采用螺栓压板锚固
操作稳定性	在充坍坝及正常挡水时坝体稳定	当坝袋内压下降时,就会产生局部凹坑现象,最好以全升全坍模式运行
水位调节	调节范围比较大	当发生凹坑现象时,难以调节水位
消能防冲	常规处理即可	因易发生凹坑现象,消能防冲比充水式要求高
充排时间	充排时间较长	充排时间短
抗振动性	抗溢流振动能力好	抗溢流振动能力相对较差
耐老化	在日照时坝袋热量可传向坝袋内水体而扩散,坝体表面温度低,可延缓坝袋老化	在日照时坝袋表面温度升高很快,容易加速坝袋的老化
维修	坝袋破损时漏水点容易找出,且可以在不坍坝的情况下修补	坝袋破损时漏气点难找出,需在坍坝情况下修补

五、橡胶坝的锚固

橡胶坝袋必须锚固在坝基上,坝基除了有锚固坝袋的作用外,同水闸底板一样,还要承担橡胶坝自重和挡水后的水平水压力,同时还具有防渗、抗冲、拦沙等作用。

微课 9-2　橡胶坝的锚固

(一)锚固线的布置

锚固线是指用锚固构件将坝袋锚紧时,锚固构件沿坝底板和两岸边坡(边墙)的布置线。按坝袋和坝底板以及两岸边坡(岸墙)的连接方式不同,可有不同的锚固线形式。

1. 单线锚固

单线锚固只有上游一条锚固线,锚线短,锚固件少,但多费坝袋胶布,低坝和充气坝多采用单线锚固,如图 9-5 所示。由于单线锚固仅在上游侧锚固,坝袋可动范围大,对坝袋防振防磨损不利,尤其在坝顶溢流时,有可能在下游坝脚处产生负压,将泥沙(或漂浮物)吸进坝袋底部,造成坝袋磨损。

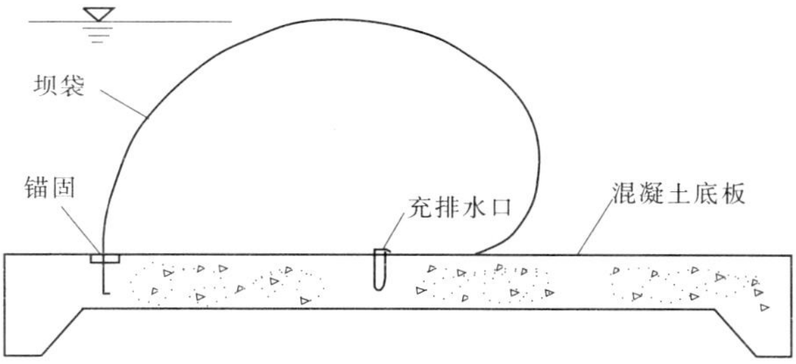

图 9-5　坝袋单线锚固示意

2. 双线锚固

双线锚固是用上下游两条锚固线将胶布分别锚固于底板,锚线长,锚固件多,安装工作量大,密封质量要求高。但因为坝袋四周锚固,坝袋可动范围小,所以对坝袋防振防磨损有利,如图 9-6 所示。另外,在上下游锚固线间可用纯胶片代替坝袋胶布防渗,从而节省胶布约 1/3。

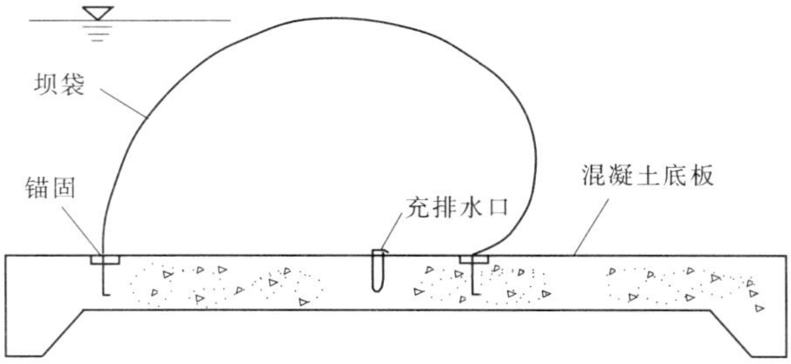

图 9-6　坝袋双线锚固示意

3. 堵头式橡胶坝锚固线

如岸墙或中墩为直墙,为改善坝袋应力集中,宜采用堵头式坝袋,上下游的锚固线仍布置在底板两侧，其位置与双锚固线相同，两侧端头沿岸墙或中墩底脚顺水流向布置两条锚固线，组成矩形封闭的锚固线，如图 9-7 所示。

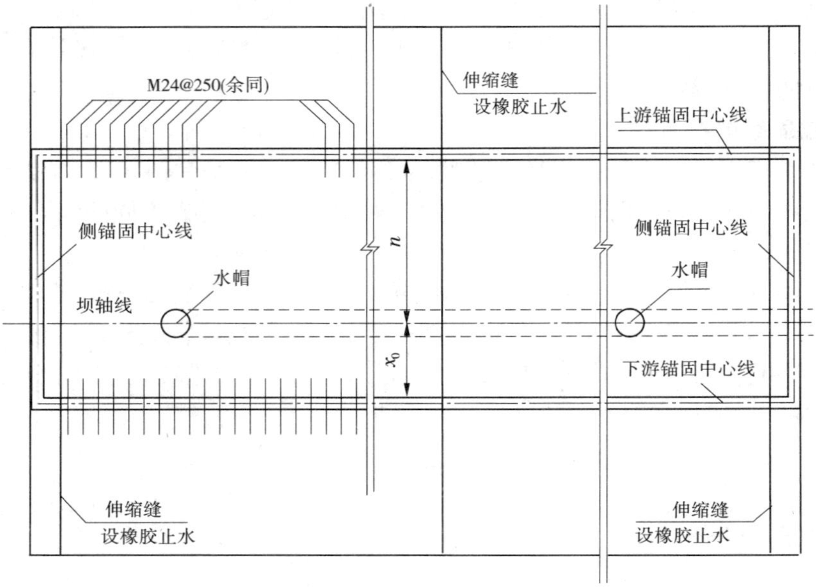

图 9-7 堵头式橡胶坝锚固线示意

4. 岸墙(中墩)斜坡段锚固线

当岸墙或中墩为斜坡时，为改善坝袋局部受力状态，一般设渐变爬坡段，成为斜坡连接，如图 9-8 所示。

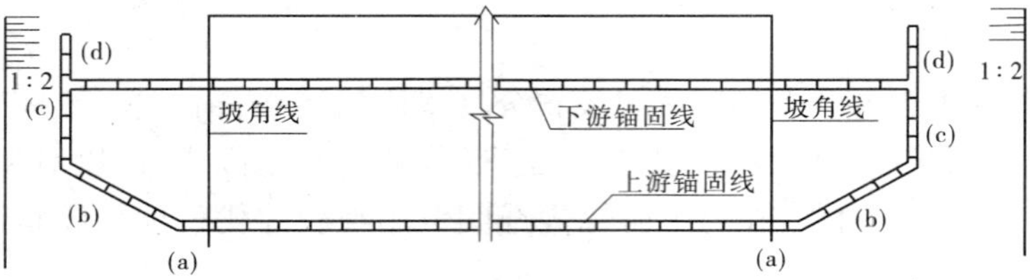

图 9-8 斜坡段锚固线示意

(二)锚固的结构形式

在工程中，按锚固构件的材料来分，可分为螺栓压板式锚固、楔块挤压式锚固和胶囊充水式锚固三种。

1. 螺栓压板式锚固

锚固构件由螺栓和压板组成。螺栓压板式锚固按锚紧坝袋的方式可分为穿孔锚固和不穿孔锚固。穿孔锚固是在锚固部位将坝袋穿孔套进预埋的地脚螺栓，用压板锚紧，见图 9-9(a)所示。穿孔锚固的优点是胶布和锚件所需长度较短，约为不穿孔锚固长度的一半，施工安装和拆卸检修方便。缺点是锚固部位要穿孔，在孔的周边要补强，以防应力集中将坝袋撕裂。另外，穿孔锚固是靠螺栓和钢压板锚紧，其构件在污水河道中使用，容易锈蚀而失效。不穿孔锚固是将锚固部位的胶布用一根压轴卷起或塞入锚固槽内，用压板压紧，如图 9-9(b)所示。锚固部位的压轴材料可用圆木或钢管。优点是不需在坝袋上打孔和补强，缺点是锚固长度相对较长，施工安装费工。

2. 楔块挤压式锚固

楔块挤压式锚固系由前楔块、后楔块和压轴组成，如图 9-10 所示。锚固槽有靴形和梯形两种，施工时用压轴将坝袋胶布卷塞入槽中，用楔块挤紧。

3. 胶囊充水式锚固

胶囊充水式锚固是用胶布做成胶囊，胶囊内充水或充气将坝袋挤紧，充水胶囊制造全部由厂家完成，拆装方便，止水性好，如图 9-11 所示。施工时，将底垫片、海绵止水胶条和橡胶坝袋放入锚固槽内，随后将胶囊置于坝袋胶布之间，整理平顺后即向胶囊内充水，边充水边用钝头棍振捣胶囊，使橡胶坝袋胶布与锚固槽壁紧贴密实，待胶囊水压达到设计压力时，即可向坝袋内充水，进行试验。

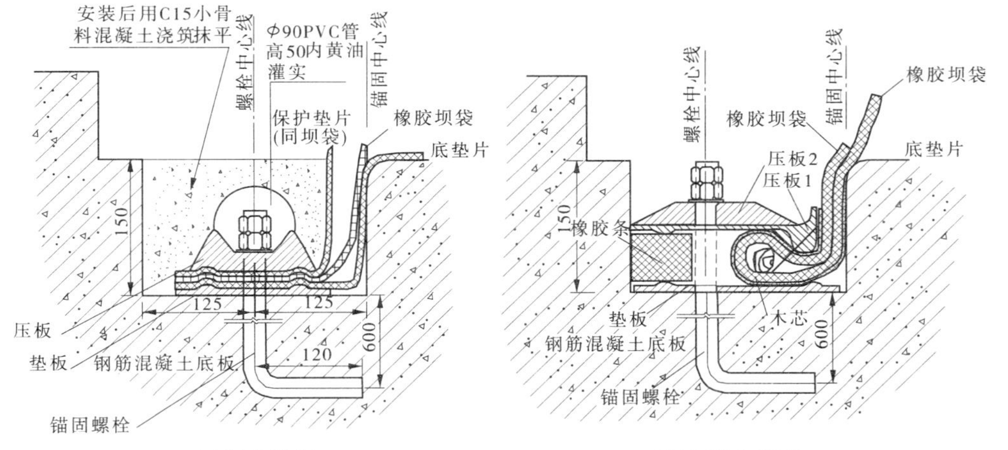

(a)穿孔锚固　　(b)不穿孔锚固

图 9-9　螺栓压板式锚固示意

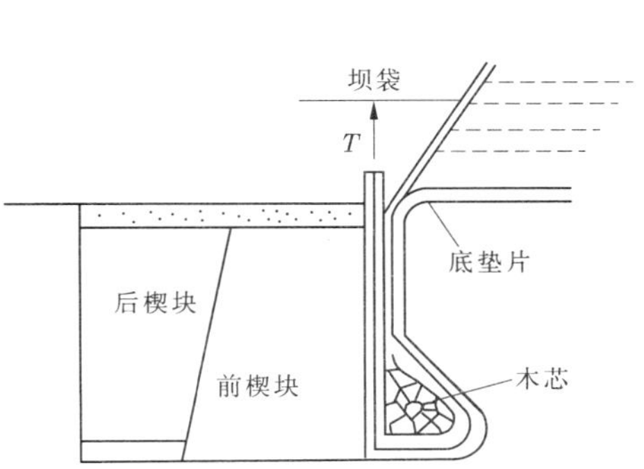

图 9-10　楔块挤压式锚固示意

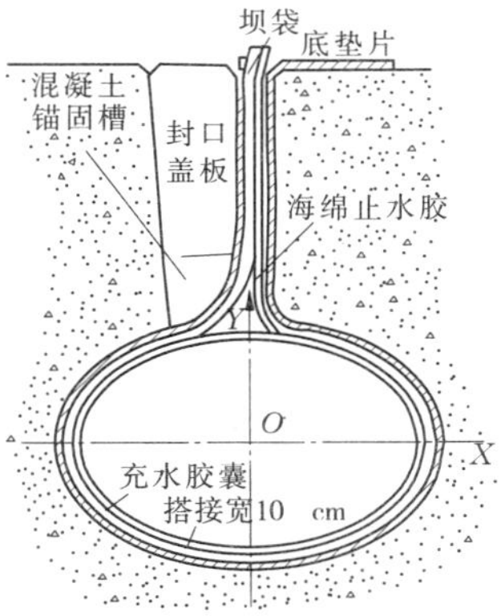

图 9-11　胶囊充水式锚固示意

【例 9-1】小埠东拦河橡胶坝位于山东临沂市沂河城区段，由临沂市水利局组织施工建设和管理，工程于 1996 年 1 月动工，1997 年 1 月竣工。橡胶坝全长 1 135 m，由 16 段组成，每段 70 m，是目前世界上最长的橡胶坝。试确定小埠东拦河橡胶坝的形式，由几部分组成，橡胶坝采用的充排水设计和采用的锚固方式。

解：橡胶坝的形式：充水式橡胶坝。

橡胶坝的组成：主要由左右岸泵站、橡胶坝、隔墩、整体式底板组成。

橡胶坝采用的充排水设计：两岸均设泵站，各控制一侧 8 节坝袋，每侧设 4 根并列的充排水管道，每根控制相邻两节坝袋，两坝袋间设连通管和超压溢流管，4 根并列管道在泵室内通过母管与排水泵相连。

橡胶坝的锚固方式：采用的堵头式橡胶坝锚固线、螺栓压板式锚固。

【单元探索】

了解橡胶坝坝袋的修补和维护问题，了解橡胶坝的自动控制问题。

【单元练习】

一、判断题

1. 单线锚固是将坝袋胶布锚固在基础底板上，只有底板下游一条锚固线。（　　）
2. 螺栓压板式锚固的锚固构件由螺栓和压板两个部分组成。（　　）

二、单项选择题

1. 以下哪个不是橡胶坝的特点？（　　）

A. 结构简单，节省三材，造价低　　B. 坝袋坚固性很好

C. 抗震性能好　　D. 不阻水，止水效果好

2. 橡胶坝的锚固线布置方式不包括（　　）。

A. 单线锚固　　B. 双线锚固

C. 三线锚固　　D. 堵头式橡胶坝锚固

三、填空题

1. 橡胶坝由__________、__________、__________和__________等四个部分组成。
2. 迄今为止，世界上最高的橡胶坝高达__________ m。

单元二　船　闸

【单元导航】

问题 1：船闸的工作原理是什么？

问题 2：船闸的结构形式有哪些？简单阐述各种结构形式的适用性。

【单元解析】

船闸是指通过闸室的水位自动上升或下降，使之与上游或下游水位齐平，从而使得船舶克服航道上的集中水位落差，从上游（下游）水面驶向下游（上游）水面的专门的通航建筑物。船闸利用水力使船只过坝，通航能力较大，应用较为广泛。

一、船闸的组成与类型

（一）船闸的组成

船闸一般由闸室、闸首、引航道三部分组成，如图 9-12 所示。

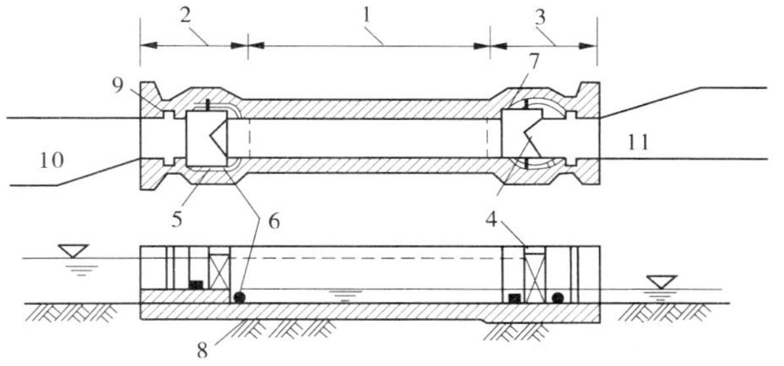

1—闸室；2—上闸首；3—下闸首；4—闸门；5—阀门；6—输水廊道；
7—门龛；8—帷墙；9—检修门槽；10—上游引航道；11—下游引航道

图 9-12　船闸组成示意

1. 闸室

闸室是指由上、下闸首和两侧边墙所组成的空间，通过船闸的船舶可在此暂时停泊。闸室一般由闸底板及闸墙构成，并以闸首内的闸门与上、下游引航道隔开。闸底板及闸墙的连接形式有整体式结构和分离式结构。

当船闸充水或放水时，闸室水位就自动升降，船舶在闸室中随闸室水位而升降。由于水位升降较快，所以要求在闸室中的船舶能稳定和安全地停泊，两侧闸墙上还有系船柱和系船环等辅助设备。

2. 闸首

闸首是指将闸室与上、下游引航道隔开的挡水建筑物，一般由侧墙和底板组成。位于上游的叫上闸首，位于下游的叫下闸首。在闸首内设有工作闸门、检修闸门、输水系统（输水廊道和输水阀门等）、阀门及启闭机械等设备。船闸的闸门常用人字门。

3. 引航道

它是指保证过闸船舶安全进出闸室交错避让和停靠用的一段航道。与上闸首相连接的叫上游引航道，与下闸首相连接的叫下游引航道。

微课 9-3　船闸的引航道

在引航道内一般设有导航建筑物和靠船建筑物。导航建筑物与闸首相连接，其作用是引导船舶顺利地进出闸室；靠船建筑物与导航建筑物相连接，布置于船舶过闸方向的一岸，其作用是供等待过闸船舶停靠使用。

（二）船闸的类型

船闸的类型较多，影响船闸形式的主要因素有水头的大小、流量的多少、地形的陡缓、地质的优劣、所需的通过能力、建筑材料的供应情况，以及当地施工技术条件等。

微课 9-4　船闸的类型

1. 按船闸的闸室级数分类

1）单级船闸

沿船闸纵向只建有一级闸室的船闸，如图 9-12 所示。这种形式的船闸，船舶通过时，只需要进行一次充泄水即可克服上、下游水位的全部落差，过闸时间短，船舶周转快，通过的能力较大，建筑物以及设备集中，管理较为方便。一般单级船闸的适用水头不超过

15 ~ 20 m。

2）多级船闸

多级船闸是指沿船闸纵向连续建有两级以上闸室的船闸，如图 9-13 所示。船舶通过多级船闸时，需进行多次充泄水才能克服上、下游水位的全部落差。当水头较大时，采用多级船闸，过闸的用水量将会增大，充泄水进入闸室和引航道的水流流速较高，对船舶及输水系统的工作条件不利，而且还将使闸室及闸门的结构复杂化。多级船闸一般适用于水头超过 15 ~ 20 m 的情况。

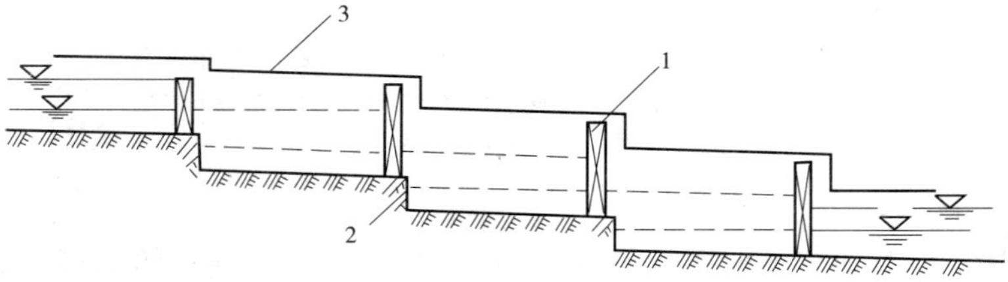

1—闸门；2—帷墙；3—闸墙顶

图 9-13　多级船闸示意

2. 按船闸的线数分类

1）单线船闸

其特点是在一个枢纽内，只建有一条通航线路的船闸。一般情况下，大多采用这种形式。

2）多线船闸

多线船闸是指在一个枢纽内建有两条或两条以上通航线路的船闸。图 9-14 为长江葛洲坝水利枢纽所采用的三线船闸。船闸线数的确定，主要取决于货运量与船闸的通过能力。

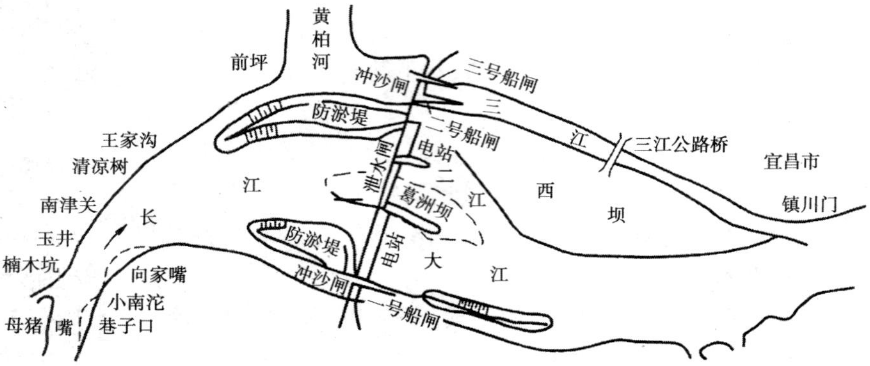

图 9-14　三线船闸布置示意

3. 按闸室的形式分类

1）广厢船闸

其主要特点是闸首口门的宽度小于闸室的宽度，如图 9-15 所示。这种船闸可以缩窄闸门的宽度、简化启闭设施、降低工程造价。但是，船舶进、出闸室需要横向移动，操作运用较为复杂，过闸时间较长。因此，在小型船闸上较为常用。

2)具有中间闸首的船闸

在上、下闸首之间增设一个中间闸首,将一个闸室分为前、后两部分,如图 9-16 所示。当通过的船舶较小时,为了节省过闸用水量和时间,可只用闸室的前半部或后半部;当通过的船舶较大或较多时,可将前、后闸室连为一体使用。

3)竖井式船闸

在闸室的上游侧设有较高的帷墙,而在下游侧设有胸墙,船舶在胸墙下的净空通过,下游闸门采用平面提升式,如图 9-17 所示。这种形式的船闸,用于水头较高、地基良好的情况,可以减小下游闸门的高度。

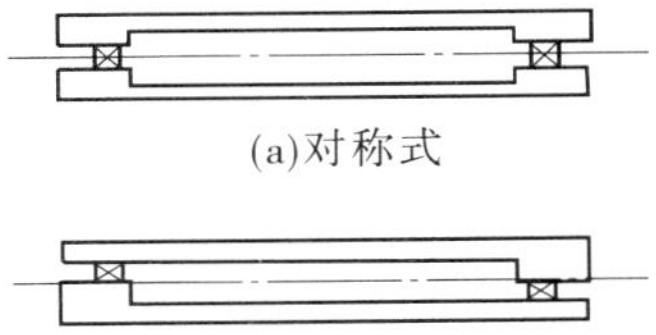

(a)对称式

(b)反对称式

图 9-15　广厢船闸平面示意

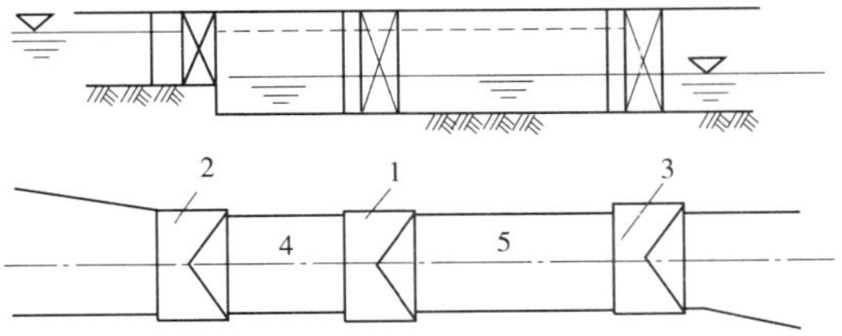

1—中间闸首;2—上闸首;
3—下闸首;4—前闸室;5—后闸室

图 9-16　具有中间闸首的船闸

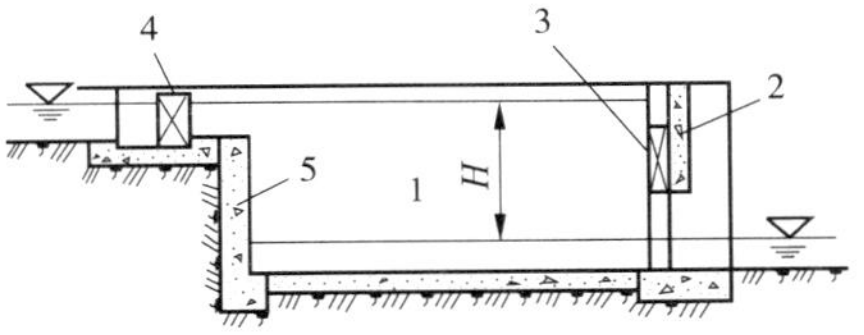

1—闸室;2—胸墙;3—提升式平面闸门;4—人字闸门;5—帷墙

图 9-17　竖井式船闸纵剖面示意

二、船闸的工作原理

微课 9-5　船闸的工作原理

当船队(舶)从下游驶向上游时,其过闸程序如图 9-18 所示:①关闭上、下游闸门及上游输水阀门;②开启下游输水阀门,将闸室内的水位泄放到与下游水位相齐平;③开启下游闸门,船舶从下游引航道驶向闸室内;④关闭下游闸门及下游输水阀门;⑤打开上游输水阀门向闸室充水,直到闸室内水位与上游水位相齐平;⑥最后将上游闸门打开,船舶即可驶出闸室,进入上游引航道。

船舶从上游驶向下游时,其过闸程序与此相反。

三、船闸的布置

微课 9-6　船闸的布置

在水利枢纽中,除坝与船闸外,还有电站、取水建筑物、渔道、筏道等建筑物。因此,进行枢纽布置时,应合理确定船闸与各建筑物

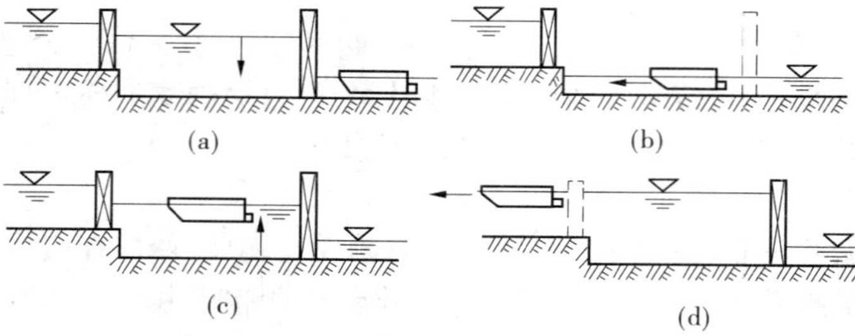

图 9-18　船闸工作原理示意

间的相互位置。

（一）船闸与坝的布置

根据枢纽处的具体条件，一般有以下两种布置形式：闸坝并列式，即船闸布置在河床之中或河滩上；闸坝分离式，即船闸布置在河湾的裁直引河中，如图 9-19 所示。

1. 闸坝并列式

如图 9-19（a）所示，船闸布置于河床之中。多用于低水头枢纽中。当河床宽度大，足以布置溢流坝和水电站时，宜将船闸设在水深较大、地质条件较好的一岸，这样可使船闸及其引航道的挖方减少，而且引航道的进出口通航水深也易于保证。对于高水头水利枢纽，通常将船闸布置在河滩上，下游开挖引航道与河流相接，上游修筑导堤，这样航道进、出口远离溢流坝，船舶航行不受大坝溢流和水库风浪的影响。

2. 闸坝分离式

船闸布置于河湾凸岸的裁直引河中，如图 9-19（b）所示。其船闸的施工条件较为优越，一般都可干地施工，无须修筑围堰，施工质量也易于得到保证。由于船闸布置在引河中，远离溢流坝，引航道进、出口处流速较小，便于船舶航行。但是，这种布置需挖引河，土石方开挖量大。

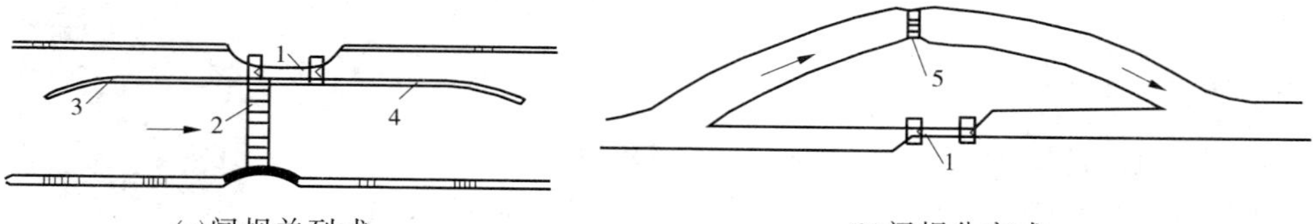

(a)闸坝并列式　(b)闸坝分离式

1—船闸；2—泄水闸；3—上导航墙（堤）；4—下导航墙（堤）；5—节制闸

图 9-19　船闸布置示意

（二）船闸与其他建筑物的布置

1. 船闸、电站分设两岸

当船闸、电站并列于同一河床断面内时，可将它们分别布置在河流的两岸，使电站远离船闸，这样，电站下泄的尾水不会影响船舶进出船闸，在电站施工或运转期间，向电站运送、更换设备比较方便，也便于电站变电所布置。两者的施工和管理，互不干扰。但须在两岸布置施工场地，费用较大。

2. 船闸、电站均于同岸

将电站与船闸布置在河流的同一岸，最好将电站布置于靠河一侧，而船闸布置于靠岸一侧，并使两者间隔开一定距离。这样既可在两者之间设置变电所，又可改善引航道水流条件。如河床宽度不足，难于使船闸与电站之间隔开一定距离，也可将电站与船闸布置成一定的交角，使电站尾水远离航道，但挡水线长度将增加，从而增大工程量和投资。

3. 船闸、取水建筑物分设两岸

如果水利枢纽中有取水建筑物，也可将船闸与取水建筑物分别布置于河流的两岸，以避免取水建筑物运行时影响船闸引航道的水流条件，而且取水建筑物也不致受到船舶、木筏的撞击而被损坏。

如果必须将船闸与取水建筑物布置于同一河岸时，进水闸最好布置在船闸上游，并尽可能远离船闸，以减小取水建筑物对船闸引航道水流条件的不利影响。

【例 9-2】　三峡船闸工程于 1994 年 4 月 17 日开工建设，2003 年 6 月 16 日建成。三峡船闸为双线连续五级船闸，是目前世界上已建成船闸中连续级数最多、总水头和级间输水水头最高的内河船闸。三峡船闸人字门规模、淹没水深、启闭力三项指标均超过了世界水平。其门体挡水面表面积（宽 20.2 m × 高 38.5 m 或 37.5 m）相当于 1.80 ~ 1.85 个标准篮球场（标准篮球场长 28 m × 宽 15 m）。三峡船闸系由山体开挖建成，高边坡最大开挖深度 170 m。在建设过程中，在两侧高边坡安装了 4 000 多根 1 000 ~ 3 000 kN 的预应力锚索和约 10 万根高强锚杆，伴以挂网喷混凝土支护等加固技术，成功地解决了高边坡的开挖失稳难题。试确定三峡船闸的组成，船闸在枢纽中的位置以及船闸的输水系统的设置。

解：三峡船闸的组成：6 个闸首、5 个闸室、上下游引航道。

船闸在枢纽中的位置：船闸位于左岸岸边，与升船机相隔于江心洲，距离溢流坝较远，相互影响不大。

船闸的输水系统：船闸地下输水系统由 4 条输水廊道和 36 条竖井组成，廊道隧洞总长约 5 500 m，其中包括 16 条斜井和 72 个渐变段；竖井总衬砌高度为 2 578 m。输水廊道开挖及混凝土衬砌断面均为城门洞形。

【单元探索】

通过本单元的学习，试确定你所熟悉的几个船闸所采用的结构形式。

【单元练习】

一、判断题

1. 船闸主要利用水力使船只过坝，通航能力较大，应用较为广泛。（　　）

2. 在船闸的两侧闸墙上不需设置系船柱和系船环等辅助设备。（　　）

二、单项选择题

1. 设有闸门、输水系统、阀门及启闭机械，一般由侧墙和底板组成的是船闸的哪个组成部分。（　　）

A. 闸室　　B 闸首　　C. 引航道　　D. 闸门

2. 葛洲坝水利枢纽采用的是（　　）船闸。

A. 单线　　B. 双线　　C. 三线　　D. 四线

三、填空题

1. 船闸按闸室的形式分类有__________、__________和__________船闸。

2. 船闸与坝的布置形式一般有__________、__________两种。

单元三　升船机

【单元导航】

问题1:升船机的工作原理是什么?

问题2:枢纽中升船机位置的典型布置原则是什么?

【单元解析】

升船机和船闸一样,都是用来克服航道上的集中水位落差,以便船舶能顺利通过的专门通航建筑物。升船机是指用于船只升送过坝的专门机械,主要特点是耗水量小、一次性提升高度较大。

一、升船机的组成与类型

(一)升船机的组成

升船机由承船厢、垂直支架或斜坡道、闸首、机械传动机构、事故装置和电气控制系统等几部分组成。

微课 9-7　升船机的组成

(1)承船厢。用于装载船舶,其上、下游端部均设有厢门。

(2)垂直支架或斜坡道。垂直支架一般用于垂直升船机的支撑结构,并起导向作用,而斜坡道则用于斜面升船机的运行轨道。

(3)闸首。用于衔接承船厢与上、下游引航道,闸首内一般设有工作闸门和拉紧(将承船厢与闸首锁紧)、密封等装置。

(4)机械传动机构。用于驱动承船厢升降和启闭承船厢的厢门。

(5)事故装置。当发生事故时,用于制动并固定承船厢。

(6)电气控制系统。主要是用于操纵升船机的运行。

(二)升船机的类型

按照承船厢的工作条件,可将升船机分为干式和湿式两类。干式也称干运,是指将船舶置于无水的承船厢内承台上运送;湿式又称湿运,是指船只浮于有水的承船厢内运送。由于干运时船舶易于碰损,故目前已较为少用。

按承船厢的运行线路,一般将其分为垂直升船机和斜面升船机两大类。

1. 垂直升船机

垂直升船机按其升降设备特点,可以分为提升式、平衡重式和浮筒式等形式。

1)提升式升船机

其类似于桥式升降机,船只驶进船厢后,由起重机进行提升,经过平移,然后下降过坝。提升式升船机的主要特点是动力较大,一般只用于提升中小船只。

如我国丹江口水利枢纽中就应用了这种垂直升船机,如图 9-20 所示,其最大提升高度为 83.5 m，最大提升力为 4 500 kN，提升速度为 11.2 m/min，承船厢可湿运 150 t 级驳船或干运 300 t 级驳船。

2）平衡重式升船机

平衡重式升船机是利用平衡重来平衡承船厢的重量，如图 9-21 所示。提升动力仅用来克服不平衡重及运动系统的阻力和惯性力，运动原理与电梯相似。其主要优点是：可节省动力，过坝历时短、通航能力大、耗费电量小、运行安全可靠，进出口条件较好。但是，工程技术较复杂，工程量较为集中，耗用钢材也较多。

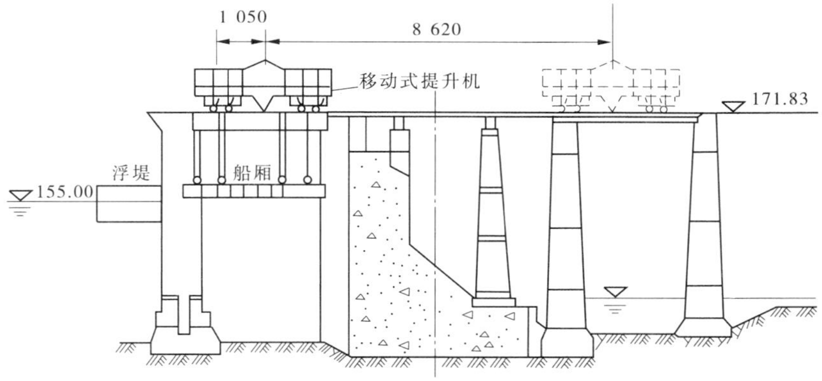

图 9-20　丹江口水利枢纽的垂直升船机　（高程单位：m；尺寸单位：cm）

如西德的吕勒升船机，属于双船厢，单个船厢的长度 100 m，宽度 12 m，水深 3.5 m，载船吨位为 1 500 t，其提升高度为 37.8 m，为目前世界上最大的平衡重式升船机。

3）浮筒式升船机

其特点是将金属浮筒浸在充满水的竖井中，如图 9-22 所示，利用浮筒的浮力来平衡船厢的总重量，提升动力仅用来克服运动系统的阻力和惯性力。这种升船机的支承平衡系统简单，工作可靠。但是，提升高度因受到浮筒所需竖井深度的限制，其提升高度不宜太大，并且一部分设备长期处于竖井的水下，检修较为困难。

目前世界上最大的浮筒式升船机位于德国亨利兴堡枢纽中，工程于 20 世纪 60 年代建成，其提升高度 14.5 m，承船厢尺寸 90 m×12 m，厢内水深 3.0 m，可通过 1 350 t 的船只。

2. 斜面升船机

斜面升船机是将船舶置于承船厢内，沿着铺在斜面上的轨道升降，运送船舶过坝。斜面升船机一般由承船厢、斜坡轨道和卷扬设备等部分组成。为了减小牵引动力，斜面升船机多设置平衡重块。

二、升船机的工作原理及适用条件

（一）升船机的工作原理

微课 9-8　升船机的工作原理

船舶通过升船机的主要工作程序为：当船舶由大坝的下游驶向上游时，①先将承船厢停靠在厢内水位同下游水位齐平的

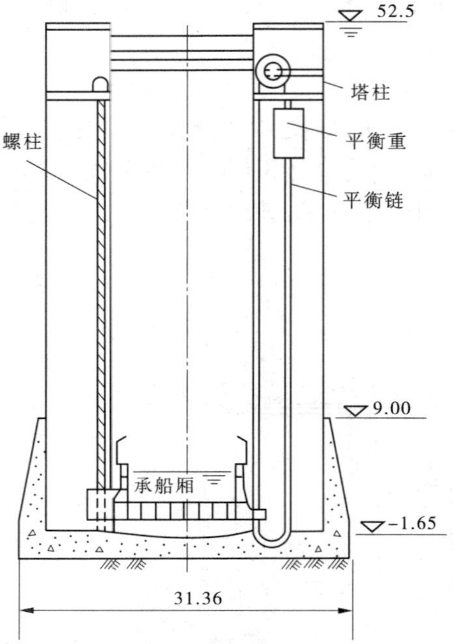

图 9-21　平衡重式升船机　(单位:m)

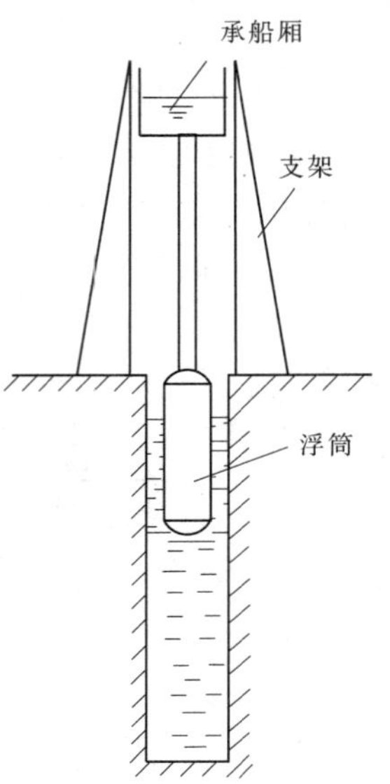

图 9-22　浮筒式升船机

位置上;②操纵承船厢与闸首之间的拉紧、密封装置,并充灌缝隙水;③打开下闸首的工作闸门和承船厢的下游厢门,并使船舶驶入承船厢内;④关闭下闸首的工作闸门和承船厢的下游厢门;⑤将缝隙水泄除,松开拉紧和密封装置,提升承船厢使厢内水位相齐平;⑥开启上闸首的工作闸门和承船厢的上游厢门,船舶即可由厢体驶入上游。

当船舶由大坝上游向下游驶入时,则按上述程序进行反向操纵,如图 9-23 所示。

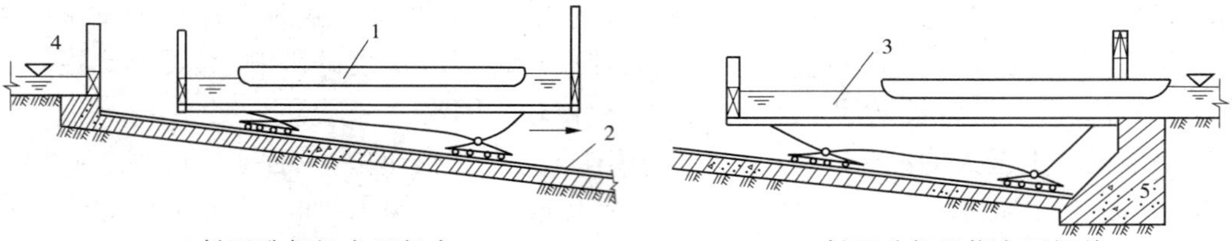

(a)斜面升船机在运行中　(b)斜面升船机停在下闸首

1—船只;2—轨道;3—船厢;4—上闸首;5—下闸首

图 9-23　斜面升船机示意

(二)升船机的适用条件

升船机作为通航建筑物,其形式确定主要取决于水头的大小、地形、地质条件、运输量、运行管理条件等,应经过技术经济比较后进行确定。

一般来说,水头在 10 m 以下时,选用船闸较为合理;水头在 10～40 m 时,可考虑单级船闸或升船机;水头在 40～70 m 时,可考虑多级船闸或升船机,应进行经济比较确定;水头超过 70 m 时,一般应选用升船机。在中、小河道上,如船只少,吨位较小,宜采用斜面升船机,可能较为经济。当运输量大、保证要求高,采用单级船闸或升船机难于满足要求时,可采用双线甚至多线船闸或升船机。

三、升船机的布置

在水利枢纽中，升船机的布置主要取决于地形、地质条件、航运要求以及通航建筑物与枢纽其他建筑物的相互关系。在平面布置上应注意以下几点：

(1)升船机应靠岸边布置，与溢流坝、泄水闸、电站之间应有足够长的导水墙，以便船舶停靠和进、出引航道。

(2)要与水利枢纽工程的导流和施工期通航综合规划考虑。

【例9-3】 三峡枢纽升船机为单线一级垂直提升式，承船厢有效尺寸120 m×18 m×3.5 m，一次可通过一条3 000 t的客货轮。承船厢运行时总质量为11 800 t，采用全平衡钢丝绳卷扬方式提升。目前，世界上已知和在建的大型垂直升船机的提升高度均在100 m以内，承船厢带水质量也在9 000 t以下，上下游通航水位变幅很小。而三峡升船机提升高度113 m，船厢带水质量达11 800 t，上游永久通航期最大变幅30 m，下游通航水位变幅也达12 m，且变率快。可见，三峡升船机的规模和技术复杂程度均属世界水平。试确定三峡枢纽升船机的组成，升船机的类型以及升船机在枢纽中的位置。

解：升船机由上游引航道、上闸首、升船机主体、下闸首及下游引航道等主要部分组成。

升船机的类型：三峡升船机为单线一级垂直提升式，采用带平衡重的钢丝绳卷扬提升方式。

升船机在枢纽中的位置：三峡升船机与五级船闸一起布置于左岸，中间用江心洲隔开；升船机位于船闸的右侧。

【单元探索】

通过本单元学习，试确定你所熟悉的几个升船机所选用的类型。

【单元练习】

一、判断题

1. 升船机与船闸相比，具有通航能力大，通航速度快等优点。(　　)
2. 一般来说，当水头超过70 m时，一般应选用升船机作为通航建筑物。(　　)

二、单项选择题

1. 以下哪个组成部分是船闸和升船机都有的。(　　)

A. 承船厢　　B. 闸首　　C. 垂直支架　　D. 机械传动装置

2. 以下哪点与丹江口水利枢纽运用的升船机的描述不符。(　　)

A. 垂直升船机　　B. 湿运150 t级驳船

C. 干运150 t级驳船　　D. 干运300 t级驳船

三、填空题

1. 按承船厢的运行线路，一般将升船机分为__________和__________两大类。
2. 船舶通过升船机的主要工作程序是__________。

单元四　过鱼建筑物

【单元导航】

问题 1:过鱼建筑物的类型有哪些?

问题 2:过鱼建筑物在水利枢纽中的布置原则是什么?

【单元解析】

在河道或渠道中修建水利枢纽工程将会截断水流,并产生巨大的上、下游水头差,由此,不仅截断了原河道或渠道的通航,也截断了鱼类洄游的通道。为了满足鱼类洄游的要求而修建的专门水工建筑物称为过鱼建筑物。

一、过鱼建筑物的类型

常见的过鱼建筑物类型有三种,分别是鱼道、鱼闸和过鱼机。

(一)鱼道

1. 池式鱼道

由一连串连接上下游的水池组成,水池之间用底坡较陡的短渠道连接。池式鱼道需绕坝开挖,适应于较缓的地形,如图 9-24 所示。

2. 槽式鱼道

适应于岸坡陡峭时,槽式鱼道有两种常用类型:丹尼尔槽式鱼道和横隔板槽式鱼道。丹尼尔式(见图 9-25)由槽壁、底形式板组成,通过设密距阻板、砥坝,形成反向水柱冲击主流,降低流速,便于鱼类通过;横隔板槽式鱼道(见图 9-26)用横隔板将上下游落差分成若干个小阶梯,板上设过鱼孔使鱼类通过。

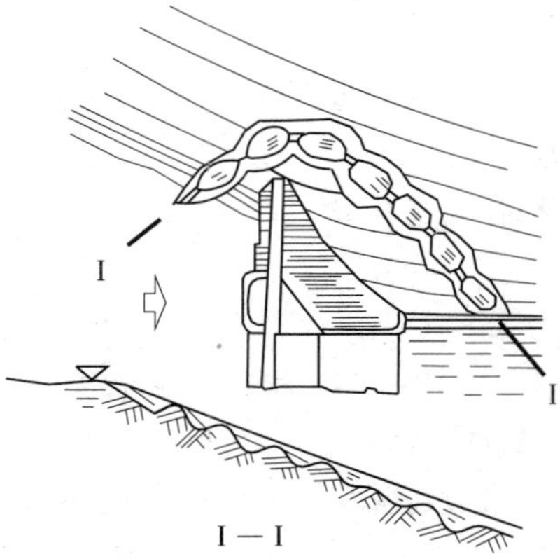

图 9-24　池式鱼道

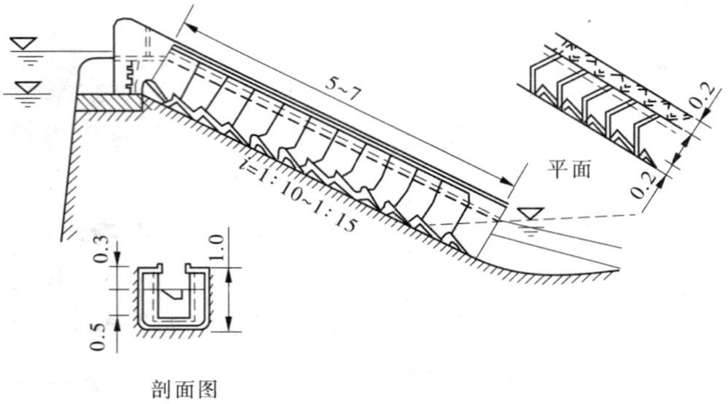

图 9-25　丹尼尔槽式鱼道　(单位:m)

(二)鱼闸

鱼闸类似于船闸,采用控制水位升降的方法来输送鱼类过拦河闸坝,通常有竖井式和斜井式两种类型。

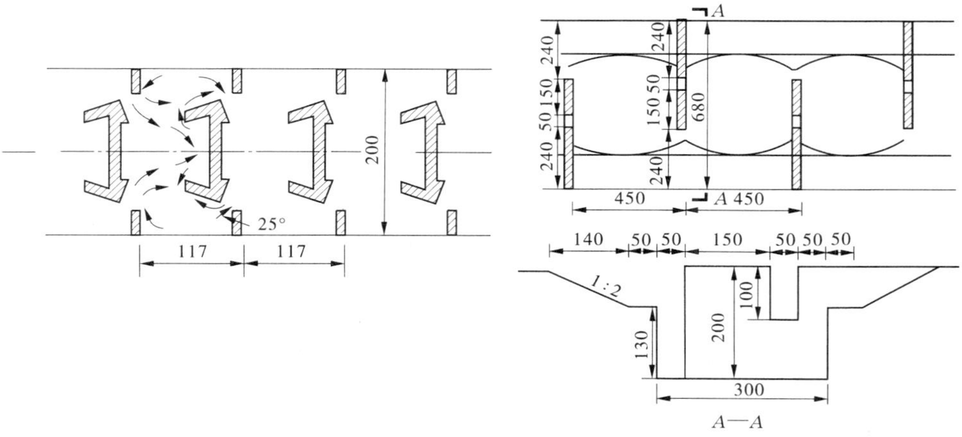

图 9-26　横隔板槽式鱼道　(单位:cm)

1. 竖井式

竖井式鱼闸通常设两个闸室,供鱼群下行、上行,当一个闸室工作时,另一个关闭。如图 9-27 所示。

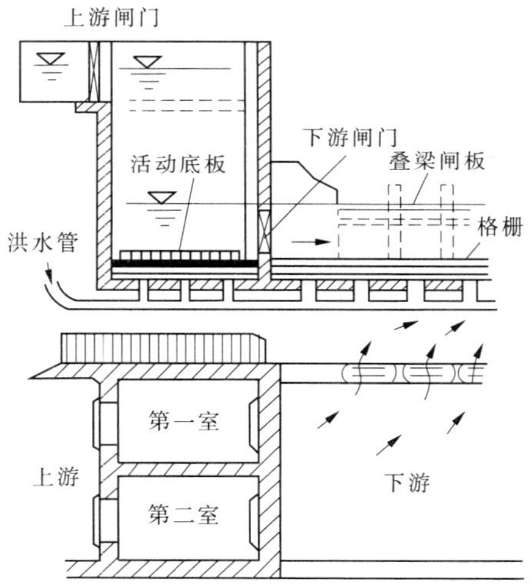

图 9-27　竖井式鱼闸

鱼群上行的过程:放水诱鱼入闸,然后关闭下闸门,提栅至与上游水位齐平后,开上游闸门,放鱼入库。

2. 斜井式

斜井式鱼闸由上下闸室和斜井组成。如图 9-28 所示。

鱼群上行的过程:由上闸室放水经斜井进去下闸室,诱鱼入闸,当斜井水位与库水位齐平时,开上游闸室,放鱼入库。

(三)升鱼机

升鱼机与鱼闸相似,但以机械方式使鱼过坝。

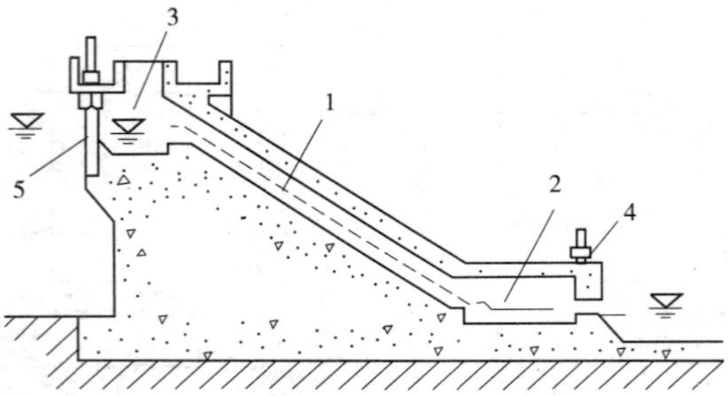

图 9-28 斜井式鱼闸

二、过鱼建筑物在水利枢纽的布置

在水利枢纽中，最好将过鱼建筑物布置在靠近岸边、水流平顺处，并与船闸和水电站厂房分开，布置在水闸一侧边墙内或岸边。进鱼口设置在边孔的闸门下游，可以引诱鱼群聚集在闸门后面，过鱼效果好。

【单元探索】

了解过鱼建筑物在水利枢纽中的使用现状。

【单元练习】

1. 常用的过鱼建筑物类型有__________、__________、__________三种。
2. 鱼道有__________和__________两种类型。
3. 鱼闸通常有__________和__________两种类型。

项目十 水利枢纽布置

【学习目标】

学习单元	能力目标	知识点
单元一	了解水利枢纽设计的基本任务;掌握坝址坝型选择的原则及依据条件;熟悉水利枢纽布置的步骤	坝轴线; 坝型及坝型选择; 水利枢纽布置
单元二	了解蓄水枢纽和取水枢纽布置的不同特点;能识读水利枢纽布置图	重力坝枢纽布置特点; 土石坝枢纽布置特点; 拱坝枢纽布置特点; 取水枢纽布置特点

单元一 水利枢纽的布置

【单元导航】

问题 1:水利水电工程规划设计阶段有哪些?各阶段主要设计任务是什么?

问题 2:什么是坝轴线(坝址)?如何选择适合工程的坝址?

问题 3:坝型选择的影响因素有哪些?

【单元解析】

一、水利枢纽设计的任务

水利枢纽工程需要经过勘测、规划、设计、施工等阶段,才能最后建成。水利工程开发,应秉持可持续利用的科学发展观,在全面规划的基础上,根据社会各方面需要,对流域综合开发进行统一规划,对河流梯级开发建设进行合理布局。

微课 10-1 水利枢纽设计的任务

(一)设计阶段的划分

我国水利水电工程规划设计分为五个阶段,即项目建议书、可行性研究、初步设计、招标设计、施工图;对重要或复杂大型工程,在施工图之前,还要增加一个技术设计阶段。

1. 项目建议书阶段

根据国民经济和社会发展规划、地区经济发展规划的总要求,在经批准的江河流域(区域)综合利用规划或专业规划的基础上,提出开发目标和任务;对项目的建设条件进行调查和必要的勘测工作,并在对资金筹措进行分析后,择优选定建设项目及其建设规模、地点和建设时间;论证工程项目建设的必要性,初步分析项目建设的可行性和合理性。

2. 可行性研究阶段

项目建议书批准后，即可委托设计单位进行可行性研究并编写可研报告；可行性研究报告对项目在技术上是否可行、经济上是否合理进行科学的分析和论证，并估算工程量和总投资。可行性研究报告经批准后，该建设项目即可立项并进行勘测设计工作，并正式成立项目法人。

3. 初步设计阶段

该阶段主要是阐明拟建工程在技术上的可行性和经济上的合理性，规定项目的各项基本技术参数，编制项目的总概算。内容包括：确定工程等别和主要建筑物级别；选定各种特征水位；选定坝（闸）址、输水线路、主要建筑物的形式、轮廓尺寸及枢纽布置；确定装机容量，选择机组型号和其他机电设备；确定施工导流方案及主体工程的施工方法、施工总体布置及总进度、对外交通和施工设施；提出建筑材料、劳动力和风、水、电的需要量；编制工程概算；论证对环境的影响及环境保护；国民经济评价和财务评价。

4. 招标设计阶段

该阶段的设计内容包括招标文件编制，要做到投标者能根据图纸、技术规范和工程量表确定投标报价。包括合同文件（投标者须知、合同条款、合同格式和投标书格式等）和工程文件（包括技术规范和图纸等）。

5. 施工图设计阶段

我国施工图设计由业主委托的设计单位提供给施工单位。施工图一般包括：地基开挖图、地基处理图、建筑物结构图、钢混结构的钢筋图、金属结构及机电设备的安装图等。

（二）设计所需的基本资料

设计阶段不同，所需资料的广度和深度也不同。设计所需的基本资料包括以下内容。

1. 地形资料

包括：工程所处地理位置、行政区域、地形、地貌、土壤植被、主要山脉、河川水系、水资源开发现状及存在问题等。地形图比例尺，应根据规划设计阶段和工程项目的实际需要来确定：库区 1∶5 000～1∶25 000，枢纽 1∶2 000～1∶10 000，坝址 1∶500～1∶2 000。

2. 工程地质资料

包括：区域地质、库区和枢纽区工程地质条件，如地层、岩性、地质构造、地震烈度、不良地质现象，水文地质情况，岩土的物理力学性质，天然建筑材料的品种、分布、储量、开采条件，工程地质评价与结论。坝址地区的地质平面图和剖面图。一般需要有 1∶50 000 的库、坝区的路线地质测绘图，1∶10 000 的坝址区工程地质测绘图。

3. 水文气象资料

（1）坝址地区附近的各种水文特性，如流域内水文测站分布、观测项目、观测年限、主要水文站的控制特性和高程系统。

（2）水位、流速、泥沙等测验方法和测验精度。

（3）主要测站资料整编情况。

（4）水位及流量的资料、降雨量、径流、洪水（包括最大洪水）、枯水及河流泥沙的性质和数量等。

气象资料包括河流、坝址、库区及邻近地区气象台分布与观测情况，如气候、温度、降雨、风等气象特性资料。

4. 社会经济

需全面了解社会经济现状及中长期发展规划。包括人口、土地、种植面积、品种；工业品、产量；工农业总产值；主要资源情况，文物古迹，动力、交通、投资环境等。

5. 规程规范

与工程项目相关的各类建设规程、规范及标准。

二、坝址和坝型选择

微课 10-2　坝址、坝型选择

坝轴线（坝址）选择、坝型选择、枢纽布置是水利枢纽设计的重要内容，三者相互联系。确定时，既要研究枢纽区域自然条件，又要考虑施工与运行条件、综合效益、投资指标和远景规划等。不同的坝轴线，可以选用不同的坝型和枢纽布置。如：河谷狭窄，地质条件良好，适宜修拱坝；河谷宽阔、地质条件较好，可以选用重力坝或支墩坝；河谷宽阔、河床覆盖层深厚或地质条件较差且土石料储量丰富，适于修建土石坝。同一条坝轴线（坝址），可考虑几种不同坝型和枢纽布置方案。

（一）坝轴线（坝址）选择

1. 坝轴线（坝址）的含义

在准备修建水利水电枢纽工程的一定河段长度上，通常要在相应地形平面图上找几条横越河流的几何线，以作为建坝的轴线（坝址），这些轴线称为坝轴线。

实际上水利水电枢纽所占的位置并不是一条线，而是具有一定宽度的一个场地，除布置坝体以外，还要布置其他的主要建筑物。在地形图上所画的一条坝轴线，实际上只是象征性的，或者是最具有代表性的位置。设计时可在给定的几条坝轴线上，按要求来布置各种建筑物，以便进一步进行设计、计算和方案比较。这些坝轴线（坝址）的存在，意味着在这几条轴线上或轴线附近，工程地质人员已经做了不少艰苦而又细致的工作，掌握了不少的资料的积累，认为是可以布置以坝为主体的主要建筑物。一个水利水电枢纽，一般应有几个坝轴线进行方案比较。

坝轴线（坝址）的选择工作，随着设计阶段的不同而有不同的内容，它也与工程地质勘测工作的内容和深度密切相关。选择坝轴线（坝址）的过程一般需要经过以下几个阶段：

第一阶段：流域规划阶段。该阶段以整个河流流域为主要研究对象，确定河流开发的第一期工程和坝址地区，并初步选择全河流上可能的和合理的坝轴线（坝址），定出梯级开发中的各个枢纽工程的相应坝轴线（坝址）。

第二阶段：初步设计阶段。根据流域规划设计成果，对准备要修建工程的地区，在原来选定的坝轴线（坝址）基础上，地质勘测及设计的工作面应由宽到窄，由全面到深入，通过技术经济比较，进一步选择确定几条具体的坝轴线。

第三阶段：技术设计阶段。根据设计的深入、坝及其他主要建筑物的轮廓尺寸及合理布置，从地质条件，河谷宽度，下游消能条件，施工场地布置，建筑材料的开采、运输等方面进行比较，并进行适当的结构计算和工程量的计算，最后通过技术经济比较，确定一条坝轴线和选定设计方案。

坝轴线的选定，并不只是轴线本身的比较，而是与主要建筑物选型和枢纽平面布置紧密联系在一起的。因此，坝轴线、坝型选择和枢纽布置三者是相互联系的。

2. 坝轴线（坝址）选择应考虑的问题

1）地质条件

良好的地质条件是保证枢纽工程安全运行的基本条件。一般坝址区存在着地质缺陷也是不可避免的，如果能通过地基处理后，达到一定的稳定性和不透水性，仍属于好的地质条件。对坝基地质的要求，也应随坝型和坝高而有所不同。拱坝对两岸及坝基的地质条件要求最高，支墩坝、重力坝次之，而当地材料的土石坝则要求最低。所以，一般拱坝和重力坝需建在岩基上；土石坝岩基、土基均可建坝；水闸多建在土基上。设计者需要掌握各种坝型的关键性的特点，以便能因地制宜地选好坝轴线（坝址）。

坝址选择时要注意以下地质问题：

（1）对断层破碎带、软弱夹层，要查明其产状、宽度（厚度）、充填物和胶结情况，对垂直水流方向的陡倾角断层应尽量避开，对具有规模较大、垂直水流方向的断层或附近有活断层存在的河段，均不应选作坝址。

（2）对于岩层走向与河流方向一致的顺向河谷，总有一岸是与岩层倾向一致的顺向坡，当岩层倾角小于地形坡角，岩层中又有软弱结构面时，在地形上存在临空面，这种岸坡极易发生滑坡，应当注意。

（3）对于岩熔地区，要掌握熔岩发育规律，特别要注意潜伏溶洞、暗河、溶沟和溶槽，必须查明岩熔对水库蓄水和对建筑物的影响。

（4）对土石坝，应尽量避开细砂、软黏土、淤泥、分散性土和湿陷性黄土等地基。

2）地形条件

一般在相同的地质条件下，坝轴线选在河谷的狭窄段是较为有利的。因为这样可以使坝顶轴线短，坝的工程量会少，造价会较低，但有时狭窄的河谷对泄水建筑物布置，施工场地和导流建筑物布置不利。所以，选择坝轴线时，不但要考虑使工程量较小，还要考虑枢纽中各建筑物的布置和施工等条件。不同坝型对地形的要求也不相同，应该分别对待，不能一概而论。例如拱坝要求河谷越窄越好，而当地材料做的土石坝则要求河谷有一定的宽度，而且要岸坡不太陡，附近有地势较低的马鞍形缺口，以便于布置溢洪道。在高山峡谷区布置水利枢纽，应尽量减少高边坡开挖。对多泥沙及有漂木要求的河道，应注意河流的水流流态，并考虑如何防止泥沙和漂木进入取水建筑物。对有通航要求的枢纽，应注意通航建筑物与河道的连接。坝轴线的选择还应考虑下泄水流应尽可能和原河道的主流方向一致，以免造成河道及两岸的冲刷。

3）建筑材料

在坝址上下游附近地区，是否储藏着足够数量和良好质量的建筑材料，直接关系坝址和坝型选择。对于混凝土坝，要求坝址附近应有足够供混凝土用的良好骨料；对于土石坝，附近除需要有足够的砂石料外，还应有适于做防渗体的黏性土料或其他代用材料。因此，对建筑材料的开采条件如料场位置、材料的数量和质量、交通运输以及施工期淹没等情况均应调查清楚，认真考虑，应尽可能就地取材，减少运输费用。

4)施工条件

从施工角度来看,坝址下游应有较开阔的滩地,以便布置施工场地、场内交通和进行导流。应对外交通方便,要尽量接近交通干线,附近有廉价的电力供应,以满足照明及动力的需要。施工导流直接影响枢纽的施工程序、进度、工期及投资,从长远利益来看,施工的安排应考虑今后运用、管理的方便。在其他条件相似的情况下,应选择导流方便的坝址。

5)综合效益

坝址选择要综合考虑防洪、灌溉、发电、通航,过木、城市和工业用水、渔业以及旅游等各部门的经济效益,还应考虑上游淹没损失以及蓄水枢纽对上、下游生态环境的各方面的影响。兴建蓄水枢纽将形成水库,使大片原来的陆相地表和河流型水域变为湖泊型水域,改变了地区自然景观,对自然生态和社会经济产生多方面的环境影响。虽然水库对环境的不利影响与水库带给人类的社会经济效益相比,一般说来居次要地位,但处理不当也能造成严重的危害,故在进行水利规划和坝址选择时,必须对生态环境影响问题进行认真研究,并作为方案比较的因素之一加以考虑。不同的坝址、坝型对防洪、灌溉、发电、给水、航运等要求也不相同。至于是否经济,要根据枢纽总造价来衡量。

归纳上述条件,优良的坝址应是:地质条件好、地形有利、位置适宜、方便施工,造价低、效益好。所以,应全面考虑、综合分析,进行多种方案比较,合理解决矛盾,选取最优成果。

3. 坝轴线(坝址)选择案例

【例10-1】 位于金沙江上游的溪落渡水电工程是一座以发电为主,兼有拦砂、防洪和改善下游航道条件等的综合利用效益的水利水电枢纽工程。坝址区河道顺直,岸坡陡峻,坝基岩体多为玄武岩,整体块状结构,强度高,风化卸荷浅,工程具有"窄河谷、高拱坝、大泄量、多机组"的特点。自1986年正式开始进行前期勘测设计工作,在该河段上选择了上、中、下三个坝址进行比较,1994年完成《溪落渡坝址选择研究报告》,1996年提交《溪落渡水电站预可行性研究报告》。试根据地形地质条件、枢纽布置、施工条件、总工程量、工程总投资等进行技术经济比较,确定溪落渡枢纽工程的坝轴线。

解:通过综合比较(见图10-1及表10-1),X坝轴线稍优于I坝轴线,最终选择X(中坝址方案)作为坝轴线。

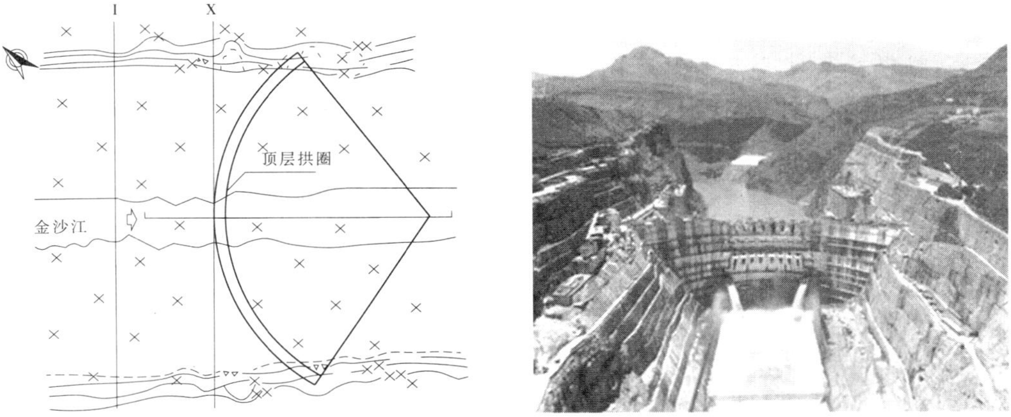

(a)坝址地形图　　(b)枢纽布置效果图

图10-1　溪落渡坝轴线比较示意

表 10-1　溪落渡坝轴线比较

坝轴线	Ⅰ坝轴线	Ⅹ坝轴线
地形地质条件	位于溪落渡峡谷中段,河道顺直,地形完整、岸坡陡峻。 抗力体部位河谷收敛,坝基岩体弱风化,下限高程 323.41 ~ 327 m,建基面高程 325 m	Ⅹ坝轴线位于Ⅰ坝轴线下游约 175 m,河谷相对狭窄,其他地形地质条件与Ⅰ坝轴线无明显差异。 抗力体部位河谷相对敞开,坝基岩体弱风化,下限高程 332 ~ 341 m 以上,有利于抬高建基面,减少边坡高度,建基面高程 325 m
枢纽布置	建筑物有混凝土双曲拱坝、左右岸地下电站厂房,坝身泄水孔口为 2 表孔 + 6 中孔 + 7 深孔 + 左右岸泄洪隧洞。 坝体混凝土量较Ⅹ坝轴线多 23 万 m^3,基础开挖工程量较Ⅹ坝轴线多 52 万 m^3。 坝轴线左岸距上游 550 ~ 650 m 高程宜布置电站进水口的缓坡台地约 300 m	枢纽建筑物布置同Ⅰ坝轴线。 需要处理抗力体尾部的强风化夹层,基础处理工程量约有增加。 Ⅹ坝轴线下移,距上游 550 ~ 650 m 高程宜布置电站进水口的缓坡台的距离增加,但可以在大坝和电站进水口之间增设泄洪隧洞,缩短了泄洪隧洞的长度
施工条件	施工总进度与Ⅹ坝轴线差异不大	施工导流方面,Ⅹ坝轴线约优于Ⅰ坝轴线
总工程量	坝体混凝土方量:717 万 m^3;基础开挖工程量:739 万 m^3	坝体混凝土方量:694 万 m^3;基础开挖工程量:687 万 m^3
工程总投资	静态投资:2 746.92 元/kW	静态投资:2 728.79 元/kW

【例 10-2】　刘家峡水电站是《黄河综合利用规划技术经济报告》(1954 年)中列入第一期开发的工程之一。1952 ~ 1956 年完成了初步设计的第一期——坝址选择阶段的工作。在全长 11.9 km 的刘家峡中选择了马六沟、洮河口、苏州崖、红柳沟四个坝址进行工程地质勘察工作,其地形图如图 10-2 所示。试通过对工程地质勘察资料的比较,选择刘家峡水电站的坝址(坝轴线)。

解:洮河口坝址地质构造复杂,岩体完整性较差,岸边有顺河构造裂隙,卸荷的岸边剪切裂隙,对两岸坝肩稳定不利。苏州崖坝址河面较宽,两岸岩体受构造断裂切割比洮河口差,岩体透水性大,上游有坍塌体,下游有苏州崖滑坡体,枢纽建筑物布置受影响,交通及施工场地条件也较差,故这两个坝址不宜选用。

马六沟坝址河面窄,河床覆盖层薄,坝址岩石坚硬完整,构造裂隙简单,岩石弱风化深度浅,岩体透水性小,这些方面都优于红柳沟坝址,但交通及施工场地条件也较差,在同一正常蓄水位时,发电水头比红柳沟坝址小 9 m,库容减少 9 亿 m^3,发电效益差。

红柳沟坝址河面较宽,河床覆盖层薄,岩石风化深度浅,岩体较坚硬,透水性小,有 F69 断层顺河向斜切河床,该断层错断了第三纪红层,但未见切过上覆的距今约 15 万年

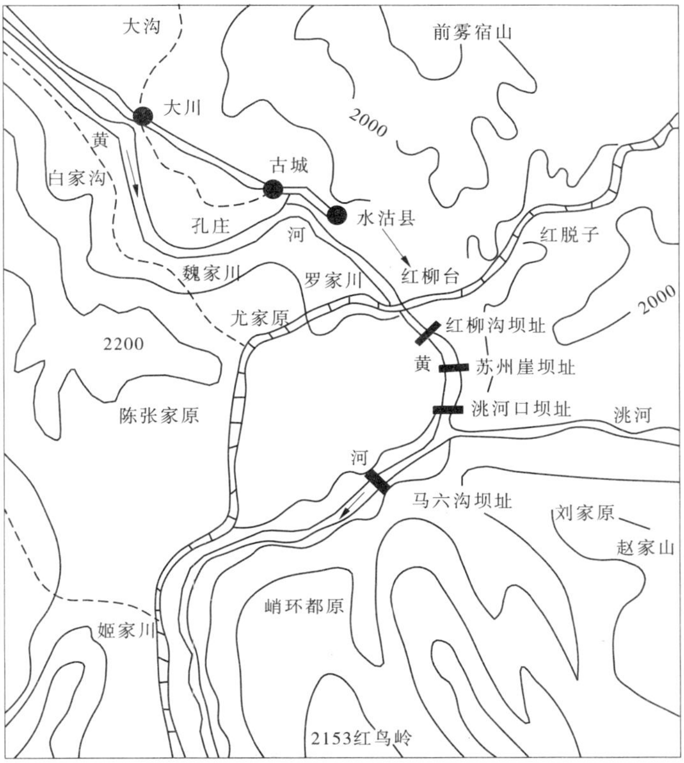

图 10-2　刘家峡水电站坝址比较示意

的晚更新世黄土，说明近数万年未活动，已趋于相对稳定，其破碎带在工程上是可以处理的。红柳沟坝址天然材料运距、交通及施工场地条件优越，比马六沟坝址发电水头大 9 m，增加装机容量 20 万 kW，发电效益好，坝址剖面图，如图 10-3 所示。

经多次讨论、综合比较，选择红柳沟坝址为刘家峡水电站的坝址(坝轴线)，1958 年完成初步设计工作。各个坝址选择比较见表 10-2。

(二)坝型选择

1. 坝型选择的含义

坝型就是按坝体材料、结构及传力方式、泄洪方式、施工方法等不同划分的大坝类型。按坝体材料划分有土石坝、混凝土坝、砌石坝等；按结构受力方式划分有土石坝、重力坝、拱坝、支墩坝、空腹坝、闸坝等；按泄洪方式划分有溢流坝、非溢流坝；按施工方法划分有碾压土石坝、碾压混凝土坝、浇筑式混凝土坝等。坝型选择是指确定坝型的论证工作，一般通过坝型比选工作来完成。

坝型选择是水电枢纽工程设计的重要决策项目，采用坝型是否恰当对工程的安全、经济及施工、运行等均有很大的影响。合理的坝型可以便于施工布置和节省工期，可以使挡水、泄洪、发电厂房等建筑物布置各得其所，在很好地满足各建筑物发挥其功能性要求的同时，使工程建筑物的投资最小。在每种比选坝型均可以满足工程安全的前提下，坝型最终的选定反映了建筑物布置与地形地质条件的和谐及工程的经济性。

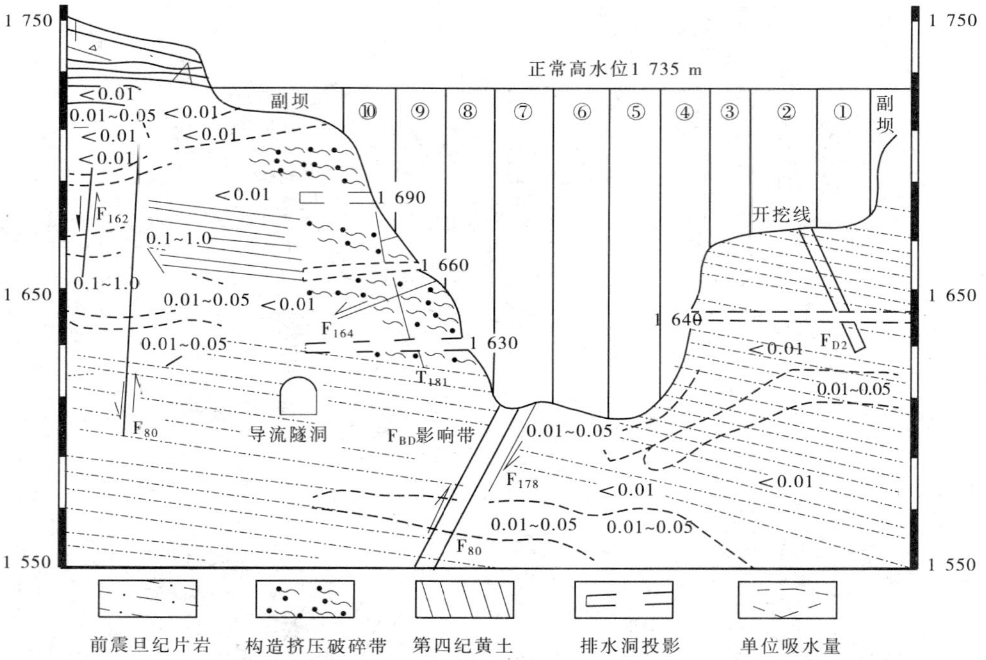

图 10-3　刘家峡水电站红柳沟坝址剖面图

表 10-2　刘家峡水电站坝址选择比较

项目	坝址名称			
	马六沟	姚河口	苏州崖	红柳沟
河面宽度(m)	42.5	49	57	49
河水深度(m)	6~10	5~8	4~7	2~13
覆盖层深度(m)	2.13~7.09	2.99	5~5.23	2~13
基础岩石	变质结晶片岩,坚硬	变质结晶片岩,坚硬	变质结晶片岩,坚硬	变质结晶片岩,坚硬
坝区岩体风化深度(m)	两岸1~6,河床1~5	两岸2~18,河床3~8	两岸2~16,河床4~9	两岸1~8,河床1~5
构造断裂情况	断层少,多横切河床	断层多,斜切河床,岸坡切割深	断层多,斜切及平行河床	有三条断层斜切河床,上下游有横河断层
水文地质情况	两岸基岩内有裂隙承压水,岩石透水性小	河床基岩内有裂隙承压水,岩层透水性小	河床基岩内有裂隙承压水,岩层透水性大	河床基岩内有裂隙承压水,岩层透水性小
地震基本烈度	8度	8度	8度	8度
天然材料运距、交通及施工场地条件	最差	较差	差	优越

2. 坝型选择考虑的问题

坝型选择一般在选定的坝址上，对按结构受力分类的参选坝型进行比选；根据工程的具体特点，并与坝址和枢纽布置比选结合起来考虑。坝型选择通常分阶段进行，先选出基本坝型（如混凝土坝或土石坝），再从基本坝型中选出采用的坝型，一般可拟定 2 ~ 3 种参与比较的坝型方案。如从土石坝基本坝型中对土质心墙堆石坝、混凝土面板堆石坝、沥青混凝土心墙堆石坝等坝型做进一步比选。近年来，也有许多工程考虑坝址自然条件对坝型的适应性，经过对参选坝型筛选后，直接开展坝型的比选工作，而不再先进行基本坝型的比选。同时，坝型选择更加注重减小水泥等高耗能材料的用量，减化施工以缩短建设周期，尽可能采用节能环保材料。

此外，对每一种比较坝型，还需要考虑泄水、发电及通航等建筑物布置，经初步比较提出各自的代表性枢纽布置方案，然后从地形地质条件、枢纽布置条件、建筑材料、施工条件、工期、工程量及工程投资等方面进行综合技术经济比较，必要时还要考虑建设征地移民安置、环境影响等因素。在进行上述方面比较的基础上经综合考虑，并经专业技术审查，最终选定拦河坝的坝型。

3. 坝型选择案例

当前，我国大型水电工程坝型主要在混凝土或碾压混凝土拱坝及重力坝、土心墙堆石坝或混凝土面板堆石坝等中进行比选。如大渡河大岗山水电站主要对拱坝与混凝土面板堆石坝两种坝型进行了比选，大渡河双江口及雅砻江两河口水电站，主要对拱坝与土质心墙堆石坝两种坝型进行了比选，澜沧江黄登水电站主要对拱坝及混凝土重力坝两种坝型进行了比选。但也有许多水电工程坝型比选和坝址比选结合进行，在坝址选定后，坝型已经可以确定，故不再进行专门的坝型比选工作。如溪洛渡、锦屏一级、小湾、白鹤滩、乌东德等水电工程，选定坝址最适于修建混凝土拱坝，故直接以拱坝作为选定坝型。

（1）土石坝。在筑坝地区，若交通不便或缺乏三材，而当地又有充足实用的土石料，地质方面无大的缺陷，又有合宜的布置河岸式溢洪道的有利地形时，则可就地取材，优先选用土石坝。随着设计理论、施工技术和施工机械方面的发展，近年来土石坝修建的数量有明显增长，而且其施工期较短，造价远低于混凝土坝。

【例 10-3】　玛尔挡水电站（如图 10-4 所示）位于青海省玛沁县境内的黄河干流上，是黄河干流龙羊峡上游湖口至尔多河段规划推荐开发的第 12 个梯级。国家发展和改革委员会于 2016 年 6 月 12 日正式核准了该项目。工程以发电为主，正常蓄水位 3 270 m，总库容 13 亿 m^3，电站装机容量 1 500 MW，枢纽工程主要由挡水、泄水和引水发电等建筑物组成，初拟坝高 205 m。黄河玛尔挡水电站考虑坝址区地形地质条件、交通条件、气候条件、防渗土料特性及工程投资等因素，有竞争力的坝型为拱坝和面板堆石坝两种。试分析确定其坝型。

解：拱坝方案枢纽布置紧凑灵活，各建筑物相互施工干扰小，但坝基存在压缩变形问题，右岸坝肩稳定的不确定因素较多，坝肩处理工程量及难度、工期等存在不确定性。而面板堆石坝方案具备岸边溢洪道的良好布置条件，首台机组发电工期和总工期可少 3 个月，工期保证率高、投资较小。经综合比选，最终选择采用面板堆石坝坝型。

（2）重力坝。当坝址地质条件较好，且当地有大量的砂石骨料可以利用，交通又比较

图 10-4　玛尔挡水电站效果图

方便时，一般多考虑修筑混凝土重力坝。

【例 10-4】 大河沟水库位于金沙江左岸一级支流弄弄沟中游段，工程包括水库枢纽工程和灌区工程。最大坝高 53.70 m，总库容为 70 万 m^3。根据地质勘测情况，本工程选定的坝址处地址条件较好，地基承载力较高，同时工程区附近有储量较丰富的石渣料和块石料，且具有修建重力坝和土石坝的条件，设计对混凝土重力坝和沥青混凝土心墙土石坝两种坝型进行比选，并根据比较结果确定坝型。

解：(1) 枢纽布置比较：重力坝方案工程布置比较紧凑，溢流坝段、放水设施和冲砂设施均布置在坝体上，枢纽占地面积较小；沥青混凝土心墙土石坝方案工程布置相对分散，需要在右岸修建溢洪道和放水冲砂设施，不仅枢纽占地面积大，而且右岸地形坡度较陡，增加大量的开挖，从而引起高边坡需进行处理，且涉及移民搬迁问题，此外大河沟水库坝址位置相对狭窄，两岸坡度较陡，所以更适合于工程布置紧凑的重力坝方案。

(2) 建筑材料比较：根据工程地质测绘和钻孔揭露，该料场斜坡表层为薄层残坡积层Ⅳ ~ Ⅷ级正长岩，开挖比较困难，不适宜做石渣料用。右坝肩溢洪道开挖可利用石渣料仅 7.5 万 m^3。若采用土石坝方案，石渣料在勘查范围是不够的，必须到其他地方开采。

因工程区施工场地狭窄，无布置现场搅拌系统的条件。通过实际调查，在水库下游约 5 km 附近有一商品混凝土搅拌厂，该厂向外长期大量出售商品混凝土，质量和产量均能满足大河沟水库建设需要。

两种坝型的筑坝材料均具有开采或购买条件，沥青混凝土心墙土石坝方案的料场开采会增加工程占地 24.85 亩，在料场开挖中还将增加 4 户移民，增加移民搬迁投资；混凝土重力坝方案的混凝土直接购买商品混凝土，块石由邻近的采石场购买，施工区路况好，运距短，不会产生不良影响，所以建筑材料方面混凝土重力坝方案占优。

(3) 施工条件比较：碾压式沥青混凝土心墙土石坝近年来在土石坝中应用较为广泛，施工简单，整个施工操作简单、方便，施工干扰少，雨季施工方便，节省工期，预计坝体施工工期需要 14 个月。混凝土重力坝施工工序简单，场地干扰小，采用埋石混凝土(埋石率 ≤25%)可最大限度减轻了水化热对坝体的影响，参考类似工程，预计施工期坝体浇筑需要11个月。结合当地的实际情况,综合施工工艺、施工方法及施工队伍技术等综合考虑,推荐选择混凝土重力坝。

(4)工程投资比较:根据两种坝型的工程布置和初步拟定的主要建筑结构尺寸,进行工程量计算,并根据主要工程投资估算进行比较分析,沥青混凝土心墙土石坝直接投资为7 303.29万元,混凝土重力坝直接投资为6 111.93万元。

经过以上综合比较,沥青混凝土心墙土石坝投资高于混凝土重力坝,并且混凝土重力坝方案在工程布置、建筑材料和施工条件等方面占优,所以推荐混凝土重力坝方案。

(3)拱坝。当坝址地形为V形或U形狭窄河谷,且两岸坝肩岩基良好时,则可考虑选用拱坝。它工程量小,比重力坝节省混凝土量1/2~2/3,造价较低,工期短,也可从坝顶或坝体内开孔泄洪,因而也是近年来发展较快的一种坝型。

【例10-5】 虹乙水库枢纽工程位于山西省长治市平顺县浊漳河的二级支流茎兰岩河上,坝址以上控制流域面积253 km^2,水库总库容261.5万m^3,工程等别为Ⅳ等。试根据以下条件分析并选择坝型。

解:(1)根据地形地貌、地层岩性、地质构造等条件,经综合分析,由于河谷较狭窄,且两岸陡立,坝外布置泄洪建筑物难度较大,成本过高,不具备修建堆石坝条件。从泄洪建筑物布置条件来看,由于坝址河谷宽仅25 m,局限于河谷地形条件,泄洪建筑物宜与枢纽工程结合布置,适宜布置混凝土溢流坝。为此,选择拱坝和混凝土重力坝两种方案。

(2)地形地质条件比较:坝址处的地形条件好,河谷宽高比较小,适合于修建重力拱坝。在地质方面,重力拱坝在坝肩处理上较混凝土重力坝难度大、投资多;由于坝基基岩完整性差,抗滑稳定性较弱,故在坝基处理上混凝土重力坝较重力拱坝处理难度及投资会有大幅增加。经比较,重力拱坝投资为2 940万元,混凝土重力坝投资为4 003万元,重力拱坝方案优于混凝土重力坝方案。

(3)建筑材料及施工条件比较:重力拱坝方案可充分利用当地丰富的天然建筑材料,坝基处理相对容易,总工程量少,成本较低,且建筑物外形美观,结合当地旅游开发,有较高的环境效益和社会效益;但拱坝施工难度大,曲面混凝土浇筑对模板制安精度要求较高,同时建筑物分布集中,施工组织安排难度较大,施工措施费用较高。

混凝土重力坝方案可充分利用当地丰富的天然建筑材料,坝肩处理难度不大,坝型单一,施工设备少,便于施工的总体安排。但混凝土重力坝对地基承载力要求较高,基础开挖量大,基础处理费用较高;且坝体本身体量较大,比重力拱坝工程量增加约1/3。

根据虹乙水库地形地质条件,充分考虑筑坝材料、运输条件、施工条件、建筑物布置、建设工期、工程造价等影响因素,经过经济技术比较,推荐采用重力拱坝方案。

三、水利枢纽布置

微课10-3　水利枢纽布置原则

水利枢纽工程的布置就是要合理地安排各个建筑物的相互位置。坝址、坝型和枢纽布置是相互关联的,不同的坝轴线适用于不同的坝型和枢纽布置方案,同一坝轴线也可以有不同的坝型和枢纽布置方案。

坝址、坝型和枢纽布置是一项综合性极强的复杂工作,该项工作涉及泄洪、发电、通航、导流等各项任务，并与坝址、坝型密切相关，需统筹兼顾，全面安排，认真分析，需要在详尽研究坝址处的自然条件、枢纽及各建筑物的施工条件、运用条件、综合效益和发展远景及总投资造价等后，经过全面论证、综合比较确定。

（一）枢纽布置的一般原则

（1）枢纽布置及主要建筑物形式选择应做到：施工方便，工期短，造价低。在高山峡谷较大拐弯河段，进行裁弯取直，利用河弯凸岸布置泄水建筑物和引水发电系统，减轻或避免坝与泄水、发电建筑物在施工和运行中的相互干扰，可缩短工期，降低造价和提高效益。三峡水利枢纽需在河床上布置溢流坝、厂房和船闸，坝址选在三斗坪，原因之一是河谷宽，便于施工，且可借助江中中堡岛进行分期导流。

（2）满足枢纽中各建筑物在任何工作条件下都能正常工作，避免互相干扰。例如：将船闸与溢流坝、电站尽量分开布置，在溢流坝泄水时，引航道不产生过大的横向流速，以使船队（舶）顺利驶入闸室，下游出口，必要时应设导墙，使引航道与溢流坝或水电站厂房隔开。又如：当厂房与溢流坝相邻时，两者之间应设足够长的导流墙，以防止泄洪对发电的不利影响；还应注意厂房、变电设备及开关站等需离泄洪射流一定距离，以免雾化水流影响安全运行。再如：土石坝枢纽泄水和引水建筑物进、出口附近的坝坡和岸坡，应有可靠的防护措施，出口应采取妥善的消能措施，并使消能后的水流离开坝脚一定距离，避免水流冲刷和回流淘刷等。

（3）在满足建筑物强度和稳定条件下，降低枢纽总造价和年运行费用。为了提高重力坝的稳定性，常将坝的上游面做成倾向上游，利用坝面上的水重来提高坝的抗滑稳定性；重力坝坝体内各部位应力各不相同，为了节约与合理使用水泥，坝体按不同部位分区，采用不同强度等级的混凝土；拱坝枢纽的泄水方式与布置宜首先研究采用坝身泄洪的可行性，以及优化拱坝体形以降低总造价。拉西瓦拱坝坝高 250 m，用优化方法求得抛物线、椭圆和对数螺旋线等 6 种拱形的最优布置，并从中选定了对数螺旋线水平拱圈的布置方案，与传统设计相比，节省混凝土 20 万 m^3，节省基岩开挖 13 万 m^3。

（4）枢纽布置紧凑，尽量将用途相同的建筑物布置在一起，以减少连接建筑。对大流量、高水头、窄河谷的水利水电枢纽，由于河谷狭窄，在泄水建筑物与电站厂房布置上的矛盾十分突出，采用泄水建筑物与电站厂房重叠布置，比如新安江的溢流式厂房，乌江渡、漫湾的挑越式厂房，此种布置非常紧凑，整体安全性好，工程量省，建设周期短，经济效益显著。又如：都江堰根据“深淘滩、低作堰”治水六字诀采用鱼嘴分水、宝瓶口正面引水与飞沙堰侧面排沙，枢纽建筑物组成合理，布置紧凑，起到了分水、泄洪、引水和排沙的作用，运行至今已有 2 260 多年，收到了良好的社会效益和经济效益

（5）尽量使一个建筑物发挥多种用途或临时建筑物和永久建筑物相结合。在峡谷河段筑坝，一般采用隧洞导流，若将临时性的导流洞封堵改建为永久泄洪隧洞，是减少泄洪洞工程量、节约投资的合理措施，如刘家峡、碧口、紫坪铺等；对中、低水头枢纽有时也可采用泄洪洞与发电洞或发电洞与灌溉洞合一布置的形式，将导流洞改建为有压隧洞的工程有响洪甸、南水、小浪底等。

（6）尽可能使枢纽中的部分建筑物早期投产，提前发挥效益。碾压混凝土坝施工工

艺简单,可采用大型机械,大仓面浇筑混凝土,能缩短工期,提前投产,及早发挥效益,如坑口坝、龙门滩坝、天生桥二级水电站工程的工期均提前一年。施工导流问题和工期也是选择布置方案的主要因素之一,有时为了缩短工期,提前发电,将厂房布置在河滩一侧以简化导流。在重力坝底部设置多孔、大孔径的导流底孔,取代坝体留导流缺口已成发展趋势,边蓄水、边施工以争取提前发电、防洪、供水、灌溉等综合利用效益,如岩滩、水口、五强溪、三峡等大型水电站,首批机组发电一般都在工程截流后4~6年。

(7)外观与周围环境相协调,注意美观。水库景观涉及水利工程、环境、水土保持、生物、生态和美学等诸多方面。应保护库区自然植被、生态体系和树种,使人获得回归自然的感受。

(二)枢纽布置方案的选定

水利枢纽设计需通过论证比较,从若干个枢纽布置方案中选出一个最优方案。最优方案应该是技术上先进和可靠、经济上合理、施工期短、运行可靠以及管理维修方便的方案。需论证比较的内容如下:

(1)主要工程量。如土石方、混凝土和钢筋混凝土、砌石、金属结构、机电安装、帷幕和固结灌浆等工程量。

(2)主要建筑材料数量。如木材、水泥、钢筋、钢材、砂石和炸药等用量。

(3)施工条件。如施工工期、发电日期、施工难易程度、所需劳动力和施工机械化水平等。

(4)运行管理条件。如泄洪、发电、通航是否相互干扰、建筑物及设备的运用操作和检修是否方便,对外交通是否便利等。

(5)经济指标。指总投资、总造价、年运行费用、电站单位千瓦投资、发电成本、单位灌溉面积投资、通航能力、防洪以及供水等综合利用效益等。

(6)其他。根据枢纽具体情况,需专门进行比较的项目。如在多泥沙河流上兴建水利枢纽时,应注重泄水和取水建筑物的布置对水库淤积、水电站引水防沙和对下游河床冲刷的影响等。

上述项目有些可定量计算,有些则难以定量计算,这就给枢纽布置方案的选定增加了复杂性,因而,必须以国家研究制定的技术政策为指导,在充分掌握基本资料的基础上,以科学的态度,实事求是地全面论证,通过综合分析和技术经济比较选出最优方案。

【单元探索】

了解不同的坝址如何影响坝型和枢纽布置;了解水利枢纽布置专家系统。

【单元练习】

一、填空题

1. 在可行性报告阶段中的主要任务是论证该工程技术上的________、经济上的________及兴建工程的________。

2. 水利枢纽规划设计分为________、________、________、________、________五个阶段。

3. 坝址选择需从________、________、________、________、________五个方面考虑。

4. 水利工程枢纽布置方案的选择应从________、________、________、________等方面进行综合比较选定最优方案。

二、判断题

1. 水利枢纽布置就是将枢纽建筑物紧凑地布置在一起。(　　)

2. 坝址、坝型及枢纽布置三者相互制约、相互影响。(　　)

三、简答题

1. 坝址、坝轴线、坝型选择主要应考虑哪些因素？试结合实例说明如何进行坝址、坝轴线、坝型选择？

2. 水利枢纽布置主要应遵循哪些原则？

3. 水利枢纽设计方案应从哪些方面进行比较选择？

单元二　水利枢纽布置实例

【单元导航】

问题 1:取水枢纽布置有何特点？

问题 2:重力坝枢纽、土石坝枢纽和拱坝枢纽布置的特点各是什么？

问题 3:无坝取水枢纽和有坝取水枢纽布置有何不同？

【单元解析】

一、重力坝枢纽布置

微课 10-4　重力坝枢纽布置

(一)重力坝枢纽布置特点

重力坝枢纽坝身可布置泄水、发电进水口、冲沙孔等建筑物。但由于地形和地质等条件的区别,枢纽中泄水建筑物和发电厂房的位置和形式有各种不同的组合。其中,溢流坝布置:尽可能布置在河床中央,尽可能采用开敞式溢流孔(溢流坝),泄洪建筑物在平面上的布置不应影响电站、取水建筑物、船闸等正常运行的要求。坝身泄水孔布置:承担排沙任务的泄水孔应靠近发电(灌溉、供水)进水口,其进口高程是枢纽泄水建筑物中位置最低的;其他泄水孔的位置根据泄洪要求而定;枢纽泄水建筑物由溢流坝及泄水孔共同承担,一般溢流坝布置于河床中央,泄水孔布置于溢流坝侧。

(二)重力坝枢纽布置实例

福建省安砂水电站位于闽江支流沙溪的九龙溪中游,距永安市区 44 km。为沙溪流域的龙头水电站,是国家“四五”计划重点建设的Ⅱ等大(2)型水利枢纽工程。坝址以上流域面积5 184 km^2,电站总装机容量125 MW,多年平均年发电量为6.14 亿 kW · h,水库总库容 7.4 亿 m^3,属季调节水库。工程以发电为主,兼有防洪、灌溉等效益。水利枢纽由拦河坝、深式泄水孔、引水隧洞、调压井、厂房、开关站、竹木过坝设施、灌溉取水管以及电站永久房建等 9 个部分组成(如图 10-5 所示)。

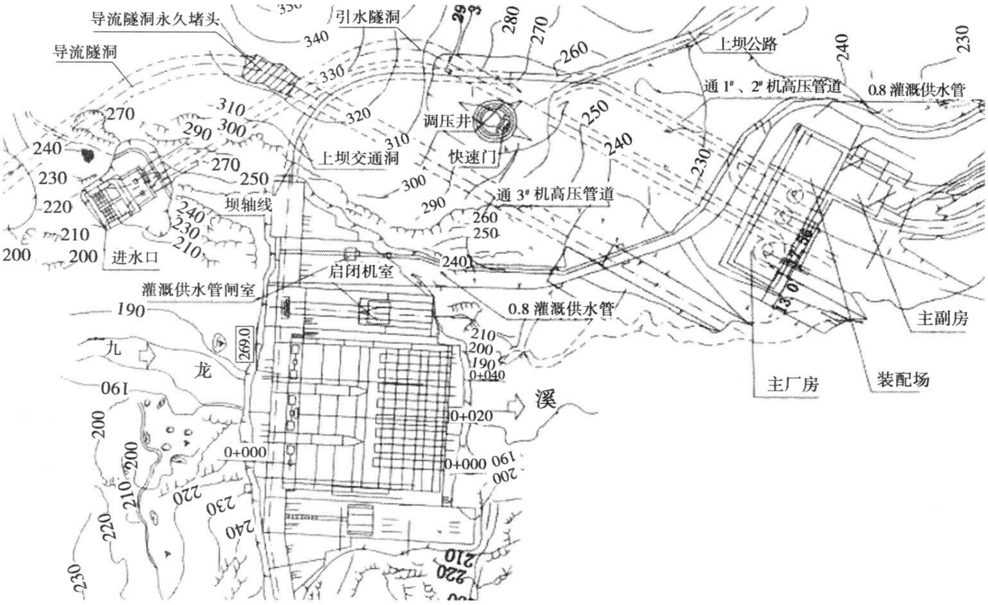

图 10-5　安砂水电站枢纽布置图

二、土石坝枢纽布置

微课 10-5　土石坝枢纽布置

(一)土石坝枢纽布置特点

土石坝枢纽布置应重视泄洪建筑物的布置,其设置位置和形式,应根据枢纽要求和地形地质条件进行综合比较后选定。一般以开敞式河岸溢洪道为主要泄洪建筑物,以提高土石坝枢纽的超泄能力和运行的可靠性。溢洪道布置位置在岸边,并尽量利用垭口地形,采用正槽式溢洪道;当两岸地形陡峭,河岸上又无合适的缺口时,可采用侧槽式溢洪道。

当坝址位于较宽阔的滩地,地质条件也满足要求时,可将河床部分做成混凝土溢流坝,两侧为土石坝。土石坝枢纽按照所处河段位置分为顺直河段上的枢纽和弯曲河段上的枢纽。布置在顺直河段上的土石坝枢纽,泄水建筑物和发电厂房等沿主河槽布置,一般导流、泄水、引水系统等建筑物线路较长,枢纽建筑物布置比较拥挤,在地质条件允许时多采用地下厂房。

(二)土石坝枢纽布置实例

柘林水电站枢纽位于江西永修县境内的修水中游,是一座以发电为主,兼有防洪、灌溉、航运和发展水产事业等综合效益的水利工程。枢纽主要由黏土心墙土坝、溢洪道、放空洞、水电站厂房、灌溉渠首及通航过坝建筑物组成。土坝最大坝高 63.5 m;坝基为砂砾岩。采用水泥灌浆帷幕进行坝基防渗。厂房布置在左岸,安装 4 台 4.5 万 kW 的水轮发电机组。通航建筑物布置在右岸,采用50 t 斜面升船机,年货运量 25 万 t。链式竹木筏道布置在大坝中部,避免相互干扰,如图 10-6 所示。

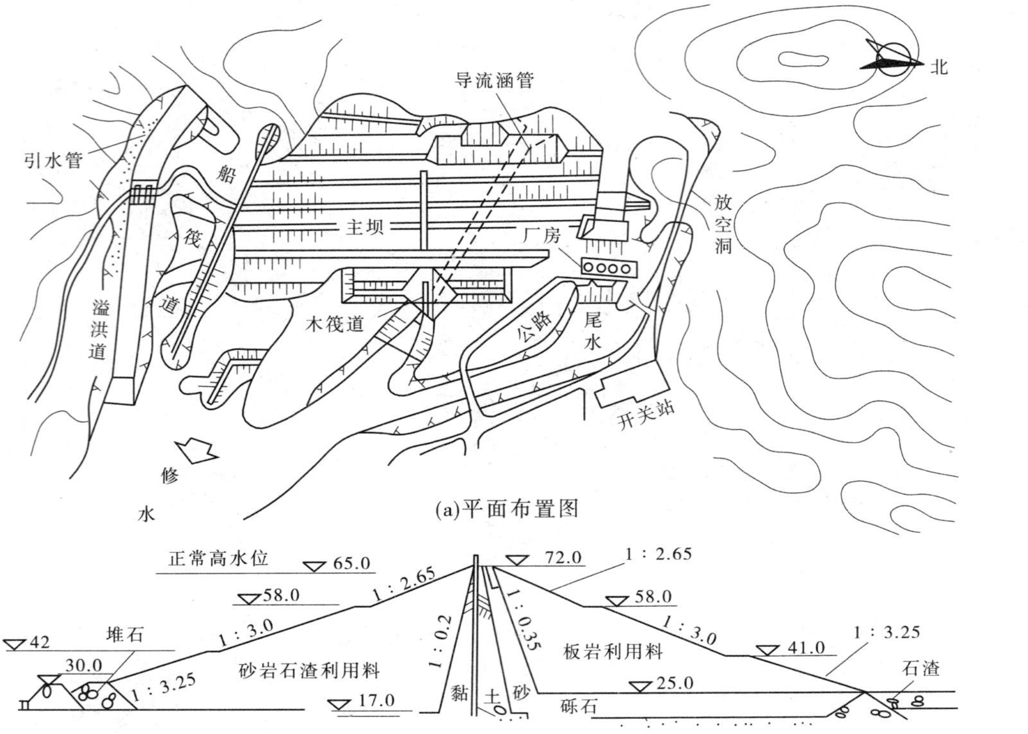

(a)平面布置图

(b)坝体剖面

图 10-6 柘林水电站枢纽布置图 （单位：m）

三、拱坝枢纽布置

微课 10-6 拱坝枢纽布置

（一）拱坝枢纽布置的特点

拱坝应根据坝址地形、地质、水文等自然条件以及枢纽综合利用要求统筹布置。为了更好利用水头，枢纽中电站厂房一般多布置于坝后的河床中部，泄洪建筑物则分别布置于厂房的两侧。当河床较狭窄，但岸坡较平缓，河谷较宽时，可采用厂房布置在坝后河床中，溢流坝则布置在一岸或两岸，以使水流通过较长的陡槽将洪水泄入下游河床中。最好能利用两个泄水建筑物的下泄水流在空中相撞以消杀能量，尽量避免两岸泄水建筑物下泄水流相互影响而加深冲坑的情况。当坝基地质不好、下游的尾水又浅时，要设置短护坦以保护坝址，或设两道坝以壅高尾水形成较好的消力池。由于拱坝形式比较复杂，断面形状又随地形地质情况而变化，故拱坝布置需有较多的方案，进行全面技术经济比较，选择最优方案，而最终选定的布置方案，一般需经模型试验论证。

（二）拱坝枢纽布置实例

乌江渡水电站枢纽（见图 10-7），最大坝高 165 m，水电站装机容量 63 万 kW。坝址地处石灰岩峡谷，岸坡陡峭，地质构造复杂。枢纽布置在峡谷中，拦河坝采用混凝土拱形重力坝、河床坝后式封闭厂房。由于河谷狭窄，流量很大，采用溢流坝下设置厂房的跳跃式重叠布置。另外，还设置两孔滑雪式溢洪道和两条泄洪隧洞。为解决高水头、大流量和狭窄河床的泄洪消能问题，利用汛期下游河床水垫较深的特点，将各种泄洪建筑物的出口以远、近、高低错开布置，使下泄水流的水舌落点沿河床纵向扩散，远离易被冲刷的页岩层，经几年运行和泄洪考验，电站工作正常。

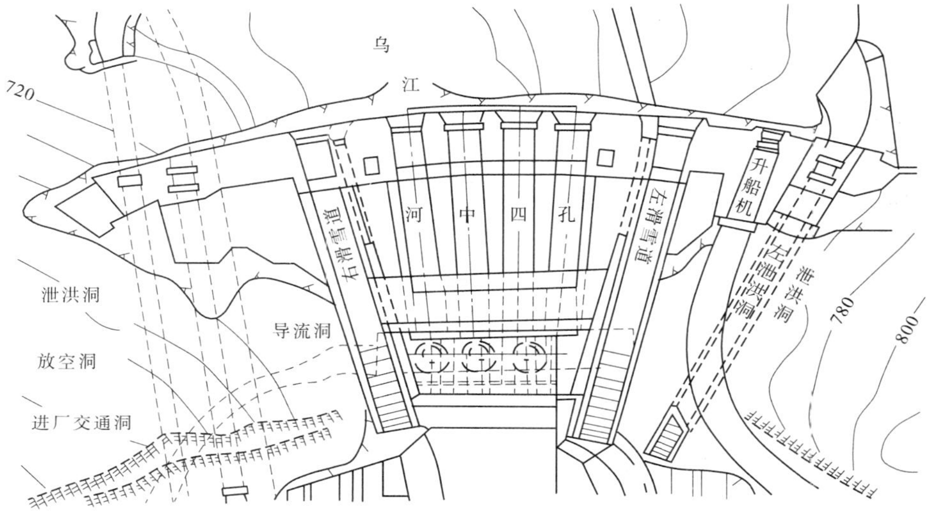

(a)平面布置图

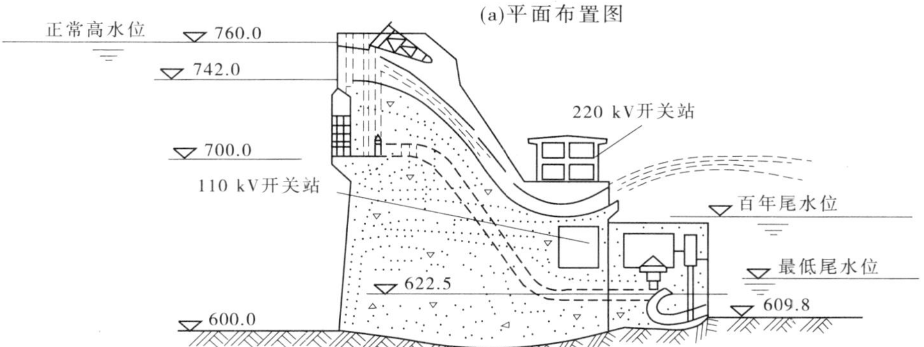

(b)坝体剖面图

图 10-7　乌江渡水电站平面布置及溢流坝剖面图　(单位:m)

四、取水枢纽布置

微课 10-7　取水枢纽布置实例

(一)取水枢纽布置的特点

取水枢纽(引水枢纽)是指从河流或水库取水的水利枢纽，其作用是获取符合水量及水质要求的河水，以满足灌溉、发电、工业及生活用水的要求，因取水枢纽位于渠道首部，所以又称为渠首枢纽。取水枢纽根据是否具有拦河建筑物可分为无坝引水枢纽和有坝引水枢纽两大类。

取水枢纽是整个渠系的咽喉，它的布置是否合理，对发挥工程效益影响极大，取水枢纽布置时，要保证任何时期，都应根据引水要求不间断地供水；在多泥沙河流上，采取有效的防沙措施，防止泥沙入渠；对于综合利用的渠首，保证各建筑物正常工作互相不干扰；采取措施防止冰凌等漂浮物进入渠道；枢纽附近的河道应进行必要的整治，使主流靠近取水口，以保证引取所需水量；枢纽布置便于管理，易于采用现代化管理设施。

（二）取水枢纽布置实例

1. 无坝取水枢纽布置实例

无坝取水是一种比较简单的取水方式。因为没有拦河建筑物，不能控制河道的水位和流量。枢纽位置选择，根据河流弯道的水流特性，无坝渠首应设在河岸坚固、河流弯道的凹岸，以引取表层较清水流，防止泥沙入渠。

如图 1-2 所示，是我国古代著名的水利工程都江堰取水枢纽的布置示意图。它建于 2 300 年前，也属于导流堤式渠首。整个渠首位置选择在岷江天然弯道上。它由百丈堤、导流堤、飞沙堰、泄水槽及进水口等建筑物组成。金刚堤（导流堤）位于进水口—宝瓶口前，建在江中卵石沉积的天然滩脊上，根据当时的施工条件和材料，堤身是用当地材料竹笼内装卵石及木桩加固而成，类似于现代的铅丝笼装卵石导流堤。金刚堤的最前端是分水鱼嘴。金刚堤的作用主要是分水和导流，它把岷江分为内江和外江。

在洪水时期，内江和外江水量的分配比例大约为 4∶6，大部分洪水，从外江流走以保证灌区的安全；在枯水时期，内外江的分水比例恰好相反，大部分江水进入内江，保证了灌区用水。进水口—宝瓶口，系由人工凿开玉垒山而成。由于岩石坚硬，能抵抗水流的冲击，并可以控制引取所需的水量。飞沙堰及泄水槽建在进水口前的导流堤上，用以宣泄进入内江的多余水量，排走泥沙，并保持取水口所需要的水位。百丈堤位于导流堤上游，除引导江水外，还保护河岸免受冲刷。因整个工程布置合理，各建筑物能互相紧密配合，相互调节，起到了分水、泄洪、引水和防沙的作用，使成都平原农田可以自流灌溉，成为旱涝保收的富饶地区。这座工程的建造，充分体现了我国古代劳动人民具有无穷的智慧和高度的科学技术水平。

2. 有坝取水枢纽布置实例

当河道枯水时期的流量能满足引水要求，但河道水位较低，不能自流引水时，需修建拦河建筑物以抬高水位，满足自流引水的要求。有坝取水枢纽一般由拦河壅水建筑物（壅水坝或拦河闸）、进水闸、冲沙闸、防排沙设施及上下流河道整治措施等建筑物组成。

韶山灌区洋潭引水枢纽平面布置图，见图 10-8。该引水枢纽位于湘江支流涟水的中游，是一座以灌溉为主、兼有防洪、发电、航运和供水等效益的综合利用引水枢纽工程。

枢纽附近地质主要为板岩，壅高水位 10 m。在正常高水位 66.5 m 时，库容 2 100 万 m^3；200 年一遇洪水位 71.45 m 时，库容为 5 300 万 m^3。

由于地形开阔，壅水位不高，而洪水流量大，枢纽采用混凝土溢流坝及河床式电站。河床中央布置长 170 m，高 14.6 m 的开敞式溢流坝，可自行泄流；溢流坝右侧建有长 59 m 的 5 孔泄洪闸，每孔装有 10 m×9.3 m 的弧形钢闸门，可以降低洪水期的坝前水位，减少上游土地淹没和移民；为防止泄洪时对右岸的冲刷，改善升船机下游的通航条件，将闸轴线偏转 7°角；泄洪闸右侧以混凝土重力坝与岸边相连；溢流坝左侧为原船闸封堵段，长 26 m 的水电站厂房设于此；厂房左侧仍以混凝土重力坝与左岸相连，左右岸重力坝共长 52 m；为避免与水电站厂房相互干扰，升船机布置于右岸，上游设有引航导堤，下游设有钢筋混凝土导堤，并利用山沟开挖停泊区；在左岸山坳冲沟处建均质坝，长 80 m，坝内设涵管，与洋潭支渠相接，右岸则建 3 孔泄水闸。

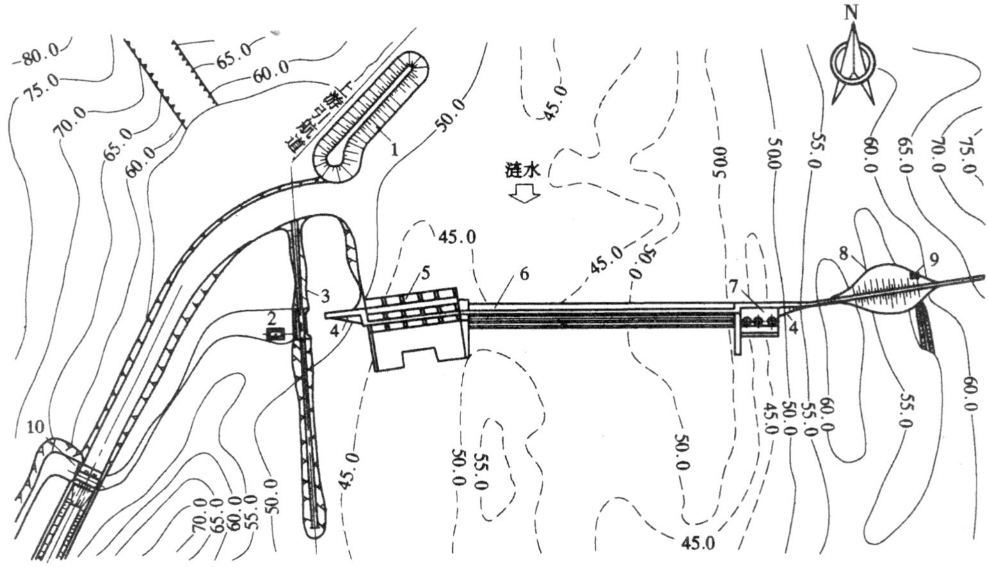

1—导航堤；2—机房；3—斜面升船机；4—重力坝；5—泄洪闸；
6—溢流坝；7—水电站；8—土坝；9—洋潭支渠进水口；10—进水闸

图 10-8　韶山灌区洋潭引水枢纽平面布置图

【单元探索】

了解泄水建筑物的类型及布置方式；了解航运及过坝等专门建筑物的类型及布置方式。

【单元练习】

一、填空题

1. 重力坝枢纽布置中，泄水建筑物尽量布置在________，泄水方式尽量采用________。

2. 土石坝枢纽按照所处河段位置分为________和________两类枢纽。

3. 为了更好地利用水头，拱坝枢纽中电站厂房一般多布置于________，泄洪建筑物则分别布置于厂房________。

4. 取水枢纽根据是否具有拦河建筑物，可分为________和________两大类。

二、判断题

1. 根据河流弯道的水流特性，无坝渠首应设在河岸坚固、河流弯道的凹岸，以引取表层较清水流，防止泥沙入渠。(　　)

2. 水流经过弯曲河道时，由于底部压力差大于离心力使水流由凸岸流向凹岸，表面水

流由凹岸流向凸岸,从而形成横向环流。(　　)

三、简答题

1. 取水枢纽布置时有什么特点?

2. 无坝取水枢纽和有坝取水枢纽布置有何不同?

参考文献

[1] 杨邦柱,焦爱萍. 水工建筑物[M]. 2 版. 北京:中国水利水电出版社,2009.
[2] 林继镛. 水工建筑物[M]. 5 版. 北京:中国水利水电出版社,2009.
[3] 宋东辉,吴伟民. 水工水电工程建筑物[M]. 郑州:黄河水利出版社,2009.
[4] 吴媚玲. 水工建筑物(上、下册)[M]. 北京:清华大学出版社,1991.
[5] 郭宗闵. 水工建筑物[M]. 北京:中国水利电力出版社,1995.
[6] 中华人民共和国水利部. 水利水电工程等级划分及洪水标准:SL 252—2017[S]. 北京:中国水利水电出版社,2017.
[7] 中华人民共和国电力工业部. 水工建筑物荷载设计规范:DL 5077—1997[S]. 北京:中国电力出版社,1998.
[8] 中华人民共和国水利部. 混凝土重力坝设计规范:SL 319—2018[S]. 北京:中国水利水电出版社,2018.
[9] 中华人民共和国水利部. 混凝土拱坝设计规范:SL 282—2018[S]. 北京:中国水利水电出版社,2018.
[10] 中华人民共和国水利部. 碾压式土石坝设计规范:SL 274—2001[S]. 北京:中国水利水电出版社,2001.
[11] 中华人民共和国水利部. 水工混凝土结构设计规范:SL 191—2008[S]. 北京:中国水利水电出版社,2008.
[12] 中华人民共和国水利部. 水工隧洞设计规范:SL 279—2016[S]. 北京:中国水利水电出版社,2016.
[13] 中华人民共和国水利部. 溢洪道设计规范:SL 253—2018[S]. 北京:中国水利水电出版社,2018.
[14] 中华人民共和国水利部. 水闸设计规范:SL 265—2016[S]. 北京:中国水利水电出版社,2016.